BASIC COSMETOLOGY PRO

베이직 미용학개론 프로

구민사

이재숙

- 광주여자대학교 미용과학부 교수
- 미용기능장, 이용기능장

이정희

- 광주여자대학교 미용과학부 교수

문소희

- 광주여자대학교 미용과학과 겸임교수
- 초당대학교 뷰티미용과 겸임교수
- 계명문화대학교 뷰티코디네이션학부 겸임교수
- 광주대학교 뷰티미용학과 외래교수
- 前) 청암대학교 뷰티미용과 겸임교수

전소리

- 서경대학교 외래교수
- 목원대학교 외래교수
- 前) 광주여자대학교 미용과학과 겸임교수
- 미용기능장, 이용기능장

김유라

- 우송정보대학 뷰티디자인학부 헤어과 교수
- 前) 광주여자대학교 미용과학과 외래교수
- 前) Wella Professional technical consultant

김용순

- 미용기능장, 미용기능장
- 건양사이버대학교 글로벌뷰티학과 겸임교수
- 대전보건대학교 뷰티케어과 겸임교수
- 대전대학교 평생교육원 이용장 과정 주임교수
- 前) 광주여자대학교 미용과학과 겸임교수

베이직 미용학개론 프로

BASIC COSMETOLOGY PRO

초판 인쇄 2021년 1월 4일
초판 발행 2021년 1월 15일

지은이 이재숙 · 이정희 · 문소희 · 전소리 · 김유라 · 김용순
발행인 조규백
발행처 도서출판 구민사
주소 (07293) 서울특별시 영등포구 문래북로 116, 604호(문래동3가 46, 트리플렉스)
전화 (02)701-7421
팩스 (02)3273-9642
홈페이지 www.kuhminsa.co.kr

신고번호 제2012-000055호(1980년 2월 4일)
ISBN 979-11-5813-894-3(93590)

정가 35,000원

베이직 미용학개론 프로

BASIC COSMETOLOGY PRO

이재숙 · 이정희 · 문소희 · 전소리 · 김유라 · 김용순

급변하는 시대적 변화와 그에 따른 문화의 변천에 따라 "미(美)"의 기준 또한 끊임없이 변화, 발전되어 왔다.

미학이 역사적 변화를 거치면서 다양하게 전개되어 온 미용분야는 인간 본연의 내면세계를 깊고 다면화시키면서 각자의 개성을 탐구하고 표현하고 있으며 또한 4차 산업의 기술혁신을 활용함에 따라 날로 성장하고 있다.

경제발전과 생활수준이 높아지면서 실용성과 아름다움을 동시에 추구하는 실용학문, 실용예술로서의 미용학문은 인체를 다루는 분야라는 관점에서 오늘날 과학적으로 연구, 개발하고 폭넓은 지식과 예술적 감각 등 다양한 능력을 고루 갖춘 미용 전문가(Beauty specialist)를 요구하고 있다.

세계는 4차 산업혁명과 더불어 현대의 인류가 경험치 못한 감염병 사태로 인해 사회적 · 경제적 불확실성이 가중되고 있다. 사회 각 분야에서 지식의 성장과 변화의 속도는 급격하게 진행되고 있어, 그 분야 전문가들조차 따라가기 힘든 실정이다.

포스트코로나에서 일상생활의 모든 영역은 언택트(Untact), 즉 비대면 흐름이 가속화되고 있는 가운데, 교재 개발은 급변하는 시대의 흐름에 적응하고 날마다 넘쳐나는 정보를 적절히 수용하며 변화를 시도하기 위해서, 4차 산업혁명에 따른 새로운 정보 환경에 걸맞은 새롭고 다양한 연구과제, 이론체계, 교육과정, 교육방법을 모색해야 할 것이다.

미용교육은 인간 신체에 대한 기초연구와 응용과학을 바탕으로 한 실질적인 교육과정이다. 이러한 교육과정에서 교재연구는 교육의 질 향상 및 일관성을 유지하기 위한 것으로 미용교육에서 매우 큰 비중을 차지한다고 할 수 있다.

미용은 인체를 다룸으로서 수많은 관련 학문인 모발학, 생리학, 생화학, 응용수학, 물리화학, 미학, 색채학, 통계학, 생물학, 화장품학, 심리학, 경영학, 의상학, 사진학 등 다양한 근접학문과의 융합된 지식을 요한다.

본 교재는 미용교육기관과 미용 산업현장에서 요구되는 미용의 전반적인 분야, 즉 헤어미용, 피부미용, 메이크업, 네일아트, 미용 경영 등에 대한 이론 및 기본적인 과정으로 구성하였다.

이제 막 미용에 입문한 학생부터 현장의 미용인까지 모든 이들에게 도움이 되도록 미용학의 전반적인 구성과 깊이 있는 내용으로 이해를 돕고 영감을 얻을 수 있도록 구성하였으며, 교육계와 산업계 모두의 발전에 기여하는 데 조금이라도 도움이 되고자 하였다.

부족한 시간을 가지고 집필하기에 항상 아쉬움이 많지만, 이 교재가 나오기까지 마음을 다하여 준비해주신 공동집필자 교수님들께 깊은 감사를 드리며, 이 교재가 나올 수 있도록 배려해 주신 도서출판 구민사 조규백 사장님과 직원 여러분께 진심으로 감사드린다.

공동저자 일동

PART 1 헤어미용

CONTETNS

PART 2 에스테틱

PART 3 메이크업과 네일아트

PART 4 미용기초이론

Cosmetology

Part 01

헤어미용

1_미용의 개요

2_미용의 역사

3_모발과학

4_두피 · 모발 관리

5_헤어커트

6_헤어컬러

7_퍼머넌트 웨이브

8_블로 드라이

Introduction

CHAPTER 1

미용의 개요

1 미용의 정의

「공중위생법 제 798호 이용사 및 미용사법」에 의하면 미용은 "퍼머넌트웨이브, 결발(結髮), 세발(洗髮), 염발(染髮), 두피처리, 매니큐어, 미안술 및 화장 등의 방법에 의하여 용모를 아름답게 하는 것"이라고 정의하고 있다.

「공중위생법 제2조」에 의하면 "미용업이란 손님의 얼굴, 머리, 피부 등에 손질을 하여 손님의 외모를 아름답게 꾸며주는 영업"이라 정의되어 있으며 「공중위생법 시행규칙 제28조」에서 미용사의 업무를 퍼머넌트 웨이브, 머리카락 자르기, 머리카락 모양내기, 머리피부 손질, 머리카락 염색, 머리감기, 손톱 손질 및 화장, 피부미용(의료기구나 의약품을 사용하지 아니하는 순수 피부미용), 얼굴 손질 및 화장으로 규정지어 놓았다.

따라서 미용은 물리적 · 화학적 방법을 사용하여 두발, 피부, 얼굴, 손 · 발톱 등을 아름답게 가꾸고 상태를 개선시키는 것이라 할 수 있다.

큰 범주로는 헤어, 피부, 메이크업, 네일 부문으로 나눌 수 있으며 과학적 이론을 바탕으로 미적 기술성과 예술성이 조화롭게 적용되어야 한다.

2 미용의 필요성

신체 보호

인간은 본능적으로 유해환경으로부터 신체를 보호하고자 하는 욕구를 가지고 있으며 피부는 물리적 · 화학적 외부 자극으로부터 인체를 보호하는 기능을 가진다. 강한 자외선으로부터 두피를 보호하기 위해 머리를 짧게 자르고 가발을 쓴 이집트인, 한겨울 동상 예방을 위해 돼지기름을 몸에 발랐다는 말갈족 등의 기록들을 통해 예부터 미용은 신체 보호를 위한 수단으로 활용됨을 알 수 있다. 현대사회에서도 이는 미용의 필요성 중 첫 번째라 할 수 있다.

심리적 보호

매슬로(Maslow)의 욕구 단계 이론(Hierarchy of Needs Theory)에 의하면 인간은 생리적 욕구와 안전에 대한 욕구가 충족되면 사회적 욕구를 충족하고 싶어 한다. 삶의 질 향상으로 인해 인간은 상위 욕구에 대한 갈망이 높아지고 있으며 이러한 사회적 욕구 충족을 위한 미적 요소들을 적용함으로써 자신감과 안정감 등을 얻게 된다. 이는 지위나 인정, 명성, 위신, 주목에의 욕구와 같이 외적으로 형성된 존중감이다.

신체 장식

시대나 문화에 따라 아름다움에 대한 기준은 차이가 있지만 신체를 장식하고자 하는 욕구는 비슷하다. 자기표현시대에 도래하면서 신체를 꾸며 아름다워지고 싶은 인간의 욕구는 점점 강해지고 있으며 변화에 대한 니즈가 세분화, 다양화되고 있다.

이러한 이유로 미용에 대한 필요성은 계속해서 높아지고 있고 미용관련 기술은 시대적 흐름에 맞추어 지속적으로 변화가 필요하다.

3

미용의 특수성

소재적 제한

미용은 인체를 대상으로 하는 특수성을 가지므로 미술작품처럼 소재의 선정이 자유롭지 못하며 고객의 신체조건, 취향, 희망사항 등을 고려하여 결과를 완성하여야 한다.

시간적 제한

미용은 정해진 시간 안에 희망결과를 만들어야 하는 서비스이므로 숙련된 기술이 요구되며 사용되는 모든 도구 및 기기는 충분한 지식과 기술을 습득 후 주의를 기울여 사용하여야 한다.

의사 표현적 제한

고객의 의사를 최대한 존중하며 정중한 매너와 화법으로 응대한다. 고객의 기분을 상하게 하거나 불편하게 하는 의사표현은 삼가도록 한다.

4 작품 제작 과정

소재 파악

가장 먼저 소재에 대한 특징을 파악하는 것이 중요하다. 헤어미용에서는 두상, 모질, 얼굴형, 모발 컨디션 등이 이에 해당된다.

작품 구상

소재에 맞게 적용 가능한 작품을 상담을 통해 고객과 함께 구상한다. 최대한 단점은 보완하고 장점이 부각될 수 있는 결과물을 위한 작업과정을 계획한다.

작품 제작

계획된 결과물을 완성도 있게 표현하기 위한 단계로 전문성과 예술성이 요구된다. 작품 과정에서 고객이 불편하지 않도록 지속적인 관찰과 주의가 필요하다.

작품 보정

완성된 결과에 대해 수정, 보완하는 단계로 만족도를 좌우하는 최종 단계이다. 고객의 손질 습관 등이 고려되어 작품이 보정되어야 한다.
미용은 문화적 측면, 예술적 측면, 위생적 측면에서 사회공헌에 대한 사명감을 가진다. 시대적 흐름에 선두주자로 앞서나갈 수 있도록 관련 지식 및 기술, 인격 및 품행을 유지하기 위해 노력하여야 한다.

5 성공을 위한 미용인의 자세

미용학이란 인체를 다루는 분야라는 관점에서 과학적인 연구와 미용(기)술의 실천에 관한 학문이다.

폭넓은 지식과 기술, 예술적 감각 등 다양한 능력을 고루 갖춘 미용 전문가(Beauty specialist)가 되기 위해 끊임없는 훈련과 매력있는 외모관리, 호감이 가는 성격을 개발해야 한다.

또한 바른 전문 직업윤리관을 지니고 전문적인 경력을 쌓아 나가야 한다.

성공은 누구나 꿈꾸는 목표다. 따라서 성공하려는 본인의 의지가 가장 중요하다. 즉 성공할 기회를 꾸준히 그리고 지혜롭게 찾아야만 성공할 수 있는 기회가 만들어 진다. 이러한 측면에서 미용인이 성공하려면 먼저 패션의 흐름을 읽어내는 능력이 필요하다. 본질적인 것은 눈에 보이지 않는다. 따라서 세상에 대한 끝없는 자기 혁신은 수많은 실패를 가져오지만 결국 본질에 눈을 뜨게 한다.

자기반성 없이는 자기 혁신도 없다. 혁신적인 삶을 영위하기 위해서는 자신의 삶을 주도해야 한다. 주도적인 삶을 살아가는 사람은 책임감이 강한 사람이다. 책임감이 강한 사람은 고객과의 관계에서 기분과 감정을 스스로 통제할 수 있는 사람이다.

미용인은 패션을 읽어내는 예민하면서도 풍부한 예술적 감수성을 바탕으로 고객과 공감하고 니즈(needs)를 파악하여 고객의 아름다움을 추구해주어야 하는 책임감 강한 의지가 있어야 한다.

위의 사항을 실천하기 위한 가이드

① 약속/책임 : 목표를 이루겠다는 자신과의 약속, 그리고 책임 있게 지켜 나간다.

② 태도/자세 : 목표에 집중하고 항상 긍정적인 사고와 태도를 지닌다.

③ 팀플레이(협동) : 주위의 사람과 좋은 관계를 유지한다. 발전과 성공에 도움이 된다.

④ 자신에 대한 평가 : 끊임 없는 자아 평가를 통해 자아를 발전시킨다.

⑤ 자신과의 경쟁 : 환경과 조건이 다 갖추어져도 나를 이기지 못하면 실패다.

⑥ 목표설정 : 항상 단기, 중기, 장기의 목표를 세우고 이루려고 노력한다.

Think Box

나는 어떤 미용인으로 성장할 것인가? 미용인으로서 내가 생각하는 올바른 자세를 적어보시오.

CHAPTER

2 미용의 역사

1 한국미용의 역사

고대

고대의 우리나라 미용은 중국의 영향을 많이 받았으며 머리형이나 장신구로 신분이나 계급을 표현하는 수단으로 사용하였다.
삼한시대 머리형은 수장은 관모를 썼고, 일반남성은 상투를 틀어 올렸으며 노예는 머리를 짧게 잘랐다. 여성은 결혼 유무에 따라 달랐으며 미혼자는 머리를 땋아서 늘어뜨리는 미발이나 변발 형태를, 기혼자는 뒤로 말아 올리거나 땋아서 얹는 형태를 한 기록이 해동역사(海東繹史) 등 옛 문헌에 남아있다.

무용총의 무용도[여성의 머리형태]

각저총의 씨름도[남성의 머리형태]

삼국시대

삼국시대 고구려, 백제, 신라는 연맹왕국 단계를 거쳐 교류와 대립을 반복하며 각기 다른 문화를 형성하고 발전시켰다. 종교적으로는 불교가 성행하였으며 정치적인 안정과 그로 인한 외교무역이 활성화되면서 복식에 영향을 미친다.

묶은 중발머리[1)]

[삼국시대 대표 머리형태]

쌍계머리[1)]

[삼국시대 대표 머리형태]

고구려(B.C.37 ~ A.D.668)는 기원전 1세기에 건립된 당나라의 영향을 받아 발전하였으며 귀족중심의 엄격한 신분제도를 강조한 것이 특징이다. 고구려의 미용 양식은 고분벽화에서 살펴볼 수 있는데, 귀족계층은 올린 머리(고계)와 가채, 관모를 사용하였고 일반 남성은 외상투, 쌍상투와 같은 상투머리가 주로 많으며 여성은 얹은머리, 쪽진머리, 푼기명머리, 중발머리, 변발머리 등을 볼 수 있다.

고구려 수산리 고분벽화(여인들의 행렬)[2] [고구려 여성의 머리형태]

수산리 고분벽화(남벽 동쪽 인물도)[3]

[고구려 남성의 머리형태]

수산리 고분벽화(널길 문지기)[4]

[고구려 남성의 머리형태]

백제(B.C.18~A.D.660)는 B.C.18년에 건국되었으며 반도 서남부에 위치하여 지리적 여건으로 고구려, 신라에 비해 문화적 측면의 발달이 다소 늦은 편이다. 중국의 영향을 받으며 문화를 형성한 것이 특징이다. 머리형을 살펴보면 남성은 상투를 틀고 여성은 마한인들의 전통을 계승하여 결혼 여부에 따라 미혼여성은 한 갈래 땋은 머리를 뒤로 늘어뜨리는 변발(辨髮)을 하고 기혼여성은 양 갈래로 나누어 얹은머리, 즉 쌍계(雙紒)를 주로 하였다.

신라(B.C.57~A.D.668)는 영육일치(靈肉一致) 사상의 영향으로 몸을 깨끗이 하고 머리를 길고 아름답게 가꾸며 향수나 향료를 많이 사용하였으며 화장술이 발달한 것이 특징이다.

미실 머리[5] [여성]

선덕여왕 머리[6] [여성]

남성의 머리형은 소인은 결발(結髮)형, 대인은 상투형을 즐겼으며 여성은 얹은머리, 속발(束髮) 북계(北□) 등의 머리형태가 유행하였다. 귀금속의 장신구로 모발 장식을 즐긴 것으로 기록되어 있다.

신라사신 [남성]
'당염립본왕회도'
(唐閻立本王會圖)

고려시대

통일왕조를 수립한 후 송나라와 외교적 관계를 돈독히 하면서 중앙집권체제와 문화를 대폭 수용한 고려(A.D.918 ~ 1392)는 1170년 무신정변을 기점으로 전기와 후기로 크게 구분된다. 전기는 통일신라의 영향을 받아 귀족사회의 문화로 화려한 복식이 특징이며, 미혼자는 중발형태로 묶은 머리, 기혼자는 늘어뜨리는 형태의 머리형을 주로 하였으며 남성은 '흑승', 여성은 '홍라'를 이용하여 묶었다. 또한 남성들은 모두 모두 두건(巾)으로 머리를 싸고 뒤로 머리를 내려뜨리다가 장가 든 뒤에 머리를 묶고 다녔다는 기록이 「고려도경」 에 기록되어 있다.

원나라의 침입이후 남성은 개체변발을 하기도 하였으며 후기에 와서는 다시 상투형과 얹은머리 형이 주를 이루었다.

상류층들은 주로 비녀를 사용하여 머리를 아름답게 하였으며 무거운 가체를 사용하여 얹은머리를 연출하였다.

숯이나 옻나무 등을 사용하여 흰머리를 검게 물들이기도 하였다.

벽화로 본 고려시대의 여성의 머리 모양[7]

황후[8] [관모]

궁정시녀[9] [관모]

상류층 여인[10]

평서민의 상투[11]

조선시대

조선시대(1392~1876)는 고려의 풍속을 이어받아 초기~중기까지 여성은 '얹은머리 형'을 즐겨하였으나 다리를 곁들여 머리를 크고 높게 할수록 아름답다 여겼으며 그리하여 조선시대 후기에는 가체와 비녀의 무게를 견디기가 힘들만큼의 크기로 발전하였다. 급기야 머리를 만져주는 '수모(手母)'라는 직업이 등장할 지경에 이르렀다.

대표적 여성의 머리형으로는 왕비의 '대수머리', 궁중가 여성들이 주로한 '어여머리', 떠구지머리'이며 함께 사용한 머리 장신구에는 비녀, 뒤꽂이, 첩지와 떨잠, 댕기 등이 있다.

미혼 남녀는 모두 묶은 중발머리를 하였고 기혼남성은 상투머리를 즐겨하였다.

1756년 영조는 '가체금지령'을 내려 가체 대신 '쪽진 머리'를 하여 족두리를 쓰게 하였는데 그 후 쪽진 머리는 우리나라 여성의 가장 대표적 머리형태가 되었다.

대수관_황후머리[2)]

가체머리[3)]

트레머리[4)]

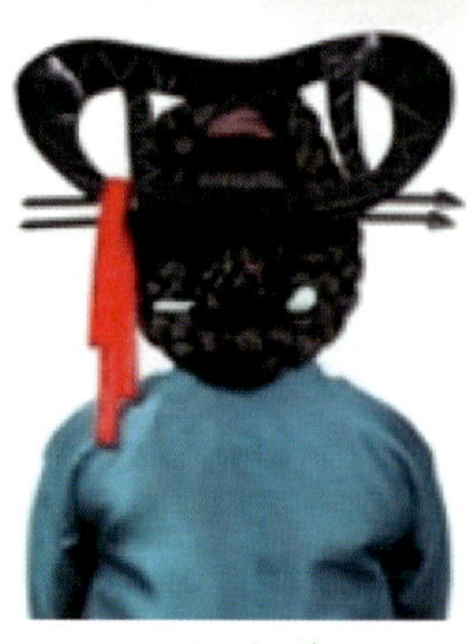

떠구지 머리[5)]

어여 머리[6)]

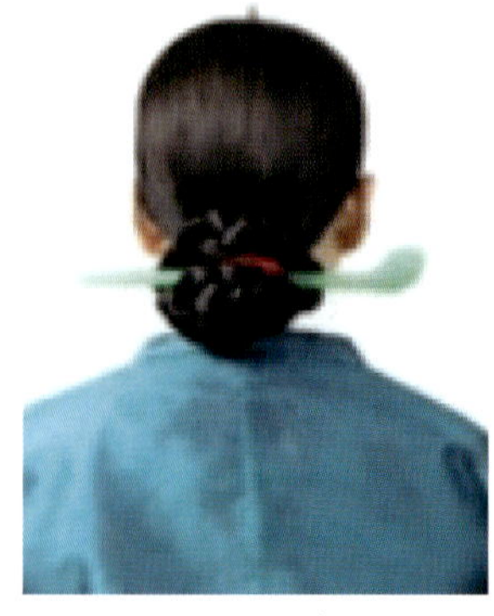

쪽진 머리[7)]

새앙머리[18]

상투[19][남]

땋은머리[20] [남]

장신구

족두리[21]

떨잠[22]

은매죽봉황비녀[23]

댕기[24]

첩지[25]

뒤꽂이[26]

근 · 현대

1870년 ~ 1910년까지는 일제 강점기로 인한 개화기로 사회윤리관이나 가치관이 대대적으로 변화되는 시기라 할 수 있다.

고종 32년, 을미개혁 이후 '단발령'이 내려졌으며, 서구식 군복이 채택되면서 서양 문물을 급격히 받아들이게 된다.

1910년대는 애국계몽운동으로 인해 신분계급이 폐지되고 여성 교육운동이 활발해 지면서 여성의 사회진출이 늘어나기 시작하였고 선진문화를 리드하는 신여성들의 등장으로 미용 문화는 급변하게 된다.

신여성 등장 - 이화학당 졸업생들[1911년]

1920년대는 이숙종 여사의 높은 머리와 김활란 여사의 단발머리가 헤어스타일에 혁신을 불러왔으며 이로 인해 여성의 머리길이는 쪽진머리, 댕기머리 등에서 벗어나 점점 짧아지고 실용성 있게 변화를 시작하는 시기이다.

1930년대는 최초의 미용사 오엽주 여사가 '화신미용실'을 오픈하게 되면서 커트, 퍼머, 염색 등과 같은 다양한 헤어스타일이 전파되기 시작하였다.

단발머리 스타일[27] [1930년]

일제강점기의 암흑기를 거쳐 1960년대로 접어들면서 과감하고 다양한 헤어스타일이 유행하기 시작하였고 현대미용 발전에 가장 많은 기여를 한 시기이다.

엘레강스 스타일
- 영화배우 신성일& 엄앵란[1960년대]

볼륨&히피 스타일
- 라미화장품 표지[1989년]

2000년대에는 전 세계적으로 웰빙(Wellbing)의 열풍이 불면서 두피 · 모발 건강에 대한 관심도가 급증하였으며 이에 따른 헤어 케어(Hair Care) 시장이 확산되는 시기이다.

이미지 시대에 도래하면서 개개인의 개성연출을 위한 퍼스널한 헤어스타일이 요구되면서 퍼머넌트 웨이브와 헤어컬러의 다양한 기술이 도입 및 적용되는 시기이기도 하다.

2010년대 이후에는 IOT 산업의 발달로 스마트 거울, 3D 프린터, 뷰티 로봇 등이 개발되었고, 온라인 영상 플랫폼이 활성화되면서 뷰티크리에이터가 미용 산업의 새로운 직군으로 자리매김하였다.

내추럴 스타일

2 서양미용의 역사

고대

(1) 이집트

이집트는 세계 4대 문명의 발상지 중 하나로 B.C. 3200년경 나일강 하류에서 번성한 나라이다. 무역이나 원정을 통해 금속 등이 발달하였고 종교의 영향이 많은 것이 문화적 특징이다.

이집트는 덥고 건조한 기후와 풍토, 종교적 의식 및 청결의 이유로 다양한 가발과 가발에 사용되는 장식이 발달한 곳으로 유명하다. 남녀 모두 가발 또는 머릿수건을 착용한 것으로 기록되어 있으며 신분에 따라 형태가 다양하다.

머릿수건은 헝겊을 이용하여 만든 커어취프(Kerchif), 통치자들이 쓰던 네메스(Names), 왕족이 사용한 클레프트(Klaft)가 대표적이며 가발은 중류층은 짧은 인조가발, 상류층은 인모로 만든 가발을 사용하였다.

왕은 권위적 표현으로 인공 턱수염(Postiche)을 부착하여 계급을 과시하였다.

이집트 머리 형태

이집트 파라오와 여왕머리

(2) 그리스

B.C. 3000 ~ B.C. 400년경 로마 문명의 기초가 된 그리스는 지중해성 기후적 특성으로 주변 지역과의 활발한 교류로 인해 복합적인 문화를 형성하였으며 수공업, 장신구, 귀금속업 등이 발전한 것이 문화적 특징이다.

이에 따라 다양한 머리형과 다채로운 머리장신구가 발달하였는데 이는 후세인들의 머리형에 영향을 주었다고 한다.

잿물로 표백하여 노란 꽃을 으깬 물을 이용해 모발색을 황금색으로 만들고 웨이브를 형성하기도 하였다. 남성은 뒤로 빗어 넘기거나 앞머리는 짧게 하고 뒤는 타래머리를 하는 형태를 주로 하였으며, 여성은 복식의 발달로 인해 길게 풀어헤친 머리에서 뒤로 틀어 올려 리본이나 밴드, 핀을 이용해 묶는 형태로 점차 변화되었다.

그리스 여성의 머리형[28)]

그리스 남성의 머리형[29)]

(3) 로마

B.C 8세기 ~ 3세기에 로마인은 정복활동으로 인한 부의 축적과 상업이 발달되면서 인도의 향료, 중국의 비단 등 정복지로부터 진귀한 직물이나 장식품들을 들여와 사치스럽고 풍요로운 생활을 한 것이 특징이다. 그리스의 신화를 받아들여 제우스(Zeus)를 포함한 12신을 숭배하였는데 이러한 이유로 복식과 머리형이 영향을 받기도 하였다.

남성은 그리스와 거의 유사하거나 좀 더 복잡한 형태로 변형되었는데 수염을 길러 변화를 주거나 짧은 스타일에 토가(Toga)나 월계관 등을 착용하여 장식하였다.

여성의 머리형도 초기에는 그리스와 유사하였으나 시대에 따라 좀 더 복잡하고 화려한 형태로 변화됨을 볼 수 있다. 웨이브를 주어 묶은 쉬뇽 스타일에서 포인트의 변화를 주거나 팔리오룸(Palliolum)이나 베일(Vail)을 착용한 스타일, 퐁파두르(Pompadour) 스타일을 주로 하였다.

로마 남성의 머리형태

로마 여성의 머리형태

중세

(1) 비잔틴(Byzantine)

4 ~ 10세기 그리스와 로마 문화를 바탕으로 발달된 형태로, 화려한 색감과 건축물, 조형물들이 특징이다.

대표적 머리형은 자연스러운 웨이브 형태로 남성은 짧은 단발모양, 여성은 땋아서 내려뜨리거나 위로 올려 리본으로 묶은 스타일이 유행하였으며 후기에 접어들면서 화려한 장신구와 보석을 다채롭게 활용하였다.

비잔틴 시대의 머리형태

(2) 로마네스크(Romanesque)

11 ~ 13세기 시대로 11세기 일어난 십자군 전쟁의 영향을 많이 받은 문화적 특징을 보인다. 신체적 노출은 종교심에 어긋난다 하여 몸을 전체적으로 둘러싸는 복식이 특징적이다.

머리형은 남성은 주로 짧은 단발형을 하였고 서민은 후드, 귀족은 모자를 착용하기도 하였다.

여성은 가르마를 타서 두세 가닥으로 땋아 늘어뜨리는 형태가 대표적이며 외출이나 종교적 행사 시에는 흰색 베일인 윔플(Wimple)을 착용 하였다.

로마네스크 시대 남성의 머리형태[30]

로마네스크 시대 여성의 머리형태

(3) 고딕(Gothic)

14 ~ 15세기로 십자군 전쟁이 실패하고 교황권이 쇠퇴되며 왕권이 강화되면서 시민의 계급이 급성장하게 되는 시기이다.

머리형은 남녀 모두 관을 착용하는 것이 특징이며 여성은 머리를 땋아 위로 올려 띠를 이용하여 단단히 고정하는 스타일을 주로 하였으며 베일이나 에넹(Hennin) 모자를 착용하는 것이 유행하였다.

고딕 시대의 머리형태

(4) 르네상스(Renaisaance)

르네상스(Renaisaance)는 '재생'이라는 의미로 14~16세기를 거쳐 그리스, 로마의 고전 문예가 부활한 시대라 할 수 있으며 인격적이고 자유로운 것이 문화적 특징이다.

중세 말기 이후 남성은 수염을 자르거나 단발머리나 짧은머리 등 여성의 스타일과 유사한 형태가 유행했으며 점차 의복의 러프(Ruff)의 유행으로 짧고 단정히 빗어 넘긴 스타일로 변형되었다.

여성은 앞이마를 드러내 모자를 착용하거나 후드로 머리를 가리는 형태를 많이 하였고 염색이나 머리분을 사용한 것이 특징이다. 남녀모두 다양한 형태의 모자를 즐겨 썼다.

르네상스 시대 남성의 머리형태

르네상스 시대 여성의 머리형태

(5) 바로크(Baroque)

17세기의 바로크(Baroque)는 '찌그러진 진주'라는 뜻으로 자본주의의 출현으로 개인주의와 향락이 만연하며 쾌락과 사치를 추구한 문화적 특징을 가지고 있다.
남성은 여성스럽고 풍성한 롱 웨이브 스타일을 즐겨 하였으며, 여성은 컬을 만들어 풍성하게 부풀리는 리고 새털을 달아 장식하는 퐁땅쥬(Fontange) 스타일이나 천방지축을 뜻하는 위를뤼베를뤼(Hurluberlu) 스타일이 유행이였다.

바로크 시대 남성의 머리형태

바로크 시대 여성의 머리형태

(6) 로코코(Rococo)

18세기의 로코코(Rococo)는 루이 15~16세 시기 궁정 양식을 말하며 관능적이며 향락적인 생활이 그대로 반영된 복식이 특징이다.

18세기 후반에 남성의 패션에서 가장 큰 변화는 가발이다. 주로 웨이브 모발을 땋아 묶은 형태의 가발을 많이 착용하였다.

여성은 점차 머리 모양이 높아지고 거대해졌으며 루이 14세 이후 낮은 머리형인 퐁빠두르(Pompadour)형이 유형하였다.

로코코 시대의 머리형태

근대

(1) 엠파이어(Empire)

1789 ~ 1815년은 프랑스 나폴레옹 1세 고전주의 양식으로 자본주의 사회가 형성되고 여성의 지위가 향상되는 시대이다.
실용적이고 자연스러운 티투스(Titus)와 프시케(Psyche)스타일이 유행하였으며 고대 스타일을 동경하여 그리스 시대의 머리형이 다시 나타나는 시대이다.
챙이 앞쪽으로 길고 넓은 모자로 얼굴을 가리는 스타일도 유행하였다.

엠파이어 시대의 머리형

(2) 로맨틱(Romantic)

왕정복고 시대로 낭만주의 양식이다. 귀족들과 성직자들이 계급제도를 재수립하고 특권을 부활한 시대이다.
여성의 실루엣이 과장되게 강조하고 화려한 복고풍이 유행하였으며 머리형도 가발을 이용해 과장하거나 뒷머리를 둥글게 말아올린 것이 특징이다.
아폴로놋(Apollo knot) 스타일이 유행하였다.

(3) 크리놀린(Crinoline)

나폴레옹 3세 시대의 양식으로 여성의 스커트를 부풀리기 위해 입었던 속치마의 명칭이 크리놀린(Crinoline)이다.
머리형은 품위 있고 단정한 형태가 주를 이루었으며 꽃, 깃털, 레이스 등을 달아 장식하였다. 붉은 모발색이 유행하여 염색과 탈색제를 사용한 것으로 기록되어 있다.

로맨틱 시대의 머리형태

크리놀린 시대의 머리형태

(4) 버슬 & 아르누보

산업자본주의에서 생겨난 부르주아 계급의 시대로 사치와 쾌락이 시대를 대표하는 단어이다.

머리형은 남성들은 단정하고 실용적인 짧은 스타일인 포마드 스타일이 유행하였으며, 여성은 퐁파두르(Pompadour) 스타일이 주를 이루었다.

버슬과 아르누보 시대의 머리형태

현대

20세기에 들어오면서 화장품 제조 기술이 발달되고 그로 인해 미용용품 개발도 활발해졌다. 대표적으로 1870년 프랑스의 마샬 그라또(Marcel Grateau)에 의해 최초의 아이론이 개발되고 1905년 영국의 찰스 네슬러(Charls Nessler)에 의해 알칼리제를 이용한 Heat wave를 고안하여 현재 퍼머넌트 웨이브의 시초가 되었다.
또한 웰빙(Well Bing)과 같은 자연주의 사상이 함께 유행하면서 모발 건강에 대한 관심이 높아지기 시작했으며 머리형은 절제되고 세련되기 시작했다.

현대의 머리형태

CHAPTER

3 모발과학

1 두피 생리

두피(Scalp)의 정의

피부는 인체를 외부로부터 보호하는 물리적 장벽으로 우리 몸에서 가장 큰 기관이며 그 중 두피는 두부 표면을 둘러싸고 있어 두부를 보호하고 있는 피부조직을 말한다.

두피 조직은 다른 어떤 부분보다도 모낭과 혈관이 풍부하고 신경분포도 매우 조밀한 구조를 가지고 있으며 혈액과 림프액이 골고루 순환하면서 피부 내에 영양과 산소를 공급한다. 체내의 중금속이나 노폐물, 독소 등을 피부 밖으로 배출하고 외부의 충격이나 압박으로부터 뇌를 보호하는 중요한 기능을 한다.

> **TIP** **Scalp는 두개골 상부 구조들의 영문 첫 글자를 따서 지은 이름으로 이에요!**
> S - skin : 머리카락이 자라는 머리 위 피부
> C - connective tissue : 결합 조직. 얇은 지방층
> A - aponeurosis : 두피의 힘줄을 씌우고 있는 고밀도 섬유 조직층인 모상 건막
> L - loose areolar connective tissue : 그물눈 결합 조직 계층(접착제와 같은 역할)
> P - pericranium : 두개골막

피부와 두피의 구조

피부 1cm^2 안에는 약 65개의 모발, 95 ~ 100개의 피지선, 70m의 신경, 17m의 혈관, 650개의 한선, 950만개의 세포, 1,300여개의 통각종말, 1만 9천 여 개의 신경섬유 종말에 있는 감각세포, 78개의 온점, 13개의 냉점, 160여개의 압 점 등 많은 부속기관이 존재한다.

크게 표피, 진피, 피하지방 총 3개의 층으로 나뉘며 세포분열 과정을 통해 새로운 세포를 위쪽으로 밀어 올리고 탈락하는 과정을 반복하는 약 28일의 각화주기를 가진다.

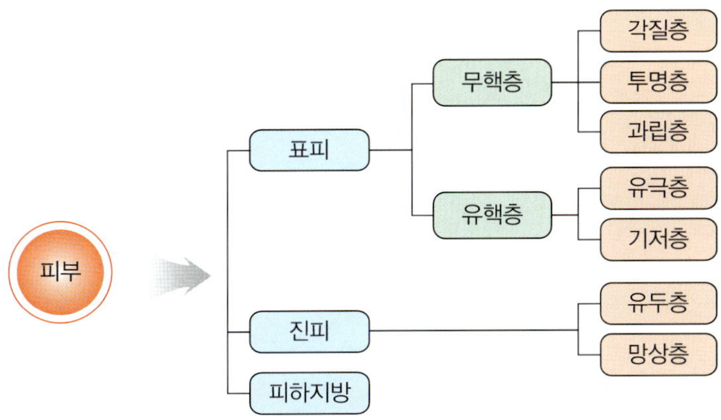

피부의 구조

(1) 표피(Epidermis)

표피는 약 0.1 ~ 0.2mm 정도의 얇은 조직으로 중층편평상피로 구성되어 있으며 혈관이 없다. 인체의 가장 바깥에 위치하여 외부의 환경과 직접 접촉하는 부분으로 눈으로 볼 수 있으며 자극으로부터 내부를 보호한다. 각질, 투명층, 과립층, 유극층, 기저층의 총 5개 층으로 구성되어 있으며 약 28일의 각화주기를 가진다.
표피의 구성세포로는 각질형성 세포(기저세포, Keratinocyte), 멜라닌 형성세포(Melanocyte), 면역 세포(Langerhans Cell), 촉각 세포(Merkel Cell) 등이 있다.

표피(피부)의 각화현상

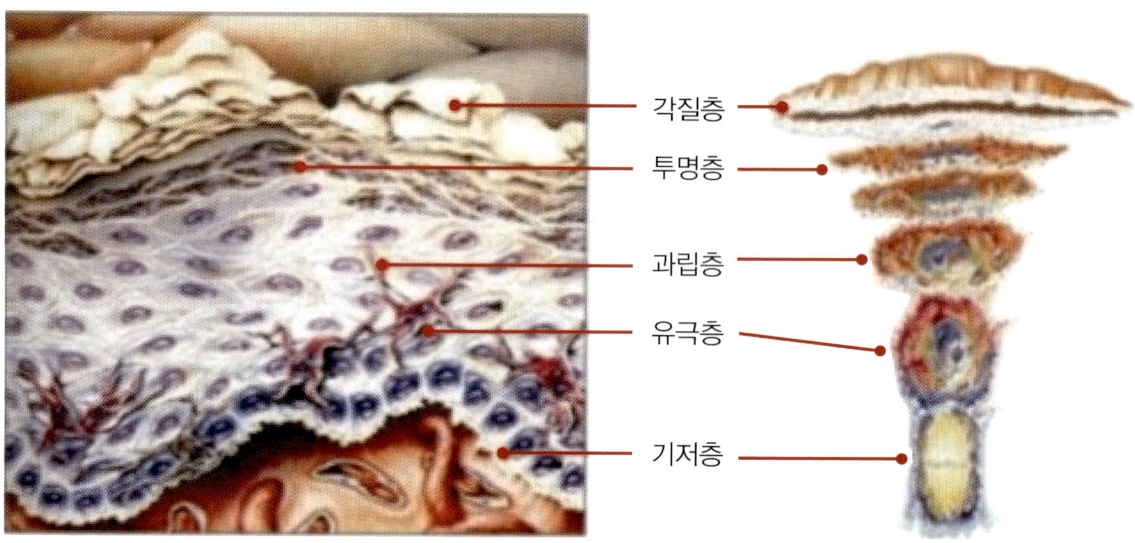

〈표피 단면도〉 〈표피 각화과정〉

기저층에서 새로 분열된 세포들이 각질층까지 올라가는데 **14일**이 소요되고, 또 다시 각질층에서 떨어져 나가는데 **14일**이 소요되면, 총 **28일**로서 신진대사 주기인 4주가 경과되어 피부로부터 자연적으로 떨어져 나가는 것

① 각질층(Stratum Corneum)

각질층은 피부의 가장 바깥쪽에 위치해 있으며 탈(수)축합 과정을 거친 10 ~ 20층의 편평(무핵)세포로 중첩 되어 있으며 핵이 없는 죽은 세포이다.

각질층	구성	- 케라틴(58%) - 천연보습인자(NMF : Natural Moisturing Factor 31%) - 각질 세포간 지질(Lipid 11%) - 수분 등 기타
	특징	- 각질형성세포의 마지막 분화 단계 - 각질 외피에 둘러싸인 단백질 형태의 각화된 세포로 존재하다 얇은 인설로 되어 탈락 - 수분함량은 15 ~ 20%가 적정하며 수분함량이 10% 이하이면 피부가 건조하여 거칠어짐
	기능	- 외부 손상으로부터 피부를 보호 - 내부 물질이 피부 밖으로 투과하지 못하게 방어 - 수분의 투과성이 낮아 탈수를 지연 - 외부의 유해한 자극에 대한 장벽 역할을 하여 물질의 침투를 방지 - 피지막을 형성시켜 피부 내부조직을 보호

② 투명층(Stratum Lucidum)

투명층은 엘라이딘(Eladin)이라는 반유동성 단백질이 유상으로 녹아 반 고형의 상태를 이루고 2 ~ 3층의 생명력이 없는 각화세포로 구성되어 있으며 특히 손바닥과 발바닥 등의 비교적 두터운 부위에 다수 존재하고 있다.

투명층	구성	- 엘라이딘(Eladin) : 반 유동성 단백질 - 투명층과 과립층 사이 - 수분 증발 저지막(레인방어막)
	특징	- 생명력이 없는 세포층(각화세포) - 엘라이딘(Eladin)이라는 반유동성 단백질이 유상으로 녹아 반 고형의 상태를 이룸 - 손바닥과 발바닥 등 두터운 부위에 다수 존재 - 수분 증발 저지막 위 : 약산성이면서 10 ~ 20%의 수분을 함유 - 수분 증발 저지막 아래 : 약알칼리성이면서 70 ~ 80%의 수분량을 함유
	기능	- 체내의 수분증발 방지 - 외부의 이물질 침투를 방지

③ 과립층(Stratum Granulosum)

과립층은 각질화 과정이 실제로 시작되는 층으로 각질효소(Keratohyaline)가 많이 생성되어 피부의 퇴화가 시작되는 층이다.

과립층	구성	- 2~5층의 무핵 세포로 구성 - 초자유리과립(Keratohyaline Granules)
	특징	- 각질화 과정이 시작되는 층 - 편평한 또는 방추형의 다이아몬드 형태 세포로 구성 - 손과 발바닥에서 가장 두껍게 분포 - 세포질 내에 각질화 초자유리과립(Keratohyaline Granules)이 생성되어 각질화 됨
	기능	- 외부의 물리적 압력 방어 - 화학적 이물질 침투 방어

④ 유극층(Stratum Spinosum)

유극층은 표피층 중에서 가장 두꺼운 층으로 핵이 있는 극상세포로써 가시돌기 형태의 유극세포가 존재해 가시층 또는 극 세포층이라고도 한다. 세포 분열을 일으켜 피부 바깥쪽으로 이동하면서 분화하며 유극세포 사이에 림프액이 순환하고 있어 림프마사지가 이루어질 수 있는 영역이 되며 세포간교가 잘 발달되어 있다. 면역기능을 담당하는 랑게르한스 세포(Langerhans Cell) 도 존재한다.

유극층	구분	내용
유극층	구성	- 5 ~ 10층의 두터운 세포층 - 방추형의 돌기세포인 랑게르한스 세포(Langerhans Cell) 존재
	특징	- 핵이 있는 세포로서 불규칙한 다각형 모양 - 가시돌기 형태의 유극세포가 존재 - 세포 분열을 일으켜 피부 바깥쪽으로 이동하면서 분화 - 손바닥과 발바닥 등의 비교적 두터운 부위에 다수 존재
	기능	- 피부 면역에 도움 - 이물질인 항원을 면역 담당 세포인 T림프구로 전달해주는 역할 - 피부의 혈액순환과 영양공급에 관여하는 물질대사

⑤ 기저층(Stratum Basale)

기저층은 표피의 가장 아래층에 위치하며 진피층 과의 경계를 이룬다. 기저세포에서는 새 세포인 표피세포를 만들어 내며 크기가 원세포만큼 될 때까지 기저층에 맞대어 있는 진피의 혈관과 림프관에서 영양분을 공급받는다. 피부 표면의 상태를 결정짓는 중요한 층으로서 상처를 입으면 세포 재생이 어려워 후에 흉터가 남게 된다.

케라틴을 만드는 각질형성세포(Keratinocyte)와 피부의 색을 좌우하는 색소형성세포(Melanocyte), 촉각 세포(Merkel Cell)가 존재한다.

과립층	구성	- 각질형성세포(Keratinocyte) - 색소형성세포(Melanocyte) - 촉각 세포(Merkel Cell)
	특징	- 표피의 가장 아래층에 위치 - 핵이 있는 세포층 - 진피 유두와 표피 기저와의 경계표면 돌기에 분포된 모세혈관으로부터 영양을 공급 - 모세 림프관을 통해 노폐물을 배출 - 피부 표면의 상태를 결정짓는 중요한 층
	기능	- 계속 새 세포를 만들어 유극층으로 이동시킴(분화)

⑥ 표피의 구성세포

• 각질형성세포(기저세포, Keratinocyte)

기저층에서 형성되어 세포분열을 하면서 각질화 과정인 표피의 위층으로 이동하여 피부 표면에서 탈락한다. 세포 교체 주기는 약 4주 정도이다.

• 색소형성세포(Melanocyte)

기저층에 존재하며 피부색을 결정한다. 세포의 수는 일정하나 인종에 따라 색소의 양과 크기는 다르다. 자외선으로부터 피부를 보호하고 점차 각질층으로 이동시킨다.

• 랑게르한스 세포(Langerhans Cell)

유극층에 존재하며 피부의 면역반응과 알레르기 반응에 관여한다.

• 촉각 세포(Merkel Cell)

기저층에 존재하며 촉각 수용체로서 촉각을 감지하는 촉각 담당세포이다.

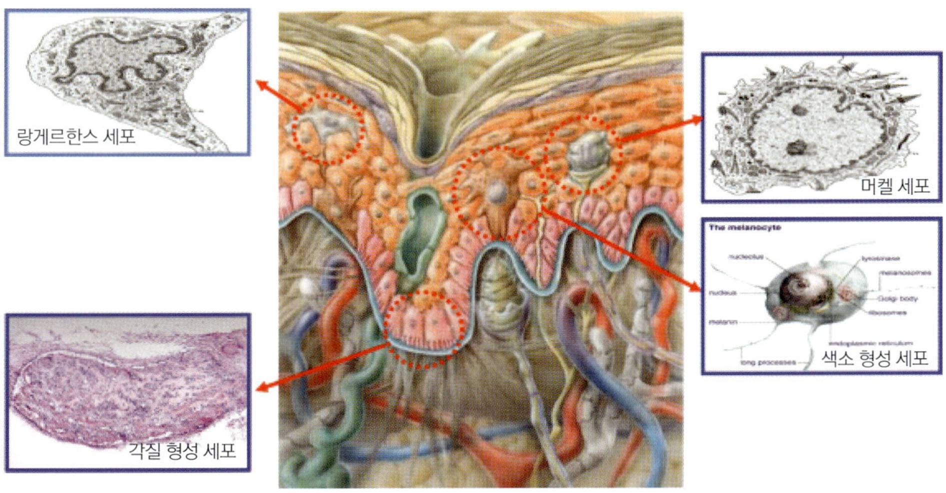

표피의 구성세포

(2) 진피(Dermis)

표피 밑에 있는 약 2~3mm의 층으로 진피는 표피보다 20~40배 가량 두꺼운 층으로 피부의 약 90%를 차지하며 유두층과 망상층으로 구분된다.

진피의 주요성분은 진피성분의 90%를 차지하는 단백질인 비탄력적인 교원섬유(Collagen Fiber), 피부의 탄력을 결정짓는 중요한 요소인 탄력섬유(Elastin Fiber), 결합섬유 사이를 채우고 있는 물질인 히아루론산으로 구성되어 신체의 탄력과 윤기를 부여하며 수분저장, 체온조절, 감각 수용체 역할 및 피부재생 기능을 가진다.

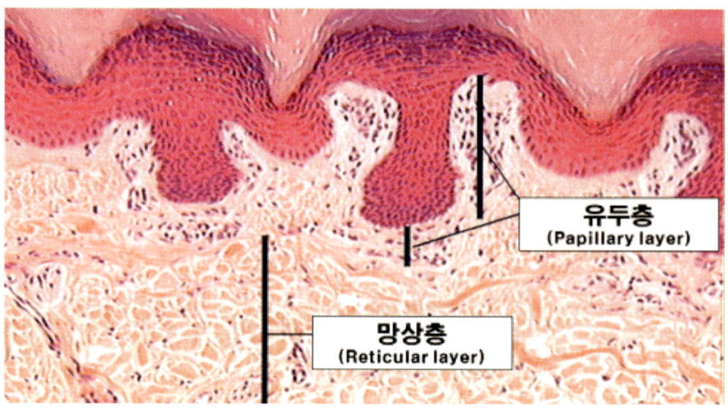

진피의 구조

① 유두층(Papillary Layer)

유두층은 진피 전체의 10~20%를 차지하며 표피의 아래층으로 표피와 진피를 이어주며 표피에 영양공급과 온도조절을 담당한다. 감각을 전달하는 신경유두와 기저층에 영양을 공급하는 기능을 하는 혈관유두로 나뉜다. 피부가 노화될수록 유두층의 물결모양 섬유들은 편평하게 퇴화되며 피부의 탄력성이 저하된다.

② 망상층(Reticular Layer)

진피층의 대다수를 차지하는 망상층은 단단하고 불규칙적인 그물모양의 결합조직으로 되어 있어 탄력적인 성질이 있다.

섬유 단백질인 콜라겐과 엘라스틴으로 이루어져 있으며 피부가 과잉으로 늘어나거나 파열되지 않게 보호하는 기능을 한다. 압각, 한각, 온각 등의 감각기관이 위치한다.

③ 진피의 구성 물질

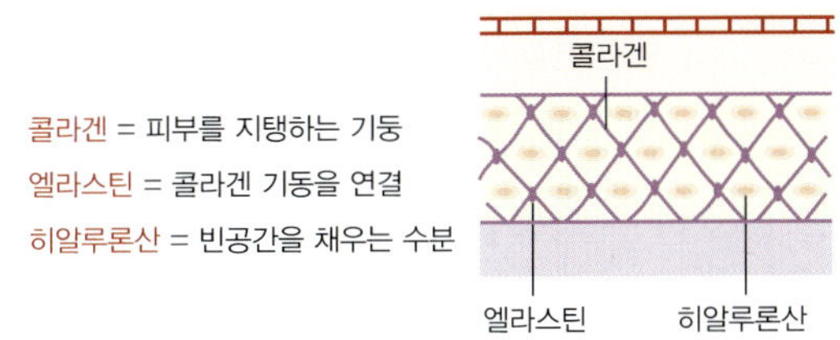

교원섬유 (콜라겐)	교원질에 속하는 단백질로서 피부의 결합 조직을 구성하는 주요 성분이다. 콜라겐은 자외선으로 부터피부를 보호해주며 피부의 주름을 예방해주는 수분 보유원이다.
탄성섬유 (엘라스틴)	탄력성이 강한 단백질로 피부 탄력을 결정짓는 중요한 요소이며 엘라스틴이 노화되면 피부의 탄력감이 떨어지고 영양이 결핍되어 피부가 위축된다,
기질 (히아루론산)	진피내의 세포들 사이를 메우고 있는 당단백질로서 자기 무게의 몇백배에 해당하는 수분 보유력이 있어 보습과 유연효과를 부여함으로써 노화용 화장품의 주원료로 쓰인다.

④ 진피의 세포

- 섬유아세포(Fibroblast) : 교원섬유와 탄력섬유를 생성
- 비만세포(Mast Cell) : 염증과 알러지 반응 시 방어물질 분비
- 대식세포(Macrophage) : 우리 몸의 노폐물을 제거하는 식세포
- 지방세포 : 지방을 저장하는 세포

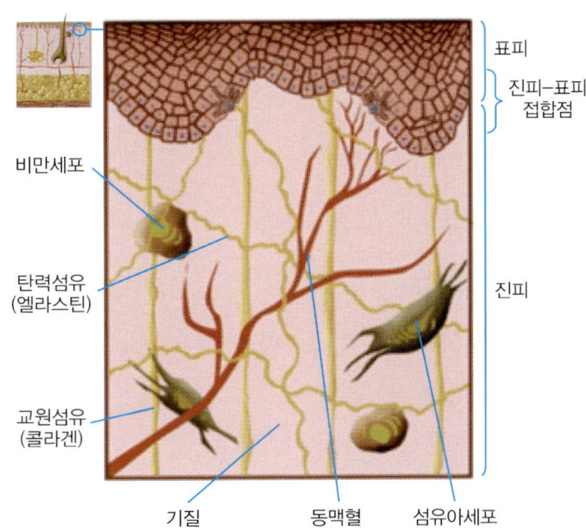

진피의 세포

(3) 피하조직(Hypodermis)

피하조직은 진피 밑에 있는 지방을 저장하는 조직으로 외부 충격에 대한 쿠션 역할과 열의 발산을 막아 몸을 따뜻하게 보호하는 역할을 하는 중요조직이다. 진피와 근육, 뼈 사이에 위치한 피하조직은 열을 차단하고 충격을 흡수하여 몸을 내부를 보호하는 기능을 하며 동맥, 림프관 조직의 순환작용이 이루어져 생체의 에너지로서 활용되는 영양분을 저장한다. 여성호르몬과 관계가 깊어 체형의 굴곡을 결정짓는 심미적 역할을 한다.

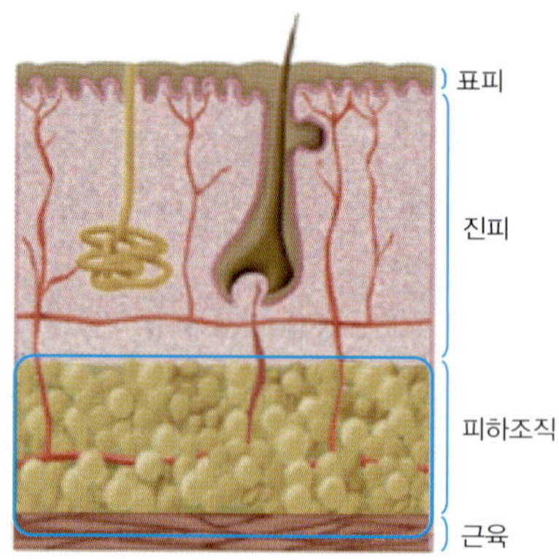

피하조직층

피부(두피)의 기능

(1) 보호 작용(Protection)

피부 외측의 유해 요소로부터 신체를 보호한다. 물리적 자극에 대한 보호 작용으로 내부 장기를 보호하는 완충작용을 하며, 화학적 자극에 대한 보호 작용으로 산과 알칼리의 중화 능력으로 이물질의 침입을 방지하며 멜라닌 생성으로 자외선을 차단하여 피부를 보호한다.

(2) 비타민 D 생성 기능

피부는 신체의 신진대사 활성화를 위하여 프로비타민 D가 자외선을 받으면 생체 내에서 비타민 D로 바뀌어 체내에 흡수되며 칼슘의 흡수를 촉진시켜 뼈와 치아의 형성에 도움을 준다.

(3) 체온조절 작용(Temperature Regulation)

정상 체온을 유지하기 위하여 기온이 높거나 운동 후 체온이 상승하면 온각이 반응을 보여 한선이 땀을 많이 분비시키고 땀이 인체의 표면에서부터 기화되면서 냉각효과를 가져다준다. 반대로 외부 온도가 내려가거나 체온이 떨어지면 한각이 반응을 보여 열손실의 방출을 줄여주어서 체온조절을 하는 것이다.

(4) 분비, 배설작용(Excretion)

땀이나 피지 분비는 두피에 피지막을 형성하고 인체 내 독소 방출을 함으로써 면역 기능을 하여 세균의 서식을 억제한다.

(5) 감각 작용(Sensory Action)

피부에는 통점(100~200개), 촉점(25개), 냉점(6~23개), 온점(0~3개)을 가진다. 촉점은 손끝, 입끝, 혀끝에 주로 분포되어 있고 온점과 냉점은 혀끝에 많이 분포되어 있다. 샴푸를 하거나 마사지를 할 때 두피에 자극을 주게 되면 두피가 민감해져 모세혈관이 확장되고 약한 자극에도 따갑거나 예민해진다. 또한, 뜨거운 열기와 접촉하거나 영구적 손상을 얻었을 때 모낭 조직이 파괴되어 모발이 더는 자랄 수 없게 되므로 주의한다.

(6) 호흡 작용(Respiration)

피부도 약간의 호흡작용을 하여 피부로부터 독소 룰 배출하고 혈색을 맑게 해주며, 외부로 부터의 산소 공급을 통해 호흡기능을 보조하고 피부세포의 세포 분열을 도와준다. 두피에 각질이나 이물질이 쌓이게 되면 두피의 모공을 막아 피부 호흡을 막고 염증을 발생시켜 모발이 가늘어지게 되므로 두피의 청결을 통해서 원활한 호흡과 배설을 할 수 있어야 건강한 모발을 유지할 수 있다

(7) 흡수 작용(Absorption)

두피는 두개골을 감싸고 있는 기능뿐만 아니라, 모발 및 피부의 영양에 필요한 영양분을 각질층의 경로와 피부 부속기관을 통 하여 외부로부터의 흡수하는 기능을 가지고 있다. 피지막과 각질층의 피부 장벽으로 인해 흡수가 어렵지만, 모낭이나 한선, 피지선을 통하여 흡수되는 경피흡수는 피부 지방과 같은 지질이나 입자가 미세한 화장품은 표피를 경유해 피부 상태에 따라 피부내로 흡수된다. 강제 흡수로는 전기에 의하여 일 시적인 방어 기능을 저하시키는 이온토포레시스 방법, 피부온도를 상승시키는 방법, 각질층의 수분량 증가 및 혈액순환을 증가시키는 방법이 있다.

(8) 체액 조절(Fluids Regulation) 작용

피부 구성 성분인 케라틴과 지질(Lipid) 등이 수분 침투를 저지시킨다. 즉 피부는 체액이 피부 내부에서 나가는 것을 방지하고 피부 외부에서 수분이 침투하지 못하게 한다.

(9) 면역 기능

림프구, 랑게르한스세포에 의한 면역기능이 있다.

(10) 표정 기능

30여개의 얼굴근육이 내면의 감정을 표시하며 자주 사용하는 근육이 주름을 만들어 인상을 결정짓는다.

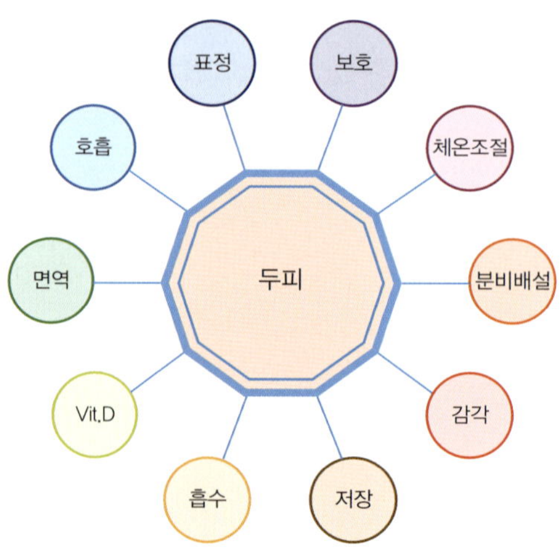

두피의 기능

2

모발 생리 (Hair Physiology)

모발의 발생

모발은 피부가 전화(轉化)하여 생긴 것으로, 피부(皮膚)와 같이 신체를 보호하는 피부 부속기관이다.

모모(毛母) 상피세포가 케라틴 섬유로 단단하게 빈착된 각화세포로 이루어져 있으며, 촉각이나 통각을 전달하고 외부의 화학적, 물리적 자극으로부터 신체를 보호한다.

모발의 성장은 태내에서부터 시작된다. 태아의 체모 세포는 모발에 관한 부모의 유전성을 가져 모발이 갖게 될 형태 및 특성은 모태에서 이미 결정되며, 출생 후에는 일정한 모낭의 수를 갖는다.

(1) 세포의 분화

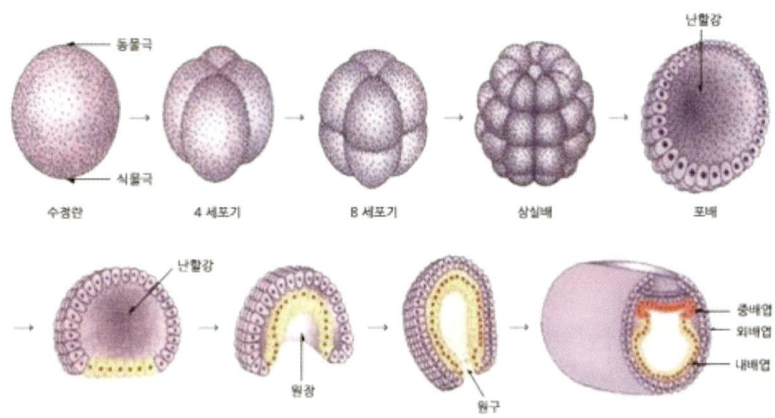

모발의 기원 I

모발의 기원은 정자와 난자가 결합한 수정란이 세포 분열을 거쳐 10 ~ 11일째부터 배엽을 형성한다. 수정란은 난할을 하여 2세포기, 4세포기, 8세포기를 거쳐 자궁장에 도착한 12 ~ 16세포기의 것으로 이때의 할구 덩어리는 투명대로 둘러싸여 마치 오디처럼 보이기 때문에 이 시기의 배를 상실배라하고 상실기라 한다.

상실배 중앙에는 한할강이라는 빈곳이 생기며 상포층으로 둘러싸여 큰 난할강, 포배강을 갖는 고무공과 같은 포배로 되어, 이 시기를 포배기라 한다. 바깥쪽의 세포층을 외배엽, 원장의 벽을 만들고 안쪽의 세포층을 내배엽이고 이중의 벽을 갖는 주머니 모양의 배를 형성하여 낭배기라 한다.

이때 배엽의 함입으로 생긴 안쪽의 벽인 내배엽에 소화기 계통의 내장이 형성 된다. 또 바깥쪽의 벽인 외배엽에 뇌와 신경 계통 그리고 피부와 모발이 형성된다. 외배엽과 내배엽 사이의 세포들인 중배엽에서 심장, 혈관 및 골격과 근육 등이 형성된다. 즉 모발은 외배엽에서 발생된다. 모발은 손톱, 발톱과 같은 피부 부속물로서, 표피, 진피, 피하 조직의 3층 구조 중 표피에서 유래되어 각화 과정을 거쳐 형태를 달리하면서 모발로 성장한다.

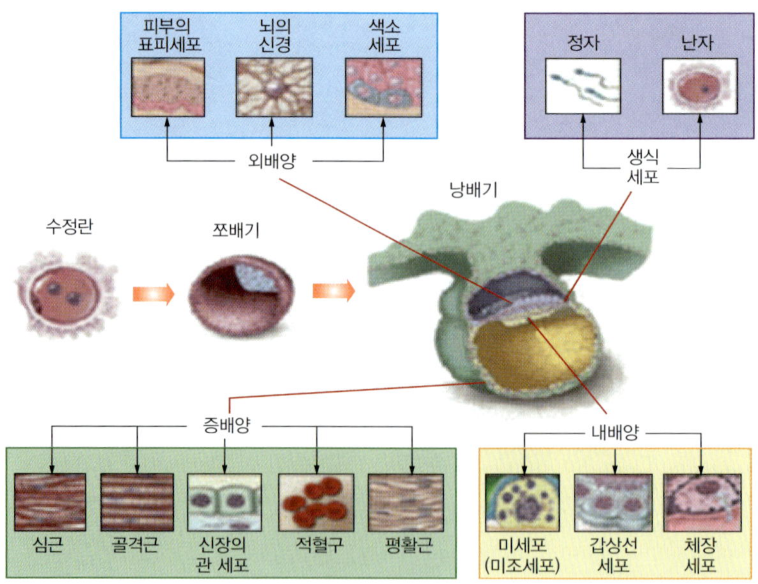

모발의 기원 2

(2) 모낭의 생성

태아가 성장함에 따라 피부가 함몰되면서 모낭이 되고 모낭의 가장 하부에 모유두가 만들어진다. 모낭은 임신 3개월 된 태아의 몸에 만들어지기 시작하여 6개월이 되면 완성된다. 모체에서 하나의 세포로 이루어진 수정란은 세포분열에 의해 기하급수적으로 증가하여 태아로서 인간의 형태로 만들어지는데, 일반적으로 태아 9 ~ 12주 때 모낭이 형성되어 12 ~ 14주 때 모발의 성장이 시작된다.

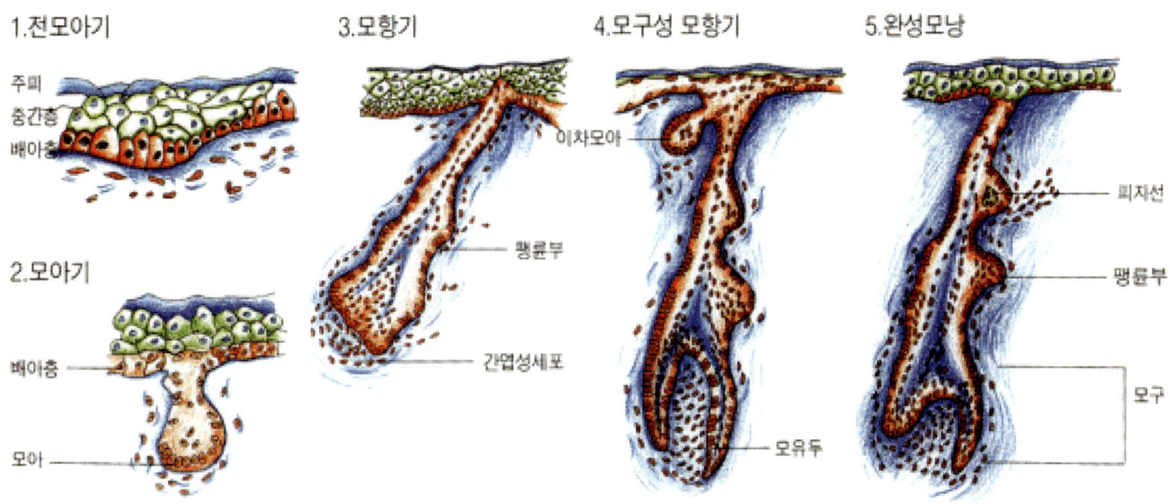

모낭의 생성과정

① 전모아기

모발은 표피의 함몰로 모낭이 형성되면서 시작된다. 사람의 표피는 태생 초기에는 한층의 세포가 배열되어 있는 것에 불과하나 태아의 성장이 진행됨에 따라 3개의 층이 되며, 안쪽부터 배아층, 중간층 및 주피로 구성된다. 모낭이 형성되는 것을 알려주는 초기의 표시는 표피의 배아층으로, 이것이 모낭의 최초 출발점이 된다. 모낭 형성에서 발견되는 형태를 모아라고 부르고, 모아가 형성되기 시작하는 단계로 모낭의 형성 이전을 전모아기라고 한다. 이 단계에서 표피는 일반적으로 배아층의 세포와 주피의 2층으로 되어 있는 경우가 많은데, 이 때 중간층의 세포는 이미 분화되어 있는 경우도 있다.

② 모아기

임신 14주경부터 전모아기는 급속하게 모아기로 이행되고, 배아층의 중간층 세포가 진피 속으로 함몰되어간다. 이 경우 발달된 중간층 세포는 바깥을 둘러싸고 있는 배아층 세포 속으로 진입하여 모아의 중심부를 형성해 간다.

③ 모항기

임신 18주경부터 모아는 맨 끝 부근에 있는 간엽성 세포 집단에 끌려오듯이 진피 내에 침입하여 마치 피부 속에 1개의 기둥 모양으로 진피 내에 깊숙이 형성되는 시기로기둥이 박혀 있는 듯 한 형태가 된다. 이와 같은 단계를 모항기라고 부른다.

④ 모구성 모항기

모아가 진피 속으로 침입해 들어갈 때 표피 면과 모아의 기둥은 일정한 각도를 이룬다. 예각 쪽은 앞면, 둔각 쪽은 뒷면이며, 뒷면에는 피지선이 자리 잡고 있다. 모항기가 지나면서 모낭 기둥 면에 피지선과 기모근의 근원 부분이 부풀어 오르고 모낭 끝이 둥글어지며 간엽성 세포집단이 모유두의 형성을 예고하는 시기이다.

⑤ 완성 모낭

조직의 분화로 모발을 만들어 낼 수 있는 성숙한 모낭을 완성 모낭이라고 한다. 출생 시 이와 같이 발달된 모낭은 모발 조직으로서 각 부분으로 분화되어 간다. 즉 모모세포와 모유두로 이루어진 모구, 모구의 상단부에서부터 팽륜부에 이르는 모낭 하단부, 팽륜부와 피지선의 좁은 부분인 협부, 피지선과 표피 사이의 누두부로 나뉜다. 이 모낭이 성숙한 형태로 발달하면 피지선이 형성되고, 그 후 모낭벽에 붙어 있는 입모근이 생성되며, 마지막으로 모낭의 밑에 연결되어 있는 모유두가 형성된다. 이 모유두와 접하고 있는 분분의 모모 세포가 모유두의 영양을 공급받아 세포분열을 하여 새로운 모발을 생성한다. 따라서 모발의 발생은 모모세포가 모유두에서 영양을 받아 분열되어 모발의 형상을 갖추면서 성장한다.

TIP 모낭의 생성과정을 요약해 볼까요?

① 전모아기[12주] : 배아세포의 세포분열[진피 내 침투]
② 모아기 : 중간층세포의 배아층 내 침투
③ 모항기 : 모유두[간엽성세포], 피지선 자리형성
④ 모구성 모항기 : 모구 형성 단계, 입모근 형성초기단계
⑤ 완성된 모낭 : 모낭하부, 협부, 모누두부 형성

모발의 성장주기(Hair Cycle)

모발의 총 갯 수는 인종과 민족에 따라 다소 차이가 있으며 평균 10 ~ 12만 가닥 정도이다. 모발의 성장주기는 크게 3단계로 모발이 생성되는 성장기와 성장을 멈추는 퇴화기, 그리고 모발의 생성을 위해 휴식하는 휴지기 나눌 수 있다. 인간은 일생에서 이러한 모발 성장주기를 약 20여 번을 반복한다.

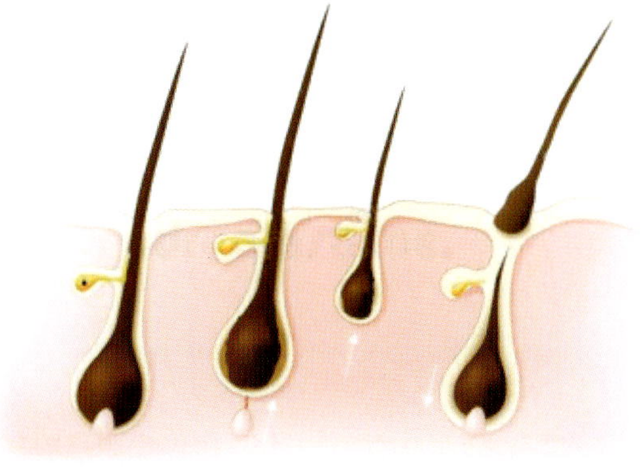

모발의 성장주기

(1) 성장기(Anagen Stage)

성장기는 모세혈관으로부터 영양과 산소를 공급받아 세포 증식이 활발하게 이루어지는 시기로, 세포분열 증식을 통해 계속 성장하는 단계이다. 성장기의 모발은 전체 모발 중에서 85 ~ 90%를 차지하며 남성은 3 ~ 5년, 여성은 4 ~ 6년의 성장주기를 갖는다. 한 달 평균 1 ~ 1.5cm 정도가 자라며 이는 연령과 질병 및 호르몬, 비타민, 음식물 등의 영향력을 받는다.

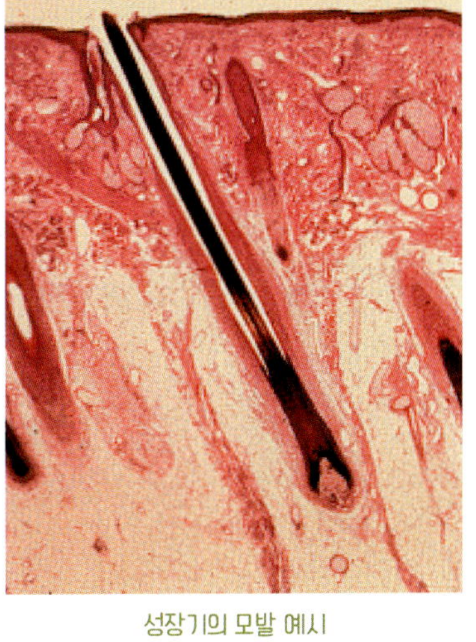

성장기의 모발 예시

> **TIP** 모발은 피부표면에 대해 24 ~ 50° 정도의 각도를 유지하며 피부 밖으로 나와 있다.
> 모발은 하루에 평균 0.35 ~ 0.4mm 정도 성장한다.
> 모발이 자라는 속도는 성별이나 계절, 건강, 나이에 따라 다르다.
> 여성의 모발이 자라는 속도는 남성보다 빠르고, 여름이 겨울보다 빨리 자란다.
> 연령별로도 차이가 있어 청년기에 모발이 자라는 속도가 가장 빠르다.

(2) 퇴화기(Catagen Stage)

성장기가 끝난 이 단계의 모발은 전체 모발의 1%를 차지하며 산후탈모증의 경우를 제외하고 3 ~ 4주 정도의 퇴행 이행 기간을 갖는다. 세포소멸에 의해 모구부의 수축현상이 일어나며 세포분열이 점차적으로 둔화되다가 성장이 멈춘다.

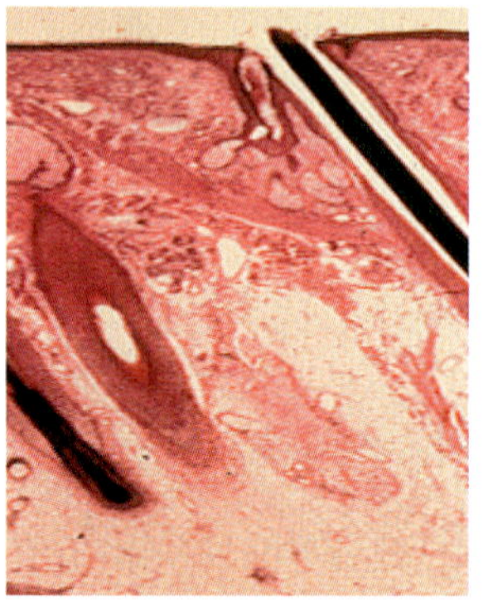

퇴화기의 모발 예시

(3) 휴지기(Talogen Stage)

모발의 생태부분은 곤봉모양 상태의 휴식단계로서 세포는 증식하지 않는다.

모낭은 진피층 상부에 존재하며 모유두와 분리되어 있어 약한 자극에도 쉽게 탈락(Epilated) 된다. 약 3 ~ 4개월 정도로 전체 모발의 15% 정도 차지한다. 산후탈모증인 경우는 모발에서의 휴지기 상태가 호르몬의 영향으로 30% 정도 차지한다.

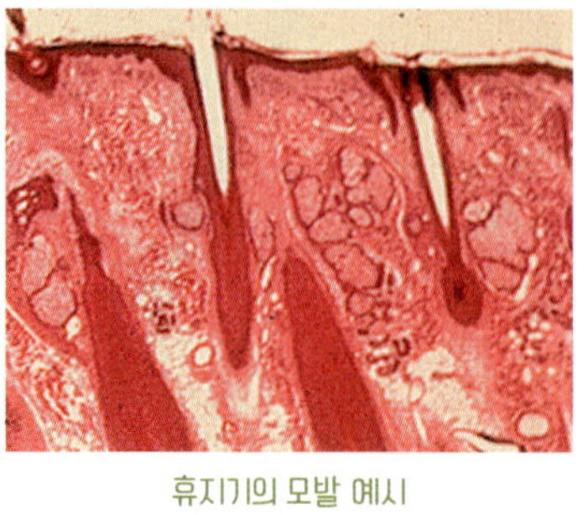

휴지기의 모발 예시

자연 탈락 되기 전 모발 상태

(4) 발생기(Return to Anagen)

모낭에서 세포 분열을 정지시켜 모발을 모근으로부터 탈락시킴과 동시에 모낭의 모유두가 다시 활동을 시작하는 시기이다.
모발의 성장에는 유전정보를 담고 있는 왕성한 모유두의 역할이 매우 중요하며 모발이 생성되어 일정 시기가 되면 성장을 멈추고 빠지고 다시 새로운 모발이 생성되는 기간을 말한다.

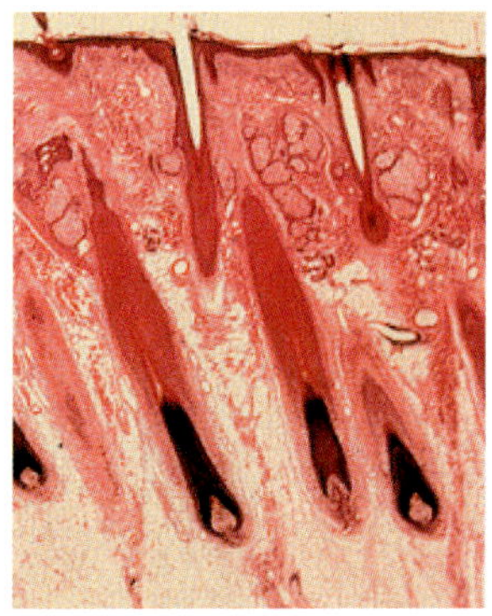

발생기와 자연탈락기 모발 예시

① 모주기

모발은 각기 다른 성장주기를 갖고 있는데, 이를' 모주기'라 하며 크게 두 종류로 나뉜다.

모자이크 타입 (Mosaic Type)	신크로나이즈 타입 (Synchronistic Type)
모낭들은 각각 다른 독립적인 모주기를 가지고 있어 빠지는 모발과 새로 자라나는 모발이 존재함으로써 전체적인 모발의 수에는 큰 변화가 없는 경우로 사람의 모발주기에서 볼 수 있다.	모발주기가 일치해서 털이 동시에 빠지는 형태로 주로 동물의 털갈이에서 볼 수 있다. 앙고라 토끼, 메리노 양과 푸들 개와 같은 동물은 모주기가 없으므로 털을 잘라 내지 않는 한 계속 길어지는 동물도 있다.

모발의 구조 - 모근부(Hair Root)

모발의 구조는 표피층을 기점으로 모근(毛根)부와 모간(毛幹)부로 나뉜다.

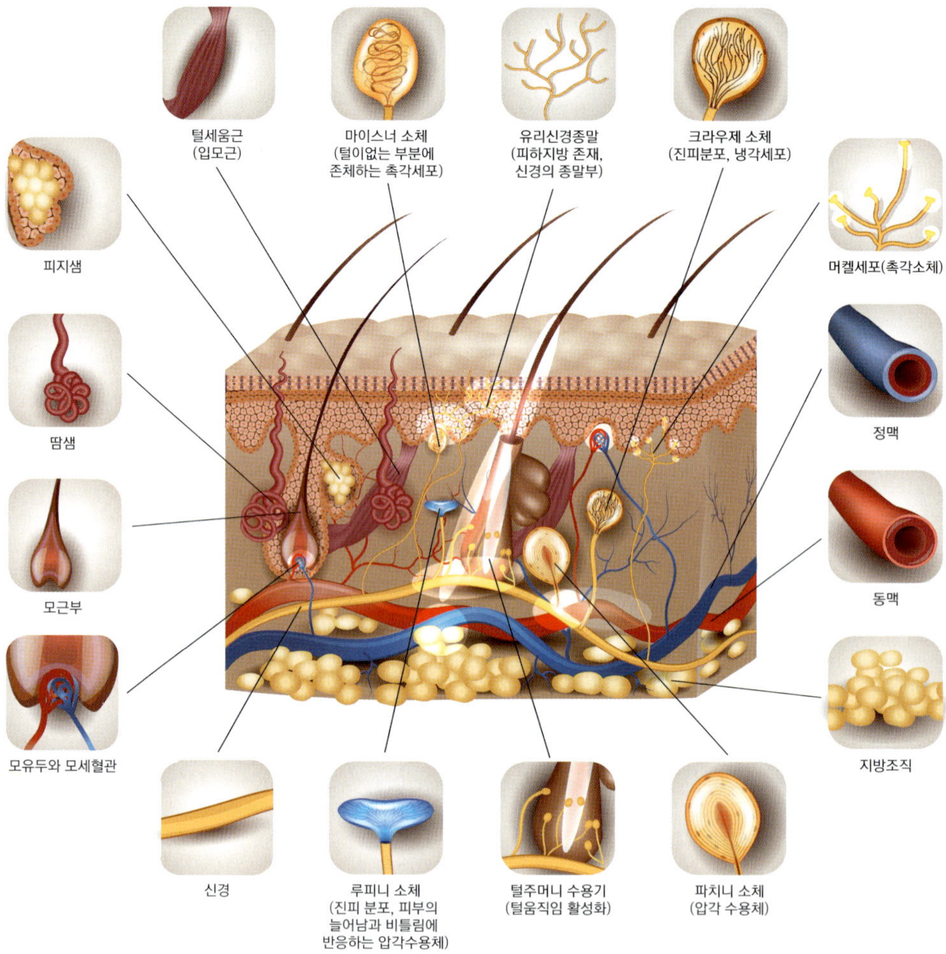

모근부의 구조

(1) 모낭(Hair Folicles)

모발은 모낭에서 시작되어 성장한다. 모낭은 모발을 만드는 기관으로 표피가 피하 조직으로 함몰하면서 만들어지며 모근을 감싸고 있다. 태생 9주 ~ 12주 사이에 생성되며 결합성 조직과 유리막으로 구성되어 있다.

① 모근초(IRS, ORS)

모근의 바깥을 감싸고 있는 내모근초는 모표피, 헉슬리층, 헨렌층으로 구분된다. Henle층에서 시작된 말단부화가 내모근초의 모표피에 이르면 모표피는 딱딱해지고 얇아진다. 딱딱해진 내모근초, 모소피는 모발을 형성하는데 기여하지 않지만 모간을 지지하고 자라는 방향을 지시하는 역할을 한다.
모발이 피지선관에 이르면 내모근초는 완전히 퇴하되어 탈락된다.

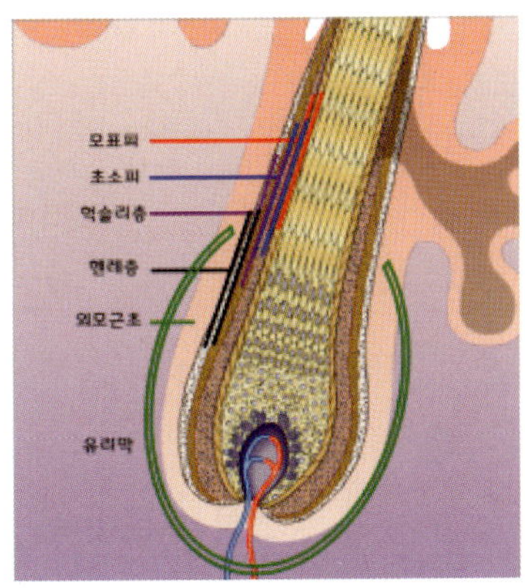

모낭부의 상세구조

(2) 모구(Hair Bulb)

모근의 아랫부분에 원형으로 부풀어져 있는 부분으로, 표피의 기저층에 해당되며 모발 성장에 관여한다. 모세혈관으로부터 영양분과 산소가 모유두를 둘러싸고 있는 모모세포로 운반되어 영양분을 받아 분열된 모모세포가 각화되면서 모발이 자라게 된다. 모구 주변에는 모세혈관, 모유두, 모모세포, 멜라닌세포 등이 위치해 있다. 모세혈관으로부터 산소와 영양을 공급받은 모유두 내 모모세포의 세포분열에 의해 모발이 형성 된다.

① 모유두(Hair Papilla)

모유두는 진피세포층에서 분화되어 모낭 가장 아랫부분에 형성되고, 모유두 안에 모발 성장에 영향을 주는 모세혈관과 자율신경이 많이 분포하고 있고 각종 영양소와 단백질 합성효소, 호르몬, 산소가 공급된다. 모유두의 형태는 모주기 과정에서의 변화와 함께 모발 굵기를 좌우한다. 따라서 모유두의 활동이 왕성하면 모발이 건강하다.

② 모모세포(Hair Matrix)

모모세포는 모발의 기원이 되는 세포로 모유두 부근에 접해 있고, 모세 혈관과 모유두로 부터 영양을 공급받아 지속적으로 새로운 세포분열과 증식을 되풀이하여 모간부 및 모낭을 생성하며 모발의 색소를 결정한다. 모유두의 중심부에서는 모수질이 된 세포가 분열하고, 그 아랫부분으로부터는 모피질이 될 세포가 분열하며, 가장 아래 외측으로부터 모표피가 될 세포가 분열하여 위로 올라간다.

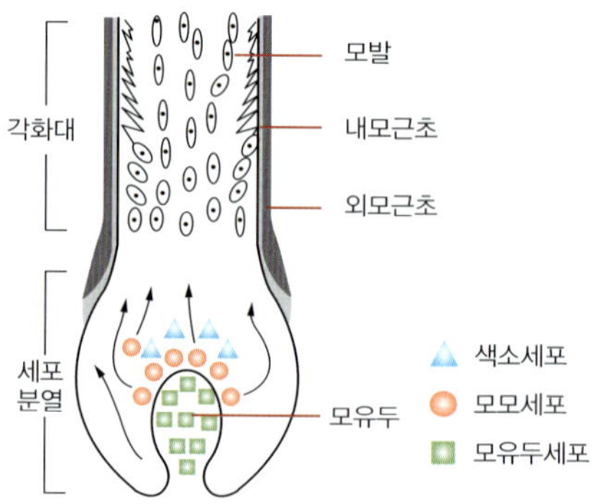

모구의 상세 구조

(3) 피지선(Sebaceous Gland)

피지선은 외배엽에서 기원하여 모낭의 상피벽에서 발생하여 모발 상부에 매달려 있어 내모근초가 끝나는 부위에서 모간 쪽으로 열린다.
대부분 모낭과 연관되어 발생하는데 피지선은 핵이 소실되어 죽은 세포는 떨어져 나가 분비관을 통해 피지로 분비 된다.
피지의 일부는 모낭 내에 있는 모발을 통해 올라와 모발을 윤기 나게 하고, 일부는 모낭벽을 따라서 두피 표면에 퍼지며, 살균, 소독, 보습, 중화, 비타민 D생성의 중요 역할을 한다. 호르몬, 식습관, 계절, 연령, 환경, 온도등의 영향을 받으며 1일 평균 1 ~ 2g이 정상 피지 분비량이다.

(4) 입모근(Arrector Pili Muscle)

모근 하부 1/3지점에 위치한 입모근은 불수의근으로 기모근 또는 털 세움근이라고도 한다. 교감신경의 지배를 받아 피부에 소름을 돋게 하는 근육을 말하며 추위, 공포 등에 반응하며 자극을 받는다.

보통은 털 1개에 1 ~ 2개의 입모근 존재하며 코털, 눈썹, 또는 얼굴의 솜털의 일부 등 입모근이 존재하지 않는 털도 있다.

> **TIP 수의근 vs 불수의근?**
> 수의근 : 중추신경계의 영향을 받아 의식에 의한 조절로 움직임이 가능한 근육
> 불수의근 : 자율신경계의 영향을 받아 의식과 무관하게 조절하지 않아도 움직이는 근육

(5) 한선(Sweat Gland)

한선(汗腺)이라고도 하며, 몸의 결합 조직이나 진피 안에 있으며 땀을 만들어 몸 밖으로 내보내는 외분비선으로, 체온조절 작용도 한다. 사람이 체온조절을 위해 이용하는 에크린 땀샘과 사람의 경우 겨드랑이와 항문 주위로 국한되어 분포된 아포크린선 두 가지가 있다.

① 소한선(Ecrine Gland)

앞이마, 손바닥, 발바닥 등 몸 전체에 퍼져 있으며, 에크린선의 땀은 무색, 무취로서 99%가 수분이며 혈액과 더불어 신체 체온조절기관이다. 모공과 분리된 독립적인 한선으로 pH 3.8 ~ 5.6의 약산성 무색이며, 무취의 맑은 액체를 분비한다.

99% 수분과 Na, Cl, I, Ca, P, Fe 등으로 구성되어 있고 운동이나 온도에 민감하다.

② 대한선(Apocrine Gland)

모낭에 부착된 코일 형태의 구조이며 에크린선에 비해 몇 배 크고 깊숙이 존재하여 대한선이라 한다. 겨드랑이, 생식기 주위, 유두 주위에 분포되어 있으며 감정이 변화 될 때 작용이 활발하다. pH 5.5 ~ 6.5의 단백질 함유량이 많은 땀을 생성하며 액취증을 유발한다.

(6) 모세혈관

모세혈관(毛細血管, Capillary)은 지름은 약 8 ~ 30μm이며 소동맥과 소정맥을 연결하는 그물 모양의 매우 가는 혈관이다. 혈액을 통해 산소와 영양분이 공급되고 노폐물을 수거한다. 즉 모발의 주성분이 되는 아미노산을 운반하는 수송로의 역할을 한다.

(7) 모근신경섬유

말초 신경계의 한 부분으로 모발과 관련해서는 모발의 주성분인 아미노산이 모유두에 도착하면 단백질 합성 효소에 명령을 전달하는 역할을 한다.

모근부 구조의 명칭을 채워 넣어보세요

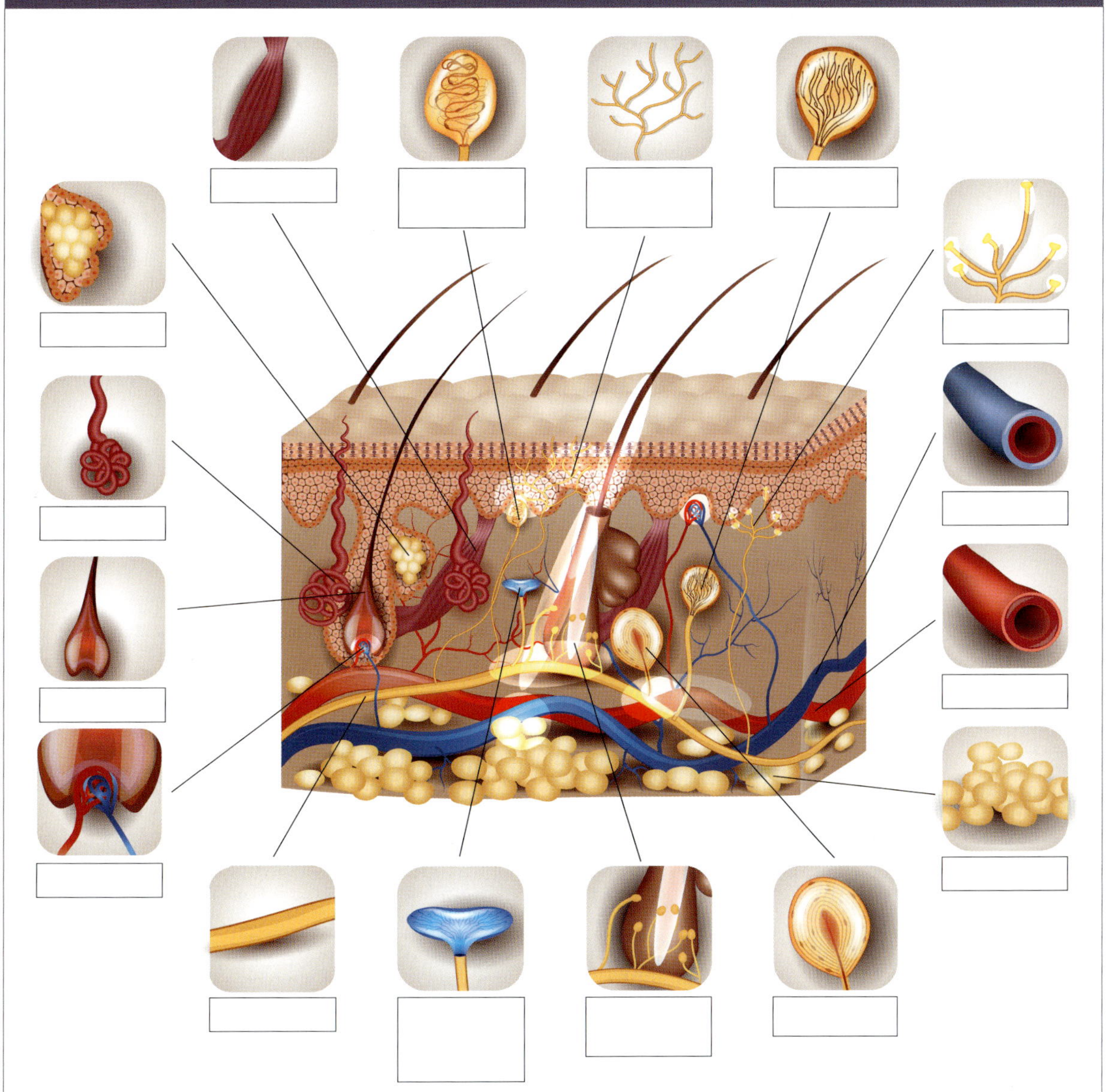

모발의 구성

모발의 주성분은 80 ~ 90% 경단백질로 구성되어 있다. 18종의 아미노산으로 구성되어 있으며 특히 시스틴을 많이 포함하고 있다. 시스틴 아미노산은 모발 중에 함유하고 있는 아미노산 가운데 가장 높은 비율을 차지(16%)한다.

그 외에 수분(10~15%), 지질(1~9%), 멜라닌 색소(3%), 미량 원소(0.6~1%) 등으로 구성된다. 또한 모발은 탄소 50.65%, 산소 20.85%, 질소 17.14%, 수소 6.36%, 유황 5.0%의 원소로 이루어져 있다.

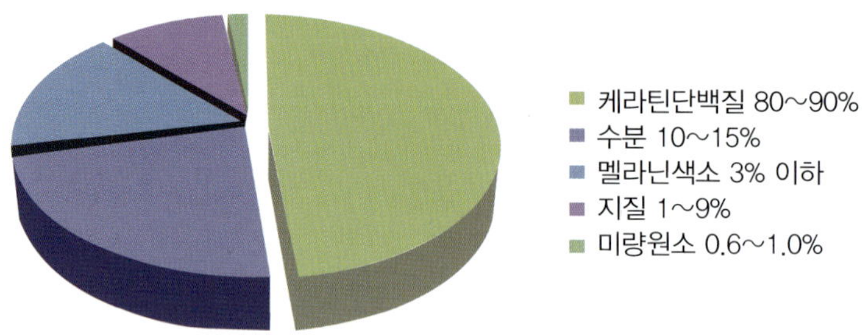

모발 구성 성분

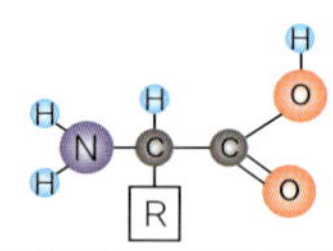

	아미노산	함유량	아미노산	함유량	
●	시스틴	16.6~18.0	발린(필)	4.7~5.5	
●	글루타민산	13.6~14.2	알라닌	2.8~4.4	
	이소류신(필)	11.1~13.1	페닐알라닌(필)	2.4~3.7	
●	아르기닌(필)	8.9~10.8	티로신	2.2~3.1	●
●	세린	7.4~10.6	류신	1.9~3.3	
●	트레오닌(필)	7.0~8.5	히스티딘(필)	0.6~1.2	●
●	아스파라긴	3.9~7.7	메티오닌(필)	0.7~1.0	
	프롤린	4.3~6.7	트립토판(필)	0.4~1.0	
●	글리신	4.1~6.5	리신(필)	0.2~0.8	●

붉은색 – 산성 아미노산, 파랑색 – 염기성 아미노산, 검정색 – 중성 아미노산,
보라색 – 황을 함유한 아미노산, (필) – 체내 생성되지 않는 필수 아미노산
● 친수성 아미노산 〈–〉 나머지 소수성 아미노산

모발의 필수 아미노산 18종

모발의 구조

성장한 모발은 표피 내부에 있는 모근(毛根)과 표피 바깥으로 나와 있는 모간(毛幹)으로 나뉘며, 모근은 모발의 생리(生理), 모간은 형태(形態)적인 부분을 담당한다. 모간부는 모표피, 모피질, 모수질의 3층 구조로 나뉘며 상세구조는 다음과 같다.

(1) 모표피(모소피, Hair Cuticle)

모표피는 모발의 가장 외부에 위치해 모발을 보호하는 기능을 하며, 경단백질로 구성되어 있다. 모발의 10 ~ 15%를 차지하고 있으며 반투명체의 물고기 비늘모양 또는 기와지붕 모양으로 평균 4 ~ 10장의 편평 무핵 세포로 형상을 띠고 있다. 물리적 마찰에는 약하지만 화학적인 저항성이 강한 특징을 가지고 있으며 최외표피부터 외표피, 내표피까지 3가지의 성질이 다른 층들로 구성되어 있다.
모표피는 팽창 능력이 커서 화학 물질을 쉽게 흡수하며, 알칼리와 접촉하면 팽창되어 잘 열리고 산과 접촉하면 단단해지면서 폐쇄된다.

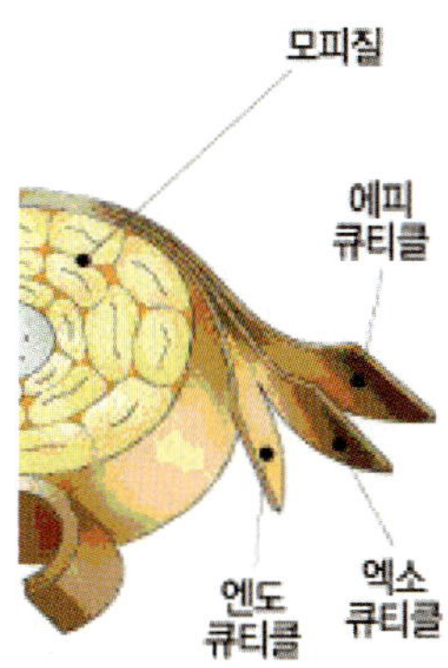

모표피 구조

모표피 상세 구조

최외표피 (Epicuticle)	모발 가장 바깥에 있는 층으로 지질 · 다당질 · 당질 · 섬유 단백질 층으로 견고하게 결합되어 있으며, 30% 이상의 높은 시스틴을 포함 하고 있다. 따라서 산소와 화학 약품에 대한 저항력이 강하다.
외표피 (Exocuticle)	중간층으로 시스틴을 15% 함유하고 있고, 물리적 · 화학적 저항력이 에피큐티클 보다 낮기 때문에 시스틴 결합을 절단시키는 약품에 영향을 받기 쉬운 층이다.
내표피 (Endocuticle)	모발 가장 안쪽에 위치하고 3% 이하의 시스틴을 함유하며 친수성으로 알카리에 약하다. 따라서 팽윤 · 연화되면 틈이 생겨 퍼머넌트제나 컬러링제가 침투하기 쉬운 층이다.

(2) 모피질(Hair Cortex)

모발 중간에 위치한 층으로 모발의 대부분인 80~85%를 차지하며 피질세포(섬유질(Fibril)와 세포 간 결합물질(Matrix)로 구성되어 있다. 모피질은 일반적으로 크기 1~6μ, 길이 약 100μ이며, 모발의 성질을 나타내는 가장 중요한 모발의 강도(세기), 탄성, 유연성, 성장의 방향, 굵기, 질, 색소 등을 나타낸다.

모피질은 세포막이 거의 소멸되어 세포와 세포 사이에는 시멘트 역할을 하는 세포 간 결합물질(Matrix)이 서로 강하게 연결되어 있으며, 이 간충 물질의 정도에 따라 모발의 성질과 영양 상태 및 탄성과 부드러움이 결정된다.

모피질의 물리적 구조(Physical Structure)는 수백만 개의 딱딱한 Keratin 섬유로 구성된 아미노산의 다중 결합인 Polypeptide구조를 하고 있는데, 이 영역의 상태에 따라 모발이 화학적, 물리적으로 약제의 작용을 쉽게 받으므로 퍼머넌트와 염색 및 탈색 그 밖의 미용 시술과 가장 관련이 깊다.

모피질 층은 결정영역과 비 결정 영역으로 구성되어 있다.

① 결정 영역(폴리펩타이드 결합)

결정 영역은 긴 폴리펩타이드가 규칙적으로 배열된 섬유로 결합되어 있어 강한 수소 결합 때문에 화학 반응을 일으키기가 어려운 영역이다.

결정 영역의 미세구조인 마이크로피브릴(Microfibril)은 폴리펩타이드(Polypeptide) 사슬이 서로 나선 모양으로 꼬여 묶음형태를 형성하고 있다.

모발은 18개의 아미노산(Amino Acid)으로 구성되어 있으며 장축방향으로 아미노산은 펩타이드 결합(NH-CO)인 주쇄결합(Intrachin Bonds)을 하고 측쇄결합(Interchain Vonds)은 (S-S)결합을 하고 있다.

모발의 미세조직은 11개의 마이크로피브릴(Microfibril)이 모여 매크로피브릴(Macrofibril)을 만들 매크로피브릴은 결정 영역인 마이크로피브릴과 비 결정 영역인 기질(Matrix) 조직으로 구성되어 있다. 생물학적 Polymer인 긴 Polypeptide가 규칙적으로 배열되어 있는 섬유가 다발로 결합되어 있고, 수소결합이 강한부분으로서 화학반응을 일으키기 쉬운 영역인 피질세포는 대칭적인 피질로 되어 있다. 결정 영역은 매크로필라멘트(Macrofilament)라고 불리는 방추형을 한 섬유상 다발로 이루어진 구조로서 모발의 탄력, 강도, 감촉, 질감, 색상을 좌우하며 모발의 성질을 나타내는 중요한 부분이 된다. 작용을 쉽게 받기 때문에 퍼머넌트 웨이브, 염색 등과 관련이 있는 부분이다.

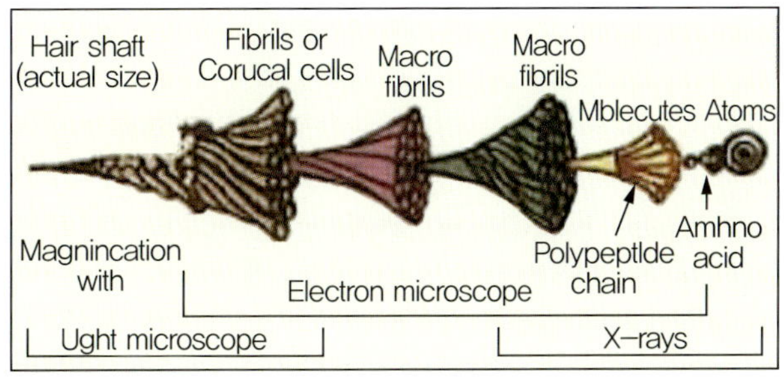
Hair shaft
(actual size)
Fibrils or
Corucal cells
Macro
fibrils
Macro
fibrils
Mblecutes Atoms
Magnincation
with
Polypeptlde
chain
Amhno
acid
Electron microscope
Ught microscope
X-rays

모피질

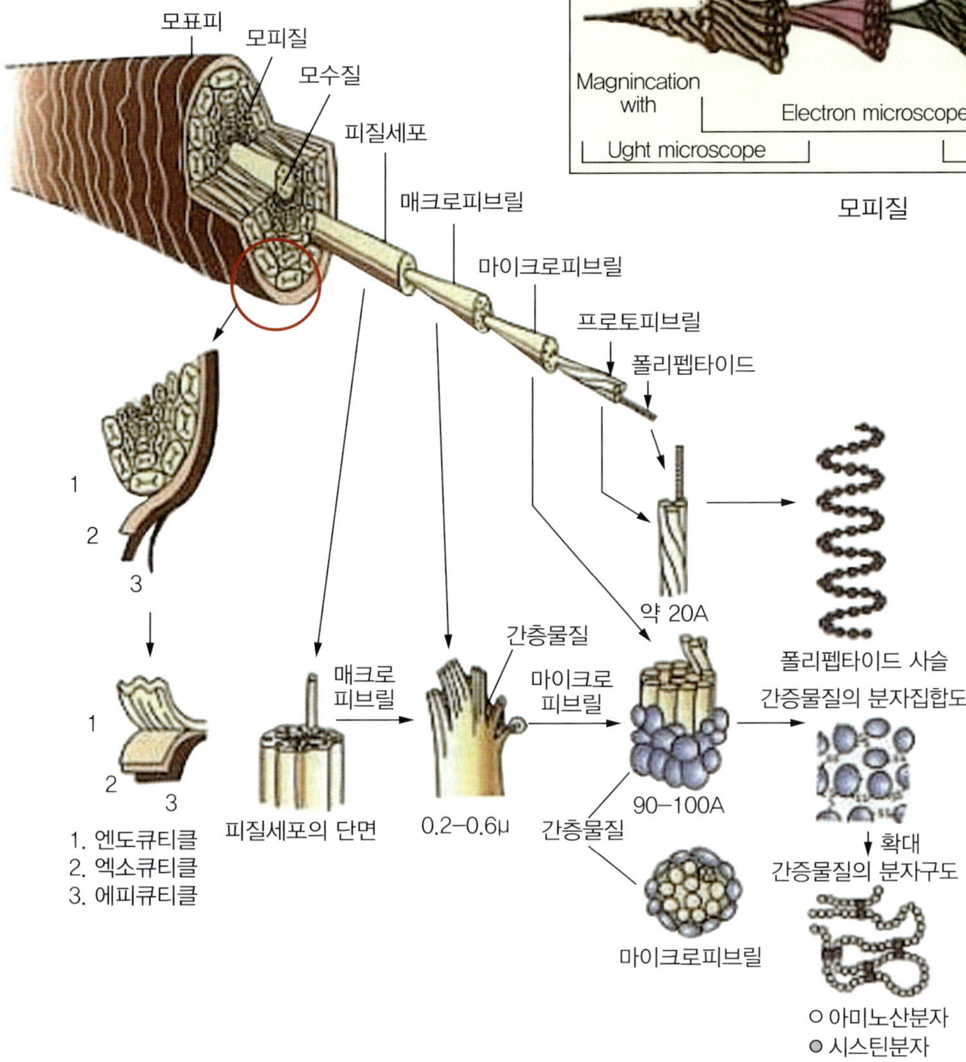
모표피
모피질
모수질
피질세포
매크로피브릴
마이크로피브릴
프로토피브릴
폴리펩타이드
1
2
3
약 20A
폴리펩타이드 사슬
간층물질의 분자집합도
간층물질
매크로
피브릴
마이크로
피브릴
1
2
3
90-100A
1. 엔도큐티클
2. 엑소큐티클
3. 에피큐티클
피질세포의 단면
0.2-0.6μ
간층물질
확대
간층물질의 분자구도
마이크로피브릴
○ 아미노산분자
● 시스틴분자

모발의 미세 구조

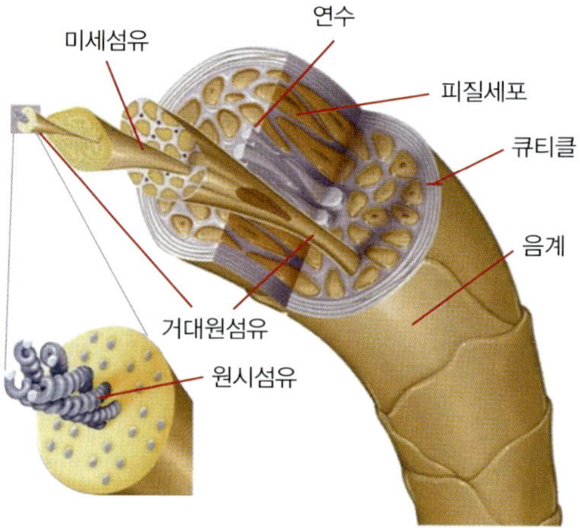

폴리펩타이드 결합

• 펩타이드(Peptide)

폴리펩타이드는 10개 이상의 아미노산이 펩타이드 결합을 형성하여 아미노산과 단백질의 중간 구조를 가지게 된다. 모든 아미노산은 아미노산 카복실기 내에 있는 산소원자, 수소원자 하나와 아미노기에 수소분자가 반응해서 물(H_2O)로 탈수되고-CO, -NH가 결합하여 펩타이드가 되며 펩타이드가 길게 연결된 주쇄 결합을 폴리펩타이드라고 하며, 펩타이드 결합한 아미노산의 수가 2~10개인 것을 올리고 펩타이드, 10~50개인 것을 폴리펩타이드, 50개 이상인 분자량이 큰 것을 단백질이라고 한다.

• a-Helix 구조

a-헬릭스는 황의 함량이 적은 단백질로서 프로토 피브릴을 구성하는 아미노산으로 구성된 사슬 구조이며, 직경의 측쇄를 포함하여 약 10A이고, 프로토 피브릴의 9+2의 배열 중에서 1개의 배열에는 3중 Coil의 Polypeptide로서 보조섬유를 이루는 a-Helix(a-나선)구조는 아미노산의 화학적 구조는 탄소 45%, 산소 28%, 질소 15%, 수소 7%, 황 5%로 구성되어 있어 황의 함량이 적은 단백질이다.

• 프로토 필라멘트(Protofilament)

프로토 피브릴은 나선형으로 말린 세 개의 단백질 사슬로 구성되어 있으며, Macrofibril의 내부구조에 대해서는 몇 개의 설이 제창되고 있고, 정확한 조직은 확실히 밝혀지지 않았지만 2개의 마이크로필라멘트를 핵으로 그 주변을 9+2의 모형으로 프로토 필라멘트가 둘러싸고 있다. 이것을 일반적으로 원섬유로서 프로토 피브릴(Protofibril)이라 부른다.

• 마이크로 필라멘트(Microfilament)

미세섬유인 Microfibril이 다수 모여 Macrofibril을 구성하며 Microfibril의 배열은 부분적으로 다르다. 총 11개의 프로토 피브릴이 모여 만들어 지는데, 즉 Macrofibril은 Microfibril이라는 보조 섬유구조(Sub-Filament)로 되어 나선상(Helix)으로 늘어져 있다.

• 마크로 필라멘트(Macrofilament)

피질세포의 대부분을 차지하는 거대섬유인 매크로피브릴은 세포가 장축방향으로 배열되어 있고 0.1 ~ 0.8u으로 마이크로피브릴이 다수모여 형성되며 방추형 섬유상 구조로 핵의 잔사와 색소과립의 섬유가 존재하고 둘 사이에는 간충 물질이 채워져 있다. Macrofibril이 다수 모여 피질세포의 대부분을 점하고 있으며 각 Fibril은 고도의 조직화되어 있는 섬유상 성분으로 Microfilament와 이들을 둘러싸고 있는 그다지 조직화되어 있지 않은 간충 물질(Matrix, 기질)로 되어 있다.

② 비 결정 영역(세포 간 결합물질)

이 영역은 긴 곁 사슬의 염 결합이 많기 때문에 인접한 폴리펩타이드와는 간격이 멀고 약한 수소 결합을 하고 있어 유연하고 화학 작용을 받기 쉬운 구조를 가지고 있다. 전체 간충 물질 케라틴의 일부분(1/8)을 차지하며 섬유 다발을 고정시켜 주지만 퍼머넌트, 염색, 거친 모발 손질과 같은 외부 자극은 간충 물질을 파괴하므로 주의하여야 한다. 이 간충 물질(Matrix or C-keratin)은 수분을 유지하여 윤기 있는 모발을 만들고 간충 물질의 이동으로 웨이브를 만들어 준다. 또한 색소를 착색시키며 유연한 부분은 섬유의 탄성과 부드러움을 줄 수 있다.

• 수소 결합(Hydrogen Bond C = 0 . NH)

수소 결합은 우리가 일상에서 가장 많이 접하는 결합으로 드라이나 워터 세트(Water Set)시 이루어진다.

젖은 모발을 드라이 열로 건조시키거나 드라이를 활용한 스타일링을 하면 모발 형태가 변화되어 유지되다가 물이 닿으면 다시 원래 상태로 돌아오게 되는데 이 때 일어나는 일시적인 결합과 절단이 수소 결합의 원리라 할 수 있다.

아미노산 단백질의 결합부인 -CO-NH-(펩타이드 결합)이 수소(H)와 가까운 산소(O)에 대해 가지고 있는 친화력에 의한 결합이라 할 수 있으며 물 분자에 의해 쉽게 절단되는 특징을 가진다.

• 시스틴 결합(Disulfide bond)

이 결합은 모발 결합 중 가장 강한 결합으로 퍼머넌트웨이브 형성 시 일어나는 결합이다. 모발 케라틴 내에 시스테인이라는 아미노산이 또 다른 시스테인을 만나 결합하는 과정에서 산소가 작용하여 모발 내 탈수축합 반응이 발생하게 되는데 이 과정에서 생성되는 결합이 시스틴 결합이다.

시스틴 결합은 측쇄결합으로 이루어져 있으며 쉽게 절단되지 않는 것이 특징이다. 결합 발생 과정에서 모발 손상을 초래할 수도 있다.

• 염(이온) 결합(Ion Bond)

산성 아미노산의 잔기(-COOH)와 염기성 아미노산의 잔기(-NH_2)가 우연히 서로 이웃한 주 사슬 간에 마주보고 존재할 때 전기적 인력이 생겨 발생하는 결합으로 음(-)이온과 양(+)이온의 전하가 유사해지는 모발 내 등전점 pH 범위 내에서 강하게 결합한다. 모든 미용 시술에 영향을 받으며 특히 모발 클리닉, 퍼머넌트 중화과정, 화학시술 후 알칼리 제거과정 등에서 주로 이루어진다. 손상이 많은 모발은 모발 내 이온이 불안정하므로 염(이온)결합이 발생하지 않을 수도 있다.

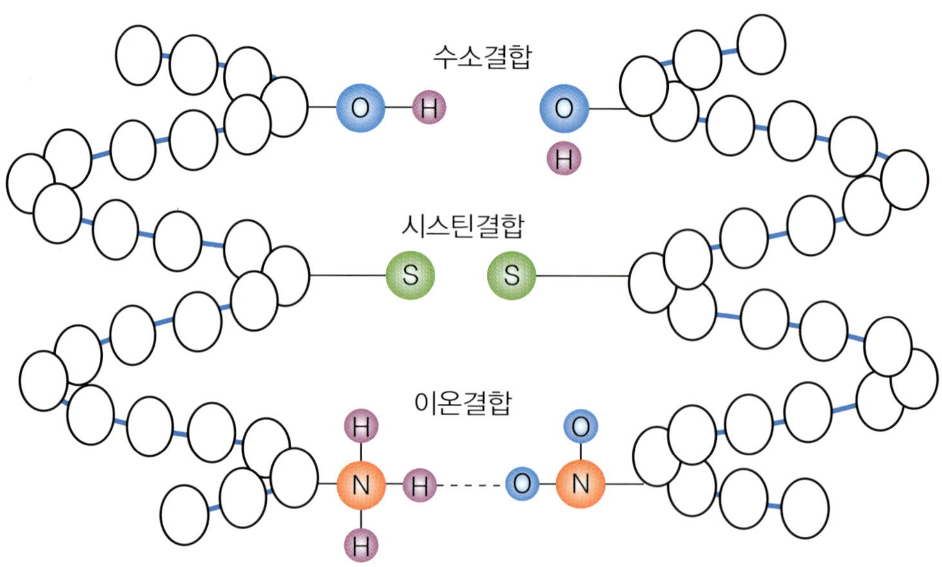

비 결정 영역 내의 모발 결합

(3) 모수질(Medulla)

모발 가장 중심에 위치한 층으로 전체모발의 1% 내외를 차지한다. 벌집모양(Vacuole)의 다각형 세포로서 공기를 포함하고 0.09mm굵기 이상의 모발에 존재한다. 크고 작은 공포(Void)가 존재하여 보온 기능이 있는 것으로 알려져 있으며 공포의 면적은 겉보기 표면 보다 몇 배의 크기로서 흡착, 팽윤 등의 물리적인 현상이나 화학반응에 중대한 역할을 하고 있다. 모수질 층을 많이 보유한 모발은 퍼머넌트 웨이브가 강하게 잘 형성되나 그렇지 않은 모발은 웨이브 형성이 약하게 느껴지는 것이 그 예이다.

모수질

모발의 기능

모발은 피부가 전화(轉化)하여 생긴 것으로, 인간의 모발은 본질적으로 신체의 보호, 보온, 촉각 등의 기능으로서 태고적 원시인일 때부터 제 기능을 가진 몸의 털로서 전신에 많이 나 있었지만 인류 진화와 함께 불필요한 부분은 퇴화되었다. 이의 근거로서 솜털이 전신에 존재한다.

모발의 역할은 외부로부터 어떤 공격을 받을 때 쿠션(Cushion)에 따른 충격 완화, 직사 일광과 더위, 추위에 의한 두부(Head)를 보호해 왔으며 눈썹, 속눈썹, 코털, 귀털 등 털이 생성해 있는 부위에 따라서는 땀, 먼지, 벌레의 침입을 막는 등 본래의 기능을 다하고 있다. 모발은 두부(頭部)를 보호할 뿐만 아니라 신체에서 필요로 하지 않는 수은, 비소, 아연 등의 중금속을 모발내의 모모세포에서 흡수하여 체외로 배출하는 기능을 가지고 있으며 인체의 건강상태를 드러내기도 한다.

장식면에서도 남성, 여성의 특징을 나타내는 중요한 역할을 하며 같은 사람이라도 Hair Style과 Hair Color를 표현하는 것만으로도 다른 인상을 줄 수 있다. 고대 이집트 시대에서도 모발은 미(美)의 상징으로서 그 시대에 가장 아름다움을 내세울 수 있는 유행의 Hair sSyle, Hair Coloring이 존재하고 있었다.

이와 같이 모발은 두부의 보호뿐만 아니라 감각작용, 배설기능, 상징적 기능 및 장식적인 면으로써의 역할을 하고 있다.

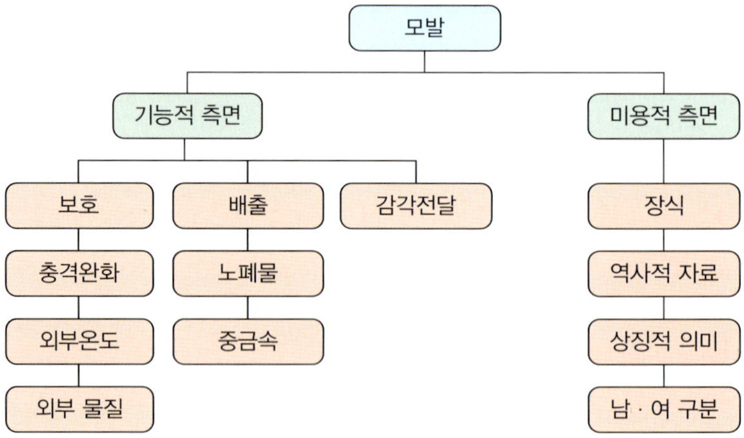

모발의 기능

모발의 분류

모발은 모발 단면의 형태와 굵기에 따라 분류할 수 있다. 굵기에 따라 경모와 연모로 나뉘며, 모발은 태아에서의 취모, 출생 시의 연모는 출생 후 성장하면서 경모로 바뀌게 된다. 사람의 일생에서 사춘기가 되면 모든 모낭에서는 경모가 성장하여 가장 모량이 많은 시기가 되나 나이가 들어감에 따라 모주기를 되풀이하여 연모로 되돌아가는 현상이 나타난다. 이러한 현상은 탈모의 진행 정도를 체크하는 데 있어 중요한 자료로 활용되고 있다. 형태에 따른 분류는 직모, 파상모, 축모로 나뉜다.

(1) 굵기에 의한 분류

① 취모

배냇머리를 말하며, 태아가 엄마 뱃속에서 약 20주가 되면 가늘고 연한 색의 털이 태아에게 존재하는데, 이는 섬세하고 부드러운 털로서 모발의 색이 연한 것이 특징이다. 굵기는 0.02mm로 배냇머리라고도 하며 아직 큐티클이 관찰되지 않는 특징을 지니며 임신 8개월 차에 점차 연모화 된다.

② 연모(솜털)

피부의 대부분을 덮고 있는 솜털을 말하며 0.08mm 이하로 가늘고 짧으며 색소가 거의 없이 잘 보이지 않고, 모표피가 40%, 모피질이 60%의 비율로 존재하고 모수질이 없다. 취모가 모낭에서 탈락되면서 연모가 자라고 이 연모는 사춘기를 전후로 인체 부위에 따라 풍부한 색소를 갖게 되면서 대부분 굵고 튼튼한 경모로 바뀌고, 탈모 진행형 모발에서도 볼 수 있다. 남성형 탈모증이 진행될 때 앞쪽 머리에서도 볼 수 있으며 겨드랑이, 성인 남성의 턱에 자라는 연모는 사춘기 때 성모로 바뀐다.

③ 경모(성모)

보통 굵고 긴 털을 의미하며 0.15~0.20_ 정도로 굵고 긴 모발이며, 모낭이 생산하는 마지막 털이라 하여 종모라고도 한다. 성인에게서 볼 수 있는 머리카락, 눈썹, 속눈썹, 각 부위의 수염, 겨드랑이 털, 생식기 주변에 나는 털은 모두 종모이다. 연모가 종모로 자라는 정도는 유전적인 요인과 내분비기관의 영향에 따라 다르며 이 영향의 정도에 따라 서양인 남자에게 많은 가슴의 종모가 동양인에게도 생기게 되는 것이다.

경모는 모표피가 10%이고 모피질이 90%를 차지하고 멜라닌 색소를 가지고 있다.

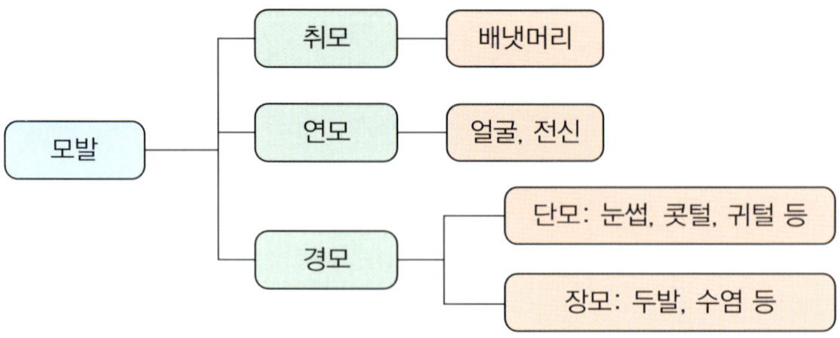

모발 굵기에 의한 분류

(2) 형태에 따른 분류

모발의 단면 형상을 크게 분리해 보면 원형, 타원형, 다양한 형태의 편형의 3종류로 분류된다. 직모가 많은 동양인의 모발은 보통 직모가 많지만 원형과 타원형의 혼합이면 약간 곱슬이며, 타원형과 편형의 혼합이면 심한 곱슬머리가 된다. 또한, 태어날 때 직모를 가지고 있다고 해도 나이에 따라 곱슬의 형태가 심해지는 모발이 있는가 하면 그렇지 않은 모발도 있다. 이러한 현상들은 호르몬의 밸런스 변화, 음식이나 환경의 영향을 받기도 하고 자율신경의 밸런스가 깨지는 것도 원인이다.

① 직모

직선에 가까운 모발 형태로서 아시아의 황인종, 에스키모, 아메리카 인디언 등의 모발이 포함된다. 전자 현미경에 의해 관찰된 횡단면은 원형에 가까운 모양이다.

② 파상모(반 곱슬모)

파상의 물결 모양을 이루는 모발로서 파상의 정도는 다양하다. 전자 현미경에 의해 관찰된 횡단면은 타원형에 가까운 모양이다. 백인, 오스트레일리아 원주민, 인도네시아인 등의 모발이 포함된다. 백인, 오스트레일리아 원주민, 인도네시아인 등의 모발이 이에 속한다.

③ 축모(곱슬모)

흔히 곱슬머리라고 하며 모경지수가 0.5 ~ 0.6 정도로 편평하며 다양한 형태의 부정형 납작한(Flat) 형태이다. 심한 곱슬머리 모양으로 흑인(흑인종)에게 많으며 선천적, 유전적인 경향이 강하다.

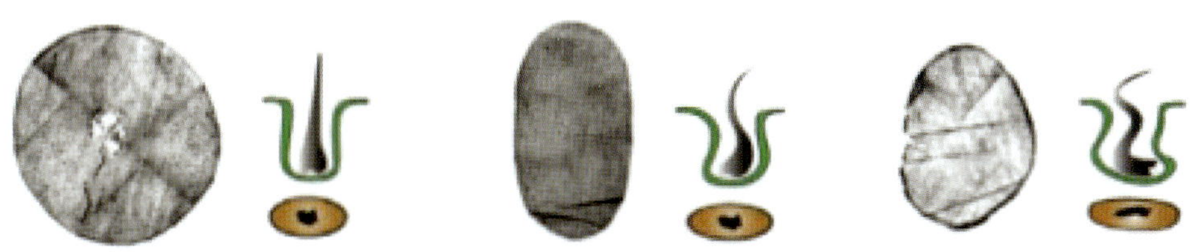

황인종(직모) 백인종(파상모) 흑인종(축모)

모발 형태의 따른 분류

모발의 성질

(1) 모발 밀도

모발의 밀도란 일정 넓이 안에 차지하고 있는 모발의 성김 일정 넓이에 차지하고 있는 모발의 성김 정도를 말하며 저밀도는 1cm² 당 120본의 모발, 중밀도는 1cm² 당 140 ~ 160본의 모발, 고밀도는 1cm² 당 200 ~ 220본의 모발 밀도를 나타낸다.

총 모발 갯수는 동양인은 8 ~ 10만본, 서양인은 10 ~ 12만본이 평균수치 이다.

(2) 모발 고착력

1가닥의 머리카락을 두피로부터 뽑아내는데 필요한 힘을 모발의 고착력이라 하며 정상모는 약 80g, 휴지기 모는 약 20g의 힘이 필요하다.

(3) 모발 강도

모발을 당겼을 때 끊어지는 정도를 모발 강도라 하며 모발의 직경, 손상정도, 영양상태, 수분함량 등에 따라 다르다.

정상모는 약 150g, 손상모는 약 100g 이하의 힘이 필요하다.

(4) 모발 굵기

모발 굵기는 연령, 환경, 건강상태, 탈모진행 전도, 인종, 성별 등에 따라 달라지며 남성은 평균 24세 이후, 여성은 평균 30세 이후에 변화가 진행된다. 0.08mm를 기준으로 연모와 경모로 나뉜다.

(5) 모발 탄성도

모발은 모발 외부에 일정한 힘을 가했을 때 원래 모습으로 돌아가려고 하는 성질을 가진다. 이를 탄성도라고 하며 모발 수분함유량, 모발 손상도에 따라 달라질 수 있다.

특히 모발이 수분을 함유하고 있을 시에는 최대 1.5 ~ 2배정도로 길이 변화가 가능하며 모발의 직경이 약 16% 정도 증가한다.

(6) 질감

모발 표면의 감촉을 말하며 모발 손상도나 굵기에 따라 다르다. 모발 표면을 확대 관찰 시, 큐티클의 문리가 규칙적이고 들뜨지 굴곡 없이 매끈한 모양을 띄고 있으면 좋은 질감으로 판단하여 건강모로 진단한다.

(7) 다공성

모발 내부에 존재하는 빈 공기층으로 수분을 흡수하는 성질을 다공성 이라고 한다. 물리적 · 화학적인 요인에 의해 모발이 손상되거나 영양이 결핍되면 모발은 흡수성의 성질로 바뀌고 많은 수분을 끌어당기게 된다. 다공화 정도가 클수록 손상모로 진단한다.

(8) 모발과 pH

모발을 위한 이상적인 pH는 4.5 ~ 5.5의 약산성의 수치로 음이온과 양이온의 개수가 유사해지는 시점이다. 이를 '모발의 등전점' 이라고 한다.
pH의 수치가 낮아지면 산성의 성질을 띄며 모발은 수축되거나 경화되는 변화를 가진다. 너무 산성수치가 높을 경우 바스러지기도 한다.
pH의 수치가 높으면 알칼리의 성질을 띄고 모발은 팽윤되거나 연화되는 변화를 가진다. 너무 알칼리수치가 높아지면 큐티클이 부풀어 올라 탈락될 수 있다.

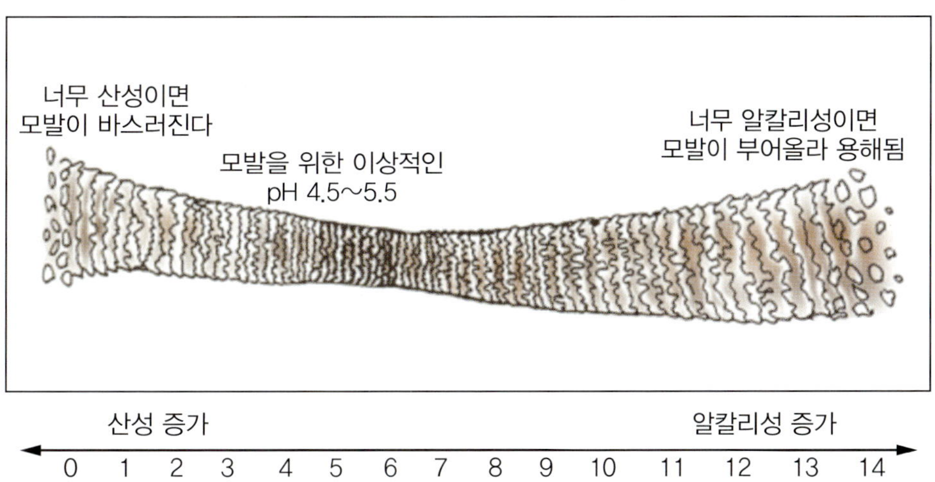

모발과 pH

(9) 대전성

모발에 물체가 닿을 때 전하에 의해 정전기가 발생하는 것을 대전성이라고 한다.

모발은 정전기에 의해 손상이 되기도 하므로 대전성을 줄일 수 있는 약산성의 성질을 가진 샴푸제를 사용하거나 나무재질로 되어 있는 브러시를 사용하면 대전성을 줄일 수 있다.

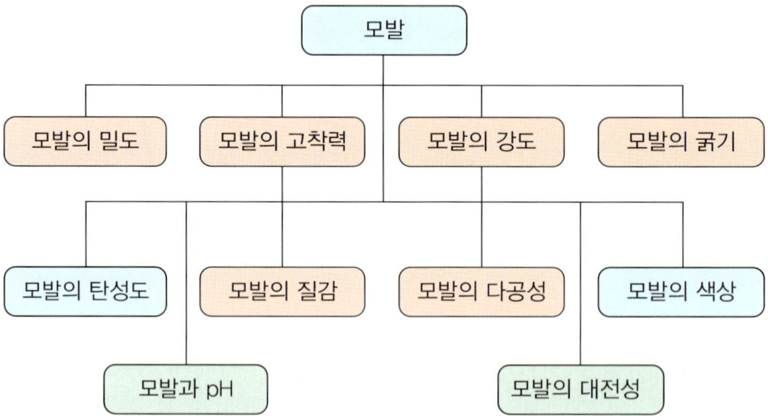

모발의 성질

CHAPTER

4 두피 · 모발 관리

1 두피 · 모발 진단용 기기

탈모가 진행되면서 두피와 모발에 나타나는 현상들을 체크함으로써 고객의 현재 상태를 진단하고, 해결책을 찾기 위해 두피진단이 필요하다.

두피와 모발의 상태를 진단기로 촬영하여, 모니터를 통해 보여주는 기기로, 두피와 모발의 진단목적에 따라 렌즈의 배율을 달리해서 촬영한다.
두피진단기는 그 모양이 다양하므로, 진단 시 상담자가 사용하기에 편리한 것을 선택하도록 한다.
두피 진단용 기기는 두피상담 프로그램, 두피진단기, 모근 모낭충 검사용 현미경, 유분측정기 등이 대표적이다.

두피 · 모발 진단기

두피 · 모발 진단용 기기는 휴대용과 거치용으로 나뉘며 렌즈의 배율이 다양하여 진단 목적에 따라 1 ~ 1200배율까지 선택이 가능하다. 촬영 후 저장되어 있는 표준 값의 샘플 사진과 비교 진단이 가능하다.

휴대용 진단기(아람휴비스)

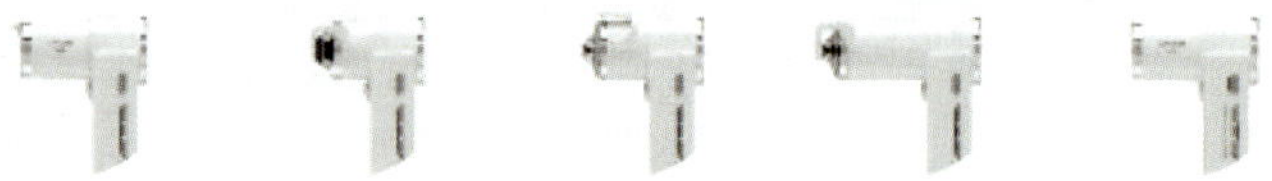

진단배율에 따른 다양한 렌즈(아람휴비스)

현미경

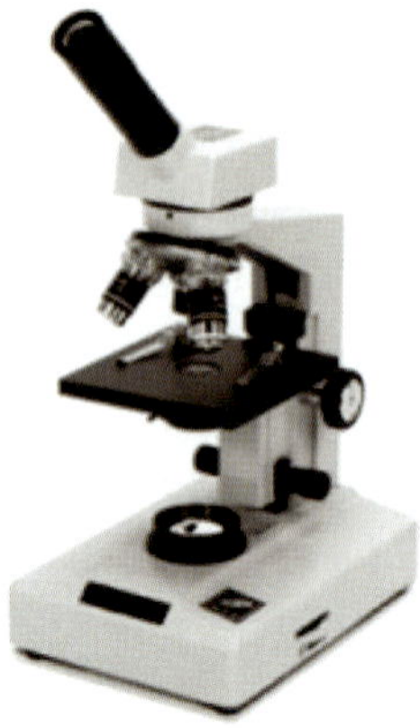

광학현미경

현미경은 육안으로 관찰하기 힘든 작은 물체를 관찰하기 위해 확대시키는 광학기구이다. 방식에 따라 광학현미경(LM, Light Microscope), 전자현미경(EM, Electron Microscope), 원자현미경(AFM, Atomic Force Microscope) 등이 있다.

유분측정기

두피와 같은 피부의 수분과 유분상태를 확인하고 , 기준에 비해 유분과 수분의 비율이 어떠한가를 파악하여 관리계획을 세우기 위해 필요하다. 유 · 수분 측정이 가능한 기구들로는 유분측정페이퍼, 수분측정기, 유 · 수분 측정기가 있다.

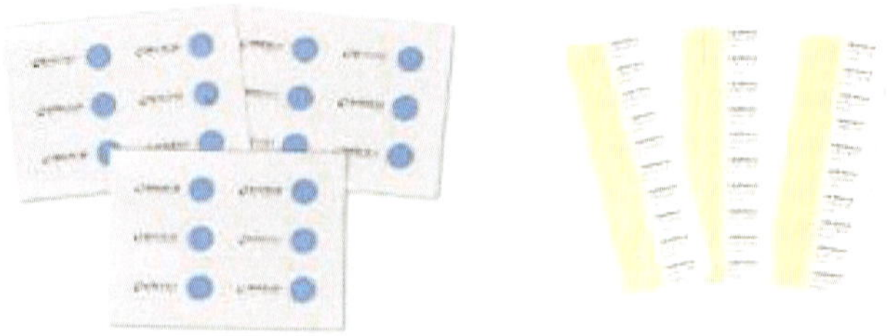

유수분 측정 페이퍼

2 두피 · 모발 관리용 기기

두피 · 모발 관리는 고객의 두피 · 모발 상태에 따라 진행되는 프로그램에 맞추어 적절한 관리제품과 기기들을 사용해야 한다.
두피관리에 이용되는 기기류는 사용목적에 따라 두피진단용과 두피관리용으로 구분할 수 있다. 두피관리용 기기는 근육이완용 기기, 시약의 흡수를 촉진시키기 위한 기기, 광선치료기기, 세정용기기로 세분된다.

근육이완용 기기

(1) 바이브레이터(Vibrator)

근육부위와 뭉친 정도에 따라 적절한 도자를 이용하여 관리한다.

(2) 석션기(Suction)

석션기의 컵의 크기, 형태, 종류, 압력의 강도에 따라 다양한 자극효과를 나타낼 수 있다.

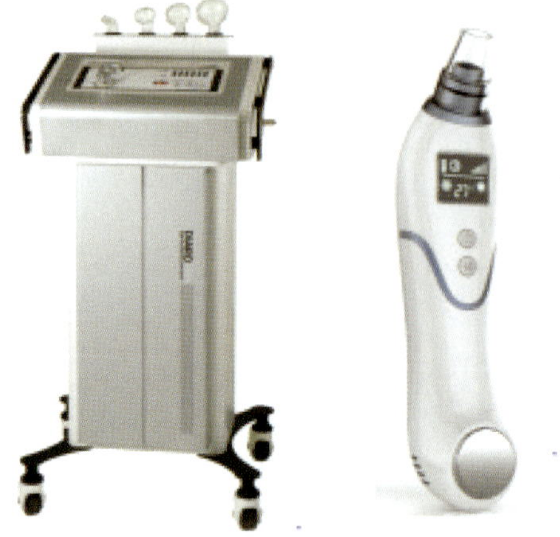

(3) 저주파기/고주파기

목적부위의 온도를 상승시켜 심부열을 이용하여, 혈액순환촉진 및 림프의 흐름을 좋게 하고, 신진대사를 원활 하게하여, 노폐물 제거를 촉진시킨다.

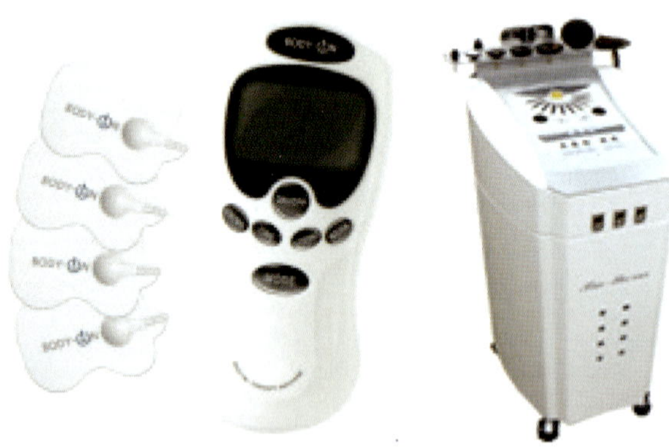

시약 흡수촉진

(1) 이온투입기(Iontophoresis)

갈바닉 전류를 이용하는 기기로 +전하와 -전하를 이용해 같은 극 끼리는 밀어내어 노폐물을 배출하고 다른 극끼리는 잡아 당기는 성질을 이용해 제품이 잘 흡수되도록 도와주는 역할을 한다.

따라서, 두피의 독소와 노폐물을 배출시키고 두피 세포의 항상성을 증가시키며 세포의 재생능력을 증가시킨다.

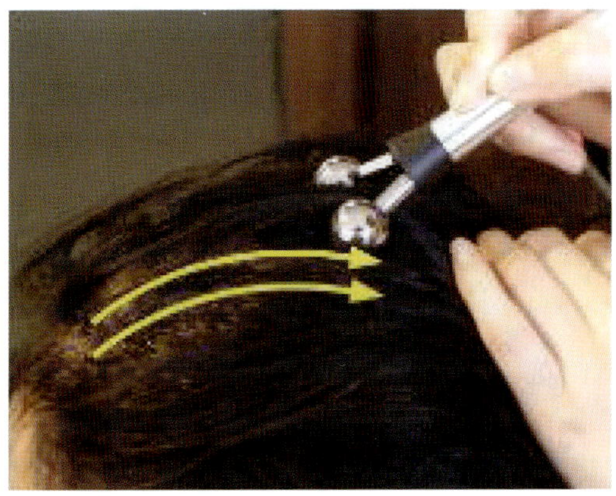

(2) 메조롤러(Meso Therapie)

피부 밑에 약물을 주입하는 주사요법으로 탈모에 효과적인 성장인자, Copper-peptide, 비타민 약물을 두피에 직접 주입하고 바늘자극을 주어 모낭과 그 주변의 미세순환계, 신경계, 면역계를 활성화시키는 역할을 한다.

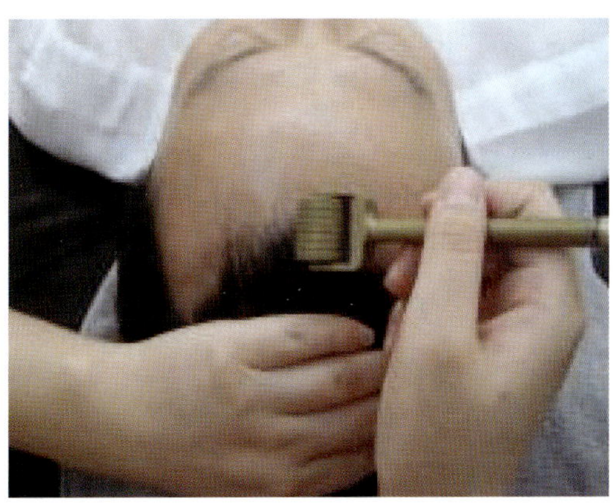

(3) 미스트(Steamer)

온도를 가하여 물을 수증기화 시키는 기기로 따뜻한 온도로 피부가 이완되어 시약의 흡수 촉진시키는 역할을 한다.

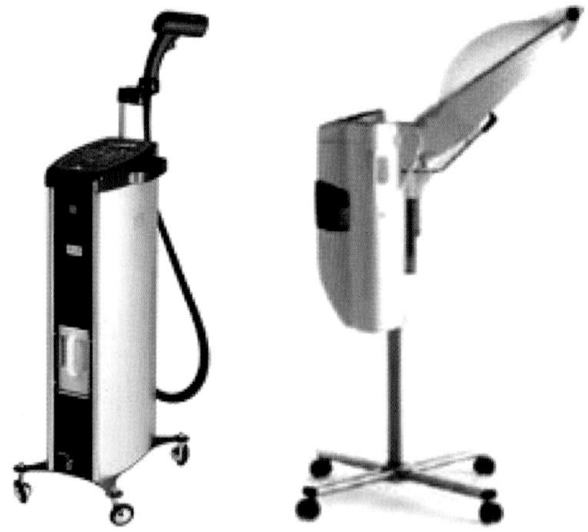

(4) 에어스프레이(Air Spray)

정한 농도의 앰플을 적정량으로 산소와 함께 분사하는 장치로 자극이 없이 두피에 초미립화된 앰플을 침투시켜 진정 효과와 청량감을 부여한다.

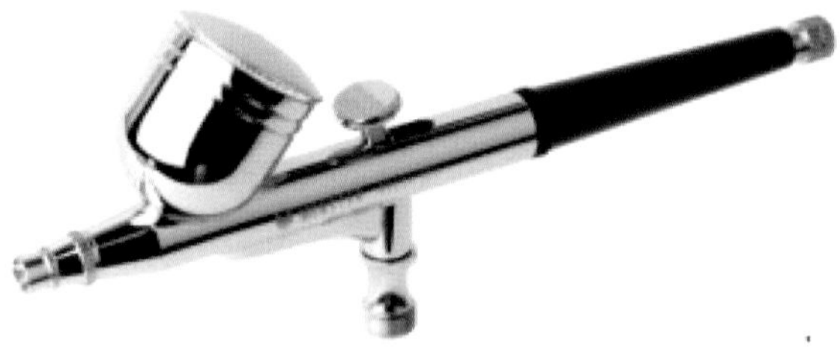

광선치료기기

(1) 적외선기

빛의 파장을 이용하여 인체 세포에 투입하는 기기로 각종 염증을 일으키는 원인인 세균을 살균, 항균하는 효과가 있고, 모세혈관을 확장시켜 혈액순환을 촉진한다.

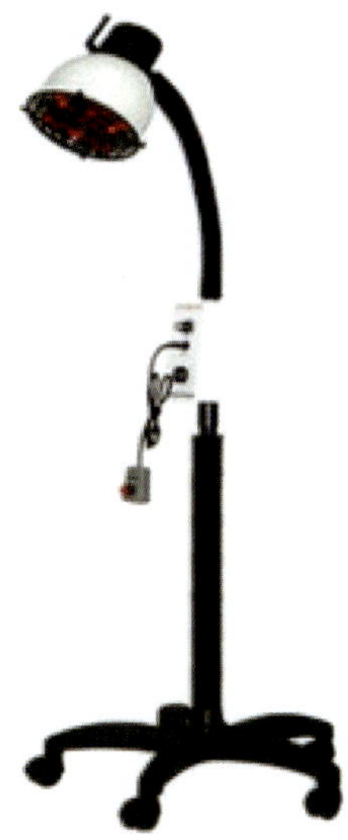

(2) 레이저(Laser)

레이저(Laser)는 파장, 위상, 진행방향이 같은 빛을 내는 광학기기로 콜라겐 섬유 증대, 림프배출의 촉진, 모세혈관의 순환촉진, 손상된 세포의 재생, 제품 흡수 촉진 효과가 있다.

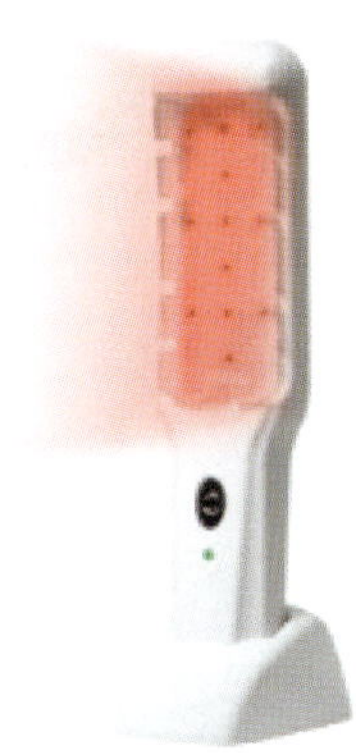

세정기기

(1) 워터펀치(Water Punch)

워터펀치는 분당 1800번 분출하는 맥동 제트수류와 슈만(Shumann) 공명파를 두피에 시술하여 두피의 노폐물을 제거하여 두피환경을 건강하게 해주며, 수압을 이용한 두피마사지를 통하여 혈액순환을 촉진한다.

TIP 두피 · 모발 관리 복합기기

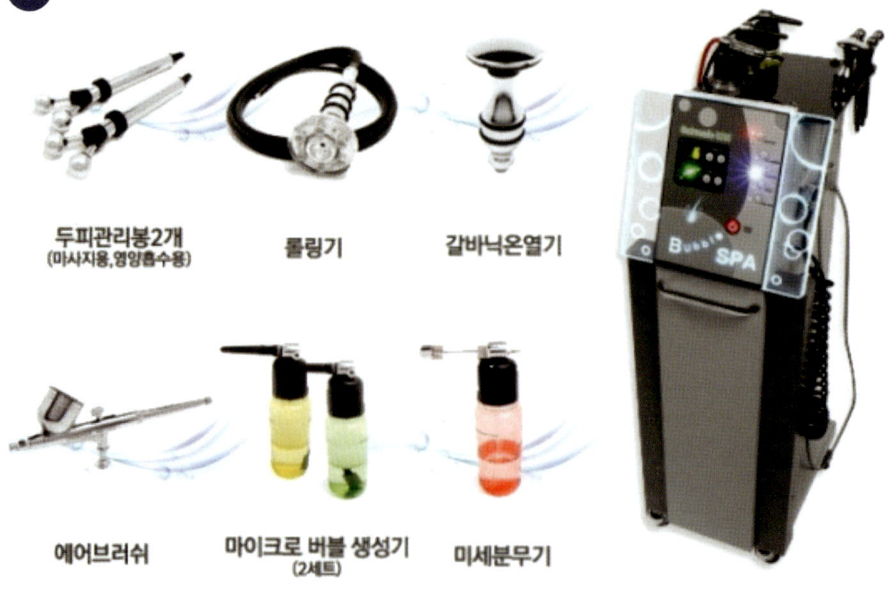

3 고객 상담

상담이란, 고객과의 1 : 1 대화과정을 통해 고객의 니즈를 파악하고 그에 맞는 제안이나 조언을 하는 과정을 말한다. 상담은 매우 중요하며, 이를 통해 고객과 소통하고 신뢰감을 형성할 수 있다. 이러한 과정은 두피·모발 관리 단계의 필수 요소이며 초석이라 할 수 있다.

건강한 두피 · 모발관리는 고객이 행하는 사소한 일상 생활습관에서 부터 시작되므로 고객의 라이프 스타일을 파악하고 정확한 지식과 정보를 제공함으로써 스스로 유지 · 관리 할 수 있도록 도와가는 과정을 상담이라 한다.

1차 상담

(1) 문진

진단시트를 활용하여 고객의 생활패턴을 파악하고 충분한 질문을 통해 상담자의 생각과 감정, 의미 등을 자신의 방식대로 자유롭게 말할 수 있도록 유도하여 고객의 니즈를 파악하는 상담법이다.

이 단계에서 고객의 관심사를 파악하고 비용, 시간, 잘못된 손질 방법 및 제품 사용 등의 관리 시 영향을 미칠 수 있는 제약 요소도 반드시 체크한다.

(2) 시진

고객의 두피 색상, 각질 유무, 모발 손상여부 등을 육안을 통해 파악하는 상담법이다. 진단 전 고객에게 반드시 동의를 구해야하며 상담 시 고객이 불쾌함을 느끼지 않도록 주의한다.

(3) 촉진

고객의 모발 질감 및 상태, 두피 탄력 및 경직상태, 피지상태, 땀의 분비량 등의 상태를 촉각을 사용하여 파악하는 상담법이다.

2차 상담-기기를 활용한 진단

1차 상담내용을 바탕으로 기기를 활용하여 세밀하게 관찰하는 단계이다.
모발 굵기, 큐티클 손상정도, 두피색상, 두피 피지 분비량, 모공 상태 및 각질 상태, 모발 밀집도 등을 상세히 파악한다. 이 단계에서의 결과는 반드시 고객과 함께 공유하고 고객의 눈높이에서 설명할 수 있어야 한다.
이 단계에서는 정상 모발 및 두피상태를 기준으로 하여 비교설명하고 관리 후 나타날 수 있는 변화를 임상결과를 제시하여 상담한다면 보다 효과적인 상담 결과를 얻을 수 있다. 상담시간은 15분 이내가 적당하다.

관리 프로그램 선택

1, 2차 상담결과를 통해 고객에게 필요한 구체적 관리 프로그램을 설정하는 단계이다. 고객의 두피 및 모발 특성에 맞는 제품과 기기, 마사지 방법 등이 설정되는 단계로 관리 후 호전 정도에 따라 변화시킬 수 있다.
이 단계에서는 고객의 과거 관리경험 내역, 제약요소들을 고려하여 관리 프로그램을 선택하는 것이 효과적이다.

사후 관리 상담

사후 관리 상담이란, 고객에게 관리 전과 후의 변화 내용 및 개선 정도를 인식시키고 두피 및 모발이 지속적인 건강함을 유지시키기 위해 개선되어야 할 라이프 스타일 및 손질습관, 관리요령 등을 제안하는 단계이다.

이 단계에서는 고객 스스로 실천할 수 있는 난이도를 고려하여 상담 하여야하며, 지속적 관리 및 홈 케어의 중요성을 인지시키는 것이 중요하다.

TIP 상담 시 사용되는 프로그램 예시

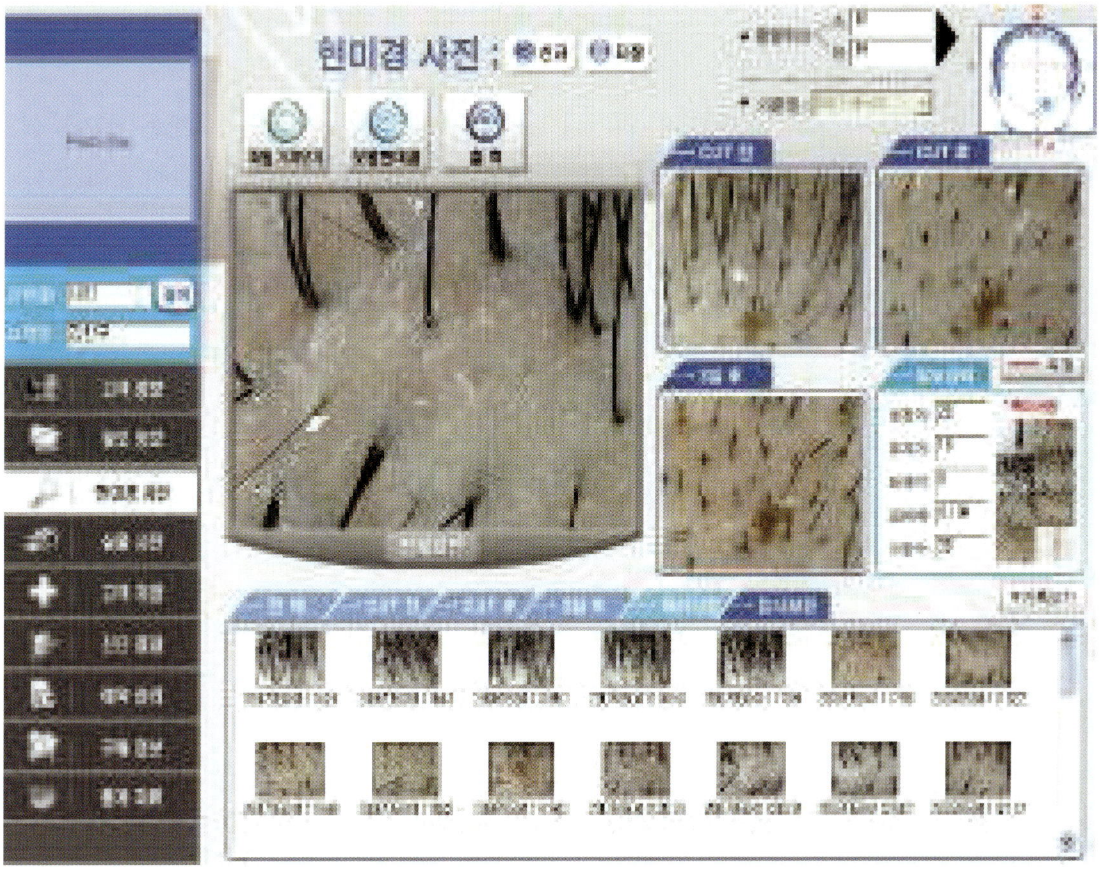

상담자의 자세

(1) 전문 지식

고객응대에 앞서 두피 · 모발 관련 지식, 사용 제품 관련 지식은 필수 요소이다.
고객의 고민이나 질문에 대응할 수 있는 충분한 정보력 및 제품특징과 정확한 사용법과 유효 성분 습득은 상담가의 필수 요소이므로 지속적으로 관련 정보 및 자료를 분석하고 습득할 필요가 있다.

(2) 정중한 매너 및 화법

고객에게 귀 기울이고 부담을 주지 않으며 고객의 컨디션을 계속해서 살피는 태도는 매우 중요하다. 상담자의 사소한 자세와 몸짓이 자칫 오해의 소지가 될 수 있음을 유의해야 한다.
특히 몸을 뒤로 기대어 앉거나 팔짱을 끼고 말하는 행동, 큰소리로 고객의 단점을 말하거나 크게 웃는 행동, 고객의 말을 가로채는 행동 등은 삼가야 한다.

(3) 신뢰성

상담자에 대한 신뢰성은 관리효과에 대한 신뢰도와 비례하기 때문에 고객과 상담자 사이에 가장 중요한 요소라 할 수 있다. 고객의 신뢰는 고객에게 믿음을 줄 수 있는 진실성과 전문성을 바탕으로 만들어진다.

(4) 복장

① 상담자는 상담 가운 및 명찰을 착용한다.
② 화려한 액세서리 착용이나 거부감을 주는 메이크업은 피한다.
③ 항상 손톱, 두발 상태, 복장을 깨끗하게 유지하도록 한다.
④ 강한 향수 및 음식물 냄새, 땀 냄새, 구취 등은 나지 않도록 주의한다.
⑤ 샴푸실 및 관리 도구·기기는 주기적인 청소 및 소독으로 청결히 유지한다.

[상담시트/고객차트 예시]

고객 성명 : (M / F) 생년월일 :

연 락 처 : 직 업 :

담당 케어 컨설턴트 :

모발진단	두피진단
굵 기 □ 굵은모 □ 보통모 □ 가는모	컨디션 □ 비듬 □ 지성 □ 탈모 □ 민감
	비 듬 □ 부분 □ 전체 □ 건성비듬 □ 지성비듬
	지 성 □ 과다피지 □ 염증 □ 냄새
모발손상 □ 건강모 □ 건조모 □ 손상모 □ 탈색모	탈 모 □ 유전 □ 일시적/부분적 □ 예방
	민 감 □ 홍반/출혈 □ 가려움증/통증 □ 염증
전문가 진단	전문가 진단

생활패턴 진단(Life Style)			
샴푸횟수		식생활	
스타일링제 사용여부		건강 및 알레르기여부	
수면상태 및 수면시간		약복용 및 병력	

상담정보	
탈모원인	유전성( ) 신경성( ) 스트레스성( ) 피부질환( ) 산후탈모( ) 대기오염( ) 호르몬 과다분비( ) 항암제 사용( ) 세척불량( ) 기타( )

기타	
처방 및 홈케어	

시술순서 (제품)
모발 :
두피:

4

두피 · 모발 진단

두피 진단 방법

두피 진단 시 활용되는 렌즈는 1배율에서 1200배율까지 배율이 다양하므로, 검사 목적에 맞게 적당한 배율의 렌즈를 구비해야 한다.

렌지배율	두피진단기의 촬영 예	목적
1배율	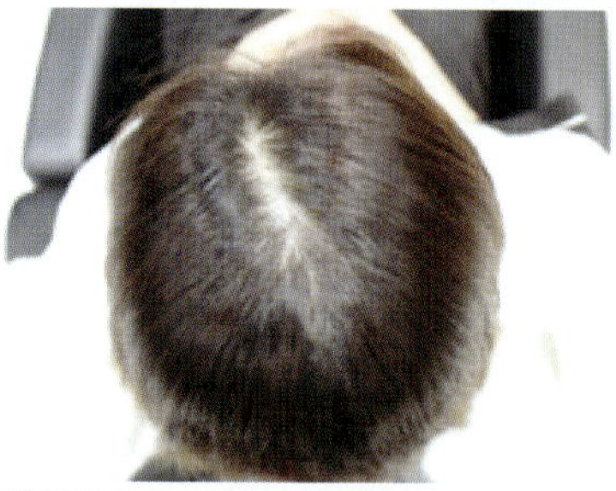	- 실물촬영 - 탈모 유형 확인
50 ~ 80배율		- 모발 밀도(cm² 당 모발밀도검사) - 모발 굵기 - 비듬 - 염증 - 두피상태관찰
200 ~ 300배율	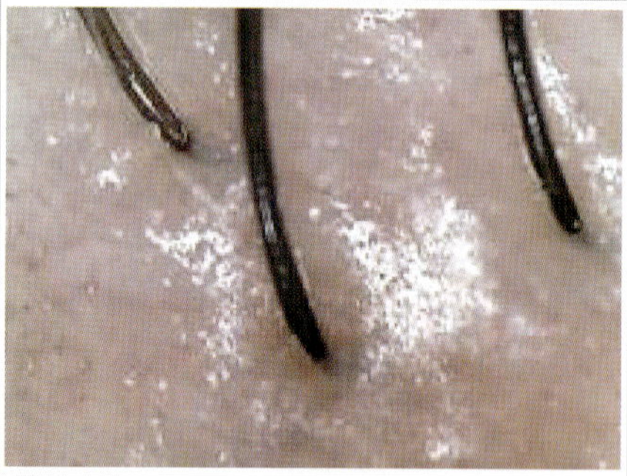	- 개별적 모공 관찰 - 두피의 예민한 정도 파악
1200배율		- 모발 큐티클 상태 - 모발의 건강상태 - 염색상태

(1) 진단 시 주의사항

- 샴푸 후 약 6시간 이전은 피지분비량을 정확히 체크하기 어려우므로 두피 진단 전 반드시 고객의 마지막 샴푸 시간을 체크한다.
- 상담 내용을 바탕으로 두피 색상, 각질 및 홍반유무, 피지분비량, 기타 이상증세를 분석하며 진단 시 자료는 반드시 보관한다.
- 진단기 촬영 시 렌즈가 흔들리지 않도록 하여 고정한 뒤 정지버튼을 눌러 촬영한다.
- 고객의 두피 고민 중 주요 니즈가 무엇인지 정확히 파악하여 복합성 두피일 경우, 비듬 → 지성 → 탈모 → 민감 두피의 순으로 처방 관리를 진행한다. 단, 염증성 두피는 염증을 먼저 진정 후 다음 관리로 진행한다.
- 진단기 사용 시 진단기 렌즈 배율 및 촬영 위치 등이 동일하도록 유의한다.
- 비듬이나 염증성 두피를 촬영한 후에는 반드시 소독하여 보관한다.
- 사후 관리 목적으로 하는 두피 진단 촬영은 두피의 수분이 약 70% 정도 건조된 후 진행하는 것을 권장한다.
- 진단기기는 사용 전후로 살균 · 소독하여 청결히 보관하도록 한다.

모발 진단 방법

모발 진단 시 사용하는 렌즈 배율은 500 ~ 1200배율로 진행되며 모발 굵기와 모발 표면 측정이 대표적인 진단 방법이다.

(1) 모발 굵기

동양인의 모발 평균 굵기인 0.075mm를 기준으로 연모, 보통모, 강모를 구별하여 모발 상태를 측정한다. 3회 측정 후 평균값으로 진단하는 것이 정확하다.

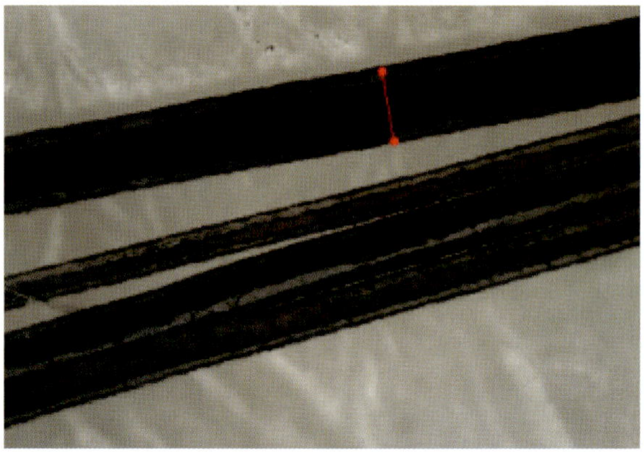

모발 굵기 기기 측정 예시

(2) 모발 표면

모발 표면 측정은 큐티클의 배열모양, 큐티클의 탈락 정도, 모발 탈색정도 등을 파악하기 위해 시행된다. 측정 시 모근부위 → 모발 중간 → 모발 길이 끝 순으로 측정하여 차이를 비교한다.

모발 표면 측정 예시

5

두피 타입별 관리

정상 두피(Normal Scalp)

① 특징

- 두피의 표면의 색상이 균일하며 맑은 청백색을 띤다.
- 모발의 밀도가 일정하며 각질이나 불순물이 없다.
- 모공이 열려 있고, 한 개의 모공에서 한 가닥 이상의 모발이 관찰되며 그 모발의 굵기가 유사하다.
- 문진 시 하루 정도 샴푸를 하지 않아도 떡지거나 건조함이 관찰되지 않는다.

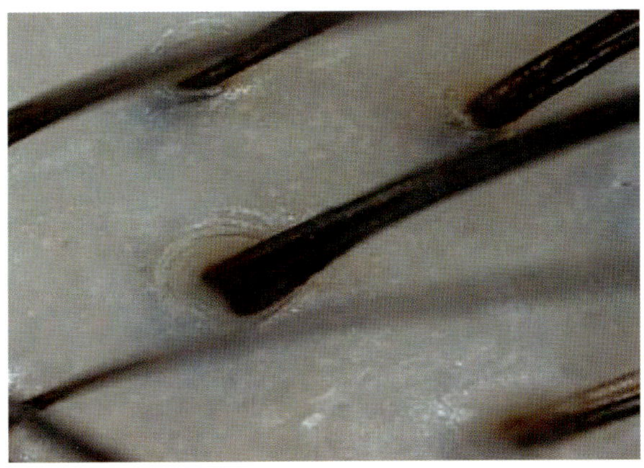

② 관리방법

- 현 상태의 지속적 유지에 중점을 두어 관리하되 각화주기의 정상적인 유지를 위해 월 1회 두피 스케일링을 시행할 것을 권장한다.
- 하루 중 샴푸 시간은 아침보다는 저녁시간을 권장한다.
- 샴푸 후 수분은 완전 건조 후 잠자리에 드는 것이 좋다.
- 샴푸 시 강한 마사지나 자극은 피한다.

③ 관리 프로그램(월 1회 권장)

1차 상담(시진, 문진, 촉진) → 2차 상담(기기진단) → 프로그램 안내 → 관리진행

관리 사전 브러싱 → 오프닝 마사지 → 스케일링(미스트 10분) → 샴푸(정상두피용 → 트리트먼트 도포(수분공급용) → 릴렉싱 마시지 → 헹굼 → 타올 드라이/건조 → 클로징 마사지 → 마무리(홈 케어 안내)

건성 두피(Dry Scalp)

① 특징

- 두피 표면의 천연보습인자(NMF)의 부족과 피지선 기능이 저하되어 조기 박리증 증상을 보인다.
- 잔 각질이 관찰되며 모공 주변으로 나이테 모양의 각질층을 형성한다.
- 두피 색이 탁하거나 홍반이 동반되기도 한다.
- 유수분의 부족으로 당김 현상이나 가려움증을 호소한다.

② 관리방법

- 유수분 밸런스를 위해 주기적인 저자극 스케일링 시행을 권장한다.
- 두피의 혈행 촉진을 돕는 마사지를 병행 시 효과적이다.
- 샴푸 횟수는 2~3일에 1회가 적당하며 보습성이 함유된 세정제 및 토닉사용을 권장한다.
- 샴푸 후 지나친 드라이 사용은 피한다.

③ 관리 프로그램(2주에 1회 권장)

1차 상담(시진, 문진, 촉진) → 2차 상담(기기진단) → 프로그램 안내 → 관리진행

관리 사전 브러싱 → 오프닝 마사지 → 미스트 1차(7분) → 스케일링(미스트 7분) → 샴푸(건성두피용) → 트리트먼트 도포(건성두피용) → 릴렉싱 마사지 → 헹굼 → 타올 드라이/건조 → 영양공급 → 적외선조사(10분) → 클로징 마사지 → 마무리(홈 케어 안내)

지성 두피(Oily Scalp)

① 특징

- 피지분비 과다로 인해 두피 표면이 번들거리고 두피색은 탁하다.
- 모공에 물이 고여 있는 것처럼 관찰되며 모발 밀도가 낮다.
- 피지 산화 및 세균으로 인한 악취, 떡비듬, 지루성 염증을 동반하기도 한다.

② 관리방법

- 피지 응고물을 제거하기 위한 세정제 및 트리트먼트를 사용한다.
- 샴푸 횟수는 1일 1 ~ 2회 권장한다.
- 강한 열이나 자극은 삼간다.
- 스트레스, 자극적인 음식, 기름진 음식에 대한 노출은 피하는 것이 좋다.

③ 관리 프로그램(주에 1회 권장)

1차 상담(시진, 문진, 촉진) → 2차 상담(기기진단) → 프로그램 안내 → 관리진행

관리 사전 브러싱 → 오프닝 마사지 → 미스트 1차(저온/7분) → 스케일링(미스트 7분) → 샴푸(지성두피용) → 트리트먼트 도포(지성두피용) → 릴렉싱 마사지(저자극) → 헹굼 → 타올 드라이/건조 → 영양공급(피지조절용) → 클로징 마사지 → 마무리(홈 케어 안내)

지루성 두피(Seborrheic Scalp)

① 특징

- 균에 의해 발생한 비듬이 모공을 막고 있다.
- 기름기가 있는 황색 인설이 관찰된다.
- 가려움증 및 염증이 동반된다.
- 전염성이 있는 것이 특징이다.

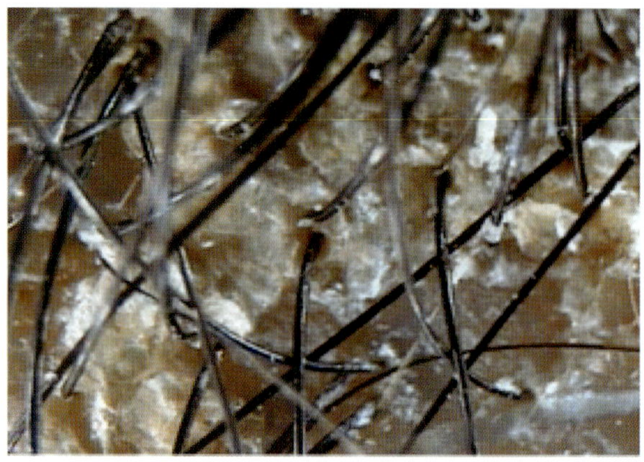

② 관리방법

- 스트레스, 과로, 음주, 흡연은 되도록 피할 것을 권장한다.
- 항진균 샴푸제를 사용하여 샴푸하며 청결을 유지한다.
- 증상이 심한 경우는 병원치료 병행을 권장한다.

③ 관리 프로그램(*지성두피와 관리방법 동일하나 증상이 심할 경우, 약물치료 병행권장)

1차 상담(시진, 문진, 촉진) → 2차 상담(기기진단) → 프로그램 안내 → 관리진행

관리 사전 브러싱 → 오프닝 마사지 → 미스트 1차(저온/7분) → 스케일링(미스트 7분) → 샴푸(지성두피용) → 트리트먼트 도포(지성두피용) → 릴렉싱 마사지(저자극) → 헹굼 → 타올 드라이/건조 → 영양공급(피지조절용) → 클로징 마사지 → 마무리(홈 케어 안내)

비듬성 두피(Dandruffy Scalp)

- 각화주기 이상으로 인해 정상두피에 비해 각질이 많이 생성되고 탈락된다.
- 말라세시아(Malassezia) 효모균이 주원인이다.
- 호르몬, 영양상태, 샴푸습관, 스트레스, 다이어트 등이 영향을 미친다.
- 비듬의 유형은 건성, 지성으로 나뉜다.

(1) 건성 비듬성 두피(Dry Dandruffy Scalp)

① 특징

- 땀, 피지 부족으로 건조한 각질이 관찰된다.
- 하얗고 가는 비듬의 형태를 띠며 가려움증을 호소한다.
- 잘못된 샴푸 및 영양부족(Vita A, D)으로 인한 원인이 많다.

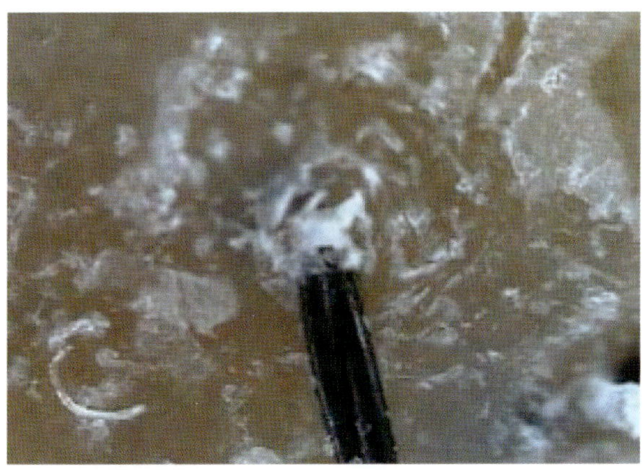

② 관리방법

- 살균, 소독에 필요한 관리 제품으로 두피를 정상화시키는데 중점을 둔다.
- 항비듬 샴푸제를 사용하며, 샴푸시간은 오전보다는 저녁시간을 권장한다.
- 샴푸 시 충분히 거품을 내어 깨끗하게 헹군다.
- 아연, 비타민, 생선류 등의 섭취가 도움이 된다.
- 과도한 드라이는 삼가고 보습 기능이 있는 토닉을 함께 사용하면 효과적이다.

③ 관리 프로그램(주에 1회 권장)

1차 상담(시진, 문진, 촉진) → 2차 상담(기기진단) → 프로그램 안내 → 관리진행

관리 사전 브러싱 → 오프닝 마사지 → 미스트 1차(7분) → 스케일링(미스트 7분) → 샴푸(비듬두피용) → 트리트먼트 도포(건성두피용) → 릴렉싱 마사지 → 헹굼 → 타올 드라이/건조 → 영양공급 → 적외선조사(10분) → 클로징 마사지 → 마무리(홈 케어 안내)

(2) 지성 비듬성 두피(Oily Dandruffy Scalp)

① 특징

- 과다 피지 분비로 인한 지성화(피지 + 각질)가 원인이다.
- 가려움증과 악취를 동반한다.
- 두피가 눅눅하고 열이 많다.
- 피지가 엉켜 모낭 안으로 역류 시 탈모 및 염증 유발의 원인이 된다.

② 관리방법

- 살균, 소독에 필요한 관리 제품으로 두피를 정상화시키는데 중점을 둔다.
- 항비듬 샴푸제 사용을 권장한다.
- 샴푸 횟수는 1일 1 ~ 2회가 적당하며 필요 시 더블 샴푸를 할 수 있다.
- 두피 스케일링 횟수는 2주에 1회가 적당하다.
- 아연, 비타민, 생선류 등을 섭취하고 기름진 음식은 주의한다.
- 과도한 드라이 및 자극은 삼가도록 한다.

③ 관리 프로그램(주에 1회 권장)

1차 상담(시진, 문진, 촉진) → 2차 상담(기기진단) → 프로그램 안내 → 관리진행

관리 사전 브러싱 → 오프닝 마사지 → 미스트 1차(저온/7분) → 스케일링(미스트 7분) → 샴푸(비듬두피용) → 트리트먼트 도포(지성두피용) → 릴렉싱 마시지(저 자극) → 헹굼 → 타올 드라이/건조 → 영양공급(피지조절용) → 클로징 마사지 → 마무리(홈케어 안내)

민감성 두피(Sensitive Scalp)

① 특징

- 두피에 모세혈관 확장으로 인해 홍반이나 충혈이 보인다.
- 약한 자극에도 두피가 쉽게 붉어지고 통증을 호소하기도 한다.

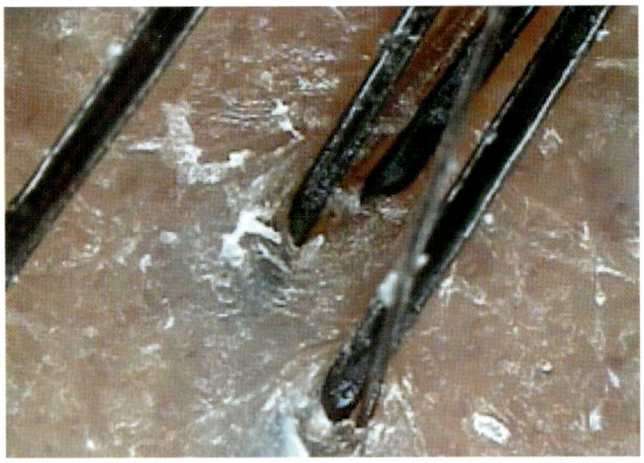

② 관리방법

- 세균 감염 및 동반 질환을 개선 후 두피관리를 시작한다.
- 민감성 두피 전용 세정제 및 토닉을 사용하여 두피에 영양 및 진정효과를 공급한다.
- 관리 시 강한 자극이나 열은 삼가고 가벼운 두피마사지를 병행한다.
- 화학 시술 시 두피 자극을 최소화한다.
- 과도한 스트레스, 수면부족, 약물과용 등의 환경적 요소를 개선한다.

③ 관리 프로그램(2주에 1회 권장)

1차 상담(시진, 문진, 촉진) → 2차 상담(기기진단) → 프로그램 안내 → 관리진행

관리 사전 브러싱 → 오프닝 마사지 → 스케일링(자연방치 10분) → 샴푸(민감 두피용) → 트리트먼트 도포(민감 두피용) → 릴렉싱 마사지(저 자극) → 헹굼 → 타올 드라이/건조 → 영양공급(민감 진정용) → 클로징 마사지 → 마무리(홈케어 안내)

탈모 두피(Hair Loss Scalp)

① 특징

- 모발이 있어야 할 부위에 없거나 연모화가 빠르게 진행되는 것이 특징이다.
- 유전, 호르몬, 환경 요인 등 복합적인 영향이 원인이 된다.
- 환경적인 탈모의 경우, 가려움증을 동반하며 비듬과 피지분비량이 증가하는 것이 특징이다.
- 유전적인 탈모의 경우, 특별한 이상 증상이 관찰되지 않으면서 밀도가 급격히 낮아지는 것이 특징이다.

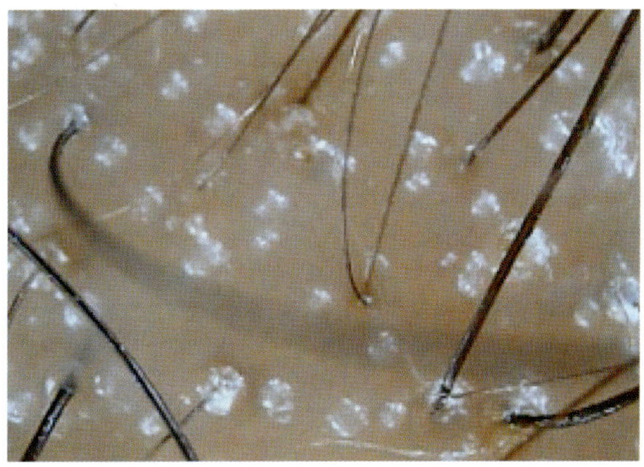

② 관리방법

- 원인과 증상의 판별을 통해 그게 맞는 관리가 필요하다.
- 필요 시 식습관, 생활습관, 샴푸습관의 개선이 필요하다.
- 육모 및 양모에 도움을 주는 꾸준한 홈 케어를 권장한다.
- 주기적인 스케일링 및 두피 마사지는 개선에 도움을 줄 수 있다.

③ 관리 프로그램(주에 1회 권장)

1차 상담(시진, 문진, 촉진) → 2차 상담(기기진단) → 프로그램 안내 → 관리진행

관리 사전 브러싱 → 오프닝 마사지 → 1차 미스트(10분) → 스케일링(미스트 10분) → 샴푸(탈모두피용) → 트리트먼트 도포(탈모두피용) → 갈바닉 → 릴렉싱 마시지 → 헹굼 → 타올 드라이/건조 → 영양공급(탈모두피용) → 적외선(10분) → 클로징 마사지 → 마무리(홈 케어 안내)

6 모발 특징 및 관리법

굵은 모발(Thick Hair)

① 특징

- 모발 지름이 0.08mm를 초과하며 뻣뻣하고 억센 질감을 가진다.
- 큐티클 배열이 견고하여 물리적 · 화학적 자극에 저항력이 있다.
- 모발 표면이 거칠어 빛이 난반사 된다.
- 높은 볼륨감을 갖는다.

② 관리방법

- 차분함을 줄 수 있는 볼륨 다운용 샴푸제 사용을 권장한다.
- 드라이 건조 시 바람의 방향을 위에서 아래로 가도록 하며 마무리는 냉풍건조 한다.
- 오일 타입 에센스를 함께 사용하면 차분함을 연출하는 데 효과적이다.

③ 관리 프로그램(2주에 1회 권장)

1차 상담(시진, 문진, 촉진) → 2차 상담(기기진단) → 프로그램 안내 → 관리진행

관리 사전 브러싱 → 샴푸(굵은 모발용) → 트리트먼트 도포(굵은 모발용) → 미스트/저온 매직기 → 헹굼 → 타올 드라이 → 피니쉬 제품 도포 → 마무리(홈 케어 안내)

가는 모발(Fine Hair)

① 특징

- 모발 지름이 0.08mm 미만의 연모이다.
- 선천적 요인, 후천적 요인, 노화현상이 원인이 된다.
- 물리적 · 화학적 자극에 노출되면 쉽게 손상되는 것이 특징이다.
- 볼륨이 낮다.

② 관리방법

- 유 · 수분 밸런스 유지 및 단단한 모발 질감관리에 중점을 둔다.
- 되도록 화학적 시술은 자제하도록 한다.
- 볼륨에 관여하는 기능성 제품을 사용하면 효과적이다.

③ 관리 프로그램(2주에 1회 권장)

1차 상담(시진, 문진, 촉진) → 2차 상담(기기진단) → 프로그램 안내 → 관리진행

관리 사전 브러싱 → 샴푸(가는 모발용) → 트리트먼트 도포(가는 모발용) → 미스트/저온 매직기 → 헹굼 → 타올 드라이 → 피니쉬 제품 도포 → 마무리(홈 케어 안내)

건조 모발(Dry Hair)

① 특징

- 잦은 샴푸나 고온, 강한 세정제가 주원인이다.
- 윤기가 없고 푸석거린다.
- 정전기가 많이 일어난다.
- 화학적 자극에 쉽게 손상된다.

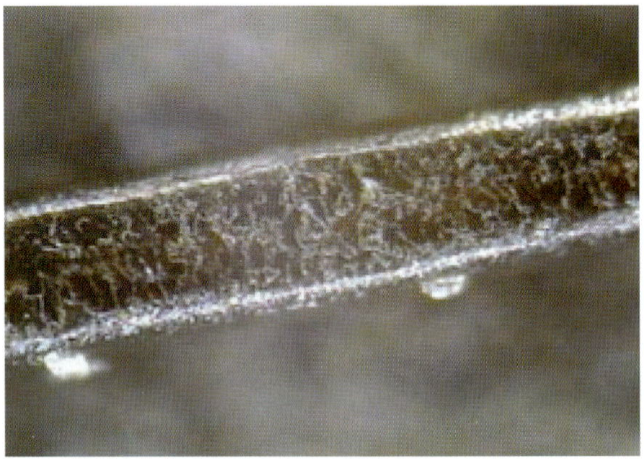

② 관리방법

- 모발에 유 · 수분 균형에 중점을 둔다.
- 모이스처 성분을 주성분으로 함유한 샴푸제를 사용하고 주 2회 이상 헤어 트리트먼트를 병행 사용하여 관리한다.
- 샴푸횟수는 2일 1회를 권장한다.
- 드라이 시 강한 열은 삼가하고 오일 타입 에센스를 함께 사용한다.
- 빗질 시 빗살 간격이 넓고 끝이 둥근 우드 브러시를 사용하여 손상 및 대전성을 방지한다.

③ 관리 프로그램(2주에 1회 권장)

1차 상담(시진, 문진, 촉진) → 2차 상담(기기진단) → 프로그램 안내 → 관리진행

관리 전 브러싱 → 샴푸(건조 모발용) → 트리트먼트 도포(건조 모발용) → 미스트/ 저온 매직기 → 헹굼 → 타올 드라이 → 피니쉬 제품 도포 → 마무리(홈 케어 안내)

극손상 모발(Demage Hair)

① 특징

- 잦은 화학시술이 원인이다.
- 절모 또는 지모현상이 동반된다.
- 탄력이 없고 잘 엉킨다.

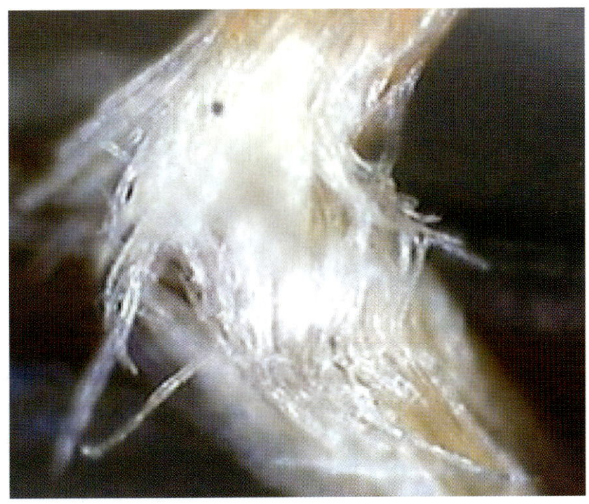

② 관리방법

- 더 이상의 화학시술은 삼가고 모발 영양공급에 중점을 둔다.
- 샴푸는 단백질 성분이 주성분인 재생라인의 샴푸제를 사용하고 린스나 컨디셔너 대신 트리트먼트를 데일리용 케어제로 사용한다.
- 젖은 상태에서 빗질이나 자극은 삼간다.
- 주기적인 커트시술로 갈라진 끝 모발을 정리한다.

③ 관리 프로그램(주에 1회 권장)

1차 상담(시진, 문진, 촉진) → 2차 상담(기기진단) → 프로그램 안내 → 관리진행

관리 사전 브러싱 → 샴푸(손상 모발용) → 트리트먼트+앰플 도포(손상 모발용) → 미스트/저온 매직기 → 헹굼 → 타올 드라이 → 피니쉬 제품 도포 → 마무리(홈케어 안내)

화학시술 모발(Perm & Color Hair)

① 특징

- 주기적인 화학시술이 특징이며 유지력이 낮다.
- 건조함이나 손상증상을 동반하고 있다.
- 모발 내 pH가 불안정하다.

② 관리방법

- 화학시술의 유지력 증대를 위해 항산화력 성분이 주성분인 화학시술모발 전용 샴푸제의 사용을 권장한다.
- 샴푸나 드라이 시 과도한 마찰이나 열, 자극은 피한다.

③ 관리 프로그램(2주에 1회 권장)

1차 상담(시진, 문진, 촉진) → 2차 상담(기기진단) → 프로그램 안내 → 관리진행

관리 사전 브러싱 → 샴푸(건조 모발용) → 트리트먼트 도포(건조 모발용) → 미스트/저온 매직기 → 헹굼 → 타올 드라이 → 피니쉬 제품 도포 → 마무리(홈 케어 안내)

CHAPTER

5 헤어커트

1 헤어디자인의 이해

헤어디자인이란

헤어미용은 헤어디자인이라고 표현하며 예술이라고도 표현한다.
시각예술, 유형예술, 조형예술, 실용예술, 부용(附庸)예술, 응용예술로 표현된다.
헤어디자인은 모발에 심미적, 실용적, 기능적인 헤어스타일을 표현하기 위해 헤어디자인의 3요소와 원리 등의 복합적 요소들을 상호 유기적으로 조화시키기 위한 구성 계획으로 지적 조형활동이라 할 수 있다.
또한 예술적으로 표현할 수 있는 디자이너의 능력에 의해 창출되는 창조활동이라 할수 있다.

헤어커트의 정의

헤어커트란 모발 길이 변화의 결과이다.
상하의 층, 좌우의 베이스의 변화를 길이변화의 결과(물)이라 할 수 있다. 사전적 의미로는 모발을 자르거나 모량을 조절하여 헤어스타일을 만드는 미용 기술을 말하며, 헤어스타일을 만들기 위한 기초적인 과정으로, 마치 조각가가 조각품을 빚어 예술작품을 만드는 것처럼, 헤어스컬프링, 즉 머리 조각이라고도 일컫는다. 이는 예술의 한 형태로서 예술적 개념과 과학적 개념을 포함하고 있다.

2 커트의 요소

헤어커트는 다양한 길이와 각도에 따라 실루엣이 달라지고, 마지막 질감처리에 따라 이미지가 결정된다. 따라서 커트는 이미지의 표현이라 할 수 있다.

길이

헤어커트는 모발의 길이 변화에 따라 실루엣과 이미지가 달라지므로, 고객이 희망하는 길이를 수치화하여 확인하면서 시술해야 한다.

① Long : 20cm 이상

② Semi-long : 15 ~ 20cm : 쇄골선

③ Medium : 8 ~ 15cm : 턱선 ~ 쇄골선

④ Shot Medium : 귀가 드러난 턱선

⑤ Short : Side에서 귀가 드러난 경우

형태선

모발은 한 가닥으로부터 수많은 가닥이 합쳐져 선, 면, 형태, 입체가 되고 스타일을 이루어 다양한 이미지를 만들어 낸다. 점들이 모인 선은 디자인 선을 결정하며, 페이스 라인, 특히 프린지 모발과 사이드 모발의 방향성에 따라 얼굴의 이미지가 다양하게 변화한다. 또한 모발을 하나의 선으로 볼 때 모발의 흐름은 곧 선의 흐름과 같아, 선이 갖는 이미지가 헤어디자인에 적용된다. 따라서 이러한 선의 특징과 이미지를 알고 적용하면 얼굴형이나 원하는 이미지에 맞는 모발의 방향과 선을 찾아 다양한 헤어스타일을 연출할 수 있다.

(1) Parallel(수평/평행라인)

직선형의 스타일을 만들고자 할 때 이용된다. 강하고 분명한 이미지이다.

(2) Concave(A라인/스파니엘/전대각)

백 센터에서 얼굴 방향으로 길어지는 스타일을 만들고자 할 때 이용한다.

(3) Convex(U라인/이사도라/후대각)

얼굴에서 백으로 길어지는 스타일을 만들고자 할 때 이용한다.

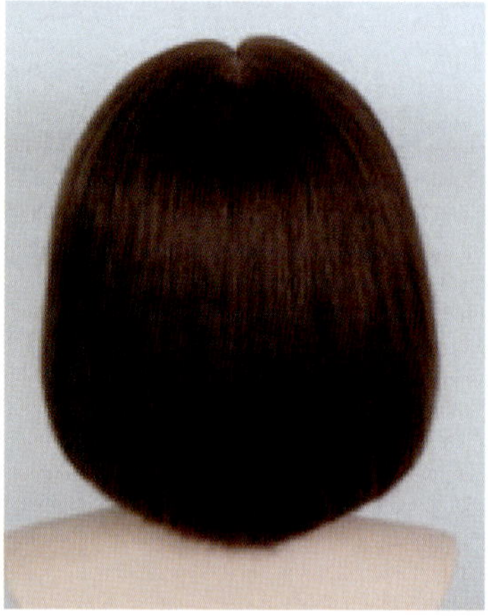

섹션/파팅(Section/Parting)

섹션에는 가로(Horizontal), 세로(Vertical), 대각(Diagonal), 방사선(Radial) 섹션이 있다. 이는 커트를 좀 더 쉽고 편리하게 하기 위해 작게 나누는 방법으로, 아웃라인의 형태 흐름에 따라 적절한 섹션을 선택한다.

(1) 가로 섹션(Horizontal Section)

바닥면과 평행으로 가로 또는 수평으로 나누며, 원랭스 커트 시 주로 사용된다.
좌우밸런스 맞추기가 쉬우며, 무거운 커트선을 만들기 쉽다.

(2) 세로 섹션(Vertical Section)

세로 또는 수직으로 나누며, 레이어 커트 시 주로 사용된다.
상·하의 층을 만들기 쉬우며 각도 조절이 용이하다.

(3) 사선 섹션(Diagonal Section)

평면에 대해 사선을 말하며, 다이애거널 포워드와 다이애거널 백워드 섹션이 있다. 다이애거널 포워드는 머리의 앞쪽으로 길어지는 사선, 다이애거널 백워드는 머리의 뒤쪽으로 길어지는 사선이다.
무거움과 가벼움을 조절하기 쉬우며 그래쥬에이션 커트에 주로 사용된다.
버티컬에 가까운 기울기 일수록 가볍고 볼륨감 있는 스타일로 만들고, 호리존탈에 가까운 기울기 일수록 무겁고 볼륨감 있는 스타일이 만들어진다.

(4) 방사선 섹션(Radial Section)

Top을 중심으로 두상의 곡면을 따라 나눈 섹션이다.
피봇 섹션, 방사선 섹션, 레디얼 섹션 등 이라고도 한다.

베이스(Base)

좌우 길이의 형태를 만들며, '기초', '토대'라는 뜻으로 파팅과 파팅 사이의 면적(모다발)을을 의미한다. 베이스에는 On The Base, Side Base, Free Base, Off The Base, Twist Base, Up Base, Down Base 등이 있다.

(1) 온 더 베이스(On The Base)

두상 따라 같은 길이로 커트되며, 전체가 동일 기장으로 주로 유니폼 레이어 커트에 사용된다.

(2) 사이드 베이스(Side Base)

머릿단을 한 쪽으로 당겨서 길이가 한 섹션만큼 길어지게 할 때 사용된다.

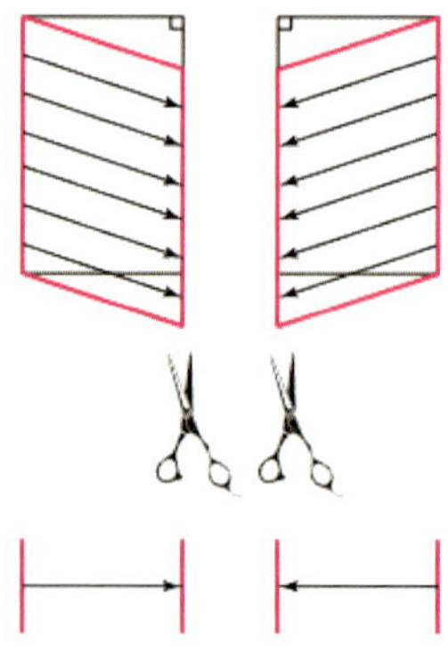

(3) 프리베이스(Free Base)

온 더 베이스와 사이드 베이스와 중간 베이스로서 한 섹션보다 적게 길어지게 할 때 사용된다.

(4) 오프 더 베이스(Off The Base)

베이스를 완전히 벗어난 상태로서 모발간의 길이 차이가 많이 나도록 할 때 사용된다.

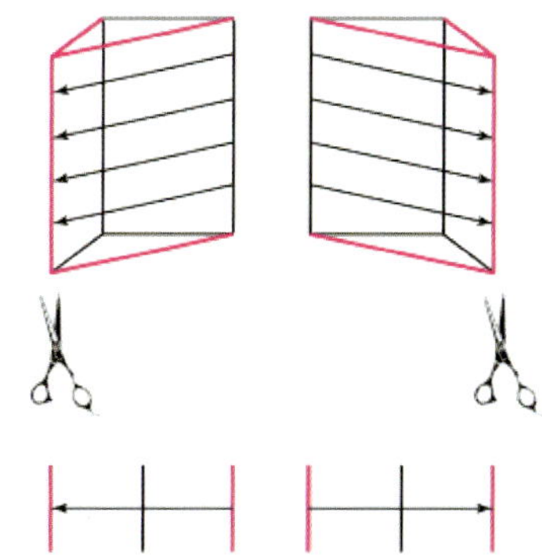

(5) 트위스트베이스(Twist Base)

상단이나 하단을 비틀어서 서로 다른 급격한 길이를 연결할 때 사용된다.

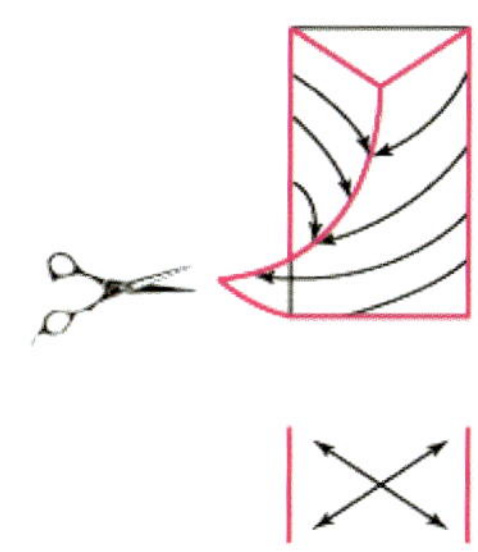

(6) 업 베이스(Up Base)

수평 파팅이나 사선 파팅에서 위로 들어 아래 길이를 증가시킬 때 사용한다.

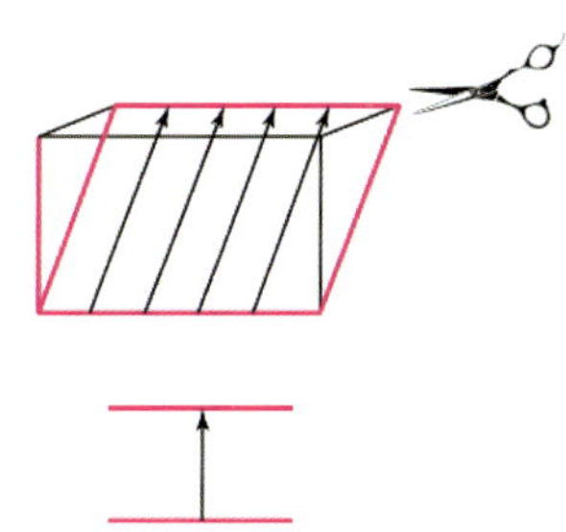

(7) 다운 베이스(Down Base)

수평 파팅이나 사선 파팅에서 아래로 내려 윗 길이를 증가시킬 때 사용한다.

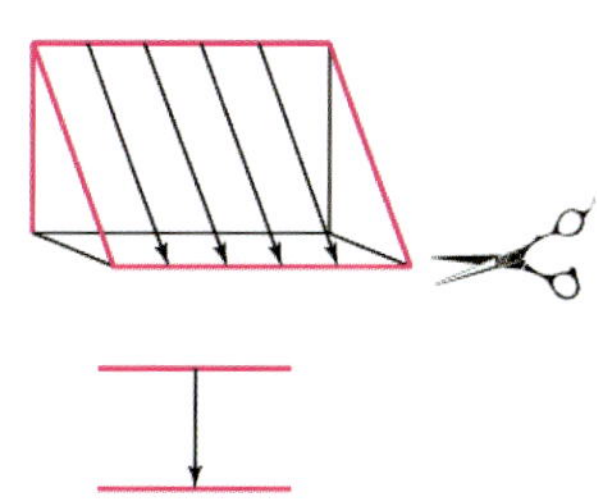

각도, 시술각(Angle, Projection)

각도는 상하의 층 즉 단차를 표현하며, 각도에 의해 원랭스, 그래쥬에이션, 세임 레이어, 하이 레이어로 나뉜다. 다시 말해 0°로서 원랭스의 무게감, 1~89°로서 그래쥬에이션의 볼륨감, 90°의 세임 레이어와 90° 이상의 하이 레이어로 가벼움을 표현한다. 이러한 각도를 확실히 이해했을 때 다양한 혼합형 스타일의 조합이 가능하다. 즉, 두상곡면에서 들어 올려지는 각도로서 위와 아래의 모양을 결정한다.

(1) 자연 각도(천체축 기준)

One Length, Graduation

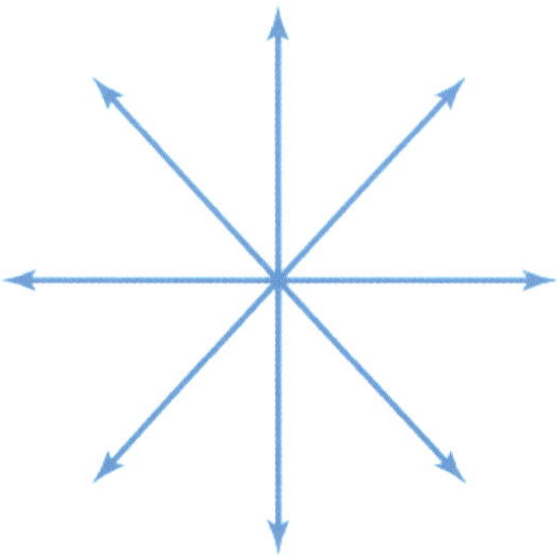

(2) 일반 각도(두상 기준)

Layer(Sane Layer, High Layer)

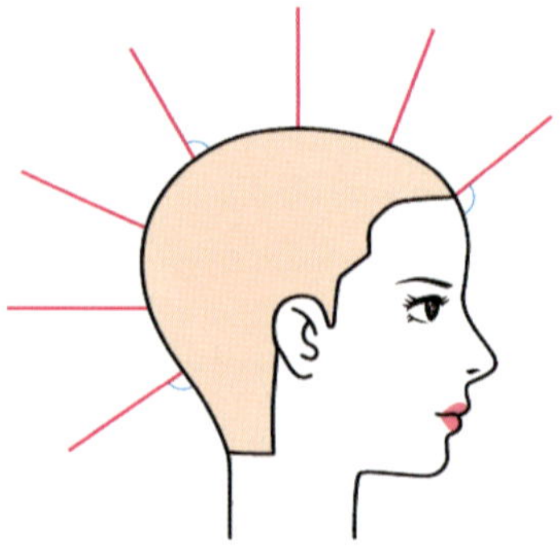

분배, 빗질방향(Distribution/Comb Drection)

파팅에 대한 빗질 방향을 말한다.

(1) 자연 빗질(Natural Direction)

어떤 파팅과도 상관없이 중력의 방향으로 0°로 빗질을 말한다.

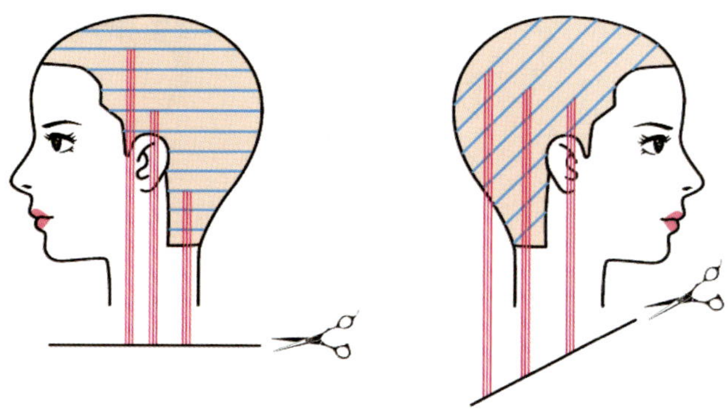

(2) 직각 빗질(Perpendicular Direction)

수직 빗 질, 파팅선에서 직각의 빗질을 말한다.

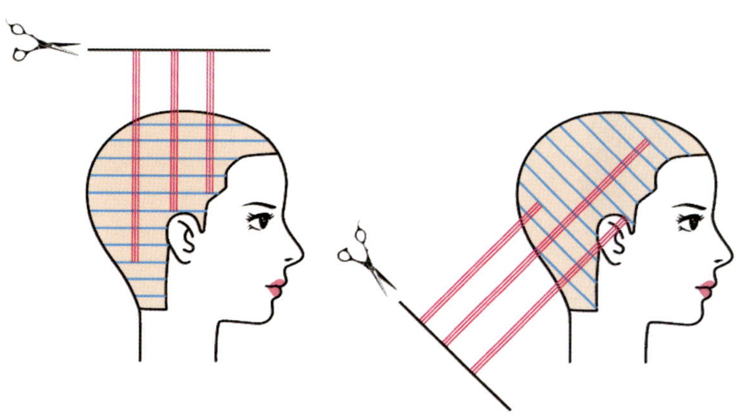

(3) 변형 빗질(Shifted Direction)

파팅선과 관계 없이 빗질하는 것을 말한다.

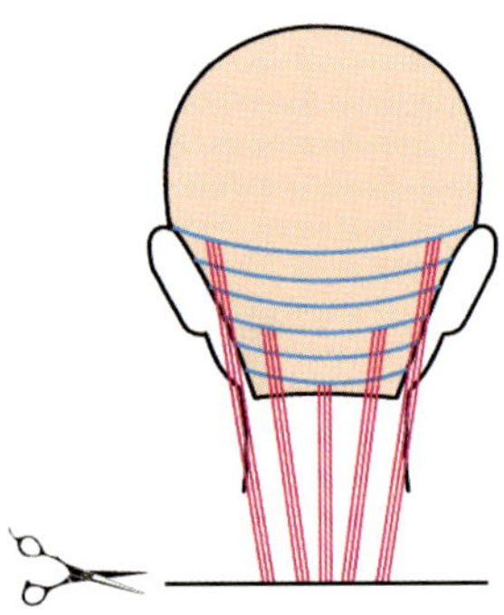

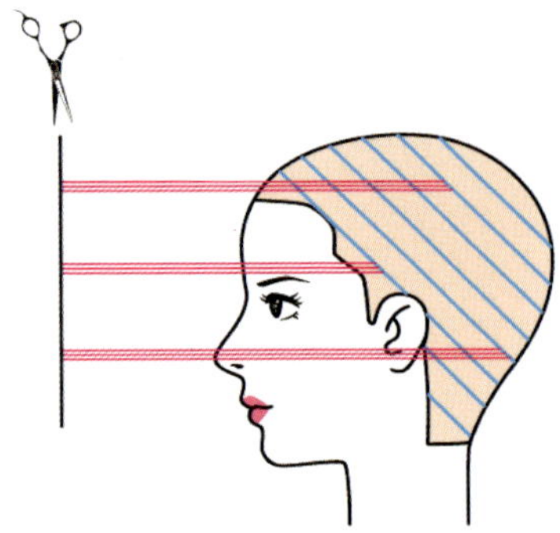

(4) 방향 빗질(Directional Distribution) 4가지 Square Cut

파팅과 상관없이 한 방향으로 그대로 끌어올리거나 혹은 끌어당겨 면을 맞춘다.

① 섹션과 섹션 사이 공간 : Base

② 접점이 자기 베이스의 중심에 있을 때 : On The Base

③ 자기 접점의 밖 : Off The Base

위도 똑바로

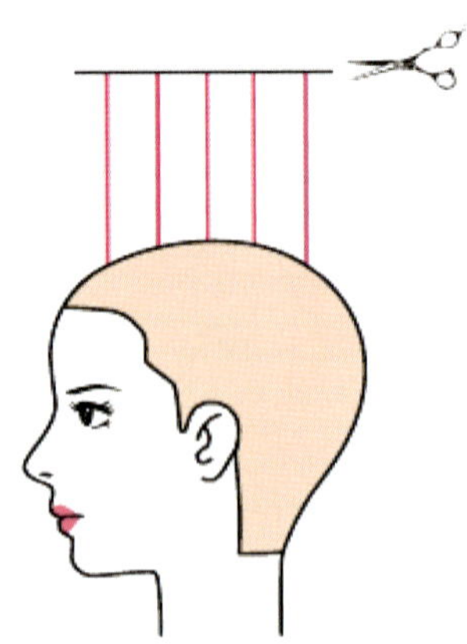

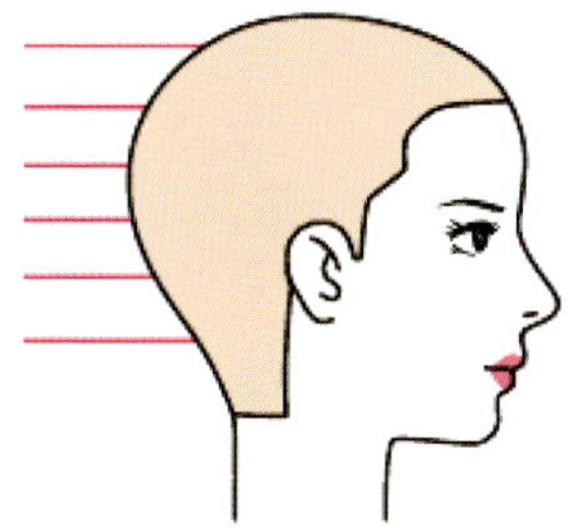

뒤도 똑바로

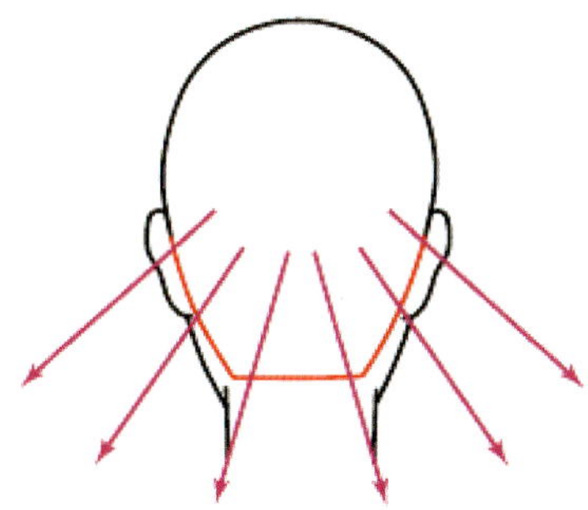

밖으로 똑바로

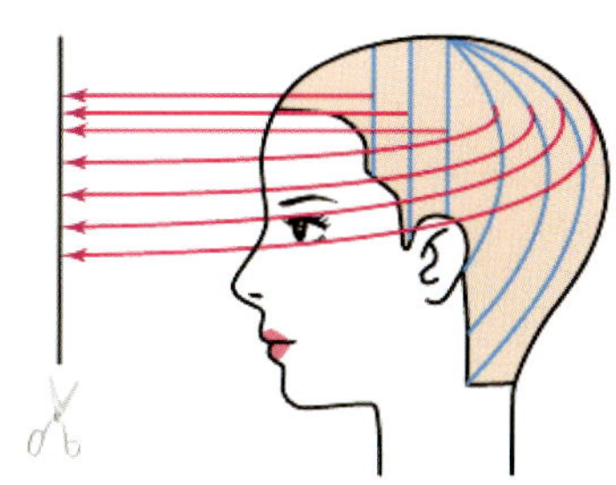

앞으로 똑바로

손 위치, 가위 위치(Finger/Shear Position)

파팅에 대한 손 위치

기준 : 파팅

(1) 평행 손 자세(Parallel Finger Position)

파팅선과 평행하게 손을 잡는다.

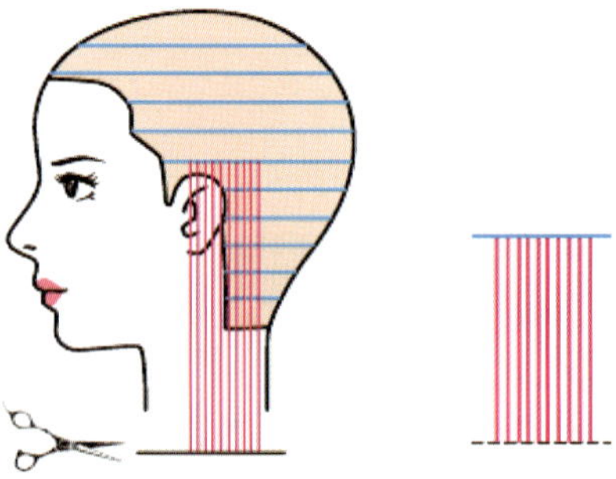

(2) 비평행 손 자세(Nonparallel Finger Position)

파팅선과 관계 없이 모발을 잡는 것을 말한다.

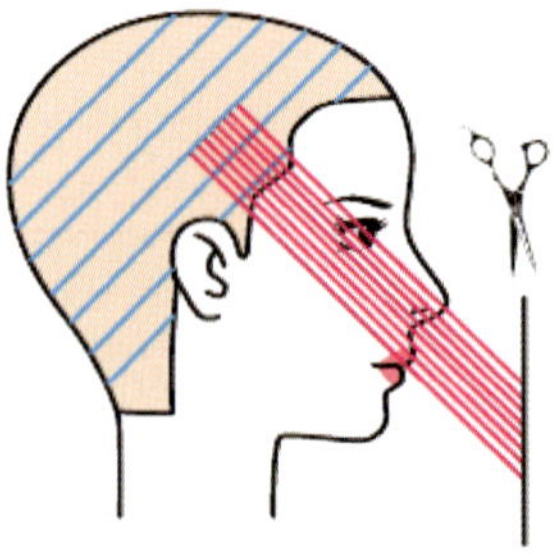

디자인 라인(Design Line)

스타일을 만드는 데 기준이 되는 다발의 길이로서 고정 디자인 라인, 이동 디자인 라인, 다중 디자인 라인이 있다.

(1) 고정 디자인 라인(Stationary D.L)

모든 머리를 어느 한 점 혹은 하나의 선에 모아서 커트 하는 방법을 말한다.
(High Layer)

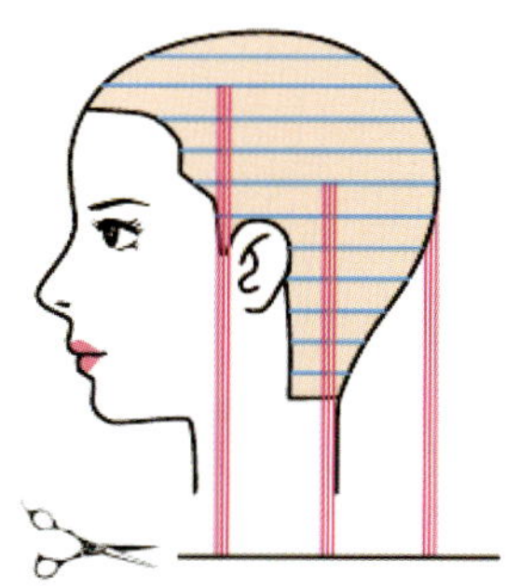

(2) 이동 디자인 라인(Mobile D.L)

커트된 모발의 일부분을 다음 커트할 섹션의 길이 가이드로 사용하는 것을 말한다.
(세임 레이어, 그래쥬에이션)

(3) 다중 디자인 라인(Multiple D.L)

High Layer형에서 둘 이상의 디자인 라인이 사용. 엑스테리어 부분의 길이가 충분하지 않을 때, 또 다른 새로운 디자인 라인을 만들어 사용한다.

3 커트의 시술 도구

가위(Scissors)

커트는 빗질+손가락+가위질이 하나가 되어 이루어진다.
빗으로 깨끗하게 빗질해 주고 손가락으로 정확한 커트라인을 설정하고 가위로 정확한 커트선이 조화를 이루어야 헤어스타일을 완성할 수 있다.
일반적으로 블런트 커트 시 많이 사용되는 도구로서 패널을 단번에 커트하여 정돈된 선을 형성한다. 단, 슬라이스 테크닉을 할 경우 판넬에 대해 가위의 안쪽 날은 깊게 넣어 주고, 들어가는 각도를 좁게 하고, 가위 끝날의 방향을 패널의 바깥쪽으로 하여 가위의 개폐를 섬세하게 진행한다.

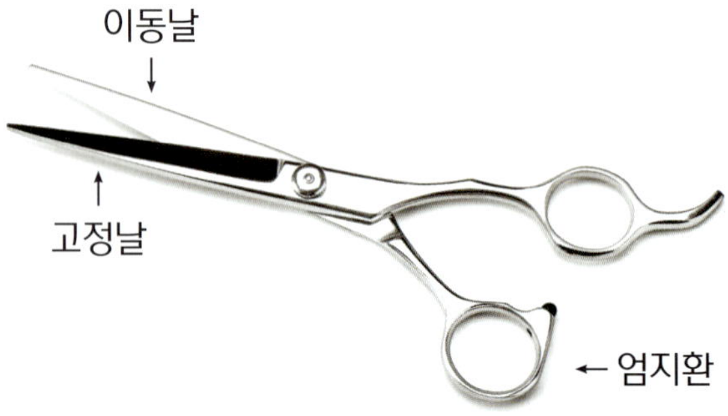

틴닝가위(Thinning Scissors)

틴닝 가위는 쉽고 빠르게 양감과 질감을 표현하기 위해 사용한다.
일정 간격을 두고 모발을 잘라내므로 전체 모발의 무게감을 변화시키고, 볼륨을 업&다운시키며 다발과 다발 사이에 공간을 만들기도 한다.

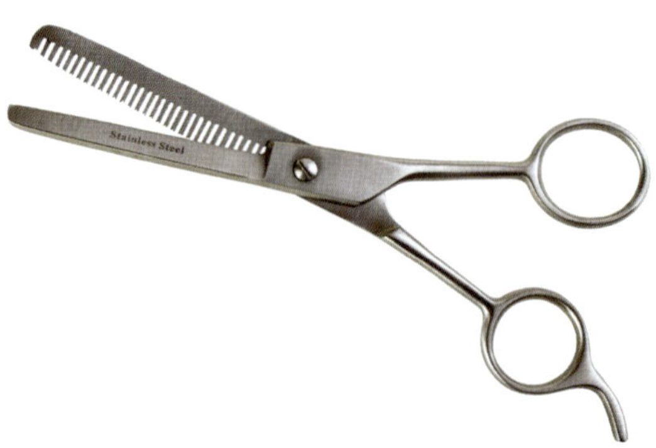

슬라이싱 가위(Slicing Scissors)

가위 날이 C커브되어 있기 때문에 슬라이드 커트 테크닉을 하는 경우 모발을 뜯지 않고, 가위의 개폐가 부드러우며, 모발 위에서 잘 미끄러지기 때문에 슬라이드 커트하기에 적합한 가위이다.

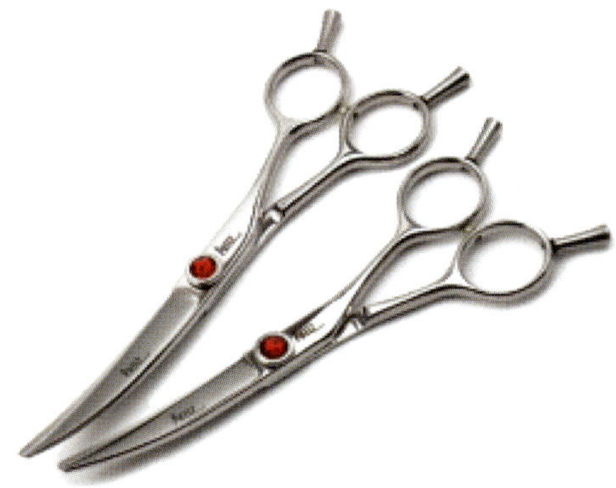

스트록 가위(Stroke Scissors)

가위 양날이 스트레이트 형이 아닌 콘벡스형으로 곡선의 양만큼 가위가 미끄러지면서 커트되는 것이 특징이다.

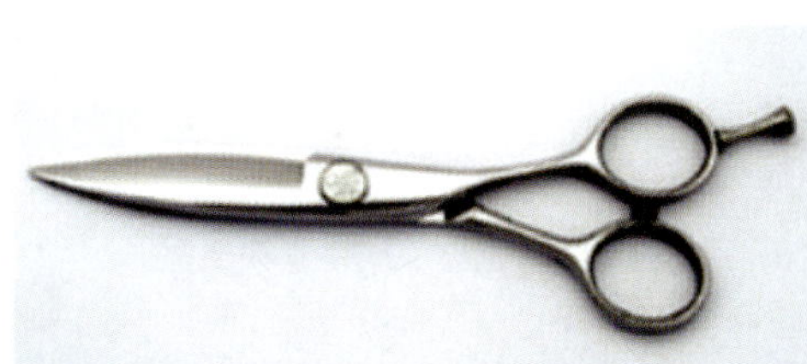

레져(Razor)

자연스럽고 부드러운 선을 표현하는 도구로서 모발의 끝을 가늘게 하여 생동감과 부드러움을 표현한다.
형태 내 텍스쳐를 만들어 줄 뿐만 아니라 전체 형태를 커트하는데도 사용된다.

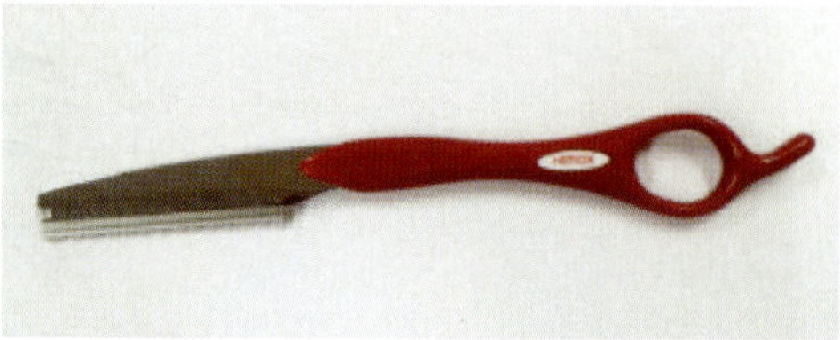

빗(Comb)

커트 시 머리카락을 곱게 빗어 매만지거나 모발을 들어 올리는 역할을 한다. 즉, 빗살 끝으로는 두피가 닿도록 하여 모발을 세우는 역할을 하며, 빗살 간격이 조밀한 것과 성긴 것이 있는데 용도에 따라 사용하는 것이 좋다.
용도에 따라 스타일링 빗, 클리퍼 커트 빗, 이발용 빗 등이 있다.

클리퍼(Clipper)

가위나 레이져와 같이 모발을 올려치거나 정돈하는 데 사용되는 도구이다. 주로 남성 컷을 시술할 때 많이 사용하며 미세한 부분에 빗 위로 돌출되는 머리카락을 클리어 하게 커트해준다.
용도에 따라 다양한 크기와 형태의 클리퍼가 있다.

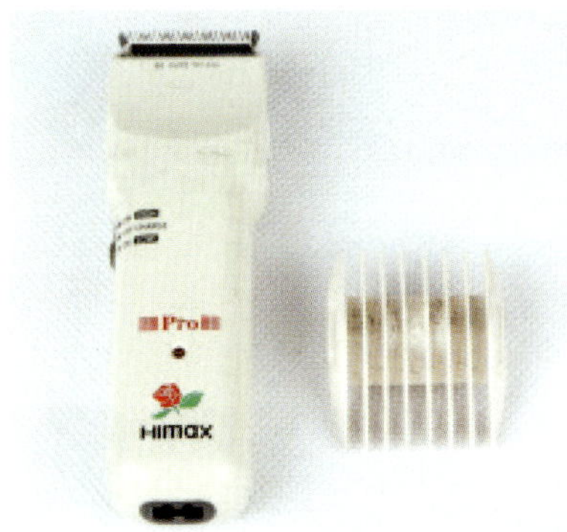

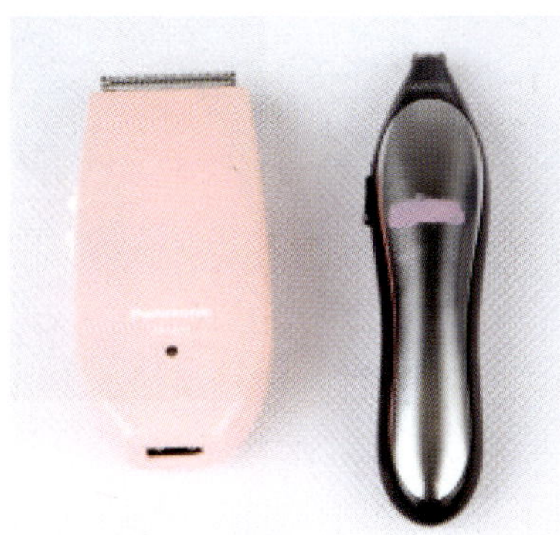

4 커트 기법

가위 커트 테크닉 종류

(1) 블런트 커트(Blunt Cut)

층이 없이 직선적으로 커트하는 방법으로 커트라인이 정교하고 깨끗한 라인을 만들 때 사용된다.

(2) 나칭 커트(Naching Cut)

모발 끝선이 뭉툭하지 않고 무거움을 없애며 자연스러운 커트 라인을 위해 모발 끝선을 45° 사선으로 비스듬히 커트하는 방법

(3) 콤 커트(Comb Cut)

빗살로 모발을 고정하여 최소한의 텐션으로 커트. 사이드 커트 시 사용한다.

(4) 블록 커트(Block Cut)

모량이 적은 사람 혹은 빠른 시간 내 커트를 끝내고자 할 때 많은 양의 모발을 한꺼번에 커트하는 방법이다.

(5) 슬라이드 커트(Slide Cut)

자연스럽게 흐르는 선을 만들기 위한 커트로 모다발을 잡고 위에서 아래로 미끄러지게 연결하는 커트이다.

가위 질감 테크닉 종류

(1) 테이퍼링(Tapering)

모선단의 끝을 붓털의 끝처럼 점차 가늘어지게 커트하는 기법. 모다발의 지점에 따른(엔드, 노멀, 딥) 테이퍼링이 있다.

(2) 포인트 커트(Point Cut)

패널에 대해서 비스듬한 각도로 커트하는 기법이며, 모발 끝의 모량을 감소시키고 아웃라인을 부드럽게 만들어준다.

(3) 슬리더링 커트

백콤을 넣은 모발에 가위로 모량을 감소시켜 숱을 쳐내는 커트 방법. 볼륨을 형성하기에 용이하다.

(4) 슬라이싱

모발 다발에 가위를 개폐했다 오므렸다 하면서 미끄러지듯이 내려오며 질감처리하는 방법

슬라이싱은 가위의 위치에 따라 모발의 방향성이 좌우되기도 한다.

(4) 스트록 커트

깃털처럼 가볍게(일명 샤기컷) 질감을 표현할 때 사용된다.

가벼움과 입체감, 부력감을 형성하여 뻗친 스타일이나 움직임을 만들어 내기도 하고 방향성도 조절할 수 있는 커트 기법이다.

틴닝 테크닉 종류

(1) 루트틴닝(Root Thinning)

모근부분의 모량 조절과 버릇머리가 있는 곳의 강한 모류를 교정하기 위한 질감 기법.

(2) 이너틴닝(Inner Thinning)

골격이 납작하거나 튀어나온 곳을 보정하기 위한 방법으로 모발의 밀도감과 양감, 골격과 형태선을 조절할 수 있다.

- 이너 레이어 틴닝 : 겉마름 효과
- 이너 그래쥬에이션 틴닝 : 볼륨 효과

(3) 라인 틴닝(Line Thinning)

모발 끝 6~12cm 되는 지점에서 율동감이나 가벼움을 부여하고 싶을때 사용하는 질감기법

레저 테크닉 종류

(1) 레저 에칭(Razor Eating)

레저 기법 중 가장 많이 사용되는 테크닉. 겉말음으로 표현할 때 사용하는 테크닉. 모발과 레저가 예각으로 쳐내듯이 커트하는 기법이다.

(2) 레저 아킹(Razor Arcing)

안말음으로 표현할 때 사용하는 테크닉. 모발의 안쪽에서 모발을 들어 올리면서 레이저를 90°로 각을 쥐고 홀을 그리듯 하여 앞쪽으로 당기듯이 커트하는 기법이다. 이 기법은 모발 안쪽에 경사를 만들어 안쪽으로 들어가는 효과를 준다.

(3) 레저 필링(Razor Pilling)

크라운 부분에 커트할 때 사용하는 테크닉이다. 모발 다발에 레저를 90°각도로 넣어 뜯듯이 커트하는 기법이다.

(4) 베벨 업(Bevel Up)

모발 바깥쪽에 경사를 주는 질감 기법으로 바깥말음의 효과가 있다.

(5) 베벨 언더(Bevel-Under)

속마름 효과를 주기 위한 방법으로 레저 날을 모발 뒷면에 놓고 곡선을 그리듯이 움직여 준다.

5 커트의 종류 4가지 기본형

헤어 커트는 4가지 기본형으로 구분된다. 이러한 형태는 한 가지 형만으로 디자인 되기도 하고 혼합 또는 조합하여 다양한 디자인을 만들기도 한다. 다양한 모발의 길이와 각각의 모양은 독특한 질감, 구조의 변화를 가지고 있다.

헤어 커트의 4가지 기본형은 원랭스, 그래쥬에이션, 세임레이어, 하이레이어 이다.

원랭스(One Length/Solid)

모발을 중력 방향으로 빗질했을 때 단차없이 동일한 하나의 선으로 나타나는 커트 형태이다. 네이프에서 탑으로 갈수록 모발의 길이가 점점 길어진다. 층이 전혀 없는 스타일로 떨어지는 선의 모든 길이가 동일한 길이이다.

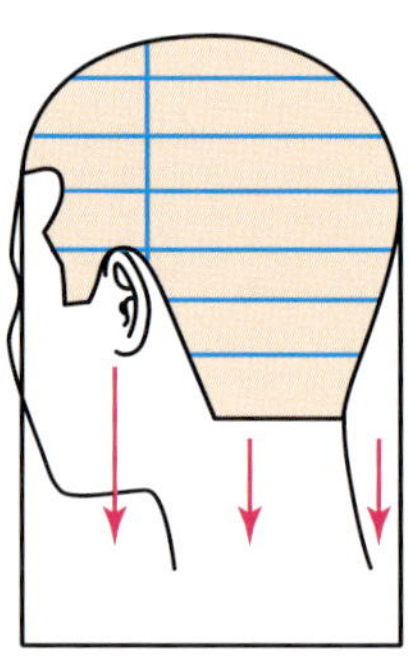

도해도

[커트 절차]

① 블로킹 : 4등분 (정중선+측중선)

② 머리위치 : 똑바로

③ 섹션, 파팅 : 수평

④ 분배, 빗질 : 자연분배

⑤ 시술각 : 자연시술각 0°

⑥ 손가락, 가위위치 : 섹션/파팅과 평행

⑦ 디자인 라인 : 고정 디자인 라인

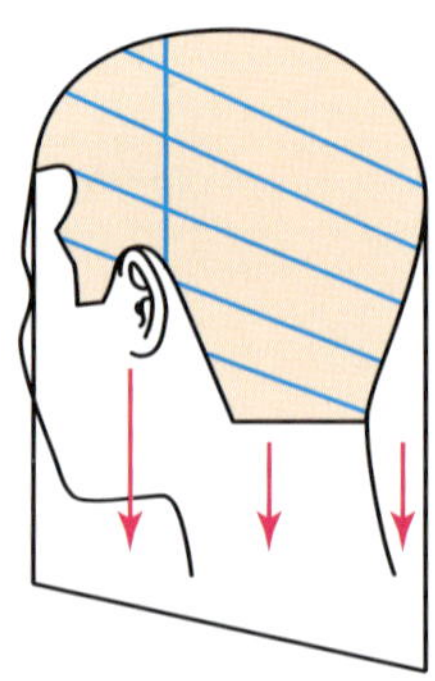

도해도

[커트 절차]

① 블로킹 : 4등분 (정중선+측중선)

② 머리위치 : 똑바로

③ 섹션, 파팅 : 후대각

④ 분배, 빗질 : 자연분배

⑤ 시술각 : 자연시술각 0°

⑥ 손가락, 가위위치 : 섹션/파팅과 평행

⑦ 디자인 라인 : 고정 디자인 라인

그래쥬에이션(Graduation)

경사, 단계의 뜻을 가지고 있는 디자인형태로서 아래는 경사의 각도가 생기면서 층이나고, 위는 무게가 생기면서, 층과 무게선이 만나는 형태를 보이고 있다.

아랫부분은 거친 질감, 윗 부분은 매끈한 질감의 혼합형 질감이라 볼 수 있다.

(1) 각도에 따라

① 로우 그래쥬에이션(Low Graduation) – 1 ~ 30°

아래가 짧고 위로 올라갈수록 길어지며 점진적으로 단차가 생긴다. 낮은 시술 각도가 낮은 층의 경사선을 만들어내며 커트된 머릿결이 작게 보인다.

② 미디움 그래쥬에이션(Medium Graduation) – 31 ~ 60°

중간 시술각도, 중간 정도의 단차에 의한 경사선을 만들어 내며 커트된 머릿결이 보이는 부분은 로우 그래쥬에이션 보다 많아지게 된다.

③ 하이 그래쥬에이션(High Graduation) – 61 ~ 89°

높은 시술각도와 단차에 의한 높은 경사선을 만들며 커트된 머릿결이 보이는 부분이 많아지게 된다.

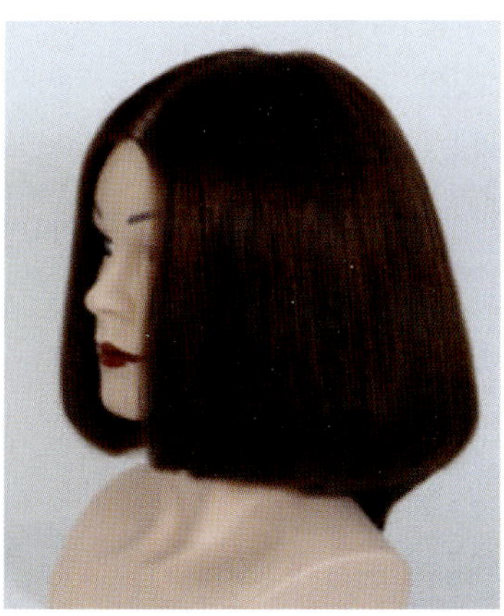

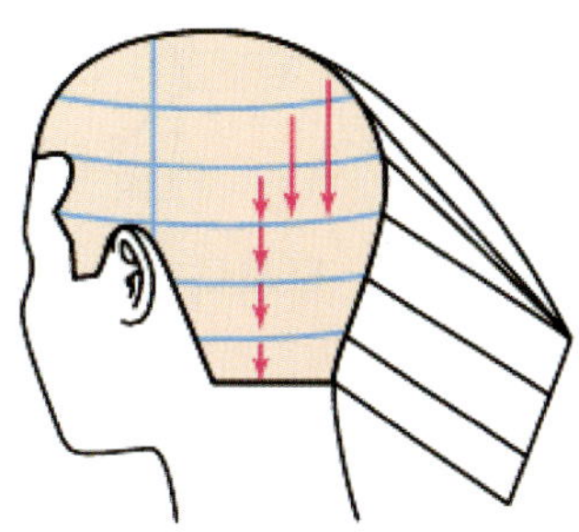

도해도

[커트 절차]

① 블로킹 : 4등분(정중선+측중선)
② 머리위치 : 똑바로
③ 섹션, 파팅 : 수평
④ 분배, 빗질 : 직각분배
⑤ 시술각 : 자연시술각 45°
⑥ 손가락, 가위위치 : 섹션/파팅과 평행
⑦ 디자인 라인 : 고정 + 이동 디자인 라인

(2) 가로의 층의 흐름(형태선)에 따라

① 패러럴(Parallel) – 수평

호리존탈 섹션을 이용한 그래쥬에이션 형태로서, 층이 수평선 형태로 형성된다.

② 인크리싱(increasing) – 증가 그래쥬에이션

앞쪽에서 뒷 Back으로 갈수록 층이 증가하여 후두부에 볼륨이 형성된다

③ 디크리싱(decreasing) – 감소 그래쥬에이션

앞쪽에 층이 많고 Back으로 진행할수록 층이 적어든다.

세임(유니폼) 레이어(Same Layer/Uniform Layer)

일반각도 90도의 커트로 두상곡면에 따라 모발 길이를 모두 같게 자르는 형태이다. 무게감이 없고 전체적으로 거친 질감으로 액티브한 느낌이다.

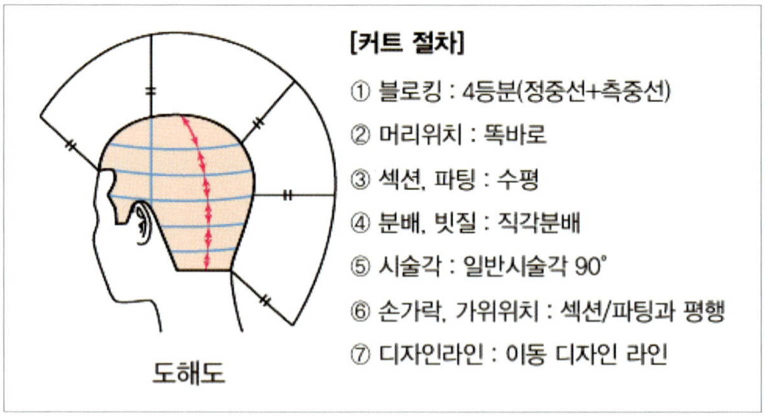

하이(인크리스)레이어(High Layer/Increase Layer)

일반각도 90° 이상의 층이 많은 스타일로서, 윗머리가 짧고 아랫머리가 길어지는 형태이다.

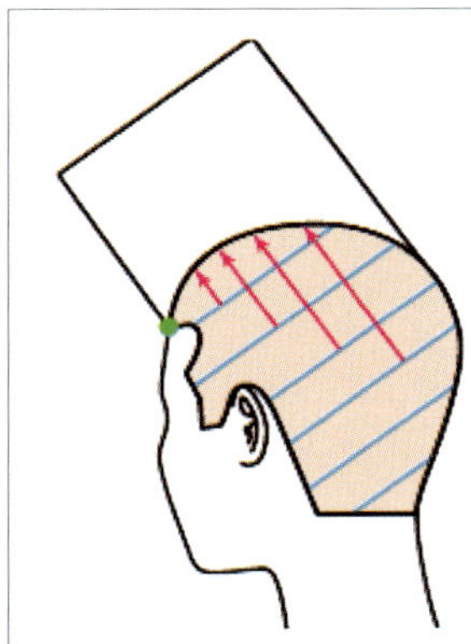

도해도

6 커트 시술 시

단차가 많이 생기는 형태로서 거친 질감을 표현하며 움직임의 표현이 많은 자유로운 이미지이다.

① 헤어커트 유형에 따라 모발의 수분 함량을 조절해야 한다.

② 헤어커트 시 정확하고 올바른 자세로 사용해야 한다.

③ 헤어커트 유형에 적합한 도구와 기법을 사용할 수 있어야한다.

④ 헤어커트 유형에 따라 시술 절차 등을을 정확하게 숙지하고 시술해야 한다.

CHAPTER

6 헤어컬러

1 헤어 컬러링의 정의

헤어 컬러링(Hair Coloring)이란 색깔이 중요한 몫을 하는 현대의 토탈 패션(Total Fashion)에서는 모발색상에 다양하면서 대담한 변화를 주고 있다. 자신의 기호, 의상 및 메이크업이나 헤어 스타일의 분위기에 따라 머리색을 바꾸는 것은 토탈 패션시대에서 자연스러운 추세이며, 이 추세에 맞추어 여러 가지 색상의 염모제가 풍부하게 나오고 있고, 헤어 컬러링 기술도 날로 진보하여 다양해지고 있다. 그러므로 헤어 컬러링 기술을 염색에 필요한 색채원리와 함께 잘 이해하여 좀 더 전문적인 지식을 갖출 필요가 있다. 모발 염색은 좁은 의미의 헤어 컬러링(Hair Coloring), 헤어 다이(Hair Dye), 헤어 틴트(Hair Tint)라고도 불린다.

2 모발의 색

멜라닌 색소는 멜라닌 세포에서 생성된다. 멜라닌 색소가 생성되는 과정은 다음과 같다. 뇌하수체에서 분비되는 색소세포자극 호르몬으로 인하여 멜라닌 세포에 있는 아미노산의 일종인 티로신(Tyrosine)은 티로시나아제(Tyrosinase)의 산화효소작용으로 도파(DOPA)가 형성되고 이는 다시 도파퀴논(Dopaquinone)으로 진행되며, 멜라닌 세포에서 생화학적 합성과정을 거친다. 이를 통해 두 가지 종류의 멜라닌 색소가 생성되며, 생성된 멜라닌 색소를 유 멜라닌(입자형 멜라닌, Eu-Melanin)과 페오 멜라닌(분사형 멜라닌, Pheo-Melanin)이라 한다.

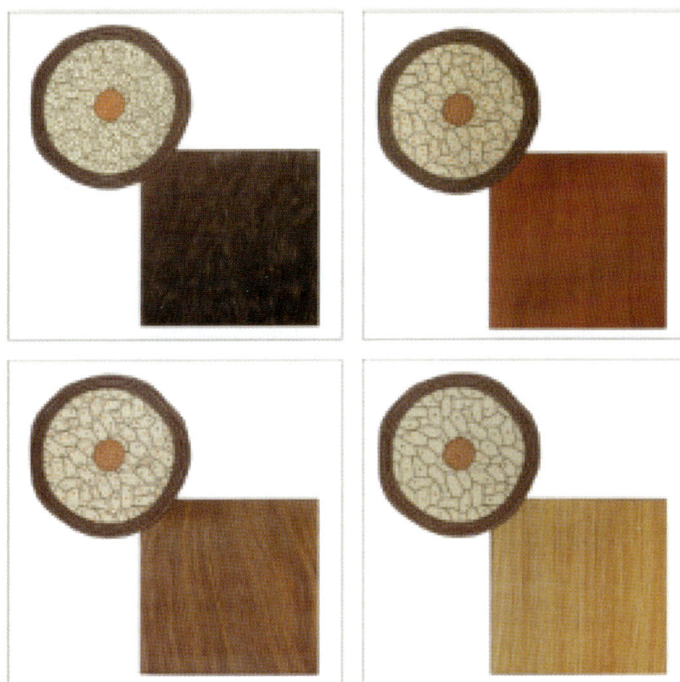

유멜라닌(입자형멜라닌, Eu-Melanin)은 모발의 황갈색에서 검정색을 나타내는 색소이다. 페오 멜라닌에 비하여 분자 크기가 커서 입자형태로 보이기 때문에 입자형 멜라닌이라고도 한다. 반면 페오 멜라닌(분사형 멜라닌, Pheo-Melanin)은 노란색 또는 빨간색을 나타내는 색소이다. 유 멜라닌에 비해 입자크기가 작기 때문에 모발 내 흩뿌려진 형태로 분사형 멜라닌이라고도 한다. 모발의 탈색 작업 시 검정색, 갈색의 유 멜라닌 색소가 먼저 탈색되고 빨강, 노란색의 페오 멜라닌 색소가 나중에 탈색되는 것은 입자크기가 큰 유 멜라닌 색소가 탈색성분과 더 빨리 화합되기 때문이다.

멜라닌은 모발의 모피질 내에 위치하고 있으며, 유 멜라닌과 페오 멜라닌의 양과 비율에 따라 다양한 모발 색을 나타낸다. 예컨대, 금발의 경우 약간의 페오 멜라닌만 있으며, 검정모발의 경우 금발에 비해 유 멜라닌과 페오 멜라닌의 양이 많이 함유되어 있다.

멜라닌 색소는 산소의 산화작용에 의해 제거된다. 이때 유 멜라닌의 색소가 먼저 제거되고 다음으로 페오 멜라닌의 색소가 제거된다.

유 멜라닌의 색소는 다시 파랑, 빨강, 노랑의 순서로 제거되며, 이어 페오 멜라닌의 색소인 노랑의 색소가 제거된다. 제거되고 남은 멜라닌 색소가 일정한 명도와 반사 빛을 표현하게 되는데 이것을 블리치 레벨이라고 한다.

백모의 경우 여러 가지 가설이 있다. 백모는 멜라닌 색소의 생산이 중단되기 때문이다. 백모의 원인은 멜라닌 세포에서 티로신이라는 아미노산이 결핍되고, 티로시나아제 효소의 결핍에서 야기된다고 한다.

멜라닌의 종류

① 유멜라닌

입자형. 큰 입자로 구성되어 있다. 빨강+노랑+파랑이 섞인 블랙과 브라운 색상의 모발을 나타낸다. 유멜라닌의 양에 의해 모발의 어두운 명도가 결정 된다. 유멜라닌은 탈색제나 염모제 도포 시 입자가 커서 멜라닌 색소가 쉽게 분해되어 탈락이 용이하다.

② 페오멜라닌

분자형. 작은 분자로 구성되어 있다. 옐로우와 레드 색상의 모발을 나타낸다. 페오멜라닌의 양에 의해 모발의 밝은 명도와 언더 코트의 색상이 결정된다. 페오멜라닌은 탈색제나 염모제 도포 시 입자가 작아서 멜라닌 색소가 분해되기 어려워 작업 후에도 모발에 잔류하기 쉽다.

3 블리치 레벨

블리치 레벨은 우리 모발의 언더톤으로 멜라닌 색소 분해과정에서 변화되는 순서를 말한다. 입자가 큰 유 멜라닌의 흑색과 갈색의 색소가 먼저 분해되고 그 후 입자가 작은 페오 멜라닌의 적색과 노랑의 순으로 분해되된다. 블리치 레벨에 대한 이해는 염색 과정에서의 첫 단계로 염색의 결과에 가장 큰 영향을 미친다.

블리치 레벨

4 색의 원리

모발의 색상은 3원색인 빨강, 노랑, 파랑으로 구성되어 있으며, 3원색의 자연 색소 양이 많을수록 모발색은 검게 보인다. 모발의 색소 양에 따라 금발 〈 적색 〈 갈색 〈 흑색의 모발로 나누어진다. 흰머리인 경우에는 모발의 색소가 거의 없는 상태이다. 색의 법칙에 의거하여 다양한 색을 만들기 위해서 염료와 색소를 섞을 때 양을 조절해가며 해야 한다. 색의 법칙에 따라서 조화로운 색을 혼합하여 아름다운 색을 만듦으로써 예술에 적용할 수 있다.

원색(기본색, Primary Colors)

기본색이란 기초적인 순수한 색들이다. 3가지 기본색은 빨강, 노랑, 그리고 파랑이다. 다양한 색들은 1차색과 2차색의 혼합에 의해 만들어진다.

2차색(등화색, Secondary Colors)

등화색은 원색 두 가지를 같은 양으로 혼합하여 만들어지는 색이다. 색의 파워에 따라 양을 달리하여 혼합한 경우, 노랑과 파랑은 녹색, 파랑과 빨강은 보라, 그리고 빨강과 노랑은 주황색을 얻는다.

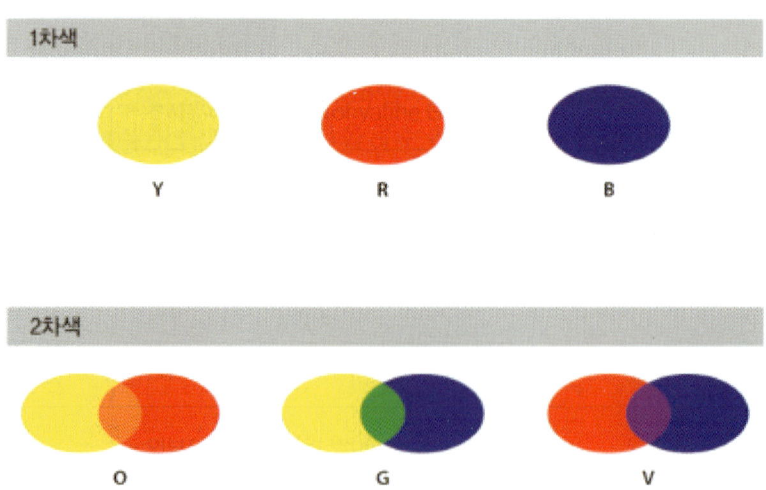

1차색과 2차색

보색(Complementary Colors)

보색이란 색상환(Color Wheel) 안에서 서로 마주보고 있는 반대색을 말한다. 이들 둘을 혼합하면 이들은 서로의 색을 보이지 않도록 중화시키는 작용을 한다. 예컨데, 같은 양의 빨강과 녹색은 서로를 중화시켜서 갈색(Brown)을 만들어낸다. 주황과 파랑도 서로를 중화시키고, 노랑과 보라 역시 서로를 중화시킨다. 보색(Complementary Colors)은 항상 기본색 하나와 등화색 하나로 이루어진다. 보색의 색상은 항상 3가지 원색으로 이루어지게 되는 것이다. 예를 들어 색상환(Color Wheel)을 보면 빨강(기본색 = 원색)의 보색은 녹색(등화색 = 2차색)이다. 녹색은 파랑과 노랑으로 이루어진다. 예컨대, 모두 원색 = 기본색이다. 따라서 이 보색의 한 조에는 원색이 세 가지 모두 쓰였음을 알 수 있다. 염색(Coloring)에 있어서 보색의 활용은 고객이 원하는 컬러가 표출되지 않았을 때 잘못된 색상을 클렌징하는 데 중요한 역할을 한다.

보색 적용 예시

5 염모제의 종류

모발 염색에 사용되는 염모제는 주성분에 의해 분류하기도 하지만 염모제의 화학적 작용과 유지기간에 의해 분류할 수 있으며, 또한 산성과 알칼리의 함유에 따라 산성 염모제와 알칼리 염모제로 구분할 수 있다.

일시적 염모제

일시적 염모제는 컬러 무스, 컬러 마스카라, 컬러 스프레이, 컬러 린스, 컬러 왁스 등의 제품으로 시판되고 있다. 일시적 염모제의 색소는 입자가 커 모피질 내에 침투가 어렵고 모표피의 비늘 층 모양 구조 표면에 색소가 갇혀 있게 된다. 1회의 샴푸로 색소는 지워지게 되나 모표피의 손상이 심한 경우 모피질 층에 도달하게 되면 지속 시간이 길어질 수도 있다.

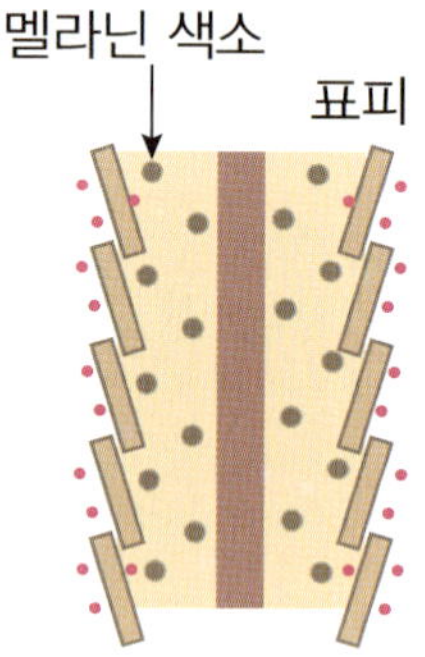

일시적 염모제 작용 원리

반영구적 염모제(산성 염모제)

반영구 염모제는 흔히 산성 염모제, 헤어 매니큐어라고 하고, 1제만으로 구성되어 있으며, 다른 화합물과 혼합하여 사용하지 않기 때문에 직접 염모제(Direct Color)라고도 한다. 반영구 염모제는 보통 약산성을 띠는 염모제이며, 제품에 따라 또는 모발의 손상 정도에 따라 유지력의 차이를 보인다. 보통 2~4주의 유지력을 지니고 있다. 반영구 염모제는 음이온 결합의 형태로 정착되므로 모발의 pH 밸런스 균형을 매우 필요로 한다. 그러므로 제품을 사용하기 전 약산성의 샴푸와 모발의 밸런스를 조절하여 주는 컨트롤러를 사용하여 주는 것이 바람직하다. 이들의 염모제가 모표피 내 · 외피에 정착하여 결과의 색상을 나타낸다.

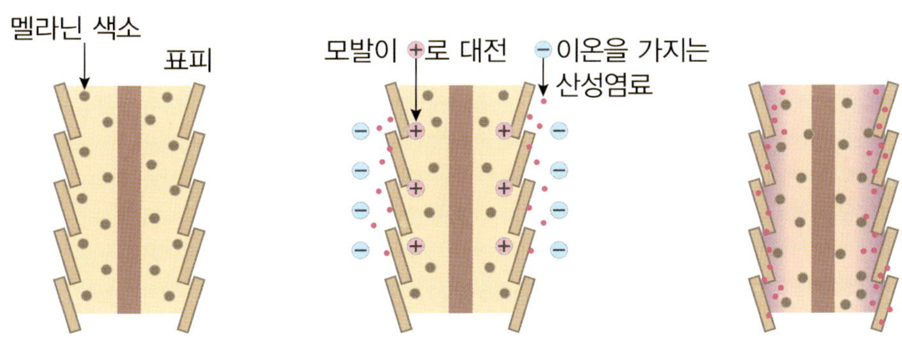

반영구적 염모제 작용 원리

영구적 염모제(알칼리 산화 염모제)

영구적 염모제는 모발에 영구적으로 모발색상의 변화를 가져와 모발을 잘라내기 전까지 지속성을 갖는다는 특성이 있고, 알칼리 산화 염모제라고도 한다.

제1제와 제2제로 나누어져 있으며 제1제의 주성분은 알칼리제와 산화염료로 구성되어 있고 제2제는 과산화수소(H_2O_2)가 주성분이다.

먼저 제1제의 알칼리가 모표피(Cuticle)를 팽윤시켜 열어주는 역할을 하고 그사이 제2제인 과산화수소가 공기 중 산소와 결합하여 모발 내 자연 색소 및 인공 색소를 분해한다. 동시에 제1제의 산화염료가 고분자화되는 과정을 도와 모발 내 염착 시키는데 이러한 과정을 **'산화중합과정' 또는 '산화중합작용'**이라고 한다.

제2제의 과산화수소는 농도가 높아질수록 탈색력도 높아지며 손상도와도 관련이 있다.

(1) 염모제 1제의 주요 성분

① 알칼리제

암모니아(${NH_2OH}$)로서 모발의 모표피(Cuticle)을 팽윤시켜 열어주는 역할과 제2제(H_2O_2)와 혼합되어 탈색 및 발색의 역할을 한다.

- 색소형성에 필요한 pH 조절
- 모표피 팽창과 케라틴 체인을 연화
- 촉진제와 혼합 산소방출을 가속화 산화제의 혼합 서포트

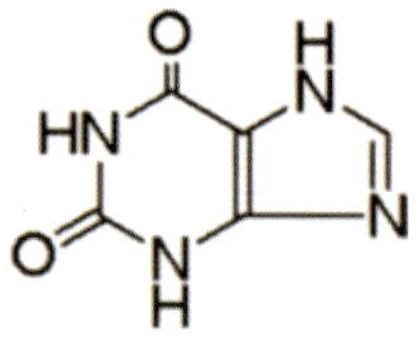

② 산화염료

- 유기염모제의 베이스(전조제 : 명도를 나타냄)
  오르토 또는 파라로서 파라-페닐렌디아민, 파라-톨루엔디아민은 벤젠의 수소원자 대신에 메틸기가 결합한 것이다.
- 전조제 중 단속제 또는 변환제(색상을 나타냄)
  혼자서는 색상을 나타낼 수 없거나 미비하다. 그러므로 단속제 또는 베이스를 전조제와 혼합되면서 색상을 드러난다.

(2) 염모제 2제의 주요 성분

① 과산화수소 H_2O_2

영구적 염료로서 산화제는 가장 많이 20Volume의 과산화물이 사용된다. 그러나 Volume의 세기는 자연 모발색상과 희망하는 색의 명도의 등급 과정에 의해 결정된다. 또한 모발의 특징에 따라 굵기와도 밀접하다. 40 Volume의 사용은 모발과 멜라닌이 가장 많이 손상되며 기본 탈색과정 보다 밝아지는 탈색의 결과를 얻는다.

강도	혼합	사용법	단점
1~3½ Tone 밝기 (약한 탈색)	Gel Type 탈색 (Bleach)제 + 암모니아수) + 6 ~ 9% H_2O_2	- 첫번째 탈색을 할 경우 - 재염색을 위해 탈색을 할 경우 - 재염색 없이 탈색만 하는 경우	암모니아의 활동으로 인해 반사빛 만을 얻는다. 빨강, 주황색, 노랑 오렌지
3½~6 Tone 밝기 (중간 탈색 또는 강한 탈색)	Blue Oil+보력제 1Shade - 3½ Tone (암모니아수) 2Shade - 5Tone + 6 ~ 9%H_2O_2 3Shade - 6 Tone	- 재염색을 준비하는 과정인 애벌 탈색, 아주 밝은 톤까지 가능(환타지 색상과 잿빛의 색상이 가능하다)	강도는 다르지만 두발을 건조시킨다.
7 Tone (매우 강한 탈색)	과산염 파우더 (알칼리 성분) + 6 ~ 9% H_2O_2	- 5 ~ 6 Tone 이상의 두피 전체 탈색 (두피 자극이 적은 6% H_2O_2만 사용)	두발을 건조, 손상, 거칠게 한다.

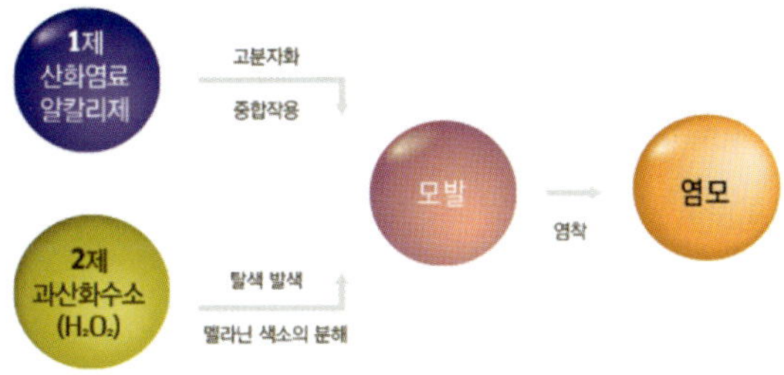

영구적 염모제의 작용원리

산화염모제 넘버링 시스템 예시

6

염색 시 필요 도구

염모제, 산화제, 염색볼, 염색붓, 전자저울, 장갑, 수건, 드라이기, 샴푸, 컨디셔너

7 탈색 (Lightening, Bleach)

탈색이란 모발로부터 색소를 제거하는 것을 말한다.
고객이 지닌 모발색에서 염색이 낼 수 없는 고명도의 밝기를 원하거나 색상 체인지를 위해 기여색소 제거가 요구될 시 사용된다. 또한 모발의 특정 부분에 색을 넣어 입체감을 부여하기 위한 용도로도 사용된다.

탈색제의 구성 성분

제1제 화합물은 알칼리제를 사용하며 이는 강력한 탈색제로서 부스팅하는 촉진제인 과황산 암모늄 또는 과황산 염류를 첨가하거나 또는 피로아황산소다를 넣어 산화·환원의 반응열을 이용하는 타입이 있다.
제2제 화합물에는 H_2O_2를 주로 사용하며 과황산염도 가끔 촉진제로서 첨가되고 pH는 9~11이다. 안정화제(EDTA, Thylene lamine Etraacetic Cid, 킬레이트제)도 가끔 과산화물의 분해속도를 낮추는 데 사용된다.

제1제	제2제
- 폴리옥시에틸렌 노닐페닐에테르	- 폴리옥시에틸렌(4) 노닐페닐에테르
- 폴리옥시에틸렌 디스테아린산염	- 폴리옥시에틸렌(9) 디스테아린산염
- 팔미트산	- 세탄올
- 암모니아수	- H_2O_2(35%)
- 킬레이트제	- 안정화제
- 정제수	- 정제수

탈색의 원리

탈색제는 제1제인 탈색제와 제2제인 과산화수소(H_2O_2)는 현재 탈색제로서 사용되고 있는 산화제이며 농도 3%(10 Volume), 6%(20 Volume), 9%(30 Volume) 등이 주로 사용되며 과산화수소의 농도비가 높을수록 탈색력은 증가한다.

공기 중 산소는 산화제를 만나 흑색을 어두운 붉은 머리로 변화시킬 수 있도록 유멜라닌의 산화를 촉진시킨다. 그 후 페오 멜라닌을 공격하게 되는데, 이는 붉은 갈색에서 밝은 노랑으로 이행하여 점점 더 높은 Level Up 과정에서 멜라닌이 완전히 없어지면 미색의 모발색을 볼 수 있다.

Lightening Level은 자연 모발색의 기본 레벨을 바탕으로 Lightening할 경우 시간이 지남에 따라 드러나는 기본 색상이라 할 수 있으며, 이 레벨은 붉은색의 반사빛에서 점차로 주황색 반사빛, 그 후 노랑색 반사빛, 마지막으로 흰빛에 가까운 색이 되어 그 반사빛은 정지된다. 탈색은 모발발의 염색의 발색과 결과물의 반사빛에 영향을 준다.

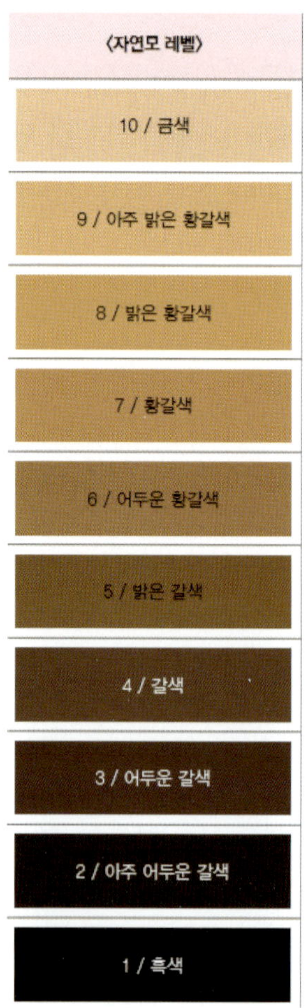

탈색과정으로 만들어진 자연모 레벨

8 탈색 시 필요 도구

탈색제, 산화제, 염색볼, 염색붓, 샴푸, 컨디셔너, 장갑, 드라이기, 전자저울, 핀셋, 포일, 꼬리빗

9

염 · 탈색 시 주의사항

① 충분한 상담을 통해 고객의 희망컬러와 스타일을 파악한다.

② 고객의 염모제 알러지 유무와 모발 이력을 파악하기 위해 패치 테스트와 스트랜드 테스트를 시행한다.

③ 사용할 염모제나 탈색제, 산화제 등의 혼합비율은 반드시 저울 사용하여 제조한다.

④ 시술 전 도포법과 작업 순서를 확인하며 백모 커버를 위한 염색 시술을 제외하고 두피에 닿지 않도록 주의하여 도포한다.

⑤ 신속, 정확, 균일하게 도포하며 약액의 양을 주의하며 도포한다.

⑥ 명시된 방치시간을 반드시 준수한다.

⑦ 컬러 테스트 후 샴푸하여 마무리하도록 한다.

CHAPTER

7 퍼머넌트 웨이브

1 퍼머넌트 웨이브의 정의

퍼머넌트 웨이브(Permanent Wave)란 영구적인 물결, 영속하는 물결을 뜻하며 미용에서의 퍼머넌트 웨이브란 자연상태의 모발을 인공적인 방법, 즉 물리적 · 화학적 방법을 가하여 모발의 화학적 구조나 형태를 변화시켜 오랫동안 지속되는 웨이브를 형성시키는 것을 의미한다.

2 퍼머넌트 웨이브의 목적

퍼머넌트 웨이브는 다양한 목적 및 수단을 가지고 시행한다.

- 두상이나 모질을 보완하기 위한 목적
- 모류를 교정하기 위한 목적
- 볼륨이나 모류의 방향성을 조절하여 자연스러운 움직임을 강조하기 위한 목적
- 손질의 용이함을 위한 목적
- 헤어스타일 및 디자인의 완성도를 높이기 위한 목적
- 개성 연출 및 이미지 변화의 수단 등을 예로 들 수 있다.

최근에는 모발 손상에 대한 고객의 인식도가 높아져 퍼머넌트 웨이브 시술 시 손상을 줄일 수 있는 방법에 대한 연구가 새로운 이슈로 떠오르고 있으며 보다 퍼스널한 스타일을 권장하기 위한 지속적인 트렌드 개발이 필요하다. 또한 전세계적으로 K-Beauty가 붐을 이루면서 한국의 퍼머넌트 웨이브 기술이 주목을 받고 있는 실정이다.

3 퍼머넌트 웨이브의 역사

퍼머넌트는 BC 3000년경 고대 이집트인들은 나일강 유역에 있는 알칼리성 성분의 진흙을 모발에 바르고 둥근 막대기에 모발을 감아 태양에 건조한 후 웨이브를 만들어 냈는데 이것이 알카리와 열을 이용한 퍼머넌트 웨이브의 기원이라고 할 수 있다.

1872년 프랑스의 마르셀 그라또우(Marcel Grateau)가 아이롱을 이용한 일시적인 웨이브를 만들었고, 1905년 영국 런던 사교계의 유명한 미용사 찰스 네슬러(Charles Nessler)가 웨이브를 장기간 유지할 수 있는 방법을 개발하는 데 성공하였다.

이는 알칼리와 열의 원리를 이용한 히트 웨이브(Heat Wave) 방식으로 긴 머리에만 시술이 가능하였지만 이후 차츰 짧은 머리에 시술이 가능한 크로키놀식 와인딩(Croquignole Winding) 방식의 1925년경 죠셉 메이어(Joseph Mayer)에 의해 고안되었다.

히트 웨이브의 단점을 보완하기 위하여 열을 가하지 않고 퍼머넌트 웨이브를 형성하는 약품의 개발이 지속적으로 진행되었는데, 특히 1936년 영국 리도 대학교수 J.B. Speakman은 아유산수소나트륨을 이용하여 40°C 정도의 온도에서 퍼머넌트 웨이브를 만들어 내는 데 성공하였다. 즉, 모발 케라틴의 화학구조를 연구하여 과거에 사용하던 105 ~ 110°C의 높은 열을 사용하지 않고, 실온 즉 40°C에서 약품을 이용하여 시스틴 결합을 절단하여 웨이브를 얻어내었고 이를 콜드(Cold)라는 명칭을 붙여 콜드 퍼머넌트 웨이브제라 하였다.

이 콜드 퍼머넌트 웨이브 방법의 이용은 시술시간을 2 ~ 3시간으로 감소시켰고, 고열로 인한 위험부담을 줄이는 등 시술과정이 매우 간편화되었으며 이로 인해 퍼머넌트 웨이브의 대중화를 가져오게 되었다.

그 후 모발 케라틴(Keratin)의 화학구조가 해명되어 시스틴결합을 절단하는 약제의 연구가 계속되면서 고구드라는 학자가 처음으로 티오글리콜산(Thioglycolic Acid)과 케라틴의 화학반응을 학계에 발표하였다. 1941년 미국의 맥도우(Mc Donough)등이 티오글리콜산을 주원료로 한 콜드퍼머넌트 웨이브 용액을 제조하였고, 많은 연구와 개량을 거쳐 1947년 미국의 FDA(식품의약품국)에 의해 티오글리콜산의 제조방법이 비교적 간단하면서 보건위생상 무해하고 냄새가 적으며 효과적인 웨이브를 얻는 데 적당하다는 것을 인증받았다.

4

퍼머넌트 웨이브의 원리

퍼머넌트 웨이브의 화학적 작용

퍼머넌트 웨이브제 제1제는 환원작용을 하고 제2제는 산화작용을 하며 유기적으로 화학적 작용을 한다.

(1) 환원작용

환원작용이란 1액(환원제)의 도포로써 케라틴을 연화시키고 Cystine을 절단하는 과정이다. 시스틴 결합을 절단하면 모발의 강도 및 탄력이 떨어지게 되며 알칼리에 대한 저항력 또한 낮아진다.
퍼머넌트의 원리는 모발 케라틴 구조의 특성에 기초를 두고 있는데 특히 이황화물 교차 결합(S-S)과 관계된다. 퍼머넌트의 제1액인 환원제는 수소원자를 방출 할 수 있는 티오글리콜산이 포함되어있으며 모발에 적용 시 큐티클이 팽창되며 모발 질감이 미끄럽고 부드러운 질감으로 변화가 일어난다.

퍼머넌트 1제는 S-S 결합을 전달시켜 기존에 결합을 분리시키고 새로운 형태로 와인딩을 하게 되면 단백질 섬유는 서로간의 위치가 바뀌게 된다.

물질이 산소를 잃어버리고 수소와 결합하는 과정을 거친다.

① 제1제의 환원작용(주요 성분 : 티오글리콜산 또는 시스테인)

$$| -S-S- | + 2HSCH_2COOH \rightarrow | -SH\ HS- | + \begin{matrix} S-CH_2COOH \\ | \\ S-CH_2COOH \end{matrix}$$

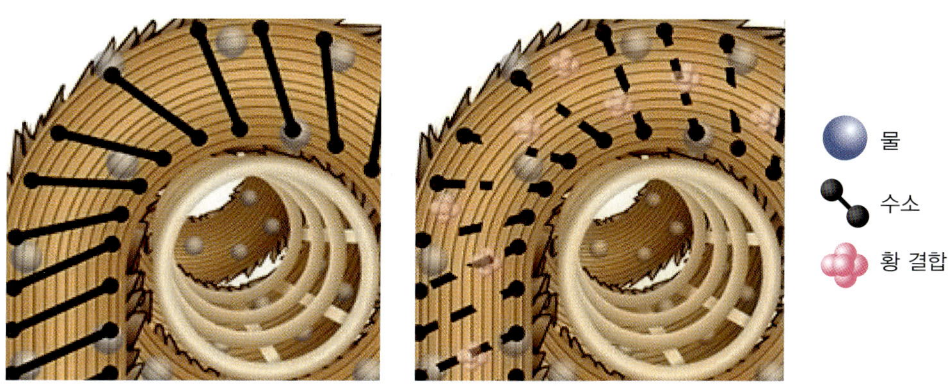

모질에 따라 수분량을 조절 후 와인딩한다. / 모발 내 황(S-S)결합이 퍼머넌트 1제 용액에 의해 절단된다.(환원작용)

1제 환원작용

(2) 산화작용

산화작용을 일으키는 용액으로는 과산화수소, 브롬산나트륨($NaBrO_2$), 브롬산칼륨($KBrO_3$)이 주로 사용되며 환원제에 의해 절단된 시스틴을 재결합시키는 산화작용, 정착작용 및 중화작용을 한다.

퍼머넌트의 제2제는 산화제 또는 중화제라고 한다. 산화제는 산소를 방출할 수 있는 과산화수소, 취소산칼륨, 취소산 나트륨 등을 포함하고 있는데 모발에 스며들어 환원제에 의하여 방출된 수소원자와 결합하여 H_2O를 형성하며 수소를 잃은 황원자는 다시 시스틴 결합을 이루게 된다. 그렇게 함으로써 기계적인 원리에 의하여 새로운 형태로 끊어진 시스틴 결합을 재구성하게 된다.

물질이 산소와 다시 결합하고 수소를 잃어버리는 과정을 거친다.

① 제2제의 산화작용(주요 성분 : 과산화수소 / 브롬산 나트륨 / 브롬산 칼륨)

| -SH HS- | + O → | -S-S- | +H_2O
시스테인 시스틴 결합

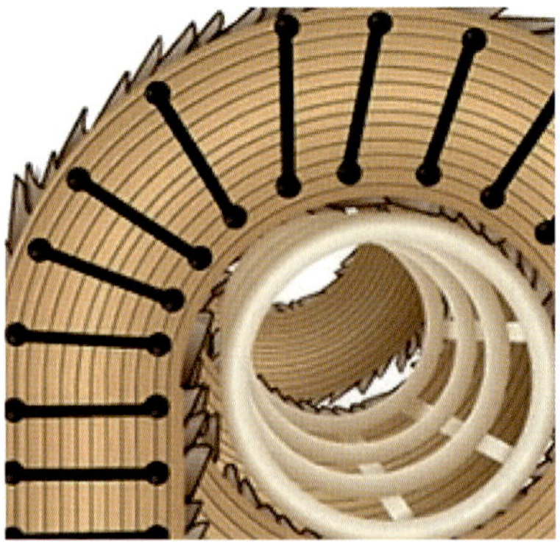

새로운 퍼머넌트 스타일(웨이브 또는 스트레이트)로 퍼머넌트 2제 후 재결합이 이루어지며 형태가 고정된다.(산화작용)

2제 산화작용

환원작용과 산화작용

환원	산화
a. 물질이 산소(O)를 잃는다. b. 물질이 수소(H)와 화합한다. c. 원자나 이온이 전자를 얻는다.	a. 물질이 수소(H)를 잃는다. b. 물질이 산소(O)와 화합한다. c. 원자나 이온에서 전자를 잃는다.
| -S-S- | +HS CH_2COOH → | -SH- |	| -SH+$NaBrO_3(H_2O_2)$ → | -S-S- |

열 펌(Heat permanent wave)의 원리

열 펌(Heat permanent wave)이란 치오글리콜산의 작용과 알칼리의 가수분해의 원리를 이용한 것으로 알칼리의 가수분해를 위해 최소 50℃의 온도를 모발에 적용하여 열기구를 사용하여 원하는 형태를 만들고 화학 반응에 의해 그 상태를 유지하는 것이다.

열 펌은 모발에 펌제 제1액(환원제)을 도포하여 측쇄결합을 끊고 1액을 물 또는 샴푸제를 사용하여 깨끗이 세척하는 것을 기본으로 한다. 1제가 모발에 남아있을 시 고온이 모발에 닿게 되면 지모, 절모 등의 부작용이 생길 수 있다.

그 후 모질과 희망하는 결과 형태에 따라 수분과 열을 조절하고 기계로 물리적 시술을 가하여 형태를 만든 후 고정하기 위해 펌제 제2제(산화제)를 사용하여 그 형태의 유지력을 높인다.

수분의 역할은 1액에 의해 환원된 모발을 사용기구의 굵기 지름의 웨이브나 스트레이트 형태로 만들어 흐트러지지 않고 그 상태로 유지하기 위해 수분을 이용한다. 모발에 물을 적시고 변형을 가해준 상태에서 모발을 건조시키면 변형된 상태(웨이브)를 유지할 수 있다. 수분의 양이 적으면 모발표면이 부스러지고 물의 양이 많으면 모양이 변형이 된다.

단백질은 물에 의해 가수분해를 일으킨다. 수소 결합은 산소와 수소 사이의 잡아당기는 힘으로 결합하는 것으로 모발에 수분을 가해주면 단절되고 수분을 제거해주면 다시 결합하는 것을 말한다.

(1) 모발과 열의 관계

우리 모발은 약 90%가 케라틴 단백질로 구성되어 있으며 케라틴은 열에 의한 영향을 많이 받는 성질을 가지고 있어 퍼머넌트 웨이브 시술 시 적용 온도는 매우 중요하다. 모발 내 적정 수분량은 평균 10~15%를 지니지만 블로 드라이, 아이롱, 전기 세팅 등의 열기구가 모발에 닿게 되면 수분이 과 증발하면서 모발의 변형이 일어나기 시작한다. 젖은 상태의 모발과 건조된 모발과는 차이가 있는데 건조된 상태에서는 80~100℃가 되면 모발 강도가 약해지기 시작한다. 120℃ 전후의 열이 모발에 닿게 되면 팽화되고 130~150℃에서 모발 변색이나 시스틴 감소 등의 변화가 일어나기 시작한다. 180℃ 이상 온도에서는 케라틴의 변성이 일어나기 시작하고 270~300℃의 온도가 되면 타서 분해가 되는 탄화현상이 일어난다.

젖은 상태의 모발에서는 100℃ 전후에서 시스틴 감소가 시작되며 130℃부터 α-케라틴이 β-케라틴으로 변성이 시작된다.

특히 열 펌은 열과 압력에 의한 물리적 작용과 수분 및 열작용의 원리를 이용한 것으로 용액이 모발에 닿아 시스틴 결합이 끊어진 상태로 열이 닿게 되면 케라틴 구조 및 손상이 배가 될 수 있어 펌 시술 시 모발에 적용하는 열은 매우 유의하여야 한다.

히트 펌 시술 시 적정 온도

히트 펌 기구	적정 온도
플랫 아이롱	140 ~ 180℃
디지털기	90 ~ 110℃
세팅기	140 ~ 160℃

(2) 모발과 수분의 관계

정상모발의 수분 함유량은 평균 12% 내외를 기준으로 한다. 모발 내 수분의 최대 흡수량은 약 25%정도이며 손상모발의 수분 함유량은 10% 미만이다. 퍼머넌트 웨이브 시 수분 조절은 온도 만큼이나 중요한데, 펌 종류 및 모질에 따라 적용 온도 및 시간이 다르기 때문에 달리 적용할 필요성이 있다.

모발 내 적정 수분량이 유지되지 않을 시, 퍼머넌트 웨이브 시술 후 큐티클이 들떠 빛 반사가 난반사 되는 현상, 건조해져서 쉽게 정전기가 일어나는 현상, 모피질층의 간충 물질이 쉽게 유실되어 퍼머넌트 웨이브의 유지력이 낮아지는 현상 등이 발생하게 된다.

퍼머넌트 웨이브 종류에 따른 적정 수분량은 다음과 같다.

퍼머넌트 웨이브 종류에 따른 적정 수분량

퍼머넌트 웨이브 종류	적정 온도
매직 스트레이트	약 15%
볼륨 매직	약 17%
디지털 & 세팅	약 20%
콜드펌	약 50%

5 퍼머넌트 사용 도구

전처리용 샴푸 및 트리트먼트, 피부 보호제품, 고객용 가운, 시술자용 앞치마, 시술자용 장갑, 수건, 어깨보, 헤어밴드, 환원제, 산화제, 로드, 고무밴드, 꼬리빗, 페이퍼, 스틱, 핀셋, 비닐캡, 전열기구, 후처리용 샴푸 및 트리트먼트, 산성린스, 헤어스타일링제품 등

기초 와인딩 도구

6 기본 와인딩 테크닉 기법

크로키놀식 와인딩

크로키놀식 와인딩 기법은 모발 끝에서 와인딩하는 기법으로 가장 일반적으로 많이 사용되는 기술이다. 모발의 길이와 상관없이 와인딩이 가능하며 수평, 수직, 사선 파팅에 따라 와인딩한다. 모발끝부터 와인딩하기 때문에 모발 끝이 웨이브가 더 작고 강하게 형성되므로 텐션을 잘 조절하여야 한다. 모근의 볼륨을 조절할 수 있는 장점이 있다.

크로키놀식 와인딩

(1) 수평 / 호리존탈

베이스를 가로로 잡아 와인딩하는 방법이다.

(2) 버티컬

베이스를 세로로 잡아 와인딩하는 방법이다.

(3) 다이애거널

베이스를 사선으로 잡아 와인딩하는 방법이다.

스파이럴식 와인딩

모근부분부터 모발 끝으로 와인딩하는 방법을 말하며 웨이브의 굵기가 모근쪽과 모발 끝쪽이 동일하다.

(1) 면 와인딩

모발을 꼬지 않고 세로로 모근에서 모발 끝으로, 모발 끝에서 모근으로 말아가는 와인딩 기법이다. 면을 모근부터 모발 끝까지 와인딩한다.

면 와인딩

(2) 트위스트 와인딩

트위스트란 '꼬아주다, 비틀다'라는 의미로서 머리다발을 가늘게 잡아 손가락으로 꼬아 나선상으로 시술한 펌을 말한다. 철사나 긴 막대기를 주로 사용하며 로드로 와인딩하여 펌하는 경우도 있다. 모발을 꼬아준 상태로 모근부터 모발 끝까지 와인딩한다.

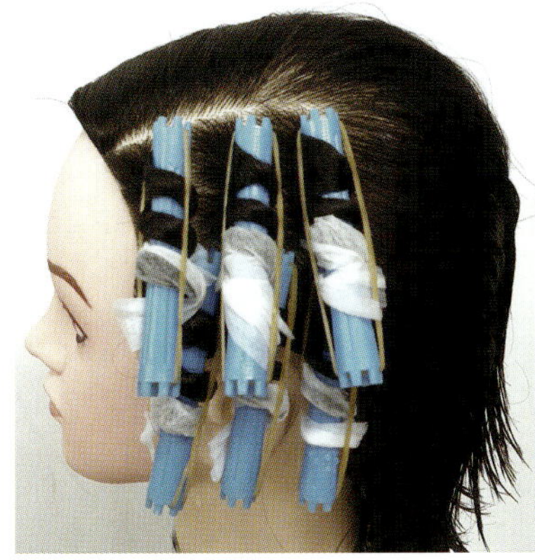

트위스트 와인딩

압착식 와인딩

(1) 다이렉트/나이아가라

빨래판 형태의 로드를 사용하여 지그재그한 형태의 컬을 찍어내는 펌을 말한다. 부시시한 머리를 만들기 위한 목적의 파마 중 가장 간편한 방법의 파마이며, 비교적 가격이 저렴한 장점이 있는 반면에 모양이 부자연스러운 단점이 있다.

다이렉트/나이아가라 로드

(2) 물결

물결펌이란 컬이 물결치는 듯한 웨이브의 형태로 있다 해서 물결펌이라 한다. 물결펌에는 많은 종류가 있지만 압축식의 로드로 물결펌을 연출할 수 있다.
와인딩 시 가장 중요시해야 하는 부분은 컬의 위치가 같아야 한다는 점이다.

물결펌 로드

7 페이퍼 사용법

모발을 와인딩할 때 보다 쉽게 와인딩할 수 있도록 도와주는 부재료이며 페이퍼에 퍼머넌트제가 골고루 퍼질 수 있도록 한다.

기본 페이퍼

가장 많이 사용하는 기법으로 모발 끝쪽 위에 페이퍼를 올려놓고 와인딩한다.

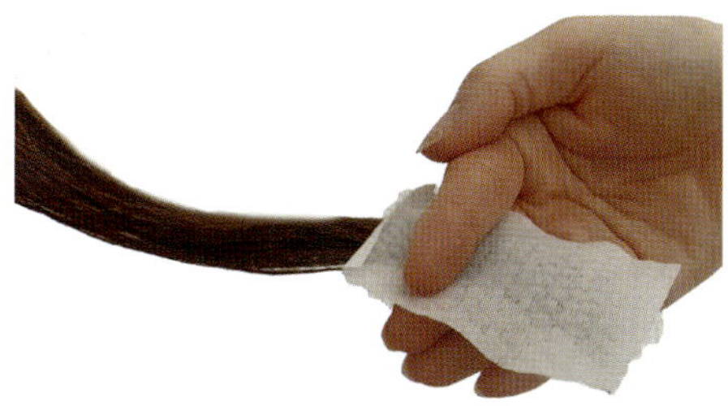

기본 페이퍼

더블 페이퍼

모발에 단차가 많이 날 경우, 손상모일 경우 모발을 보호하기 위해 모발에 앞뒤로 페이퍼를 놓고 와인딩한다.

더블 페이퍼

북 앤드 페이퍼

페이퍼를 반으로 접어서 사용하는 기법으로 모발 양이 적거나 모발에 단차가 있을 때, 짧은 모발을 와인딩할 때 사용한다.

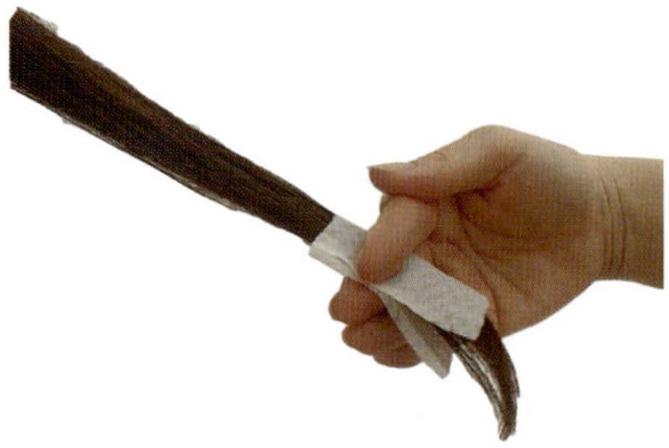

북 앤드 페이퍼

쿠션 앤드 페이퍼

모발 끝 쪽에 페이퍼를 대고 와인딩을 하다가 모발 중간에 다시 페이퍼 한 장을 더 대는 기법으로 미세한 웨이브의 두께 조절이 가능하며 얇은 모발 와인딩 시 지지대 역할을 한다.

쿠션 앤드 페이퍼

8 블로킹(Blocking)과 베이스 섹션(Base Section)

블로킹과 섹션은 퍼머넌트 웨이브 디자인에 따라 모발을 로드에 효율적으로 와인딩 하기 위해 두상을 나누는 것을 말한다.

블로킹은 로드의 크기, 종류, 디자인에 따라 다르다.

섹션은 퍼머넌트 웨이브 디자인에 따라 수평, 수직, 대각, 삼각, 사각 등의 형태로 와인딩의 방향을 설정하며 블로킹에 따라 섹션의 모양이 달라지므로 방향성을 잘 고려하여 설정해야 한다.

보통의 로드 길이보다 작게 하는 것이 효과적이며 모발 숱이 적거나 짧은 모발에 지그재그섹션으로 와인딩하면 섹션 라인이 뚜렷하게 생기는 것을 막을 수 있다.

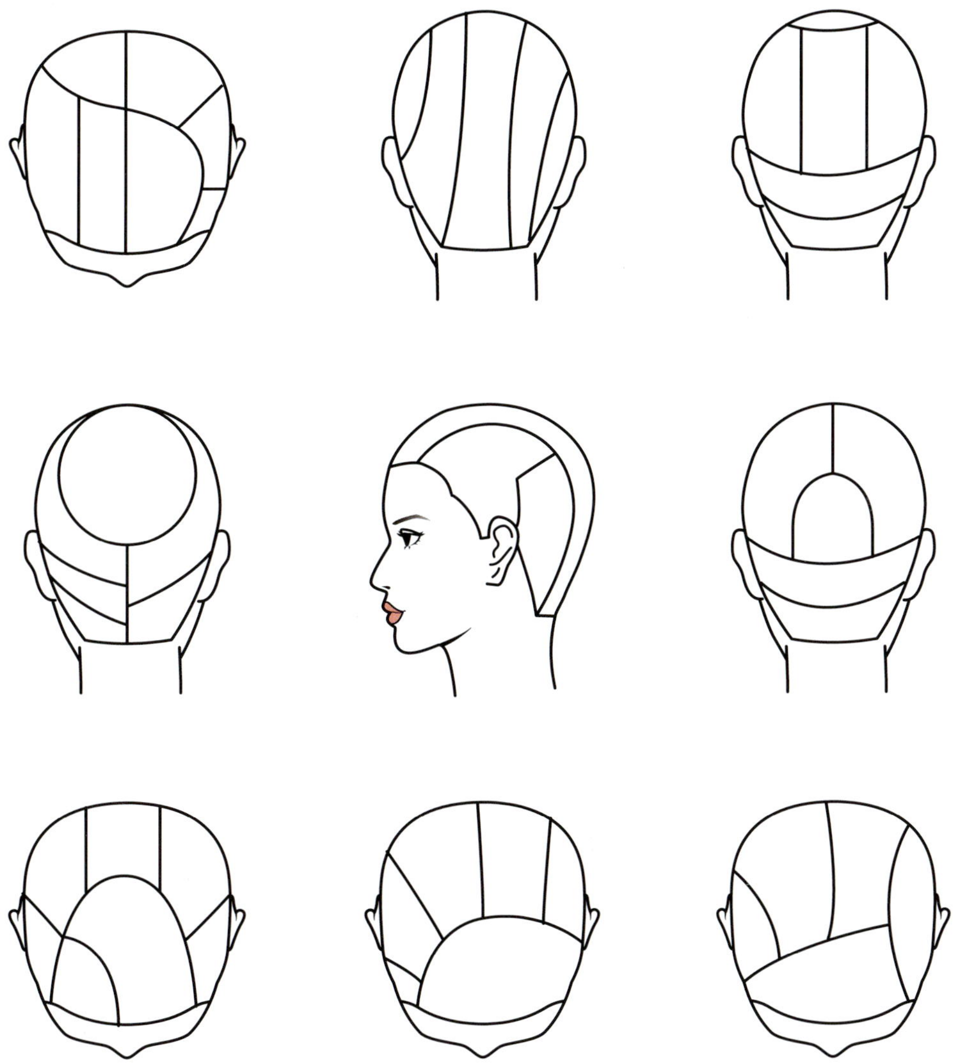

블로킹의 예

베이스 모양(Base Shape)

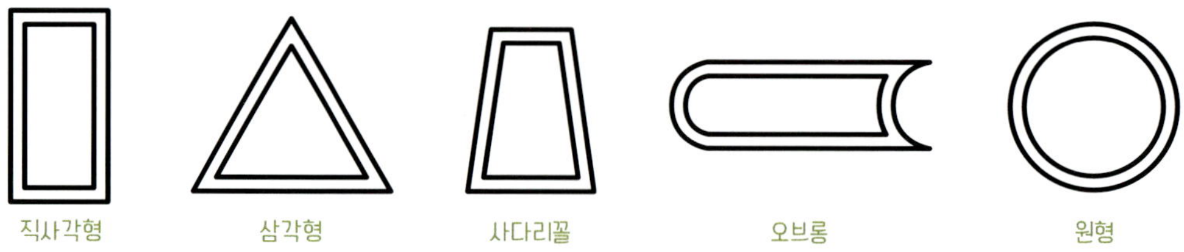

(1) 직사각형(Rectangle)

프론트 중앙이나 백 포인트(B.P) 중앙에 위치할 수 있다.
직사각형 섹션은 직사각형의 베이스로 소구분한다. 직사각형의 넓이는 사용되는 로드의 길이와 일치해야 한다.

(2) 삼각형(Triangle)

베이스 모양이 삼각형과 사다리꼴이다.
머리 전체에 위치할 수 있고 연결지역에 많이 쓰인다.

(3) 사다리꼴(Trapezoid)

톱 부분이나 백 그리고 만나는 지점, 즉 크라운 사이드 연결지역에 쓰인다.

(4) 오브롱(Oblong)

두 개의 평행면과 하나의 오목선, 하나의 볼록선을 가진 각각의 끝을 늘어뜨린 곡면형이다. 이 모양은 머리의 어느 곳에도 위치할 수 있으며, 오브롱이 교차할 때 웨이브가 생긴다.
오브롱은 장사방형의 베이스로 소구분된다.

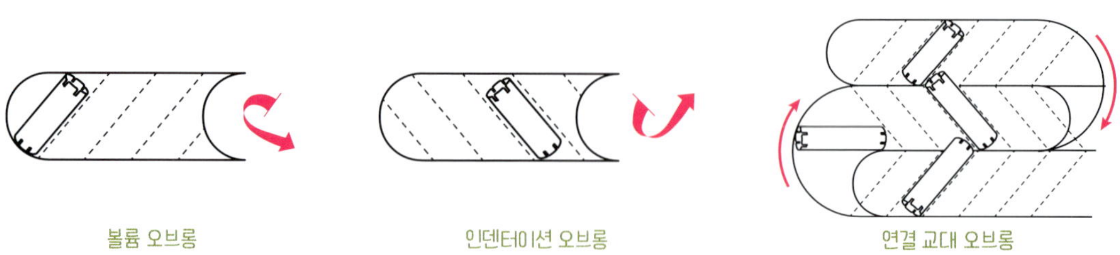

(5) 원형(Circle)

원형은 중앙으로부터 모두 같은 거리에 있는 점들을 선으로 그렸을 때 만들어지는 형태이다.
퍼머넌트에서 반원과 1/4원은 두상의 곡면에 위치하고 다른 모양들의 브랜딩을 위해 사용된다. 이러한 원형을 만들기 위해서는 삼각형 모양의 베이스가 필요하게 되고 만일 원형이 확장되면 바깥쪽 부분은 사다리꼴 베이스로 소구분된다.

베이스 크기(Base Size)

베이스 크기는 사용된 퍼머넌트기구의 지름과 길이에 의해 결정된다.
1직경베이스 크기가 가장 기본적으로 사용되며 퍼머넌트기구의 길이는 베이스의 길이를 결정한다.

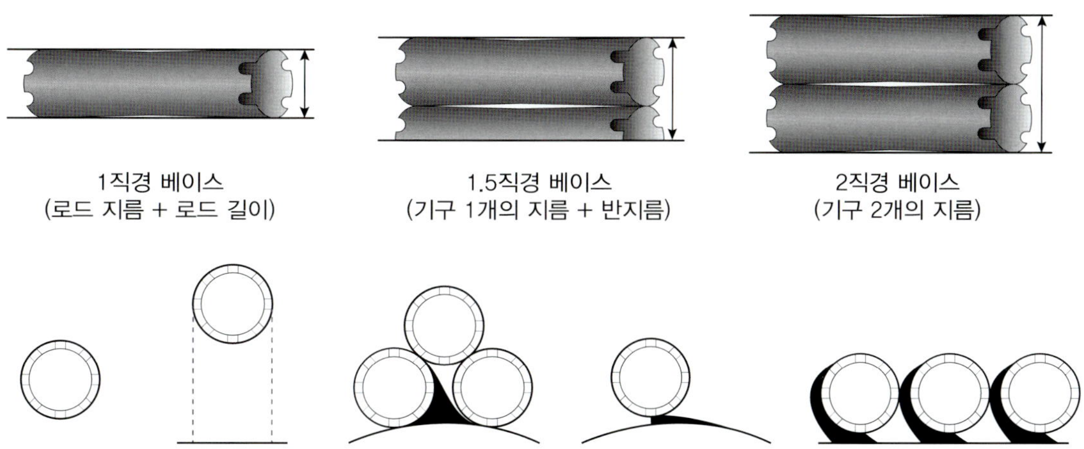

베이스 폭을 잡아내는 법
베이스 크기에 따른 종류

베이스에 따른 로드의 위치(Base Control)

머리의 시술각도가 로드의 위치에 직접적으로 영향을 주며 그 결과 볼륨과 팽창감이 생기게 된다.

(1) On Base(1직경)

- 강한 웨이브, 큰 볼륨에 사용
- 파팅 자국이 선명하다.
- 지그재그 파팅을 사용한다.

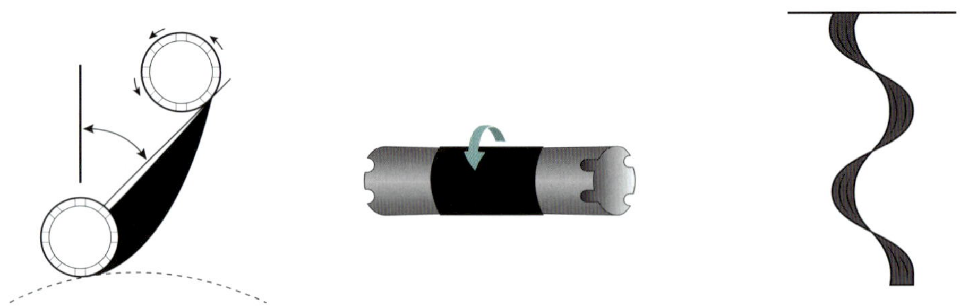

와인딩 시술각 | 로드 위치 On Base | 웨이브 모양

(2) 1/2 Off Base(1직경)

- 파팅 자국이 약하고, 볼륨감 있음
- 일반적으로 80 ~ 90% 사용하며 연결이 잘된다.

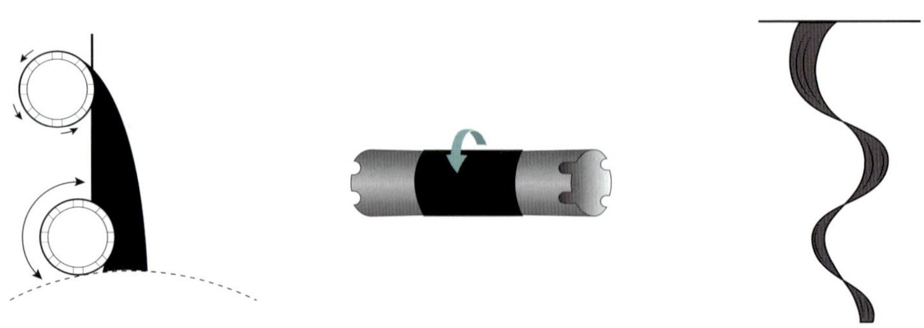

와인딩 시술각 | 로드 위치 1/2 Off Base | 웨이브 모양

(3) Off Base(1직경)

- 볼륨이 약하고, 헤어라인 주변에 쓰인다
- Back-Nape Line에 사용한다.

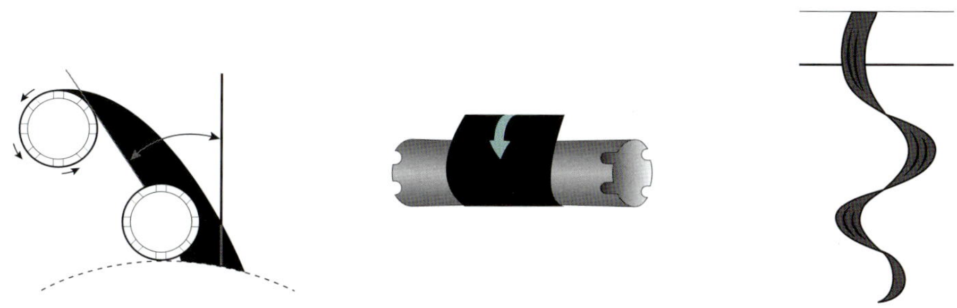

와인딩 시술각 로드 위치 웨이브 모양

Off Base

(4) Under Directed(1.5~2직경)

- Nape지역, 카우릭 지역에 사용
- 볼륨이 적다.

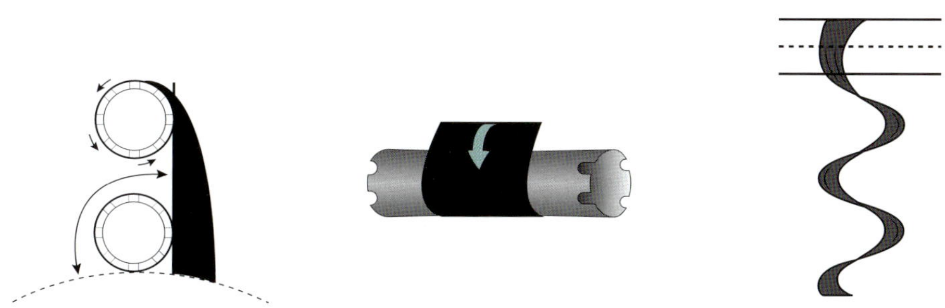

와인딩 시술각 로드 위치 웨이브 모양

Under Directed

(5) Over Directed(1.5~2직경)

- 모근이 꺾여 퍼머넌트에는 곤란하다.
- 볼륨이 없고 방향감만 형성한다.
- 셋팅, 드라이에 사용한다.

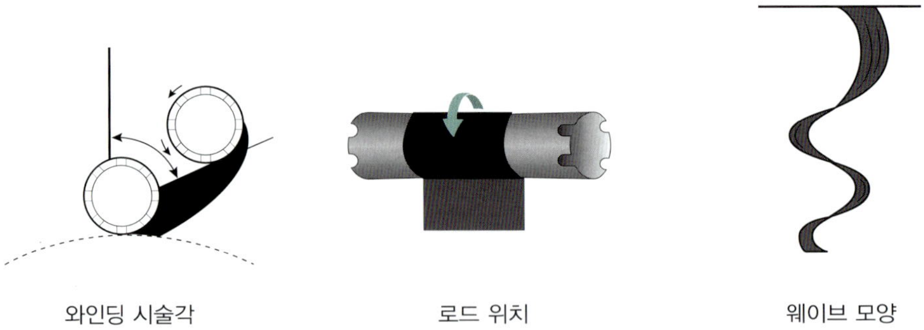

Over Directed

스템의 방향성(Stem of Direction)

스타일에 따른 모발의 흐름을 퍼머넌트 웨이브로 연출하고자 할 때는 스템의 각도와 동시에 스템의 방향성도 중요하다.
스템의 방향은 수평, 수직, 대각선이 있다. 수평은 일반적으로 볼륨을 형성하고, 대각은 방향감을 주며 수직은 컬의 움직임을 표현한다.
이러한 위치는 특히 짧은 헤어스타일의 방향에 많은 영향을 준다.

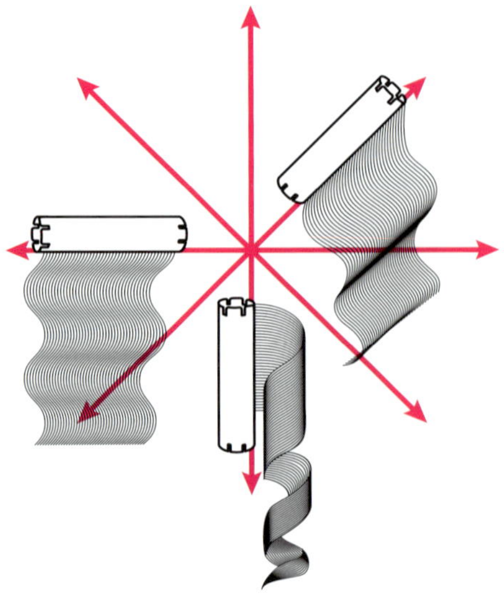

(1) 포워드(Forward) 와인딩

전방을 향해서 와인딩한다.

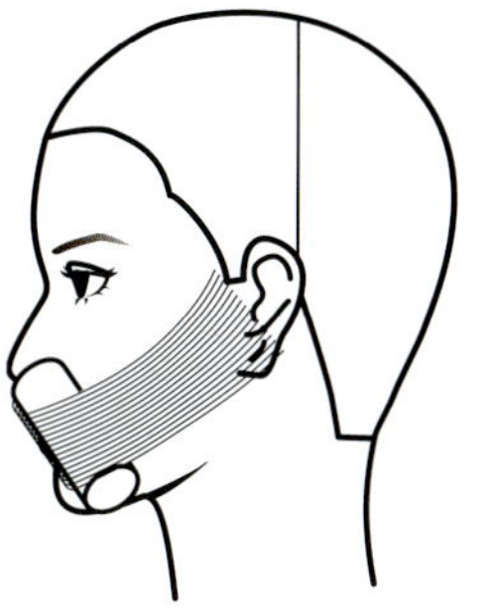

포워드 와인딩

(2) 리버즈(Reverse) 와인딩

뒤쪽을 향해서 와인딩한다.

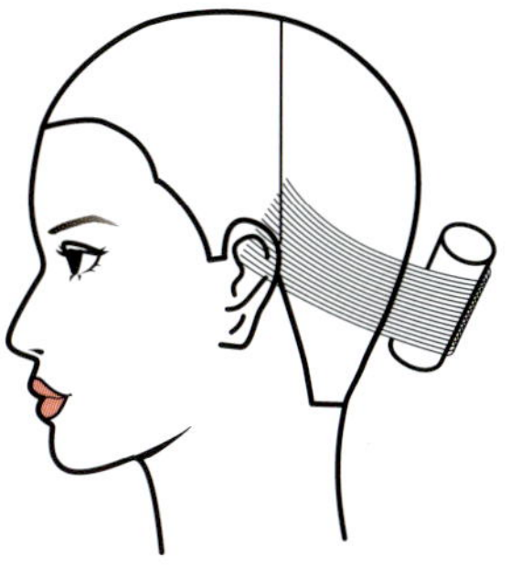

리버즈 와인딩

(3) 라운드(Round) 와인딩

둥근 곡선을 그리면서 와인딩한다.

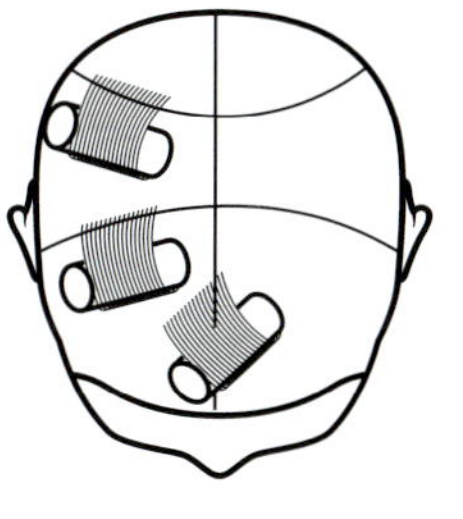

라운드 와인딩

(4) 인덴테이션(Indentation) 와인딩

반대방향으로 머릿단의 안쪽에 로드를 대고 와인딩하며 볼륨이 없는 겉마름 효과를 얻는다.

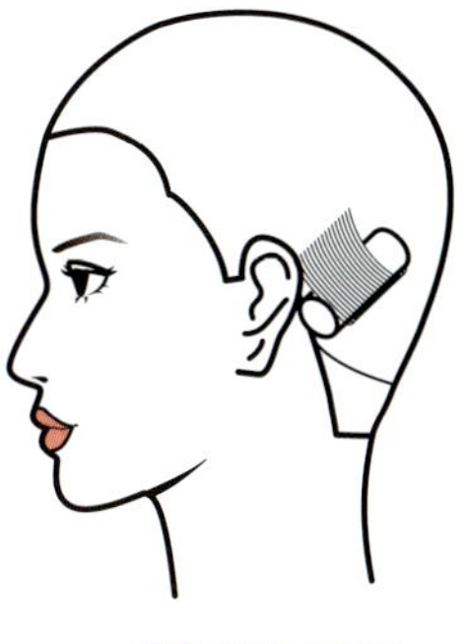

인덴테이션 와인딩

9 퍼머넌트 와인딩 패턴 (Permanent Winding Pattern)

직사각형 형태(Rectangle Pattern)

직사각형 형태는 일반적으로 가장 기본적인 퍼머넌트형태로 여겨진다. 퍼머넌트 패턴의 단순성 때문에 정확하고 바른 결과로 쉽게 와인딩이 가능하다. 사이드에 로드 배열을 수평, 후대각, 전대각 등 다양하게 디자인할 수 있다.

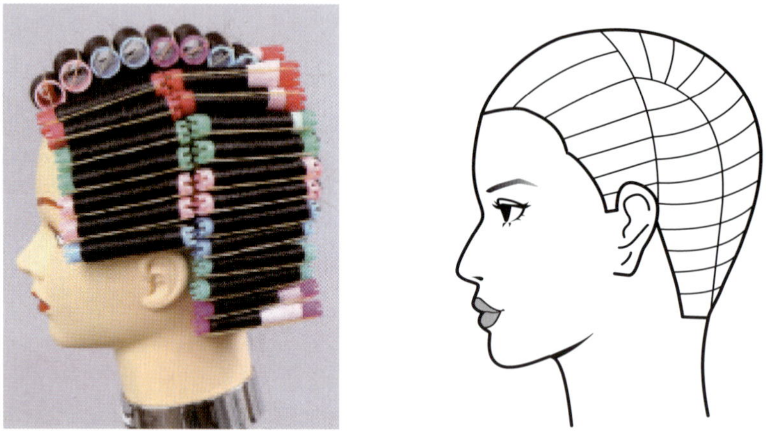

수평 와인딩

윤곽 형태(Contour Pattern)

여러 방향 말기 형태로서 사이드 전체를 하나의 큰 타원으로 보고 적절한 파팅을 나누어서 와인딩한다. 이러한 파팅들은 머리의 윤곽을 형성함에 따라 점차 수평이 된다.

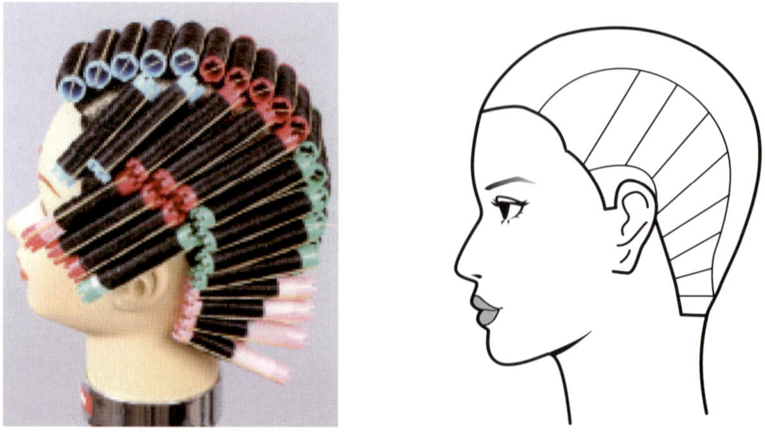

윤곽 와인딩

확장 원형 형태(Expanded Circle Pattern)

측면 모습은 커다란 곡선형태이고 확장원형의 바깥쪽 부분이다. 이 섹션들은 두상의 곡면에 따라 수직, 대각, 수평 파팅을 이용하여 삼각형, 사다리꼴 베이스들로 소구분된다.

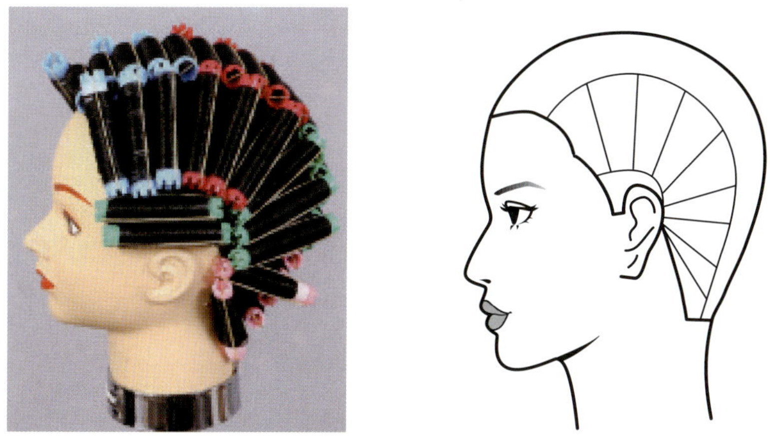

확장 원형 와인딩

벽돌쌓기 형태(Bricklay Pattern)

쌓은 벽돌 형태는 벽돌을 정교하게 빗겨 쌓아 건물을 완성하는 것에 비유할 수 있다. 이 형태는 지속적인 컬을 만들어 주고 베이스 사이에 틈을 주지 않도록 해준다.

1-2방식으로 퍼머넌트 형태를 만드는데, 항상 열 중간에서 시작하고 한두 개의 기구를 둔다. 다음 열로 옮겨가기 전에 그 열을 완성한다.

이 방법을 사용하면 베이스가 자연스럽게 연결된다.

(1) 기본 형태(수평, Horizontal)

일반적으로 직사각형 베이스, 사다리꼴 베이스, 삼각형 베이스 모양을 사용하고, 겹침이나 압축 기술 와인딩할 때 사용되며, 로드는 수평, 대각, 수직으로 위치한다.

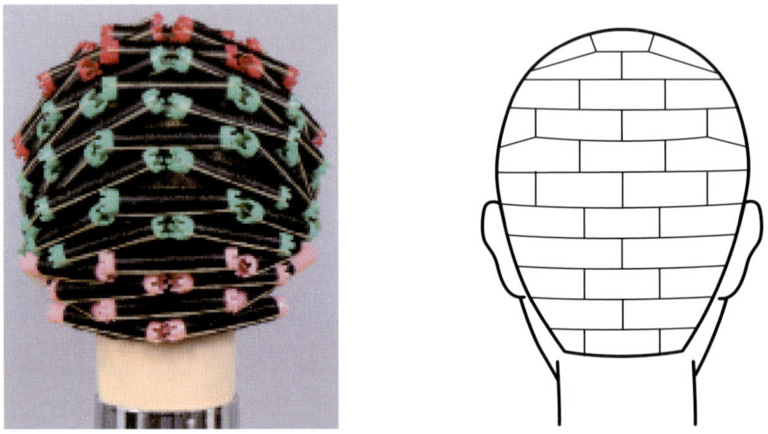

벽돌 쌓기 와인딩

(2) 나선형 쌓은 벽돌 형태(수직, Vertical)

수직 베이스는 세로 말기와 나선형 말기 기술이 쌓은 벽돌 형태와 결합될 때 주로 사용된다. 삼각형이나 직사각형 모양의 베이스가 되며, 일반적으로 로드의 1지름을 사용한다.

• 스택 와인딩(Stack Winding)
  로드에 모발을 말아서 로드를 벽돌처럼 배열시키는 방법

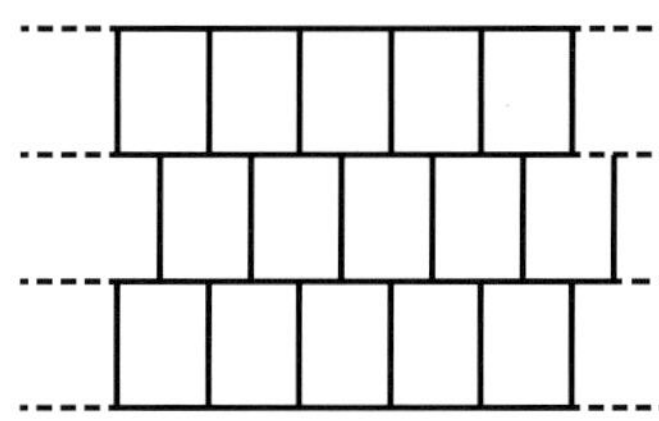

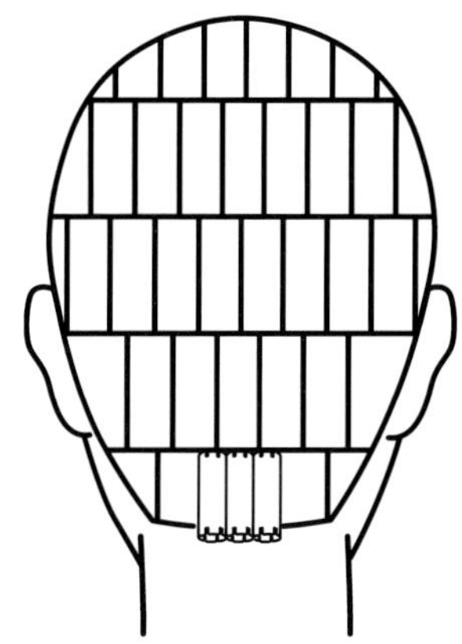

오브롱 형태(Oblong Pattern)

오브롱이란 일련의 평행한 C선들로 이루어진 길게 늘어뜨린 형태이다.
이 모양은 각각의 양끝이 오목하다. 이 모양 내에서는 두 개의 방향이 있다.
맨 위나 첫 번째 방향은 볼록한 끝쪽으로 움직이고 바닥이나 두 번째 방향은 오목한 끝쪽으로 움직인다. 오브롱이 교차될 때 교대 웨이브가 만들어진다.

(1) 볼륨 오브롱 형태(Volume Oblong Pattern)

볼륨 오브롱은 풍성한 느낌을 준다. 볼륨 오브롱 말기는 볼록한 끝에서 시작한다.
최초의 방향에서는 45° 파팅을 하여 장사방형의 베이스를 만든다.

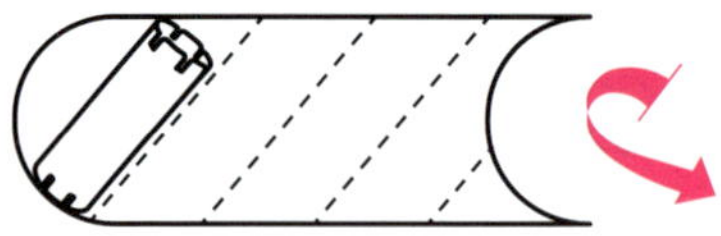

볼륨 오브롱

(2) 인덴테이션 오브롱 형태(Indentation Oblong Pattern)

틀니 모양으로 오브롱의 깊이를 만들어낸다. 인덴테이션 오브롱 말기는 오목한 끝에서 시작한다. 두 번째 방향에서 45° 파팅한다.

인덴테이션 오브롱

(3) 연결 교대 오브롱(Blend Alternate Oblong Pattern)

교대 오브롱과 연결 오브롱을 위해 같은 파팅 형태가 사용된다. 그러나 연결 베이스는 장사방형 베이스로 만들면서 삼각형 베이스를 남겨두면, 연결된 다음 오브롱에서 베이스 크기에 영향을 주면서 연결이 된다.
이 기법은 볼륨 오브롱과 인덴테이션 오브롱에서도 사용된다.

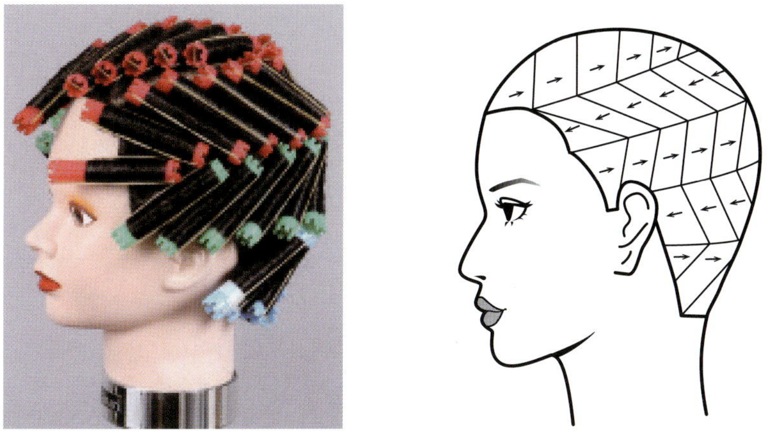

오브롱 와인딩

CHAPTER

8 블로 드라이

1 블로 드라이(Blow Dry)의 정의

블로 드라이의 사전적 의미는 '바람을 이용하여 모발을 건조시킨다'라는 뜻을 가지고 있다. 헤어 스타일링을 하기 위한 가장 고난도의 작업이면서 헤어스타일을 완성하기 위해 기본적으로 연출하는 작업이다. 한 번의 테크닉으로 젖은 모발을 건조시키고 스타일링까지 할 수 있다. 즉, 시간을 단축시키고 자연스러운 컬을 만들어주는 테크닉인 것이다. 블로 드라이는 부드럽고 자연스러운 헤어스타일을 구성해 주며 최소의 작업으로 최대의 효과를 주고 다른 도구와 같이 쓸수록 효과는 더 커진다.

블로 드라이 스타일링(Blow Dry Styling)은 모발에 적당한 수분을 공급한 다음 드라이기의 열풍을 이용하여 원하는 기술을 구사하여 고객이 원하는 형태를 만드는 것이다.

① 모근의 방향을 원하는 대로 전환할 수 있다.
② 모발을 펴거나 구부릴 수(웨이브, 컬) 있다.
③ 모발에 윤기를 내고, 스타일 정리하여 모발의 흐름을 만든다.
④ 두상의 결점을 일시적으로 보완할 수 있다.

2 모발과 열의 관계

건조한 모발은 열에 상대적으로 강하지만 젖은 모발은 열에 의해 측쇄의 가수분해 또는 케라틴 구조의 변화 등에 의해 손상을 받는다. 즉, 수분에 의해 절단된 측쇄는 본래 상태로 돌아가려 하지 않고 새로운 결합으로써 수소결합을 형성한다.
화학약품(산, 알칼리)으로 팽윤. 연화된 모발에 열을 가하면 케라틴 구조가 변화되어 간층물질이 빠지거나 훼손을 촉진시켜 손상을 준다. pH가 높거나 알칼리 농도가 높은 퍼머제 또는 모발에 알카리, 산화제가 묻은 상태에서 아이롱으로 드라이하면 저온에서 약액을 사용하는 콜드 퍼머보다도 시술 중에 적어도 30% 이상의 수분을 기초로 처리된다. 여기에 열을 주면 약 70℃의 온도에서 케라틴구조에 변화를 일으키기 시작한다. 이러한 시술 처리 과정에서의 모발은 70℃의 온도에서 케라틴구조가 변화되기 시작하여 100℃ 이상이면 모발은 변형되고 130℃ 이상이 되면 타기 시작하며 190℃ 이상이 되면 탄화한다. 이와 같이 모발의 열에 의한 변화는 함수율이 높은 만큼 저온에서도 영향을 받는다.

열기구의 적정온도

블로 드라이의 경우 드라이기의 사용 각도나 거리에 따라 차이는 있지만 대개 90℃ 전후가 적합하다. 아이롱 기구로 스타일을 구사할 경우 120~140℃이며 열퍼머일 경우 모발에 ppt제품을 코팅시킨 후 젖은 모발을 80~90% 건조시켜 스타일을 구사해야 하므로 160℃ 정도의 온도를 사용한다.
아이롱은 열기구 중 가장 뜨거운 열을 지니는 기구이므로 신속한 시술이 어려울 경우 온도를 낮추거나 기구가 모발에 닿는 시간을 줄이는 것이 좋다. 전기 세팅 롤러의 몸체가 식으면서 웨이브가 고정된다.

3 블로 드라이의 원리

퍼머나 염색은 화학적 반응의 원리로 이루어지지만 블로 드라이나 헤어 세팅은 물리적 변화로 웨이브를 일시적으로 형성하여 헤어 스타일을 형성하는 것이다.

모발이 물에 닿게 되면 모발 모피질의 케라틴 스프링 구조는 인장강도와 탄력을 가지며, 이러한 모발은 늘었 다가 줄어드는 탄성을 가지게 된다. 모발이 늘어지는 것은 염결합과 수소결합에 의해 한정적으로 이루어지고, 건조된 상태에서 늘어나지 않은 모발의 케라틴은 α-keratin이라 하며, 모발이 젖은 상태에서 늘어지면 수소 결합이 끊어지게 되는데 이것을 β-keratin이라 한다. 이러한 케라틴은 모발 결합이 이루어지기 전 형태를 새롭게 변경하여 잡아주면서 건조시키면 변경한 형태 그대로 결합되어 고정된다. 수소결합과 염결합은 수분으로 인해 결합력이 느슨해져 끊어지므로 이때 텐션을 주어 롤러에 모발을 감아 건조시키면 느슨해진 단백질 고리 사이의 수소결합과 염결합이 다시 결합되어 새로운 웨이브가 형성된다. 이와 같은 원리를 이용한 것이 블로 드라이와 세팅이다. 이러한 블로 드라이와 세팅은 모발을 스트레이트로 펴거나 컬을 만들 수 있다. 그러므로 헤어스타일을 다른 형태로 연출하기 위해서는 모발에 적당한 수분을 반드시 골고루 공급해야 한다.

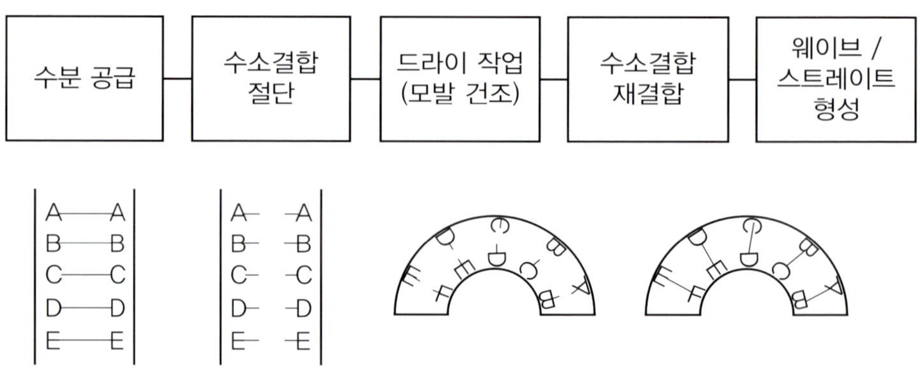

모발의 정전기

모발을 브러싱 하거나 백코밍 할 때 브러시에 모발이 달라붙기도 하고 모발끼리 서로 반발해서 미용시술을 하기가 매우 어려운 현상이 일어나기도 하는데 이것은 마찰에 의해 모발(+)은 브러시(-)로 대전하기 때문에(+)인 전기를 가진 모발끼리는 반발하고(+)인 전기를 가진 모발과(-)의 전기를 가진 브러시와는 서로 끌어당기기 때문이다.

마찰을 적게 하거나 습기를 많게 하면 정전기는 발생하지 않게 되고 실리콘, 유지, 계면활성제, 습윤제 등의 모발제품 등을 사용하여 정전기를 방지할 수 있다.

4

드라이 사용 도구

롤의 종류

롤명	내용
돈모롤 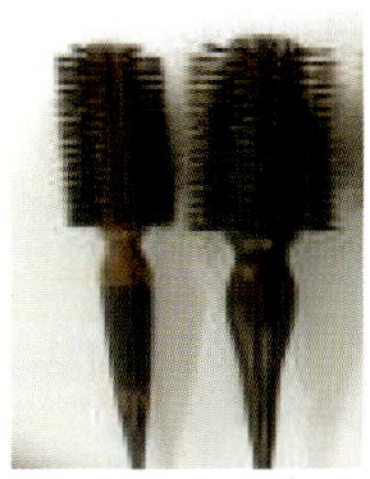	- Straight Style을 시술할 경우 촘촘한 빗살로 모발을 펴 주므로, 다른 종류의 롤을 사용했을 경우보다 더 매끈하고 윤기가 난다. - 거친 질감의 모발이라도 잘 엉키지가 않아 사용이 용이하다. 플라스틱이나 나일론 소재가 아니기 때문에 정전기가 잘 생기지 않는다. 하지만 빗살이 촘촘하기 때문에 시술시간이 더디게 된다.
나일론 롤 	- 빗살 간격이 넓기 때문에 Section 폭을 많이 잡을 수 있으며 빠른 시간에 시술을 마칠 수 있다. 플라스틱의 빗살의 간격이 넓기 때문에 잘 엉키며 모발에 손상을 초래하기 때문에 숙련된 테크닉이 필요하다.
까시롤+돈모 	- 돈모와 나일론이 섞인 롤은 빗살 재질이 돈모가 많은 비율을 차지하기 때문에 돈모의 특성을 많이 띠고 있는 것이 특징이다. - 이는 두 가지의 재질의 장점이 혼합된 것으로 시술시간을 단축시켜 주고 정전기 발생도 억제시키며 좀 더 섬세한 윤기를 부여한다.
금속 롤 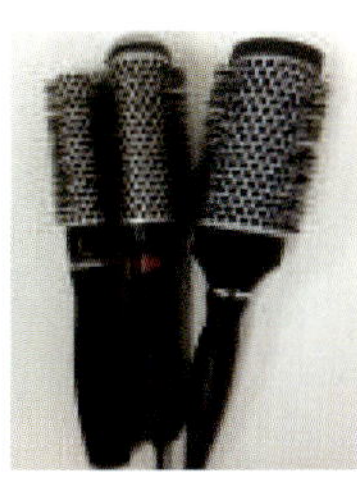	- 드라이어의 열을 받아들이는 빗살과 몸체가 금속성으로 되어 있으므로 드라이어의 열이 오래 유지되도록 하여 시술시간을 단축시키며 컬(Curl)이 잘 형성된다. - 그러나 열 조절을 잘못하여 열을 지속적으로 주면 금속 부분에 과도한 열을 지니게 되어 모발을 상하게 하거나 건조시켜 변성이 일어날 수 있다.

드라이의 종류

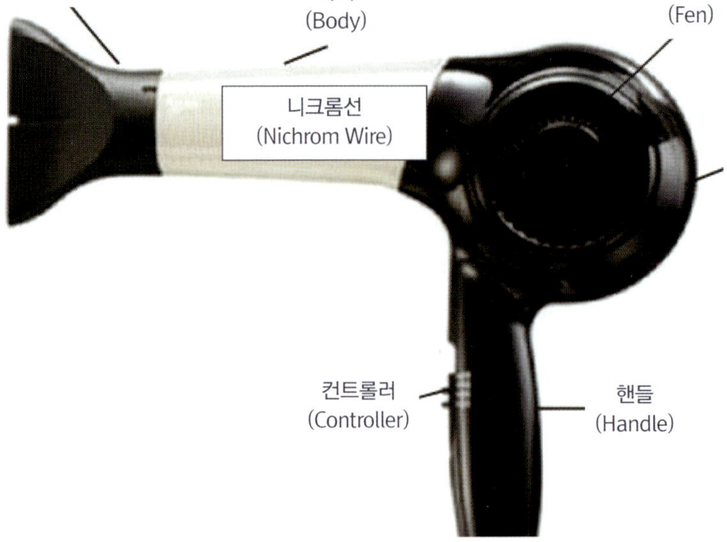

(1) 블로 드라이어의 각부 명칭

- 노즐(Nozzle) : 온풍 또는 냉풍이 나오는 출구
- 바디(Body) : 드라이어의 노즐과 연결된 몸통부위
- 팬(Fen) : 바람을 일으키는 프로펠러
- 모터(Motoe) : 팬을 작동시키는 원동기
- 니크롬선(Nichrom Wire) : 발열기, 전열재료
- 핸들(Handle) : 드라이어의 손잡이
- 컨트롤러(Controller) : 열풍, 온풍, 냉풍, 강, 약을 조절하는 장치

(2) 드라이 원리

스위치를 키면 모터가 작동하면서 팬이 회전하며 바람을 일으키고 이때 온풍으로 작동 시킬 시 니트롬선에 열이 발생하여 뜨거운 바람을 노즐을 통해내보낸다.

블로 드라이 시술 시 영향을 미치는 요인과 특징

(1) 습도(Humidity)

드라이는 수분이 적당히 있는 상태에서 시작하여 드라이가 끝난 후에는 모발 자체의 수분이 10~15%가 남아 있어야 한다. 수분이 없는 상태에서 드라이를 하면 건조 후 남아야 할 모발 자체의 수분(10~15%)이 건조되므로 모발 손상의 원인이 된다. 수분이 부족한 상태에서 드라이하면 모발 자체 수분이 건조되어 모발 손상의 원인이 된다.

- 염색모 & 극손상모 : 35% ± 10%
- 웨이브모 & 손상모 : 25% ± 10%
- 스트레이트모 & 정상모 : 15% ± 10%

(2) 텐션(Tension)

윤기있는 모발을 연출하여 드라이하기 위해서는 롤 브러시를 계속 회전시켜야 하며 고르게 힘이 들어가야 한다. 롤 브러시를 회전시킬 경우, 롤에 모발이 끼어 잘 빠지지 않을 경우, 롤 브러시 회전을 반대 방향으로반 바퀴 풀어서 빼준 후 다시 브러시를 회전 시키면서 드라이해 나간다.

(3) 온도(Temperature)

블로 드라이 시술 시 드라이어의 열이 높을 경우 모발의 수분이 과다하게 소비되어 모발이 거칠어지고 윤기를 잃게 된다.
드라이 시술 시작 시 프론트 부분은 말리지 않고 시술에 들어가더라도 네이프(nape) 부분을 드라이하는 동안 자연 건조되기 때문에 수분조절이 가능하다.

(4) 속도(Speed)

모발의 흐름을 정리하기 위해 사용하는 브러시는 빠르고 신속하게 진행하는 반면, 모발의 윤기를 내기 위해 시술하는 브러시 회전은 천천히 느리게 시술한다.

(5) 각도(Angle)

커트, 펌, 드라이에 있어서 각도의 개념은 매우 중요하다. 고객의 두상은 둥근 원의 형태를 띠므로 두상의 위치, 패널의 각도에 따라 형태가 달라지게 된다. 그러므로 각도의 개념을 잘 이해해야 한다.

5 헤어 아이론 (Hair Iron)

헤어아이론의 기능과 각부의 명칭

헤어아이론은 Iron의 열에 의해 열에 의해 모발의 구조에 일시적인 변화를 주어서 웨이브(Wave), 컬(Curl), 롤(Roll) 등을 만든다.

현재 가장 많이 사용되고 있는 것은 주로 전열식 아이론이다. 이것은 자동온도 조절로써는 자동온도 조절장치를 내장한 것이 많다.

아이론의 각부 명칭은 프롱(Prong or Rod)과 그로브(Groove or Shall)가 마주하고 손잡이가 달려있다. 프롱은 완전히 둥글게 된 강철 마대로 모발을 누르는 부분이고, 그로브는 프롱이 들어가 닫힐 수 있도록 홈을 가지고 있는 둥근형으로 모발을 사이에 끼워 고정시키는 역할을 한다.

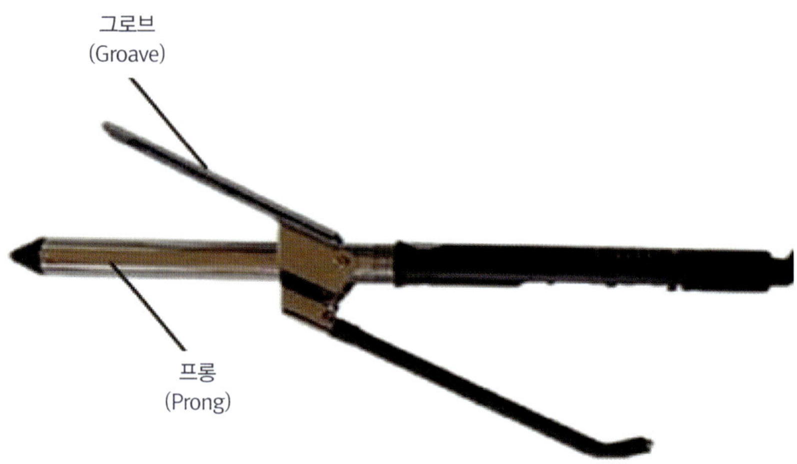

아이론의 장 · 단점

(1) 장점

- 모발에 윤기를 부여한다.
- 웨이브의 볼륨은 아이론 크기를 따라 다양하게 연출한다.
- 웨이브를 원할때 1회용 시술이어서 심리적인 부담이 없다.
- 드라이에 비해 웨이브 형성력이 가해 스타일이 오래 유지된다.
- 스트레이트, 안말음, 겉말음, 쇼트, 웨이브 등 어떤 타일에도 아이론이 가능하다.

(2) 단점

- 아이론 완성 후 스타일이 드라이보다는 부자연스럽다.
- 모발 한 곳에 집중적으로 가열을 하였을때 모발 손상을 줄 수 있다.
- 매직 드라이는 드라이에 비해 화점에 더 유의해야 한다.
- 정확한 시술이 되지 않았을 때는 샴푸를 다시 한다.
- 모발의 손상이 심하면 탈 수 있다.
- 한번에 스타일링을 만들어내야 하며 계속 열을 가하면 스타일링이 되지 않는다.

웨이브의 구성요소

(1) 헤어 웨이빙(Hair Waving)

헤어 세팅에서는 파상형으로 되어 있는 두발을 웨이브라고 한다. 웨이브를 만드는 방법에 따라 핑거 웨이브, 컬 웨이브, 아이론 웨이브로 분류한다.

① 웨이브의 명칭

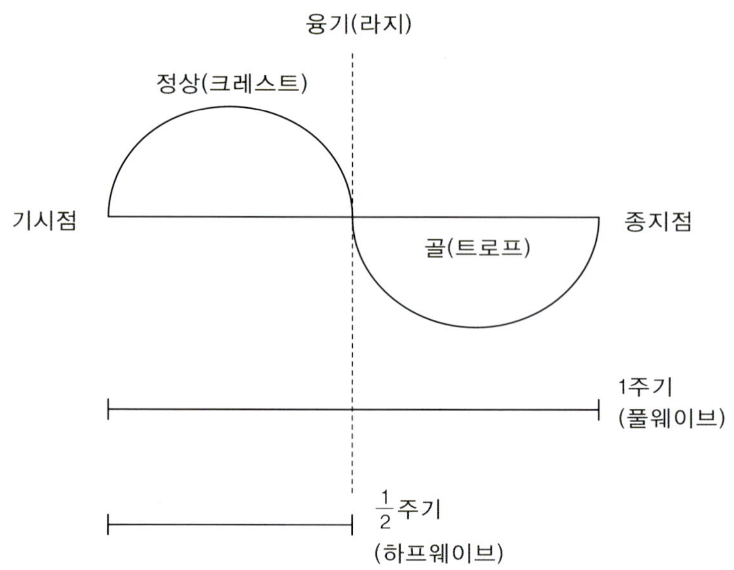

② 웨이브의 릿지에 따른 분류

- 수직 웨이브(Vertical Wave)
- 수평 웨이브(Horizontal Wave)
- 대각 웨이브(Diagonal Wave)

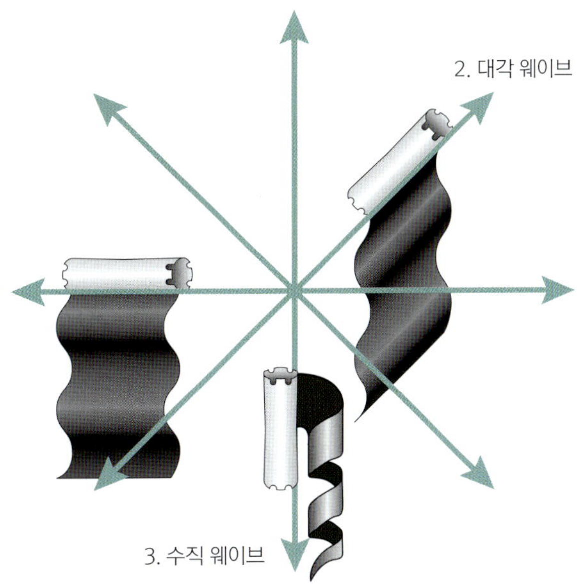

③ 웨이브의 형상에 따른 분류

- 섀도우 웨이브(Shadow Wave) : 고저가 뚜렷하지 않은 느슨한 웨이브
- 와이드 웨이브(Wide Wave) : 고저가 뚜렷하여 섀도우 웨이브와 내로우 웨이브의 중간 웨이브
- 프리즈 웨이브(Frizz Wave) : 모근 부분은 느슨하지만 머리끝이 강하게 컬이 걸린 웨이브
- 내로우 웨이브(Narrow Wave) : 웨이브 폭이 좁고 작은 것

(2) 헤어롤링(Hair Rolling)

자연스럽게 부드러운 웨이브를 형성하여 볼륨을 준다.

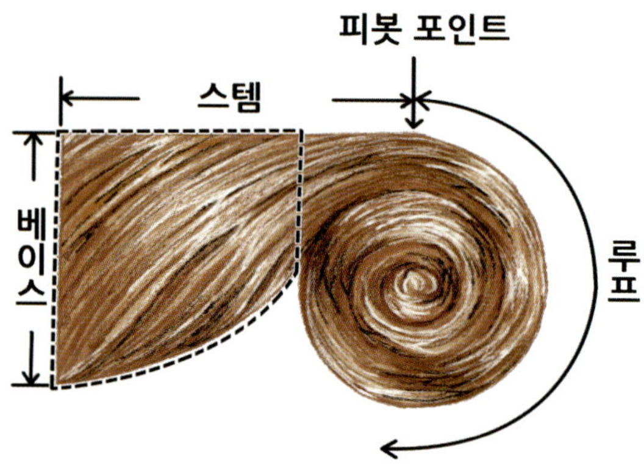

① 논 스템 롤러 컬(Non Stem Roller Curl)

두발을 전방 45°(후방 135°)로 세이프하여 롤러는 베이스의 중앙에 위치시킨다. 크라운에 많이 사용되고 스템이 롤러에 거의 말리기 때문에 논스템이며, 볼륨감이 강하다.

② 하프 스템 롤러 컬(Half Stem Roller Curl)

스트렌드를 베이스에 대해 약 90° 각도 수직으로 잡아 올려 세이프하면 볼륨이 중간 정도 생기게 된다.

③ 롱 스템 롤러 컬(Long Stem Roller Curl)

스트렌드를 후방 45° 각도로 세이프하게 되면, 스템이 베이스로부터 길기 때문에 롱 스템 롤러컬이다.

(3) 컬이 말리는 방향

시계중심	귀중심
– C컬(Clockwise Wind Curl) : 시계 방향으로 말림	– 포워드 컬(Forward Curl) : 컬이 얼굴 쪽을 향함(귓바퀴 방향)
– CC컬(Counter Clockwise Wind Curl) : 시계 반대 방향으로 말림	– 리버즈 컬(Reverse Curl) : 컬이 얼굴 뒤쪽을 향함(귓바퀴 반대 방향)

블로 드라이시 주의사항

① 헤어스타일의 형을 파악한다.

② 고객과의 충분한 상담 후에 목적에 맞는 스타일 결정한다.

③ 스타일 결정 후 신속하고 정확하게 시술을 진행해야 한다.

④ 수분 적당히 - 약 1 5 ~ 18% 정도

⑤ 모발과 드라이의 간격 0.5 ~ 1cm 정도가 적당하다.

⑥ 패널의 폭은 2 ~ 3cm 정도가 적당하다.

⑦ 패널은 롤과 브러시를 사용할 때 당김 등과 같은 자극이 없도록 한다.

⑧ 모질에 맞추어 열 조절을 해야 한다.

⑨ 모발 끝 부분은 브러시의 회전과 텐션을 조절해야 한다.

⑩ 모발이 브러시의 빗살 사이에 곱게 빗겨 들어가 시술되어야 한다.

⑪ 허리는 굽히지 말아야 한다.

⑫ 고객과의 거리는 25 ~ 30cm 정도 유지하는 것이 적당하다.

⑬ 고객에게 불편은 주지 않도록 드라이기 전선을 잘 처리해야 한다.

6

업스타일

업스타일의 정의

업스타일은 Up과 Style의 합성어로서 머리를 빗어 올려 한곳에 모아 묶거나 핀으로 고정하여 두상에서 표현되고 연출되는 모든 형태의 스타일이다.

또한 고객의 두상과 얼굴형, 신체적 특성 등 고객의 정보를 종합하여 다양한 올림머리 기법으로 고객에게 가장 어울리는 모습과 이미지를 창조하는 헤어디자인의 한 형태이다.

업스타일은 올림머리, 시뇽(Chignon), 롱 헤어스타일, Bridal Hair-Style, Up-Do Hair Style, Hair Up-Do라고도 불린다.

업스타일은 무엇보다도 디자인발상이 중요하며, 따라서 디자인의 기초지식이 중요하다. 개인의 두상 및 얼굴형, 신체적 특성을 고려하여 모발이라는 소재를 어떻게 조화롭게 디자인하느냐를 고민하게 된다. 또한 시간, 장소 목적에 따른 머리길이와 머리형, 개인적인 스타일 센스, 최근 패션 경향 등의 감각 또한 요구된다.

헤어스타일은 순수하게 미적인 가치만을 추구하는 일반적인 예술과는 달리 실용적이어야 하며 인간의 사상과 감정을 합리적으로 구성, 응용 가능한 창조활동을 통하여 시술 대상에게 심리적 안정과 자신감을 충족시켜 삶을 즐겁고 행복하게 해줄 수 있는 삼차원적인 디자인 작업이라는 데 헤어스타일의 중요성이 담겨 있다고 할 수 있다.

업스타일 디자인요소

(1) 형태(Form)

업스타일 디자인은 다양한 예술형식으로 형태, 질감, 컬러와 같은 헤어디자인의 요소들을 고려하여 디자인을 구성한다. 형태는 헤어 디자인의 모양을 나타내며 외곽의 실루엣에 의해 결정된다.

형에는 2차원적인 평면형과 3차원적인 입체형이 있다. 점과 점을 연결하는 것으로 선을 만들고 선이 모인 곳에 면이 생겨 형이 된다. 이러한 것이 모여 입체적인 형태를 만든다. 또한, 실루엣은 그림자라는 의미로 평면에 있는 2차원적인 형을 말한다.

① 모양

어떤 물체의 외곽, 겉모습의 실루엣을 말한다. 디자인 내에서 일반적으로 원형, 편구형, 긴 장구형이 있다.

② 방향

형태의 방향성은 디자인 안에서 겉모양이나 볼륨의 위치에 의해 만들어진다. 모든 직선과 곡선, 방향과 각도로 구성되는 천체 축은 형태의 방향성을 만들어 내는 데 도움을 준다. 디자인 내의 헤어스타일 방향은 디자인에 활력을 주는 역동성에 중요한 역할을 한다.

(2) 질감(Texture)

질감(Texture)은 업스타일에서 다양한 텍스쳐로 표현이 가능한데, 매끈한 텍스쳐와 거친 텍스쳐로 구분할 수 있다. 컬의 다양한 기법과 모발의 양은 결과적으로 나타내는 질감에 많은 영향을 미친다.

(3) 컬러(Color)

색상은 명암의 깊이, 색의 면적 그리고 질감의 착시 현상을 일으키는 디자인요소이다. 컬러는 디자인 중에서 특정한 부분으로 착시를 일으키기도 하고 시선을 끌어줌으로써 효과적인 방향을 내포하기도 한다.

업스타일 디자인 법칙

헤어디자인을 하기 위한 조형원리는 각 요소들의 상호 질서를 세우기 위한 구조적 계획을 잘 실행 하여야 한다. 그리고 디자인의 구성 원리는 디자인의 원리라고도 할 수 있는데, 이는 디자인 요소들이 효과적인 결과를 위하여 어떻게 결합되어야 하는지를 결정하는 구성 계획이라 할 수 있다.
이러한 형식의 원리들은 본래 다양한 예술 분야에서도 다루는 부분으로 헤어디자인에서도 조화 · 통일 · 균형(대칭 · 비대칭) · 비례 · 리듬(반복 · 점이) · 강조 · 대비로 8가지로 구분할 수 있다.
또한 이러한 원리들은 상호 보완적이며 형식적 요소와 감각적 요소의 영향에 의해 종합적으로 디자인에 표현된다.

(1) 균형

균형이란 양쪽의 힘의 균형상태와 시각적인 무게감과 실제 무게감을 말하는데, 시각적인 균형은 모양 · 명도 · 질감 · 색채와 형태의 균형으로 구분되며, 모양의 균형은 대칭과 비대칭이 있다. 또 균형은 반대되는 대조적인 요소들 혹은 서로 상호작용하는 요소들 사이의 평형감각 상태를 말한다.

① 대칭

가장 대표적인 균형이 잡힌 형태로서 중앙을 지나는 선을 중심축으로 양쪽 면을 포개어 일치되는 것을 말하는데, 안정적이고 균일하며 통일감을 얻기 쉬우나 반면 정적이고 딱딱한 느낌을 준다.

② 비대칭

형태의 양쪽이 서로 다른 무게감과 불균형 상태이지만, 디자인의 다양성을 표현하며 정돈으로 균형 잡힌 안정감을 주고 시각적 형태를 갖고 있어서 개성적이고 강한 디자인이다. 또한 대칭적인 것의 균형과 비대칭적인 것이 균형을 이루는데 틀에 박힌 정형화 된 균형보다 매력적이고 독창적이며 신비로움을 줄 수 있다.

(2) 통일

질서가 있어 혼돈을 방지하는 통일성은 디자인에 있어 한 요소를 반복 사용함으로써 얻어질 수 있다.

통일은 직선과 곡선의 방향 · 형의 크기 · 주의를 끄는 힘은 포인트가 되는 통일 등으로 분류할 수 있으며, 움직임이 적은 정적 통일과 움직임이 많은 동적 통일의 두 가지 형태가 있다. 정적 통일은 규칙적이고 기하학적인 모양과 정삼각형, 원 또는 이러한 형태에서 유도된 구조들로써 나타난다.

(3) 조화와 비조화

조화란 한 가지 또는 그 이상이 서로 유사한 형태의의 조합을 말한다.

조화는 전체적인 균형미를 말하지만 개인의 심리적이고 감각적인 측면에서 판단되는 부분으로 모든 디자인의 기초라 할 수 있다.

(4) 변화

다양한 조건에 따라 특정한 부분을 강조하여 얻어지는 변화는 디자인에서 자극적인 요소를 주고 싶을 때 크기와 형, 색채 등이 통일되지 않아 신선하고 자유로운 움직임을 준다.

지나친 변화는 혼란과 무질서를 초래하고 디자인 구성이 산만해질 수 있으므로, 균형과 통일, 조화를 일정 한도 내에서 변화를 주어야 효과적이다.

(5) 비례

비례는 물건의 크기나 길이에 대하여 조화의 기본이 되는 균형을 말한다. 수적 변화로 비율과 분할을 나타내며 부분과 전체의 수량적으로 분할 할 때 미적인 아름다움이 형성되므로 좋은 비례가 된다.

(6) 크기

크기는 선의 방향성에 따른 운동과 방사상으로 확대에 따라 시각적인 힘과 반복적인 운동이 계속될 때 생긴다.
디자인에 있어서 율동은 선·형태·질감·색 그리고 밝고 어두운 디자인과 공간적인 선의 간격 등으로 이루어지며 반복적인 운동이 계속될 때 통일감 있는 디자인이 된다.

(7) 반복

반복은 동일한 요소나 비슷한 대상 등을 반복적으로 이루어져 시선을 사로잡아 동적이면서 율동감을 줄 때 사용한다.
두개의 모양·질감·질감·색상·방향 혹은 모든 길이의 단위가 동일하게 구성되는 것이 반복이다.

(8) 강조

강조는 어떤 부분을 개성적인 포인트를 표현하는 것을 말하는데 업스타일 디자인에 있어서의 강조는 흥미와 주된 관련이 있다.
색상의 강조를 줄 때는 밝은 색이나 혹은 어두운 색을 사용하여 디자인의 강조점을 내나내며 형태·질감·컬러를 통하여 특정한 표현으로 디자인을 극대화하는 것이다.

업스타일 도구

모발의 형태나 질감을 표현할 때 여러 가지 도구가 필요하다. 도구는 다양한 스타일을 만들고 원하는 최종의 디자인을 고려하여 목적에 맞는 것을 선택하여 사용해야 한다. 그리고 가장 최고의 도구는 자신의 손이므로 원하는 디자인을 자유자재로 사용할 수 있도록 훈련해야 한다.

(1) 꼬리빗

꼬리빗은 꼬리, 몸체, 빗살로 구성되어 있고, 정확한 빗질은 디자인을 정확하게 하여 작업시간을 단축해주며 모발의 방향성을 예시하는 중요한 요인이다. 업스타일 시 가장 많이 사용되는 꼬리빗은 모발을 정리, 파팅이나 블로킹을 나누고 모발에 볼륨을 얻는 방법의 백코밍 등 여러 가지 작업에 사용된다.

(2) 스타일링 빗

흔히 오발 빗이라고 하며 컬의 형태를 만들거나 볼륨을 형성할 때 사용되며, 앞머리 부분의 볼륨을 만들때, 스타일링할 때와 전체적인 모발의 흐름을 스타일링 할 때 사용된다.

(3) 브러시

브러시는 몸체, 손잡이, 빗살로 구성되며 몸체와 빗살의 모양과 재질에 따라 사용목적과 명칭이 달라진다.

① 피니싱 브러시(Finishing Brush) 일자형

마무리 시 사용하는 브러시이다. 표면을 빗거나 면을 정리하는 브러시로 면을 브러싱하거나 광택을 효과적으로 표현할 수 있으며 브러시의 털끝이 곧게 잘 서 있고 밀도가 균일해야 한다.

② 스타일링 브러시(Brush) S자형

S자형의 브러시는 곡면을 이용하여 햄라인 부분을 정확히 빗을 수 있으며 모발 전체의 텐션을 균일하게 한다. 거친모발의 표면과 텐션이 균일하지 않는 곳을 깔끔히 처리할 수 있다. 브러시의 털의 밀도가 균일해야 하며. 너무 촘촘하면 모발 뿌리까지 제대로 빗겨지지 않을 수 있다.

③ 쿠션 브러시(Cushion Brush)

세팅 후 전체적으로 컬과 모류를 자국 없도록 정리할 때와 한꺼번에 많은 양의 모발을 묶을 때, 컬 다운, 웨이브를 윤기 있게 정리할때 사용된다. 적당한 텐션이 있고 부드러운 것이 좋으며 쿠션 부분이 부드럽게 움직임으로써 손놀림이 자유롭고 너무 크지 않아야 한다.

(4) 고무줄(Rubber Band)

고무줄은 스타일을 내거나 토대를 묶거나 스타일링을 낼 때 사용하며 일반적으로 탄력이 좋은 노란색 고무줄을 사용하지만 경우에 따라서는 굵은 검정색 실 고무줄을 사용하기도 한다.

(5) 왁스

왁스는 세팅 후나 스차일링 마무리 시 소프트 왁스를 도포하여 모발에 윤기를 더해주며 웨이브의 흐름을 유연하게 마무리해 주고 헤어라인의 겉면을 정리해주며 모발의 흐트러짐을 방지한다.

(6) 스프레이

스프레이는 모발을 고정, 백코밍이 풀리지 않도록 형태를 고정하거나 정리하는 목적으로 사용한다. 과도한 양의 사용은 무겁고 딱딱한 느낌을 줄 수 있어 적절한 양을 여러 번 사용하거나 헤어디자인에 따라 양과 분사방법을 익힌 후 사용하는 것이 좋다.

(7) 싱

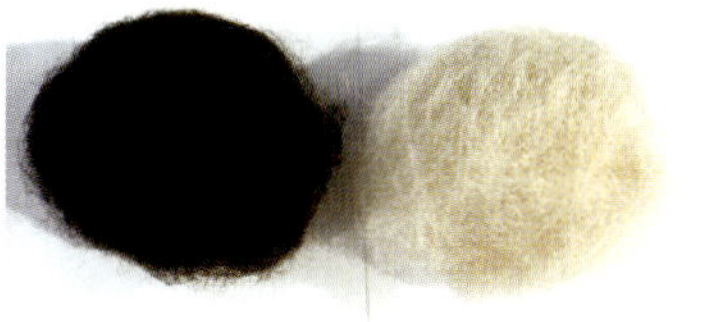

싱은 형태의 크기를 표현하기 위한 중요한 도구로 적은 볼륨으로 형을 만들때 어렵거나 백코밍만으로 볼륨 있는 스타일을 표현할 수 없을 때 모량을 크기를 보충하는 데 사용한다. 싱의 형태는 삼각형, 둥근형, V형 등 원하는 형태를 만들어 사용할 수 있다.

(8) 망

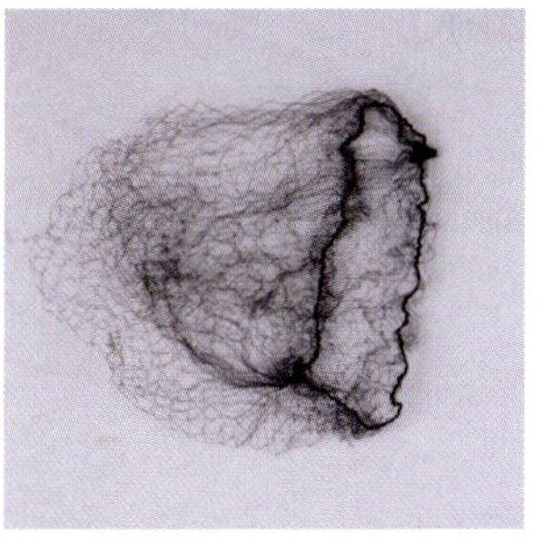

망은 포니테일의 형태를 고정하기 위한 역할로서 모발의 양이 많거나 적을 때 모발을 디자인하기 편리하도록 사용하며 모발의 길이나 모량에 따라 망을 씌워 길이나 넓이를 조정할 수 있다. 망을 씌워서 그대로 스타일을 만들기도 한다.

(9) 핀

핀의 주된 역할은 모발과 모발을 고정, 모발과 다른 보조물과의 고정이다.

핀의 종류에는 대핀, 보비 핀, 스몰 핀, U핀, 핀컬 핀, 플랫 핀, 핀셋, 웨이브 클립 등이 있다. U핀은 단단한 소재로 되어 있고 대, 중, 소의 크기가 있으며 사용 용도가 다르다. 보비 핀은 실핀이라고 하며 가장 많이 사용된다.

업스타일 실제

(1) 세팅(Setting)

세팅은 업스타일 전 선행작업으로 세트롤러의 열을 가열해 모발을 감아서 볼륨감을 주고 웨이브를 형성하여 모발의 움직임, 방향감, 질감을 표현함으로써 업스타일 시 작업이 용이하도록 돕고 완성도를 높이도록 디자인한다.
디자인에 따라 롤의 굵기, 섹션, 스템의 각도, 방향성을 고려해야 하며, 앞머리와 사이드 등 또한 디자인에 따라 와인딩 방법을 달리해야 한다.

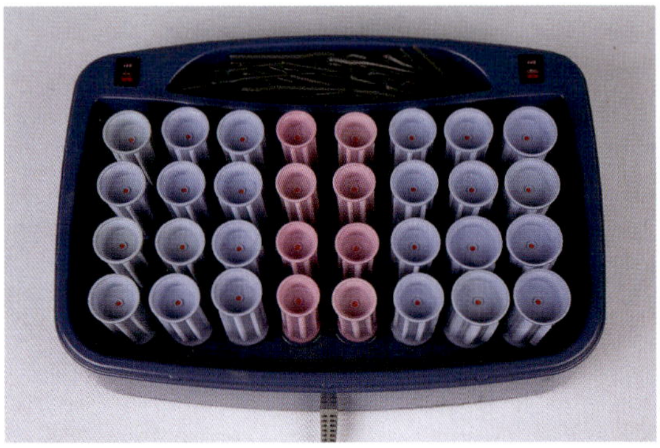

(2) 블로킹(Blocking)

블로킹은 크게 등분을 나누어 업스타일의 작업을 용이하게 하기 위한 과정으로 디자인에 따라 과정이 쉽거나 복잡해 수 있다. 업스타일을 할 때 블로킹, 묶기, 파팅이 매주 중요하다. 시술자의 숙련된 기술과 훈련에 따라 조화, 통일, 리듬, 균형, 등의 디자인 요소들이 창의적 작품 구상대로 블로킹을 어떻게 나누느냐에 따라서 작품의 형태가 달라지기도 한다. 블로킹은 작업시간 단축과 작업의 정확도, 신속한 디자인 연출을 위한 기초 작업이다.

(3) 백콤(Back Comb)

백콤은 모발을 역방향으로 빗어 두피로부터 모발을 세운 후에 이것은 토대를 형성하고 모량을 조절, 볼륨을 형성하며 핀 꽂기를 용이하게 하며 백콤이 된 모발은 한 다발로서 움직임을 하나의 방향성과 하나의 움직임을 표현할 수 있으며 머리다발이 자연스럽게 연결되어 한 덩어리로 펼쳐질 수 있게 한다. 백콤이 된 모발은 거친 부분의 표면을 브러시로 정돈하여 매끄러운 질감이 형성되도록 주의해야 한다.

(4) 토대(Base)

토대란 디자인의 주춧돌과 같은 부분으로 디자인의 베이스, 기초가 된다. 업스타일 시 형태를 견고하게 고정하기 위한 중심부분으로, 핀 꽂는 자리에 볼륨감을 만든다. 업스타일은 원하는 지점에 머리다발을 묶거나 비틀어 핀으로 고정하거나 싱을 얹어 모량을 조절하여 '토대를 만들며 토대의 위치에서 마무리가 끝난다' 할 만큼 중요한 의미가 있다. 토대는 모질의 조건, 두상과 모량, 그리고 다양한 디자인을 고려해서 높이, 넓이, 위치를 결정한다.

토대의 종류

토대란 업스타일의 형태를 견고하게 고정하기 위한 중심부분을 말하며 핀꽂은 곳에 볼륨감을 만든다.

- 묶음 토대 : 백콤없이 모발을 묶어 토대로 사용한다.
- 백콤 토대 : 모근 부분의 강한 백콤이 필요한 짧은 모발에 주로 사용한다.
- 핀 토대 : 핀을 두피에 고정하여 사용한다.
- 땋기 토대 : 토대를 만든 위치에서 토대의 머리를 두 가닥, 혹은 여러 가닥으로 꼬거나, 땋기를 하여 사용한다.

(5) 핀꽂기

① 수평 꽂기

넓은 수평면을 고정시킬 때 사용한다.

② 수직 꽂기

수직의 넓은 면을 고정시킬 때 사용한다.

③ 교차 꽂기

짧은 모발을 고정시키거나 모량이 많은 경우 사용하는 고정 방법이다.

④ 모발 안쪽으로 밀어넣어 꽂기

실핀을 보이지 않도록 꽂는 방법이다.

⑤ 실핀으로 모발 묶기

모발 한가닥을 이용해 머리를 묶고 실핀으로 고정한다.

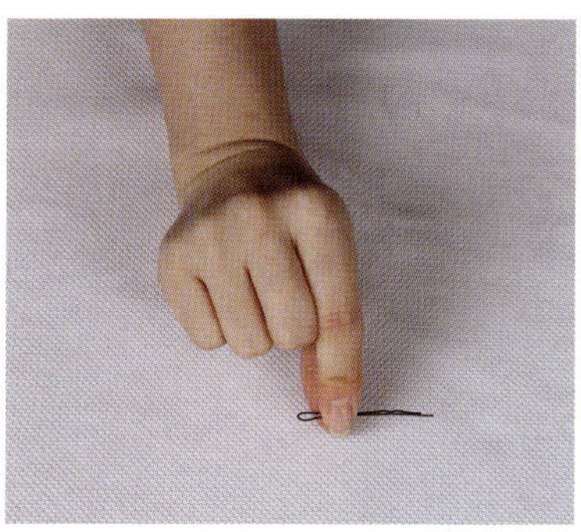

실핀 1/3 지점 끝부분을 엄지 검지를 사용해 수직방향으로 잡는다.

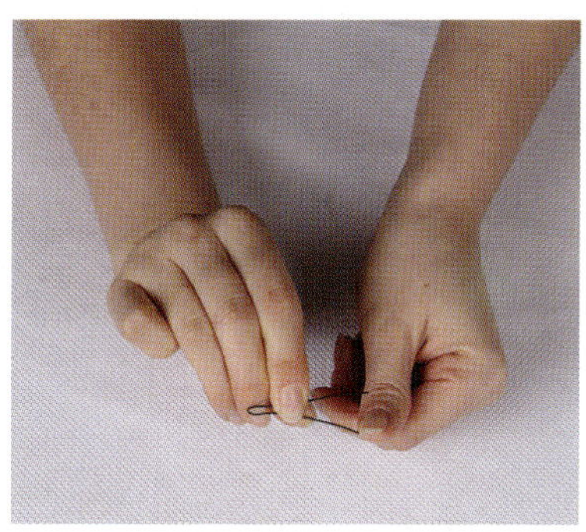

중지를 실핀 끝부분 위에 살짝 올린 뒤 반대 손 엄지로 눌러주어 사이를 벌린다.

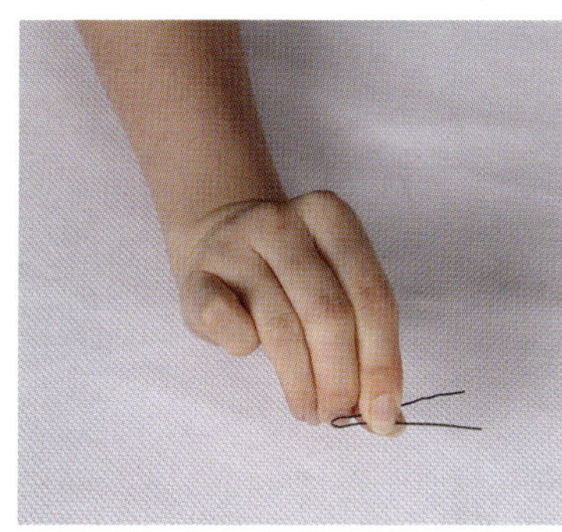

벌어진 부분을 엄지와 검지로 잡아 지탱한다.

두상과 수직으로 핀을 놓는다.

모근쪽을 쓸어 실핀이 두상에 밀착될 수 있도록 밀어 넣어준다.

(6) 모발 묶는 방법

① 모발의 양이 많을 경우

두 개의 고무줄을 교차시켜 놓은 후 아래 위치한 고무줄에 손을 넣어 위로 교차된 고무줄을 당기면 엮이게 되며 고무줄의 길이가 늘어나 많은 양의 모발을 묶어줄 수 있다.

② 실핀을 활용한 묶는 방법

고무줄 양 끝에 실핀을 꽂은 후 잡은 모발에 실핀을 수직으로 꽂아 넣고 돌려 묶은 후 남은 실핀을 수직으로 꽂아 고정한다.

모발 한가닥을 빼내어 돌려 감아 준다.
모발 끝을 실핀에 한바퀴 감는다.

실핀을 위에서 아랫방향으로
묶은 부위에 꽂아준다.

(7) 망 사용방법

망을 사용 시 모발이 빠져나오지 않도록 할 수 있으며 다양한 모양을 연출하기 쉽다.

망 끝에 실핀을 걸어 머리 묶은 부위에 수직으로 밀어 넣는다.

모발에 망을 감싸준다.

실핀으로 풀어지지 않도록 고정한다.

기본 테크닉

업스타일 디자인 시 주로 많이 사용되는 기법

(1) 꼬기(Twist)

모발의 가닥을 꼬아 밧줄 형태의 모양을 만드는 것으로 한 가닥 꼬기, 두 가닥 꼬기, 세 가닥 꼬기 등이 있다. 머리가닥의 크기와 이에 적용되는 잡아당기는 힘은 꼬기의 형태를 결정한다. 크기와 텐션은 작은 것에서 큰 것으로, 느슨한 것에서 타이트한 것으로 변할 수 있다.

시계반대방향으로 꼬아준다.

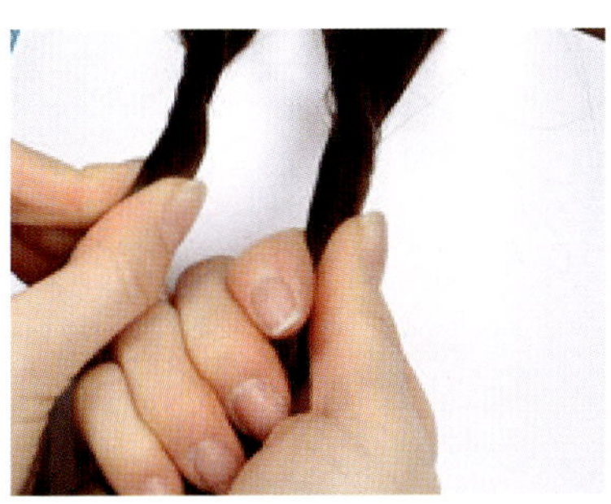

두가닥의 모발을 시계방향으로 교차시키며 꼬아준다.

(2) 땋기(Braid)

땋기는 세 가닥 또는 그 이상의 머리가닥을 위아래로 교차하여 엮어내는 방법으로 종류로는 세 가닥 땋기, 네 가닥 땋기, 다섯 가닥 땋기, 여러 가닥 땋기, 한쪽 끌어 땋기, 양쪽 끌어 땋기 등이 있으며 다양하게 표현된다. 땋기의 디자인은 머리가닥과 땋은 숫자에 의하여 분류되고, 크기는 가닥의 크기와 섹션의 분배로 패턴은 다양하지만 기본적인 땋기 기법은 같다.

손바닥이 위를 향하게 하여
왼손 엄지검지에 ①,
검지중지 사이에 ②,
모발을 잡고 오른손은 엄지검지에 ③,
모발을 잡는다.

왼손을 뒤집어 준다.

오른손 중지로 ① 모발을 가져온다.

손은 중지에 있던 ② 모발을 다시 엄지
검지로 옮기고 오른손을 뒤집어 준다.

다시 반복하여 중지로 ③ 모발을
가져오면서 땋아준다.

(3) 겹치기(Overrap)

겹치기는 두 갈래의 머리가닥을 서로 반대쪽 가닥 위로 놓아서 겹침이 이루어지도록 하는데 십자 겹침 효과를 얻는 것으로, 가닥의 굵기나 섹션의 크기는 십자형 패턴의 결과에 큰 영향을 미친다.
종류는 두 가닥 아래로 겹치기, 두 가닥 위로 겹치기 등이 있다.

두가닥 모발을 잡는다.

모발을 반대반향으로 교차시킨다.

반복동작으로 겹친다.

모발의 바깥방향 1/3을 검지로 나누어
반대쪽 방향으로 교차시킨다.

완성

(4) 매듭(Knot)

매듭은 머리가닥 하나 혹은 여러 개를 함께 엮거나 묶어주는 것으로 한 가닥매듭, 두 가닥매듭, 여러 매듭 등이 있다. 동일한 방향으로 만들어진 매듭은 다양한 질감으로 디자인을 만들어 내며 위치나 방향에 따라 여러 형태로 연출할 수 있다.

한가닥 모발을 동그랗게 만든다.

모발 끝을 원 안에 넣고 뺀 뒤 당겨주어 매듭의 크기를 결정한다.

(5) 말기(Roll)

말기는 스트랜드를 곱게 펴서 둥글게 말아내는 방법이다. 감는 기법으로 수직 말기, 수평 말기, 원통 말기 등의 종류가 있으며 패널의 크기에 따라 다양한 말기형태도 있다.

모발을 잡고 안에 공간이 생기도록 하여 말아 준다.

모발 끝을 안으로 넣어 준다.

(6) 고리(Loop)

고리는 모발의 스트랜드를 구부리거나 접거나 동그랗게 하여 곡선의 모양으로 연출하는 것을 말하며 곡선을 조절하여 크기를 정할 수 있다. 고리의 형태는 외고리와 겹고리 등의 여러 모양으로 변형시킬 수 있으며 볼륨과 모양에 질감을 주기 위하여 모양의 안쪽에 백코밍을 넣을 수도 있다.

모발을 구부려 동그란 곡선을 만든다.

업스타일 시 주의사항

가장 먼저 고객의 정보(조건)을 파악해야 한다. 고객에게게 어울리는 업스타일을 해주기 위해서 반드시 필요한 절차이다.

(1) T.P.O

행사(모임)의 성격, 행사장소, 행사시간대

(2) 얼굴형, 얼굴 크기와의 조화

(3) 의상과의 조화

(4) 신체적 조건

키, 체형, 모발(길이, 모질 및 모류 방향) 연령대가 낮을수록 작고 심플한 스타일 선호

※ 업스타일 장식

- 20~30대 : 헤어핀이나 장신구 선호
- 40대 이상 : 부분 가발과 피스 선호

Part 02

에스테틱

Introduction

CHAPTER 9

피부미용 개론

1 피부미용의 개념

피부미용(Esthetic)의 정의

피부미용이란 얼굴 및 전신 피부에 전문적인 과학적 지식을 기반으로 다양한 기기, 테크닉, 화장품을 활용하여 피부의 건강을 도모하는 것이다. 스트레스 완화 등 심리적 안정감을 부여한다. 피부미용은 피부의 유지 · 보호 · 개선을 목적으로 한다.

피부미용 용어

피부미용을 의미하는 에스테틱(Esthetic, Aesthetic)은 '미학, 심미, 미의식' 등의 의미를 포함하고 있다.

에스테틱은 약 200년 전 독일의 미학자 바움가르텐(Baumgarten, 1714~1762)이 '미는 인간에게 만족감과 쾌감을 주는 대상이며 보는 사람의 마음에 달려 있다'라는 감성의 미학 차원에서 처음 사용하였다. 현대에는 화장품과 피부미용을 구분하기 위해 '에스테틱'이라는 용어를 사용하지만, 피부미용이라는 의미로 사용되는 용어는 각 나라마다 다양하게 지칭되고 있다.

영국은 '코스메틱(Cosmetic)', 미국은 '에스테틱(Esthetics)' 혹은 '스킨케어(Skin Care)', 프랑스는 '에스테티끄(Esthétique)', 독일은 '코스메틱(Kosmetik)', 일본은 '에스테(エステ)'라고 한다. 코스메틱(Cosmetic)은 우주(Cosmos)라는 뜻의 그리스어인 '코스메인(Kosmein)'에서 유래되었으며 이는 아름답게 조화된 질서의 한 부분으로써 인간의 미와 건강을 가꾸는 것을 의미한다.

피부미용을 담당하는 사람의 명칭은 우리나라에서는 피부미용사(Estetician)라고 하며 미국은 전문피부관리사(Skin Care Specialist), 프랑스는 에스테티끄(Esthétique), 독일은 코스메티커린(Kosmetikerin)이라 한다.

세계 각국의 피부미용 용어 표기

- 프랑스어 : Esthetique
- 영어 : Esthetic 혹은 Aesthetic, Skin Care, Cosmetic
- 독일어 : 코스메틱 Kosmetik
- 일본어 : びよう, エステ

피부미용을 담당하는 사람의 명칭

- 대한민국 : Estetician
- 미국 : Skin Care Specialist
- 독일어 : Kosmetikerin
- 일본어 : びよう

피부미용은 생물학 외의 경영학, 공중보건학, 기기관리학, 생리학, 세균학, 소독학, 심리학, 영양학, 전염병학, 피부의학, 한의학, 해부학, 화학 등이 융합된, 과학적인 지식을 바탕으로 미의 본질과 형태를 다룬다는 의미에서 과학이자 예술이라 할 수 있다.

피부미용 직무와 업무

고객의 상담과 피부분석을 통하여 안정감 있고 위생적인 환경에서 얼굴과 전신의 피부를 미용기기와 화장품 등을 이용하여 서비스를 제공하고 피부미용에 대한 업무수행을 기획, 관리하는 일이다.

피부미용(Esthetic)의 업무는 다음과 같다.

공중위생관리법 시행령 제4조에 의한 피부미용업은 의료기기나 의약품을 사용하지 아니하는 피부분석, 피부관리, 제모, 눈썹손질 등을 지정한다. 피부미용의 업무란 신체의 피부를 아름답게 유지, 보호, 개선하기 위하여 질환적 피부를 제외한 정상적인 피부를 분석하고 화장품, 미용기기, 손을 이용하여 분석결과에 적합한 관리 등을 하는 행위이다. 신체의 범위는 얼굴, 목, 어깨, 등, 복부, 팔, 손, 다리, 발이며 피부미용은 미용의 목적으로 피부 연조직의 표면층을 가볍게 마찰하는 것이라고 정의한다.

피부미용사(피부관리사)

- 고객과의 상담, 피부 관찰, 건강상태 파악 등을 통해 고객카드를 기록하고, 적합한 피부관리방법을 결정한다.
- 클렌징, 세안 등으로 고객의 피부를 청결하게 한 후 각질 및 모공 노폐물 제거, 여드름 관리, 눈썹 정리 등 피부를 정돈한다.
- 피부상태에 적합한 크림 등의 각종 화장품을 바른 후 마사지하여 혈액순환 및 미용을 돕는다.
- 미용보조 기계를 사용하여 마사지한다. 피부표면의 잔털을 제거하고 기초화장을 한다.
- 관리를 마친 고객에게 피부성향에 알맞은 화장품을 추천하고, 피부에 적합한 화장법을 조언한다.
- 고객의 예약관리 및 사후관리를 한다. 색조화장품을 사용하여 화장을 해주기도 한다.

〈출처 - 한국직업사전〉

피부미용의 범위(대한민국에서)

대한민국에서 피부미용의 범위는 국가직무능력표준(NCS)의 기준하에 능력단위로 구분되며 다음 32순번과 같다.

순번	능력단위	수준
1	피부미용 고객상담	5
2	피부미용 피부분석	3
3	얼굴각질관리	2
4	얼굴 매뉴얼테크닉	3
5	얼굴 팩 · 마스크	2
6	몸매분석	3
7	몸매각질관리	3
8	몸매상체전면관리	3
9	몸매상체후면관리	3
10	몸매하체관리	3
11	몸매 팩 · 마스크	3
12	제모	5
13	눈썹미용관리	5
14	아로마테라피	5
15	한국형 특수관리	5
16	스톤테라피	5

순번	능력단위	수준
17	뱀부(대나무)테라피	5
18	림프관리	3
19	피부미용 고객마무리관리	2
20	직류를 이용한 피부미용기기 활용	4
21	교류를 이용한 피부미용기기 활용	4
22	음파를 이용한 피부미용기기 활용	4
23	피부미용 필수기구 활용	2
24	피부미용 응용기구 활용	4
25	피부미용 기초화장품사용	2
26	피부미용 향·색조화장품	3
27	피부미용 위생관리	2
28	피부미용 샵 경영관리	7
29	두피분석	5
30	두피 모공관리	5
31	두피 모낭관리	5
32	두피 모근관리	5

피부미용의 역사

(1) 서양의 피부미용

① 이집트

- 종교의식과 관련하여 발달하였다.
- 종교의식 때 살아있는 사람에게 향유를 바르는 일을 중요시하였다.
- 벌레나 햇빛으로부터 피부를 보호하기 위해 기름과 향수의 혼합물인 향유를 즐겨 발랐고, 권위와 청결을 중시하여 머리를 자르고 목욕과 세수를 자주 하였다.
- 피부미용의 매개물로 올리브오일, 아몬드 오일, 양모 왁스, 꿀 등을 사용하였다.
- 클레오파트라는 계란 노른자, 꿀, 우유, 진흙 등을 이용한 미용법을 사용하였다.

② 그리스

- 그리스인들은 건강한 신체에 건강한 정신이 깃든다고 여겼다.
- 식이요법, 운동을 통한 규칙적인 신체관리, 목욕, 마사지, 운동 등은 일상사였고, 목욕 후 마사지와 향수의 사용을 매우 중시하였다.
- 남성에게는 마사지와 향이 유행한 반면 여성들은 청순한 얼굴을 즐겼다.
- 4세기경 히포크라테스는 건강한 아름다움을 위하여 미용식, 일광욕, 특수목욕, 마사지 등을 권장하였다.

③ 로마시대

- 오일과 향수 및 화장이 생활 속의 필수품으로 여겨졌다.
- 의사 갈렌(Garen, A.D 130~200)은 최초로 콜드크림의 원형인 시원해지는 연고를 만들어 목욕문화의 발달에 기여하였다.

④ 중세

- 여러 가지 약초(보리수꽃, 사루비아, 로즈마리, 회향 등)를 물에 넣고 수증기를 얼굴에 쏘이는 스팀미용법이 사용되었다.
- 중세 기독교의 엄격한 규율의 영향으로 금욕사상이 강조되어 치장 및 화장이 금지되었고, 순결과 정숙만을 강조하였다.

⑤ 르네상스시대

- 이탈리아에서 고전적인 아름다움을 추구하는 르네상스시대가 시작되었다.
- 정제된 화장수를 사용하였고, 피부를 맑고 희게 가꾸었으며, 화장수에 알코올, 채소 농축액, 우유와 꿀 등을 넣어 사용하였다.
- 남녀 모두 외모에 관심은 많았으나 세수나 목욕 등의 위생관념이 없어 신체에서 나는 악취를 제거하기 위해 향수를 과도하게 사용하였다.
- 16세기 프랑스학자 몽테뉴는 저서에서 크림이나 팩에 대한 처방을 많이 언급하였다.

⑥ 바로크시대

- 17세기 후반에는 여드름이나 천연두의 흔적을 감추기 위해 비단조각(Beaut Parch)을 사용하는 것이 유행했다, 몸을 자주 씻는 것이 건강에 좋지 않다고 생각하여 목욕을 기피하였다.
- 독일의 의사 훗페란트(1762 ~ 1836)가 운동을 강조한 체조의 붐을 일으켰다.

⑦ 로코코시대

- 18세기 초 · 중기 머리장식에 대한 관심이 많아졌다.
- 피부의 보습을 위해 계란 흰자나 레몬즙을 도기 그릇에 놓고 흔들면서 약한 불에 가열하여 부드러운 버터 정도의 상태를 만들어 사용할 때마다 향료를 첨가하였다.

⑧ 19세기

- 화장이 여성의 전유물이 되고 비누의 사용이 보편화되었다.

⑨ 20세기

- 1901년 마사지 크림이 처음 만들어졌다.
- 1912년 폴란드 화학자 풍크에 의해 비타민이 발견되었다.
- 1947년 프랑스의 바레트 교수는 기계적, 전기적인 기기나 도구를 이용해 화장품을 피부 깊숙이 침투시키어 세포에 영향을 주면 신진대사에 영향을 미친다는 사실을 증명해 내었다.

(2) 동양의 피부미용

① 상고시대

- 단군신화에 의하면 피부를 희게 하는 재료로서 쑥과 마늘을 복용했다는 기록이 있다.
- 고조선 시대 향유와 향료를 사용하여 피부를 희게 가꾸었다.
- 읍루(한반도 동북방에 거주했던) 사람들은 겨울에 가공된 돼지기름을 발라 피부를 부드럽게 하고 동상을 예방했다.
- 말갈사람은 오줌을 받아 세안 시 이용했다.

② 삼국시대

- 아름다운 육체에 아름다운 정신이 깃든다는 영육일치사상이 신라에 유행했다.
- 쌀겨, 녹두, 팥 등으로 만든 세제를 이용하며 목욕용품이 발달했다.

③ 고려시대

- 하루 서너번 목욕을 할 만큼 청결에 대한 개념이 강조되었다.
- 전신목욕이 성행하고 갓난아이를 복숭아꽃물에 세수나 목욕을 시켰고, 여성들은 난초를 삶은 난탕에서 목욕을 즐겼다.
- 액상타입의 얼굴용 화장품으로 손과 얼굴을 보호하였다.

④ 조선시대

- 화장기 없는 깨끗한 얼굴 선호하며 내면의 아름다움을 강조하였다.
- 선조 때 화장수를 제조 및 판매하였고, 숙종 때 판매용 화장품이 출시되었다.

⑤ 개항 이후

- 중국, 일본, 유럽(주로 프랑스)에서 크림, 백분, 비누, 향수 등이 수입되었다.
- 박가분이 판매되었고, 가정에서는 수세미와 오이를 길러두거나 증류수를 받아 화장수를 만들어 사용하였으며 깨, 미곡, 살구씨 등을 미백제로 사용하였다.

⑥ 현대피부미용

- 1981년 YWCA에서 피부미용사라는 명칭을 처음 사용하고 전문교육을 실시하였다.
- 1986년 CIDESCO(국제피부관리협회)에 정식회원국으로 가입하였다.
- 1989년 피부미용분과위원회를 발족하였다.
- 2008년 피부미용이 국가자격으로 제도화되었다.

10 CHAPTER 피부학

1 피부의 정의

피부는 표피(Epidermis), 진피(Dermis), 및 피하지방층(Subcutaneous Fat)으로 이루어진, 신체의 표면을 덮고 있는 몸의 가장 넓고 중요한 조직이다. 피부의 면적이나 두께는 개인과 부위에 따라 다소 차이가 있으나, 평균적으로 피하조직을 제외한 표피와 진피의 두께는 약 1.4mm 정도이고 총면적은 성인의 경우 1.6m^2이며 무게는 체중의 16%이다. 피부의 부속기관으로는 모발(Hair), 손톱(Nail) 및 발톱, 피지선(Sebaceous Gland), 한선(Sweat Gland) 등이 포함된다.

2 피부의 구조

피부는 형태학적으로 소구(Furrow), 소릉(Hill), 모공(Pore, 털구멍), 한공(Wweat Pore, 땀구멍)으로 구분된다.

소구는 피부표면의 우묵하게 들어간 곳이며 소릉은 올라온 곳으로, 소구와 소릉의 높낮이를 '피부결(Skin Texture)'이라 한다. 이 소구와 소릉의 높낮이 차이가 적을수록 피부결이 곱다. 모공은 소구가 교차하는 곳으로 이곳으로부터 모발이 나오고 피지가 분비되며, 한공은 소릉 중심에 위치하며 이곳에서 땀을 분비한다.

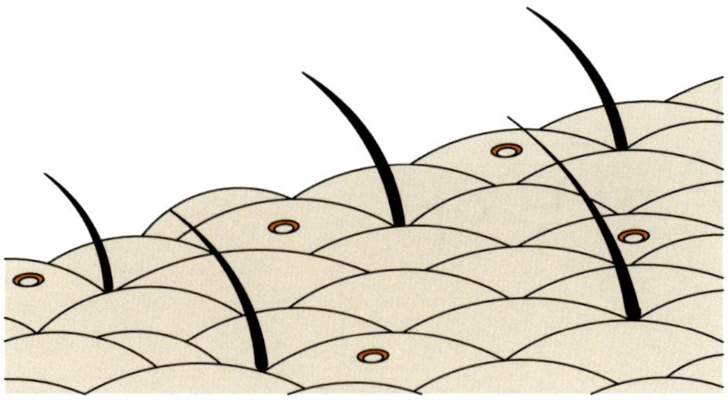

피부의 형태학적 구조

표피

(1) 표피의 구성

① 기저층

- 표피의 가장 아래층에 존재하며 진피와의 경계로 구불구불한 물결 모양을 이룬다. 구불거림이 선명하고 많을수록 진피의 유두층과 경계면이 많아 영향공급이 더 원활하다.
- 모세혈관으로부터 영양을 공급받아 분열하며 피부의 새로운 세포를 생성한다.
- 각질형성세포, 멜라닌세포, 메르켈세포가 존재하는 층이다.

② 유극층

- 표피 중 가장 두꺼운 층으로 영양이 풍부하고, 면역기능을 담당하는 랑게르한스 세포가 존재한다.
- 가시 모양의 돌기가 세포 간 물질교환 및 정보전달을 담당한다.
- 조직액이 풍부한 층이다.

③ 과립층

- 세포의 각화과정이 시작되는 단계로 세포가 파괴될 때 케라토하이알린(Keratohyalin)이라는 작은 과립으로 채워지며, 이때 세포는 각질층을 향해 올라갈수록 수분을 잃고 가로로 길어지며 두께는 얇아지고 평평해진다.
- 라멜라과립은 세포 간 지질로 분비된다.
- 기저층에서 과립층까지가 세포주기의 절반(약 14일)을 차지한다.

- 케라토히알린과립은 수분 저지막(레인 방어막) 기능을 하여외부 이물질과 수분의 침투를 막는 역할을 한다.

④ 투명층

주로 손·발바닥에 존재하며 엘라이딘이라는 반유동성 물질을 함유한다.

⑤ 각질층

- 표피를 구성하는 세포 중 가장 바깥층으로 다시 밀집층과 박리층으로 구분된다. 밀집층은 각질세포 사이를 더욱 조밀하게 하여 빛이나 균등의 이물질의 침입을 막아 피부를 보호한다. 표피층의 가잘 바깥에 위치한 박리층에서는 박리현상(기저층에서 생성되었던 세포가 표피의 각질층까지 올라와 피부가 떨어지는 것)이 나타난다.
- 각질층은 대략 30개의 층으로 되어 있으며, 주성분으로는 케라틴 단백질 58%, 지질 11%, 천연보습인자(NMF) 38%로 구성되어 있고, 라멜라 구조로 수분손실 억제와 보습에 중요한 역할을 한다.

(2) 표피의 구성세포

① 각질형성세포

기저층에서 분열을 시작으로 각질층으로 이동하며 피부세포를 생성하여 자외선 및 외부의 이물질과 균으로부터 피부를 보호한다.

② 멜라닌세포

멜라닌을 말들어 자외선으로부터 세포의 핵을 보호하고 피부의 색을 결정한다.

③ 랑게르한스세포

수지상모양으로 피부에 표피층의 면역에 관여하며 조직액이 많은 유극층에 존재한다.

④ 메르켈세포

기저층에 존재하며 촉각을 감지하여 신경말단에 전달한다.

진피

(1) 진피의 구조

① 유두층(Papillary Layer)

진피층의 상단 부분에 위치하며, 원추형 돌기로서 유두 모양을 하고 피부에 영양 공급을 한다. 혈관과 신경이 분포되어 있다.

② 망상층(Reticular Layer)

그물 모양의 섬유성 결합조직으로 콜라겐과 엘라스틴 그리고 뮤코다당류로 구성되어 있다.

(2) 진피의 구성 물질

① 교원섬유(콜라겐, Collagen) : 주름 관련

- 진피성분의 90% 이상을 구성하고 있는 단백질로 수분 보유력이 뛰어나다.
- 콜라겐은 열을 받으면 젤라틴화된다.

② 탄력섬유(엘라스틴, Elastin) : 탄력 관련

- 피부 탄력과 관계가 있고 신축성이 있어 원래의 길이보다 1.5배 정도 늘어난다.

③ 기질(Mucopolysaccharide)

- 진피와 결합섬유 사이를 채우는 물질로 젤 상태로 존재한다.
- 뮤코다당체라고 하며 점액상태이다.

④ 진피의 구성세포

- 섬유아세포(Fibroblast) : 콜라겐과 엘라스틴을 만들어내는 모세포이다.
- 이동성 세포 : 대식세포, 비만세포, 림프구면역을 담당하는 세포이다.

피하지방

(1) 피하지방층

피하지방층(Subcuraneous Fat Layer)은 신체의 체온을 조절하고, 영양소를 저장하여 에너지원으로 사용할 수 있게 하며, 외부로부터의 충격을 완화하고 피부의 운동성을 향상시키는 역할과 신체의 윤곽을 결정하는 심미적인 역할을 한다. 망상진피는 섬유질이 대부분을 차지하고 있는 연결조직으로 구성되어 있는 데 비하여 피하지방층은 지방세포가 대부분을 차지한다.

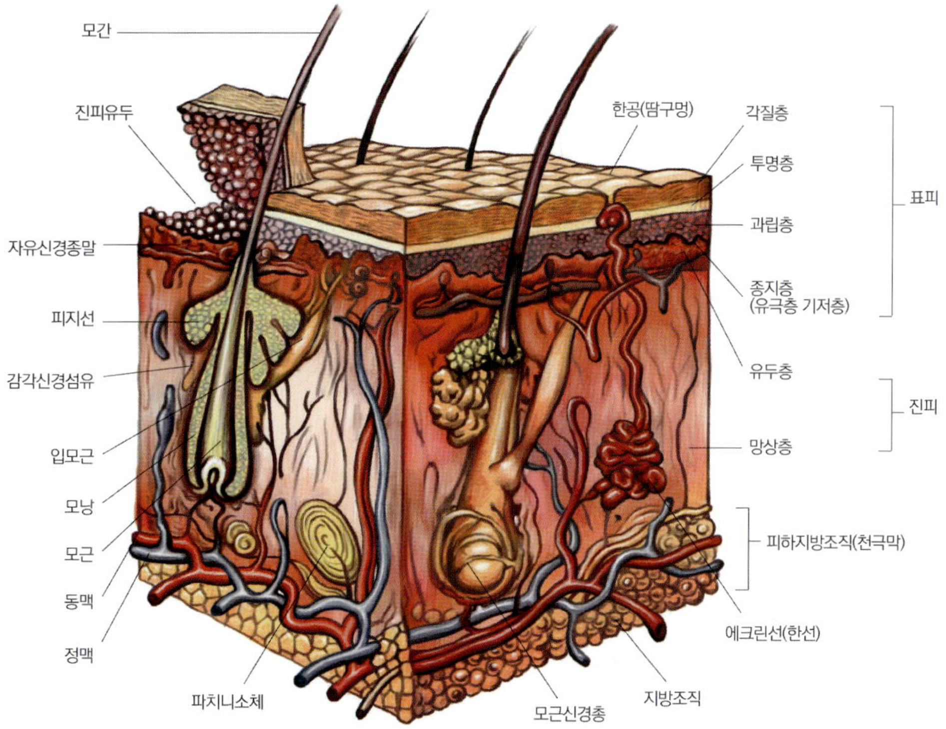

피부의 부속기관

피부에는 표피, 진피, 피하조직 이외에 피부가 변형되어 생긴 부속기관이 존재한다. 피부 부속기관으로는 손톱, 발톱, 모발, 한선, 피지선 등이 있다.

(1) 피지선

피지선은 손바닥과 발바닥을 제외한 전신에 분포되어 있고 진피의 털 또는 모낭의 벽을 따라 피지를 배출한다. 피부나 털에 기름을 공급하여 보호하는 역할을 한다. 피지선은 개인이나, 연령, 인종, 기후에 따라 다르다.

(2) 한선

한선은 땀을 만들어 피부 표면에 분비하는 것으로 에크린선과 아포크린선, 2종류가 있다. 땀은 체내의 노폐물 배출, 피부의 건조 방지, 체온 조절 등의 중요한 역할을 한다.

① 에크린선

입술, 음부의 일부를 제외한 전신의 피부에 분포하며 실뭉치 모양으로 진피층에 놓여 긴 선의 형태로 표피까지 뻗어 있다. 분비물은 무색, 무취이며 90% 이상이 수분이다. 특히 손바닥, 발바닥, 머리, 얼굴에 잘 발달되어 있다.

② 아포크린선

피하조직 중에 있고 특정 부위인 액와부, 유두, 배꼽, 외음부, 항문 주위에 존재하며 두피에도 분포되어 있다. 분비물의 농도가 짙고 독특한 냄새가 난다.

(3) 털

우리 몸에는 손바닥, 발바닥, 입술, 음부를 제외하고는 모두 털이 나 있는데 털에는 경모와 연모가 있으며 굵기는 인종, 연령, 성별, 몸의 부위에 따라 다르다.

3 피부의 기능

각화작용

기저층에서 시작하여 유극층, 과립층, 각질층으로 이동하며 각질화되어 가는 과정을 말하며 평균적으로 28일의 주기를 가진다.

감각작용

외부의 자극을 감각수용체가 뇌에 전달하는기능을 한다.

보호작용

각질세포, 피지, 천연보습인자, 땀 등은 빛을 포함한 물리적 · 화확적 자극으로부터 피부를 보호하는 기능을 한다.

분비작용

피지선과 한선에서는 피지와 땀을 분비하여 피부장벽을 튼튼히 한다.

비타민 D 생성

자외선을 받으면 과립층의 층판소체에서는 프로비타민 D를 생성한다.

영양소 저장

피부는 수분과 영양물질, 혈액, 지방 등을 저장하는 역할을 한다.

체온조절작용

체온이 오르면 피부는 혈관을 확장하고, 땀선의 기능이 활발해져 땀을 배출함으로서 체온을 내리고, 추위에서는 모공을 닫고 혈관을 수축하여 체온의 발산을 막는다. 피부는 일정한 체온을 유지하기 위해 이와같은 체온조절의 작용을 한다.

흡수작용

세포간 지질을 통해, 세포내 유입을 통해, 피부의 부속기관을 통해 피부의 흡수작용이 이루어 진다.

4 피부와 광선(자외선)

자외선의 종류

(1) 자외선 C(단파장 200~290nm)

살균소독작용을 하며 대부분 오존층에서 흡수된다.

(2) 자외선 B(중파장 290~320nm)

유리창에 의해 어느정도 차단되지만, 기저층과 진피상부까지 침투하며 피부건조와 각화를 가속화시키고 기미 주근깨의 원인이 된다.

(3) 자외선 A(장파장 320~400nm)

일상생활에서 가장 쉽게 접하는 생활광선으로 즉시 색소 침착을 일으키고, 광독성 혹은 광알레르기 반응을 일으킨다. 탄력섬유와 교원섬유의 손상 및 변성을 초래해 피부탄력이 줄고 주름을 형성한다. 피부미용에서는 태닝 시 이용한다.

자외선의 장점과 단점

구분	내용
장점	- 비타민 D를 형성하여 면역력 강화에 도움을 준다. - 살균과 소독을 한다. - 혈액순환을 원활하게 한다.
단점	- 색소를 침착시키고 광노화현상(피부 보호를 위해 피부가 두꺼워지는 것)을 일으킨다. - 자외선 B는 일광 화상의 원인이 된다.

용어

(1) 자외선 차단지수(SPF, Sun Protection Factor)

자외선에 대한 피부홍반의 측정이며, 차단지수가 높을수록 자외선에 대한 차단이 높음을 의미한다.(UV-B에 대한 차단).

(2) SPF

자외선차단지수(Sun Protection Factor, SPF)는 자외선 차단제품을 사용하였을 때 피부가 자외선으로부터 보호되는 정도 및 시간을 지수(숫자)로 나타낸 것이다. 차단지수가 높을수록 자외선에 대한 차단능력이 높다는 뜻으로, 화장품 제조회사나 개인의 피부 보호능력에 따라 차이가 있다.
자외선차단지수 SPF는 자외선 차단제품을 사용했을 때와 사용하지 않았을 때의 최소홍반량(Minimal Erythema Dose, MED)의 비율을 말한다.

$$SPF = \frac{\text{자외선 차단제품을 사용하였을 때의 홍반유발 최소자외선 에너지량(MED)}}{\text{자외선 차단제품을 사용하지 않았을 때의 홍반유발 최소자외선 에너지량(MED)}}$$

(3) PA지수(Protection Grede of UV-A)

자외선 차단제품을 사용했을 때와 사용하지 않았을 때의 최소 흑화량(Minimal PersistentPigmentation Darkening Dose, MPPD)의 비율을 말한다. +표시가 많을수록 UV-A에 대한 차단지수가 높다. +표시가 많을수록 UV-A에 대한 차단지수가 높다.
(예 : PA+, PA++)

5

피부와 영양

영양소의 역할

구성 영양소 : 신체를 조직하는 영양소로 단백질, 무기질, 물이 포함된다.

(1) 탄수화물과 피부

① 역할

에너지를 발생하며 혈당을 유지시키고 장의 연동운동을 돕는다.

② 결핍증세

체중이 감소하며 기력이 부족하다.

③ 과잉증세

혈액의 산도를 높이며 체중증가의 원인이 된다.

④ 함유식품

쌀밥, 감자, 고구마, 빵 등이 있다.

(2) 지방과 피부

① 역할

에너지원이며 신체의 체온 조절 및 피지 분비에 관여한다.

② 결핍증세

체중이 감소하며 피지분비 저하로 피부가 거칠어진다.

③ 과잉증세

콜레스테롤과 연관된 질병(비만, 동맥경화, 심장병 등)을 유발한다.

④ 함유식품

- 식물성 지방 : 참깨유, 들깨유, 올리브유, 아보카드유 등
- 동물성 지방 : 버터, 돼지기름, 베이컨 등

(3) 단백질과 피부

① 역할

세포 및 신체조직을 생성시키며 피부탄력과 밀접한 연관이 있다.

② 결핍증세

영양실조, 저혈압, 체중감소, 피부노화, 부종 등을 유발한다.

③ 과잉증세

혈액순환 장애, 불면증, 이명현상 등이 나타난다.

④ 함유식품

- 식물성 지방 : 콩, 녹두, 깨, 잣 등
- 동물성 지방 : 소고기, 돼지고기, 생선류, 닭고기 등

⑤ 열량 영양소

신체를 움직이는 에너지원으로 작용하며, 탄수화물, 단백질, 지방이 포함된다.

⑥ 조절 영양소

신체의 생리기능을 조절하는 영양소로 비타민, 무기질, 물이 포함된다.

(4) 비타민과 피부

① 역할

직접적인 에너지원은 아니지만 다른 생명유지 활동의 보조역할을 하며, 특히 비타민 D를 제외한 비타민은 체내에서 생성할 수 없으므로 음식을 통해 섭취해야 한다.

② 결핍증세

- 비타민 A : 야맹증, 피부건조, 피부염증 발생, 각화이상 등
- 비타민 B_1 : 각기병, 부종, 변비 등
- 비타민 B_2(리보플라빈) : 구각염, 각막염 등
- 비타민 B_6 : 비듬, 피부염 등
- 비타민 C : 괴혈병, 빈혈 등
- 비타민 D : 구루병(곱사병), 골연화증 등
- 비타민 E(토코페롤) : 피부노화, 성기능 장애, 불림, 유산 등

③ 과잉증세

특별하게 주의할 것은 없지만 지용성 비타민은 체내에 저장될 수 있다.

④ 함유식품

- 비타민 A : 당근, 호박, 귤, 감 등
- 비타민 B_1 : 돼지고기, 녹황색 야채, 우유, 난황 등
- 비타민 B_2 : 아몬드, 치즈, 정어리, 소간 등
- 비타민 B_6 : 간, 콩, 육류, 난황 등
- 비타민 C : 신선한 야채와 과일
- 비타민 D : 간, 난황, 우유, 버섯 등
- 비타민 E : 곡물의 배아, 버터, 난황 등

구분	특징	종류
지용성 비타민 (A, D, E, F, K, U)	- 기름에 녹고 열에 강해서 조리 시 손실 양이 적다. - 소변으로 쉽게 배출되지 않는다.	- 비타민 A(레티놀) ▸ 결핍되면 야맹증과 안구건조증을 유발한다. - 비타민 D(칼시페롤) ▸ 자외선을 받으면 신체 내에서 합성한다. ▸ 결핍되면 구루병, 골다공증이 생긴다. - 비타민 E(토코페롤) ▸ 항산화작용과 노화지연 역할을 주로 한다. ▸ 결핍되면 신경기능 장애, 불임이 일어난다. ▸ 비타민 K(Phylloquinone) : 혈액을 응고시키는 작용을 한다.
수용성 비타민 (B군, C, H, P)	- 물에 잘 녹으며 소변으로 쉽게 배출된다. - 결핍 관련 증상이 빨리 나타나는 편이다.	- 비타민 C(아스코브산) ▸ 콜라겐 생성에 관여하며 항산화작용을 한다. ▸ 결핍되면 괴혈병, 잇몸출혈 등의 증상이 나타난다. - 비타민 P(바이오 플라보노이드) ▸ 모세혈관을 강화시킨다. ▸ 결핍되면 멍이 쉽게 생기고 출혈이 자주 발생한다. ▸ 녹황색 채소, 감귤 등에 함유되어 있다.

※ 기름에 녹는 지용성 비타민과 물에 녹는 수용성 비타민으로 구분되며, 지용성 비타민은 A, D, E, F, K이고 수용성 비타민은 B, C이다.

(5) 무기질과 피부

에너지원은 없으나 생체의 발육과 신진 대사의 기능에 관여한다.

① 나트륨(Na)

pH를 조절해주고 신경 자극을 전달해준다. 결핍 시 근육의 경련, 두통, 소화불량 등의 증상이 나타나며 함유식품으로는 젓갈, 절인 생선, 간장, 미역 등이 있다.

② 요오드(I)

갑상선 호르몬의 성분으로 부족하면 갑상선증, 크레틴병, 유방암의 원인이 될 수도 있다. 해조류나 생선 간유에 요오드가 많이 함유되어 있다.

③ 인(P)

탄수화물과 지방의 대사에 관여하며 결핍되면 발육이 부진하다. 함유식품으로는 새우, 오징어, 치즈, 소고기 등이 있다.

④ 철(Fe)

헤모글로빈의 구성성분이며 질병에 대한 저항력을 증진시켜 준다. 결핍 시 대표적인 증상으로 빈혈을 일으킨다. 함유식품으로는 간, 굴, 김, 팥 등이 있다.

⑤ 칼슘(Ca)

골격이나 치아를 구성하며 혈액을 응고시킨다. 결핍하면 뼈의 이상, 지혈 약화 등의 문제가 생기고 우유, 치즈, 콩 등에 많이 함유되어 있다.

⑥ 황(S)

케라틴 합성에 관여한다.

> TIP **기초대사량**
> 생명유지에 필요한 최소한의 에너지로 호흡과 체온유지 및 혈액순환에 필요한 에너지 양을 말한다.

6 이상적인 피부

① 한선과 피지선의 기능이 좋아 피부 표면이 촉촉하고 윤기가 있어야 한다.

② 피부의 신진대사 기능이 좋아 각질의 두께가 적당하고 표면이 매끄러워야 한다.

③ 콜라겐과 엘라스틴이 튼튼해서 피부의 탄력성과 신축성이 좋고 잔주름이 적어야 한다.

④ 혈액순환이 잘 되어 영양공급이 원활하며 혈색이 좋아야 한다.

⑤ 산도조절이 좋아 지나치게 민감하지 않고 세균에 대한 저항력이 강하여 피부질환이 잘 생기지 않아야 한다.

⑥ 피부의 유 · 수분의 균형이 적당하여 피부가 부드러워야 한다.

⑦ 기타 피부장애가 없는 깨끗한 피부여야 한다.

7 피부유형과 특징

정상 피부(Normal Skin)

가장 이상적인 피부 상태로 피부조직의 생리 활동이 정상적이며, 분비 기능과 모공 크기가 정상이고 유·수분 함량이 적당하여 피부색과 피부 결이 고르고, 부드럽고, 촉촉하다.

건성 피부(Dry Skin, Dehydrated Skin)

건성 피부는 수분 함량과 유분의 함량이 부족하다. 피지 분비 기능 저하로 피부가 건조하여 눈 주위 잔주름과 외기에 대한 저항력 약화, 기미, 주근깨가 발생하기 쉽다. 피부조직에서 피부세포의 수분 공급이 원활하고 피부 표면에서는 방어막(피지막)을 형성하여 피부의 수분 증발을 억제해줄 때 피부의 보습 기능과 피지 분비 능력이 조화롭게 진행되어 건강한 피부를 유지할 수 있다.

지성 피부(Oily Skin)

피지가 과잉 분비되어 모공의 더러움, 피부 번들거림, 오렌지 피부 등이 되며 화장이 잘 지워지고 여드름이 쉽게 발생하며 모공이 확장되어있다. 피부 표면은 모낭 속의 피지선에서 나온 피지와 땀샘에서 나온 수분에 의해 피부의 산성막이나 산성균형(피부의 pH Balance)이 유지되어 피부 건강을 지키고 피부의 수분 증발을 억제해 진피 내의 수분을 보호한다.

피지선의 활동은 나이와 유전적 요인, 영양 상태, 호르몬 분비 등에 따라 개인차가 있다. 남자는 사춘기에 피지 분비량이 여성보다 5배 더 많아지는데, 그 이유는 피지 분비량이 남성호르몬 분비 증가와 비례하기 때문이다.

여드름 피부(Acne Skin)

지성 피부와 비슷하여 피지가 모공에서 과다하게 분비되고 동시에 모공 입구에서 각질 형성이 증가하여 배출 입구가 막혀 모공 내에서 염증을 일으키는 피부 트러블이 여드름이다. 여드름의 원인은 남성호르몬 분비와 연관이 있으며, 그 외에 피부 상재균인 여드름 간균(Propionibacterium Acnes), 포도상구균(Staphylococcus), 유전, 음식물, 화장품, 스테로이드제제, 스트레스 등이 원인이 되기도 한다. 여드름 피부는 염증성·비염증성 여드름이 있고, 사춘기에 심하며, 모공이 확장되어 있고 2차성 색소 침착, 흉터, 잡티가 많다.

민감성 피부(Sensitive Skin)

피부조직이 섬세하고 투명하며 환경 변화에 민감하다. 모공이 보이지 않고 피지 분비량이 고르지 못하며 모세혈관이 표면에 드러나 있다. 약품이나 화장품에 민감한 반응을 보이고 피부 건조, 잔주름, 색소 침착 현상이 나타난다.

모세혈관 확장피부

일반적으로 예민하고 맑고 투명하며 피부표면에 각질이 없고 실핏줄이 그대로 드러나 보이는 피부로 주변 환경에 민감하게 반응한다. 양 볼과 뼈 주위에 많고 콧방울에도 나타난다. 피부 표면의 모세혈관이 확장되어 실핏줄이 탄력성을 상실한 채 이완되어 있는 상태로 항생제 연고, 바이러스성 연고, 호르몬 연고 등을 남용하거나 잦은 사우나, 음주, 흡연 등의 습관에 의해서도 발생된다.

기미 피부(Melasma, 간반)

기미란 주로 얼굴부위에 연한 갈색, 흑갈색, 암갈색 등 다양한 크기의 색소침착반이 나타나는 과색소침착증을 말한다. 색소침착반의 색이 간과 비슷하다 해서 간반이라고도 부른다. 기미는 일상생활에서 발생하는 가장 흔한 피부 문제의 하나로서 정확한 원인은 알려져 있지 않으나 일광 노출은 절대적인 악화 요인이며 임신기간이나 폐경기에 흔히 발생한다. 난소의 종양이나 내분비 질환 외에 전신적인 건강상태에 영향을 미치는 스트레스, 각종 질환과도 연관이 있으며 화장품 등의 부작용에 의해서도 발생할 수 있다.

노화 피부(Aging Skin)

피부노화는 나이가 들어감에 따라 신체의 생리 기능이 서서히 저하되어 나타나는 자연노화(Aging)와 외부 환경적 각종 유해인자인 자외선, 유해가스, 스모그를 비롯해 음주, 흡연 등에 노출되어 나타나는 광노화(Photoaging)로 구분할 수 있다. 피부의 노화에 의한 외적인 변화로는 주름, 잔주름, 피부건조, 늘어짐, 색소 침착 등이 있다.

복합성 피부(Combination Skin)

복합성 피부는 두 가지 이상의 피부 유형이 공존하는 피부이다. T존 부위는 지성으로 피지 분비가 많고 모공 확장, 블랙헤드를 형성하며, U존 부위는 건성으로 과각화 현상에 의한 건조, 잔주름, 거칠음 현상, 잡티를 형성하기도 한다. 주로 나이가 들어가면서 여성들에게 많이 나타나는 유형이다. 이는 피부 관리 습관, 건강 상태, 영양 상태, 햇빛을 쏘이는 시간, 호르몬의 불균형 등 대상자의 환경 요인에서 비롯된다.

알레르기성 피부(Allergic Skin)

알레르기란 비정상적인 반응을 나타내는 증상으로 피부뿐 아니라 전신에 나타나며, 소화기계, 호흡기계, 순환기계 등에 광범위하게 나타난다. 이러한 알레르기 반응을 일으키는 물질을 항원(Antigen)이라고 한다. 이 항원이 인체에 민감하게 작용해 알레르기 반응을 일으키는 피부를 말한다. 특히 화장품, 피부의 자극, 피부에 열과 찬 기운이 닿았을 때나 피부 타월, 기기, 향수, 아로마에 의해서도 나타날 수 있으므로 주의해야 한다.

8 피부의 이상 현상

셀룰라이트

셀룰라이트는 오돌토돌한 피부로 주로 허벅지, 팔, 엉덩이 등에 주로 나타난다.

- 노폐물 등이 정체되어 생긴다.
- 피하지방이 축적되어 뭉쳐지거나 비대해져 정체된 것이다.
- 소성결합조직이 경화되어 뭉쳐진 것이다.

원발진

- 정상적인 피부에서 처음으로 생기는 1차적인 병적 변화를 말한다.
- 종류 : 면포, 반점, 구진, 결절, 농포, 종양, 팽진, 대수포, 소수포, 홍반, 낭종 등이 있다.

속발진

- 원발진에 이어 피부의 2차적인 증상이 더해져 나타나는 변화를 말한다.
- 종류 : 인설, 찰상, 가피, 균열, 미란, 궤양, 위축, 태선화, 반흔

(1) 온도에 의한 피부질환

- 한진(땀띠) : 여름에 주로 발생하며 한관이 막혀 땀이 잘 배출되지 않는 경우에 생긴다.

(2) 바이러스 질환

단순포지, 대상포진. 수두, 홍역, 사마귀 등이 있다.

(3) 진균성 피부질환

효모균과 피부사상균에 의해 나타나며, 칸디다증, 백선, 조갑백선, 두부백선 등이 있다.

(4) 기계적 손상에 의한 피부질환

지속적인 자극에 의해 주로 발생되며 굳은살, 욕창, 티눈 등이 있다.

(5) 과색소침착

색소가 과다생성된 것으로 기미, 주근깨, 갈색반점, 흑색점, 오타반점, 몽고반점 등이 있다.

(6) 저색소침착

선천적, 후천적요인으로 멜라닌세포의 결핍 혹은 색소를 만들지 못해 나타난다. 색소가 전혀없거나 소량의 색소만을 가지거나 백색 반점들이 피부에 나타나며, 백반증과 백피증이 대표적이다.

(7) 안검질환(눈질환)

- 한관종 : 한관이 비정상적으로 증식하면서 생기는 피부 양성 종양이다.
- 비립종 : 눈 아래 땀구멍과 모공에 많이 발생하며 작은 알갱이의 구진 형태를 지녔다.

11 CHAPTER

피부관리

1 피부관리

피부관리의 목적

피부관리의 목적은 피부의 건강과 아름다움을 유지하고 외부의 자극에 의해 거칠어지는 것을 막는 것과 내부에서 피부의 젊음을 유지하고 혈액순환을 좋게 하며 충분한 영양이 공급되도록 하는 것이다. 즉 피부의 분석과 기능에 대한 이해를 바탕으로 각 개인별 피부 트러블을 발견하고 그 원인을 파악하여 손질하는 것이다. 피부관리는 단어 자체에서도 알 수 있듯이 의료행위가 아니므로 일시적 관리로 효과를 보기보다는 일상생활에서 지속적으로 이루어져야 한다.

2 피부관리의 주요과정

마사지

(1) 어원

마사지(Massage)의 어원은 '주무르다'라는 뜻의 그리스어의 'masso'와 '부드럽게 하다'라는 뜻의 아라비아어의 'mesah'의 합성어이다.

(2) 역사

기원전 4~5세기경부터 시작된 마사지는 그리스의 히포크라테스에 의해서 의학적인 효능이 입증된 것으로 추측된다. 본격화된 것은 1800년대 영국에 도입되면서부터이고, 1813년에는 피터 H. 링(Peter H. Ring)에 의해 스웨덴의 마사지 손동작(Manipulation, 머니플레이션)이 체계화되었다.

3 영역 분류

신체부위에 따른 분류

(1) 안면 관리

피부는 표피(Epidermis), 진피(Dermis), 및 피하지방층(Subcutaneous Fat)으로 이루어진, 신체의 표면을 덮고 있는 몸의 가장 넓고 중요한 조직이다. 피부의 면적이나 두께는 개인과 부위에 따라 다소 차이가 있으나, 평균적으로 피하조직을 제외한 표피와 진피의 두께는 약 1.4mm 정도이고 총면적은 성인의 경우 1.6m^2이며 무게는 체중의 16%이다. 피부의 부속기관으로는 모발(Hair), 손톱(Nail) 및 발톱, 피지선(Sebaceous gland), 한선(Sweat Gland) 등이 포함된다.

얼굴과 목 부분의 피부를 건강하고 아름답게 유지하기 위한 순수 피부미용이다.

순서는 대개 클렌징 → 마사지 → 팩 → 피부정돈 → 영양의 순으로 행해진다.

효과는 피부를 청결하고 건강하게 유지한다. 혈액순환과 신진대사를 촉진시켜 맑은 안색을 부여한다. 주름형성을 지연시킨다. 유 · 수분을 공급하고, 피지의 과잉분비를 조절하며, 미백효과와 진정효과를 준다.

① 노화 관리

피부 노화의 대표적인 현상인 주름, 색소침착, 탄력 감소, 건조피부를 개선하기 위한 집중케어를 하며, 안티 에이징 케어라고도 한다.

② 보습 관리

각질은 제거하고 수분은 충분하게, 유분을 적절히 공급하되 너무 유분이 지나치면 얼굴에 뾰루지 등 트러블이 생길 수 있으므로 주의한다.

③ 색소 침착 관리

칙칙해 보이고 나이 들어 보이는 색소질환에는 기미와 잡티, 검버섯, 주근깨가 있다. 이들을 예방하기 위해선 외출 전에 자외선 차단제를 꼼꼼하게 발라주고 비타민 C를 충분히 섭취하는 등 올바른 생활습관이 필요하다. 각질제거, 보습, 자외선 차단에 중점을 두어 관리한다. 야외 활동을 나서기 30분 전에 SPF(자외선 차단지수)20 이상의 자외선 차단제를 발라야 한다.

④ 여드름 관리

화이트헤드나 블랙헤드 같은 면포의 경우는 면포를 미리 제거해주어 '빨간 여드름'인 화농성 여드름으로까지 악화되는 것을 막고, 균에 감염되거나 피부 안으로 터져 염증을 일으키는 화농성 여드름은 피지조절, 진정, 항균, 보습 등의 관리에 집중을 두어 과한 안면홍조, 색소침착, 흉터 등이 생기지 않도록 한다.

⑤ 주름 관리

노화나 습관에 의한 주름이나 잔주름을 예방하거나 개선하기 위한 관리로 특히 피부가 얇은 눈가나 입가 주위와 얼굴과 목 관리에 집중된다. 각질제거, 유·수분 관리, 붓기 관리, 안티 에이징관리가 같이 이루어진다.

⑥ 진정 관리

민감한 피부를 정상 상태로 돌리기 위해 피부를 진정시키고, 피부에 효과적으로 수분을 공급해서 따끔거리거나 가려운 증상을 없애 준다.

피부관리 시 피부가 민감해져 있으므로 자극적인 방법은 가능한 피한다.

⑦ 제모 관리

외관상의 미적 효과를 위하여 피부 표면의 불필요한 털을 제모한다.

⑧ 기타 관리

필링 관리, 리프팅 관리 등 기타 관리가 있다.

(2) 전신 관리

① 등 관리

등은 전신 마사지 시 가장 먼저 마사지가 이루어지는 부위로 일반적으로 등 마사지를 Back Facial 또는 Bacial이라고 한다. 우리 인체 중 가장 넓은 부위이면서 가장 자주 긴장하는 곳인 등을 제일 먼저 마사지 또는 관리해 줌으로써 신진대사를 촉진하고 심리적 안정감을 준다.

② 가슴 관리

가슴은 전통적으로 모성과 생명을 상징하지만 여성의 아름다움이 가장 잘 드러나는 신체부위이기도 하다. 최근에는 마른 체형보다 건강한 체형으로 미의 기준이 변하고 있어 아름다운 가슴에 대한 관심이 높아짐에 따라 탄력적인 몸매, 자신감, 자연스러움 등의 여성성을 강조하기 위해서 또는 크기와 쳐짐, 함몰유두, 산후관리, 가슴수술 등과 같은 이유로 주로 이루어지는 관리로 쇄골아래부위에서 횡경막 사이가 주영역이며 복부와 배부를 같이 관리해 시너지 효과를 높일 수 있다.

③ 복부 관리

건강하고 아름다워 보이는 몸매의 포인트는 바로 뱃살과 허리선에 있다. 횡격막 아래에서 치골부위까지의 영역을 주로 관리하며, 복부비만, 실루엣, 변비, 소화 등과 같은 이유로 주로 관리가 이루어진다. 흉부와 배부를 함께 관리해 시너지 효과를 높일 수 있다.

④ 힙 관리

보편적으로 섹시미를 어필할 때 잘록한 허리에 둥글고 볼록한 힙을 강조한다. 그러나 엉덩이는 허벅지와 함께 저장성 지방세포가 가장 많이 분포해 있어 나이가 들수록 더 커지고 처진다. 힙은 등을 받쳐주는 지지대의 역할을 하며, 엉덩이 라인은 허리 라인의 맵시와 깊은 관계가 있으므로 이 부분을 어떻게 관리하는가도 몸매의 포인트가 되기도 한다.

⑤ 다리 관리

허벅지와 무릎, 종아리와 복사뼈 이 부분이 기본적인 관리부위이며, 하체에 위치해 있어 혈액순환이 안 되어 잘 붓거나 지방이 축적되기 쉽고, 앉는 자세나 보행자세가 나쁘면 척추가 비뚤어지고, 엉덩이가 쳐져서 하지근육에도 불균형이 온다. 온도와 압력, 배농의 원리를 이용하여 혈액순환과 피부대사를 활성화하여 효과적으로 지방을 분해하고 체내 노폐물을 배출시킴으로써 부기완화, 군살을 잘 빼주는 작용, 셀룰라이트 등 피하지방의 제거에 효과가 있다.

⑥ 발 관리

무릎 위에서 발까지 자극을 가하므로 기관의 반사 점을 마사지와 지압으로 혈액순환 및 노폐물 배출을 촉진시켜 질병 예방과 발의 기능을 향상시키고 건강하게 해주는 관리이다. 인체를 지탱해주는 역할, 인체의 균형을 유지, 보행 시 충격을 흡수 완화, 운동기능을 담당하여 보행을 유지하는 발은 인체의 모든 기관과 연결되어 있다. 발에는 엄청난 수의 모세혈관과 자율신경이 자리 잡고 있어 제2의 심장이라고 한다.

⑦ 팔과 손 관리

팔과 어깨, 겨드랑이는 원래 셀룰라이트가 많이 발달되는 부위로 혈액순환이 잘 안 되거나, 지방이 축적되면 근육이 늘어지고 팔뚝비만이 유발된다. 팔을 들었을 때 마치 날개가 달린 듯 처진 유형과 팔뚝을 잡았을 때 튼실하고 탱탱하고 비대하여 잘 잡히지 않는 경우, 같은 자세로 오랜 시간 앉아있는 일이 대부분인 현대인의 일상생활로 인해 팔뚝에 살이 찌게 된 경우가 주로 팔 관리를 이용한다. 또한 신체의 다른 부위와 달리 24시간 노출되어 있는 손은 가장 보호되고 관리되어져야 할 부위로 세심하고 지속적인 관리가 필요하다.

⑧ 비만 관리

단단하게 뭉쳐있는 셀룰라이트나 숨겨져 있는 군살, 부분 비만, 전신비만 해소에 중점을 두는 관리로 건강한 식습관과 운동법 등을 제시하고 운동, 식이요법, 지방분해를 위한 각종 방법 등으로 쉽게 빠지지 않는 부위의 지방을 없애는 좋은 효과를 기대할 수 있다.

⑨ 튼살 관리

갑자기 살이 찌거나 키가 커져 어느 날 갑자기 허벅지, 엉덩이, 복부 같은 신체의 특정 부위에 붉거나 하얀 줄이 죽죽 그어진 거미줄 같은 자국, 흔히 '튼살'이라고 부르는 부위를 집중 관리한다. 튼살은 피부 표피층과 진피층의 콜라겐에 문제가 생긴 것으로 피부가 팽창해서 선이 나타난다. 보습관리와 재생관리에 초점을 두며, 튼살이 붉은빛을 띨 때일수록 효과가 크다.

(3) 효과

- 피부를 청결하게 하여 피부의 건강을 유지시킨다.
- 혈액순환을 촉진시켜 건강한 혈색을 부여한다.
- 피지선 및 한선의 분비작용을 촉진시킨다.
- 근육의 탄력을 유지하고 약한 근육조직을 강화시킨다.
- 신진대사를 촉진시킨다.
- 잔주름과 노화에 의한 주름 형성을 지연시시킨다.

(4) 주의사항(얼굴 마사지 시술 시의 주의사항)

① 마사지 시술 전

- 손님의 피부에 상처에 나지 않도록 미용사는 손톱을 짧게 자른다.
- 미용사는 평소 굳은살 등으로 손이 거칠어지지 않도록 주의한다.
- 손님의 소지품 및 귀중품 보관에 유의한다.
- 손님의 피부를 정확히 진단하여 피부에 맞는 재료와 방법으로 시술한다.
- 화장품을 덜어서 사용할 때는 화장용 주걱(Spatula, 스파튤라)을 사용한다.
- 미용사는 시술 시 마스크를 착용한다.
- 손님이 불쾌하지 않도록 거친 숨소리나 구취 및 체취 등에 유의한다.
- 안락한 분위기를 조성한다.

② 마사지 시술 중

- 화장품이 손님의 눈 · 코 · 입 등으로 들어가지 않도록 주의하고, 만약 눈에 들어가면 식염수로 즉시 닦아낸다.
- 마시지의 속도는 '맥박 빠르기' 정도를 일정하게 유지하며 부드럽게 시술한다.
- 마사지의 세기는 같은 부위를 반복하여 테크닉하는 경우 너무 세게 하면 도리어 역효과가 나타날 수 있으므로 주의한다.
- 생리작용에 따라서 피부의 결, 마사지의 효과 등을 고려하여 시술한다.
- 건성 피부에는 알코올 성분이 많은 제품의 사용은 피하는 것이 좋다.

(5) 시술의 요점

① 마자지의 세기

강한 압은 피하고 편안함을 느낄 수 있는 압으로 부드럽고 리듬감 있게 움직인다.

② 마사지의 속도

휴식을 목적으로 할 때는 조금 느리게, 순환을 목적으로 할 때는 조금 빠르게 등, 목적에 따라 빠르고 느림을 조절하며, 고객의 심장박동에 맞추어 움직인다.

③ 마사지의 방향

근육의 결 방향대로 쓸어준다.

③ 마사지 시 손 모양

최대한 시술하는 부위에 밀착하여 움직인다.

4 클렌징 (Cleansing) 세안, 세정

목적

생리적으로 분비되는 피지나 땀, 대기의 오염물, 색조 화장품 등을 피부 표면으로부터 깨끗이 제거하는 데 그 목적이 있다.

(1) 피지

대기 중의 공기에 의해 쉽게 산화되어 피부의 생리작용을 방해한다.

(2) 땀

수분이 증발되고 남은 잔류물은 피부의 산도를 파괴한다.

(3) 각질

표피층의 각질은 피지, 땀, 먼지 등과 함께 모공을 막을 수 있다.

(4) 기타

매연, 먼지, 일광, 화장품 등의 찌꺼기 등은 피부의 호흡작용을 방해하고, 다시 피부로 오염물이 재흡수되어 심각한 트러블을 일으킨다.

클렌징(Cleansing)의 효과

- 피부자체에서 분비되는 땀, 피지 등을 제거한다.
- 각질을 제거한다.
- 메이크업을 제거한다.
- 다음 피부 관리 단계의 제품 흡수를 돕는다.

클렌징(Cleansing)의 조건

- 땀, 피지, 메이크업 등이 잘 제거되어야 한다.
- 피부보호막을 파괴하지 않아야 한다.
- 피부 수분 밸런스를 유지하여야 한다.
- 피부타입에 맞는 제품을 선택해야 한다.

클렌징(Cleansing)의 단계

부분화장 지우기 → 클렌징하기 → 해면으로 닦기 → 딥클렌징하기 → 해면 후 습포로 닦기 → 토너로 닦아내기

얼굴 부위 피부에 적합한 팩과 마스크를 통하여 외부 공기를 차단시켜 노폐물을 제거하고 영양물질을 흡수시켜 주어 청결하고 위생적으로 마무리하는 과정이다. 어원은 Package("포장하다", "둘러싸다")에서 유래되었다. 유럽에서는 "마스크(Mask)"로 많이 사용되고, 국내에서도 거의 같은 의미로 여긴다. 균일한 두께로 얼굴 표면에 도포한 후 일정 시간이 지나면 닦아 내는 행위로 진정, 보습, 영양공급 등의 작용과 체액순환 촉진 작용을 상승시키는 작용을 한다.

5
팩

팩의 효능

(1) 피부 휴식

팩이 건조되는 동안의 휴식으로 신체 또는 정신적 스트레스 및 긴장감을 해소시켜 준다.

(2) 신진대사 촉진

팩을 바르면 얇은 막이 형성되어 피부 온도가 상승되며 혈액순환 및 분비물 배출 작용이 촉진된다.

(3) 영양 공급

모공 속의 노폐물은 제거되고 팩 속에 함유된 각종 성분들은 피부에 깊숙이 침투하여 영양을 공급해 준다.

(4) 잔주름 예방

팩이 건조될 때 피부를 팽창시켜 탄력을 증진시키고, 잔주름을 예방해 준다.

팩의 종류

(1) 사용 방법에 따른 분류

① 워시 오프 타입(Wash off Type)

물로 씻어서 제거하는 유형이다.

② 필 오프 타입(Peel off Type)

벗겨내면서 제거하는 유형이다.

③ 클린 오프 타입(Clean off Type)

휴지로 닦아서 제거하는 유형이다.

(2) 팩의 효과에 따른 분류

① 영양 팩

콜라겐 팩, 난황(달걀노른자) 팩, 비타민 팩 등 영양공급을 목적으로 도포하는 팩이다.

② 미백 팩

오이 팩, 레몬 팩, 벌꿀 팩, 우유 팩 등 미백을 목적으로 도포하는 팩이다.

③ 탈지 팩

난백(달걀흰자) 팩, 율무 팩, 머드(= 클레이, 진흙) 팩 등 피지흡착을 목적으로 도포하는 팩이다.

④ 주름방지 팩

왁스 마스크(파라핀 팩)처럼 막을 형성하거나 모양을 굳혀 주름 부위를 편 상태로 유지하여 주름완화 및 방지 목적으로 도포하는 팩이다.

팩의 시술 시 주의사항

- 피부의 상태와 사용 목적에 따라 팩제를 선택한다.
- 팩을 할 경우 주름이 생길 수 있으므로 피부결을 따라 바르며, 도포 후 근육을 움직이지 않도록 한다.
- 당근이나 강황처럼 피부에 색소가 침착될 수 있는 팩들은 도포시간에 주의한다.
- 천연팩의 경우 신선한 원료를 사용하고, 사용 직전에 조제한다.
- 일반적으로 팩제의 도포는 온도가 낮은 얼굴윤곽, 이마, 눈 아래, 입 주위 순으로 한다.

12 CHAPTER 피부관리의 실제

1 고객상담

효율적인 피부관리를 위하여 고객의 방문동기를 파악한 후 고객관리차트를 작성하여 고객의 요구 자료를 정보화하는 과정으로, 내용으로는 방문동기 파악하기, 고객관리차트 작성하기, 고객 응대하기, 고객정보 처리하기 등이 포함된다.

2 클렌징

1차 세안

세안 시 손동작은 얼굴 마사지 때와 동일하게 하며, 화장을 했을 경우에는 이중(2차) 세안을 하도록 한다.

(1) 눈화장 지우기

코튼 2장에 아이 리무버를 충분히 묻혀 양쪽 눈에 각각 1장씩 얹는다. 2 ~ 3초 후 위에서 아래로 쓸어내리듯 눈화장을 지워준다. 아래 눈꺼풀 부위는 눈초리에서 눈꼬리 쪽으로 닦아준다.

(2) 입술화장 지우기

코튼에 립 전용 리무버를 충분히 묻혀 구각에서 입술 중앙을 향해 밀듯이 닦아준다. 입술에 세로 주름이 많으면 위에서 아래로, 아래에서 위로도 한 번씩 더 닦아 주는 것이 좋다.

(3) 파운데이션 지우기

얼굴의 중앙에서 바깥쪽으로 닦아준다.

2차 세안

(1) 딥 클렌징

근육의 결을 생각하며 얼굴 중앙에서 바깥쪽으로 닦아준다. 이때 피부의 자극을 완화하려면 최대한 거품을 내서 사용하고, 손의 힘을 균등하게 한다. 여드름 피부나 지성 피부에는 페이셜 브러시의 사용도 권장한다.

- 화학적 방법 : 효소, A.H.A., 전기 세정(Disincrustation)에 의한 방법
- 물리적 방법 : 스크럽, 고마주, 후리마돌(전동 브러시) 등에 의한 방법

3 피부진단

클렌징을 한 후 피부의 상태를 파악하고 평가하여 피부 관리 계획을 수립하기 위한 과정이다.

피부진단의 목적

피부관리는 고객의 피부상태와 피부유형을 파악하고 화장품에 대한 이해와 적절한 선택, 메뉴얼테크닉에 의해 이루어진다. 피부진단의 목적은 성공적이고 올바른 피부 관리를 하기 위함이다.

피부상담

피부 관리를 시작하기 전에 반드시 고객과 상담을 하여 고객카드를 상세히 작성해야 한다. 상담자는 전문지식을 바탕으로 문진하여 고객의 피부의 문제와 고객이 필요로 하는 것을 파악하고 이를 해결해 주기 위한 방법을 제시해야 한다.

(1) 상담 시 주의 사항

- 고객의 방문 목적이 무엇인지 구체적으로 파악한다.
- 피부 관리 시 요구되는 사항을 정확히 이해한다.
- 고객에게 신뢰감과 자신감을 부여한다.
- 고객의 문제점을 파악한 후 해결책을 제시하며 고객과의 의견을 조율한다.

(2) 상담절차

인사단계 → 상담준비 → 고객관리카드 작성 → 방문목적과 피부문제파악 → 문제해결을 위한 관리방법 제시 → 관리 → 관리 후 상담

진단방법

(1) 문진

고객과의 상담 시 질문을 통해 피부상태를 분석하는 방법이다. 일반적으로 고객의 기초 사항 등에 대한 질문이 해당된다. 경우에 따라 고객 스스로 설문에 대한 답을 작성할 수도 있다.

(2) 촉진

고객의 피부를 손으로 직접 만져봄으로써 피부상태를 분석하는 방법이다. 주로 피부의 표면의 거칠기, 유연도, 탄력도 등을 감지할 수 있다.

(3) 견진

고객의 피부상태를 육안으로 관찰하거나 피부미용기기를 활용하는 분석하는 방법이다. 피부 유·수분, 모공, 각질, 여드름과 같은 피부질환 유무 등을 판별하는 데 도움이 된다.

(4) 기기를 활용한 피부분석

우드램프, 확대경, 유수분측적기, 피부진단기 등에 의해 분석된다.

① 우드램프

눈으로 확인하기 어려운 피부상태를 인공 자외선 파장을 이용하여 분석한다.

② 유·수분, pH측정기

세안 후 2~3시간 정도 시간이 지난 후 피부를 측정하는 기기로 피부의 유분(유분측정기), 수분(수분측정기), pH(pH측정기)를 알 수 있다.

③ 확대경

육안으로 보는 것보다 5배 정도 확대되어 보인다.

④ 피부분석기

렌즈에 따라 피부 표면을 80 ~ 200배 확대해서 살펴볼 수 있고 두피도 측정할 수 있다.

4

마사지 (매뉴얼 테크닉)

매뉴얼테크닉

손을 이용하여 리듬, 강 · 약, 속도, 시간, 밀착 등의 5가지 기본 동작을 조절하여 적용하는 테크닉을 말한다. 매뉴얼테크닉은 신진대사와 혈행을 촉진함으로써 피부의 기능을 향상시키고 피로를 풀어 주는 피부 관리의 핵심이다. 마사지는 그리스어의 문지르다, 반죽하다, 쓰다듬다에서 유래된 말로 매뉴얼테크닉을 의미한다.

매뉴얼테크닉의 필요성

매뉴얼테크닉은 신진대사를 촉진하고 피부의 기능을 회복시키며, 피부의 긴장감을 완화시켜 스트레스에 지친 피부를 회복시키는 행위이고, 또한 피부를 아름답고 건강하게 유지시킨다.

매뉴얼테크닉 5가지 동작과 효과

(1) 쓸어서 펴 바르기(쓰다듬기, Effleurage)

모지와 네 손가락 및 손바닥을 주로 이용하여 피부 표면을 쓰다듬는 동작으로, 매뉴얼테크닉의 처음과 마무리 단계에 쓰인다.
피부 표면에 모세 혈관을 확장시켜 혈액을 피부 표면에 많이 흐르게 하며 신경을 알맞게 자극한다. 피부 진정 및 림프 배액을 촉진한다.

(2) 밀착하여 펴 바르기(문지르기, Friction)

손가락의 첫 마디 부분을 이용하여 나선형 및 지그재그로 문지르는 동작이다.
쓰다듬기보다 조금 더 깊은 조직에 효과가 있으며 주름이 생기기 쉬운 부위에 주로 많이 쓰인다. 영양공급과 물질대사의 흡수 작용에 효과적이다. 조직의 혈액을 촉진하고 결체 조직을 강화시켜 탄력을 주고 모공의 피지를 배출하는 효과가 있다.

(3) 어루만져 펴 바르기(반죽하기, Petrissage)

손가락 전체를 이용하여 반죽하듯이 주물러 부드럽게 하는 방법이다.
근섬유에서의 분해물질 제거와 체지방 감소에 효과적이다. 근육의 혈액을 촉진하고 노폐물을 제거하며 근육 피로와 통증을 완화하는 효과가 있다.

(4) 토닥토닥 펴 바르기(두드리기, Tapotement)

한손, 또는 양 손의 소지구와 손가락 끝마디들을 이용하여 얼굴의 각 부위를 리드미컬하게 두드리는 방법으로 주로 마사지의 마지막 단계에 사용한다.
영양을 고루 흡수시키기 위해서 가볍게 두드린다. 마지막 단계에서는 체내에 남아 있는 여분의 피로 물질 및 노폐물을 완전히 제거하여 앞서 실시한 마사지의 효과를 증대시켜 준다. 또한 근육의 가벼운 긴장을 촉진시켜 상쾌한 기분이 생기도록 해 준다. 근육 위축과 지방 과잉 축적을 방지하고 신진대사를 촉진시켜 신경 조직 기능을 활성화하는 효과가 있다.

(5) 떨며 펴 바르기(흔들어주기, Vibration)

손바닥 및 다섯 손가락을 사용하여 가볍게 흔들어 주는 방법으로 마사지 시술의 마지막 단계에 주로 실시한다.
체내에 남아 있는 여분의 피로 물질 및 노폐물을 완전히 제거하여 앞서 실시한 마사지의 효과를 증대시켜 준다. 근육을 이완시키고 결체 조직 탄력을 증진시켜 림프와 혈액 순환을 촉진하는 효과가 있다.

매뉴얼테크닉 순서

① 손을 소독한다.

② 터번으로 머리카락을 감싼다.

③ 볼에 스파튤라를 이용하여 화장품을 덜어낸다(화장품에는 크림, 오일, 로션, 젤 타입 등이 있다).

④ 관리사의 손에 영양물질을 덜어 차가운 느낌을 없애고 고객의 관리부위에 도포한다.

⑤ 시작하는 도포 동작은 5가지 기법 중에서 쓸어서 펴 바르기 매뉴얼테크닉을 구사한다.

⑥ 피부 부위에 맞게 5가지 동작을 적절히 안배하여 테크닉을 한다.

⑦ 끝내는 동작으로 다시 한번 쓸어서 펴바르기를 하여 마무리한다.

⑧ 다음 단계로 티슈로 가볍게 닦아낸다.

⑨ 온습포를 이용하여 닦아낸다.

⑩ 토닉으로 정리한다.

⑪ 다음 단계를 위하여 주변 정리를 깨끗이 한다.

팩

얼굴 부위 피부에 적합한 팩과 마스크를 통하여 외부 공기를 차단시켜 노폐물을 제거하고 영양물질을 흡수시켜 주어 청결하고 위생적으로 마무리를 하는 능력이다.

(1) 바르는 순서

① 크림팩 기준

- 토닉으로 얼굴과 목 부위를 정리한다.
- 스파츌라를 이용하여 눈과 입술에 아이&립크림을 바른다.
- 붓으로 부위 순서에 맞게 펴 바른다(볼 → 턱 → 이마 → 코 → 목). 볼은 코를 중심으로 안쪽에서 귀와 관자놀이 방향으로 부드럽게 발라준다.
- 턱은 턱의 중앙에서 하악각 혹은 귀를 향해 바른다.
- 이마는 눈썹 위에서 헤어라인 방향으로 바르거나, 미간 중앙에서 헤어라인 방향으로 바른다.
- 코는 콧볼, 콧등에서 양 눈썹 사이까지 바른다.
- 팩 도포 후 아이패드를 올려놓는다.
- 15 ~ 20분 경과 후 팩을 제거한다.
- 일회용 해면에 흐르지 않을 정도의 물을 묻혀 도포된 팩을 전체적으로 눌러주거나 팩 붓을 이용해 도포된 팩 위에 흐르지 않은 정도의 물을 묻혀 팩 제거가 용이하도록 준비과정을 행한다.
- 팩을 화장 솜이나 1회용 퍼프로 닦아낸다.
- 냉습포로 마무리한다.
- 토닉으로 정리한다.

마무리(후 관리)

(1) 수행 순서

① 피부 유형에 맞는 화장품을 선택하여 다음 단계에 따라 바른다.

② 토닉으로 피부를 정리한다.

③ 에센스, 세럼, 엠플, 컨센트레이트 류의 화장품을 바른다.

④ 아이크림과 립크림을 바른다.

⑤ 기초 화장품을 선택한다.

⑥ 낮에는 데이크림을, 밤에는 나이트 크림을 바른다.

⑦ 자외선 차단제를 꼼꼼히 덧바른다.

⑧ 고객에게 마무리되었음을 알리고 고객 배드에서 일어나는 것을 돕는다.

⑨ 고객을 파우더룸으로 안내한다.

⑩ 마무리 후 주변 정리 정돈을 깨끗이 한다.

고객마무리 관리

피부관리를 마친 고객의 만족도를 상담한 후 지속적인 유지 관리를 시행하고 홈케어를 조언하는 단계이다.

(1) 관리 후 상담의 중요성

고객의 만족도는 관리의 지속여부와 관리효과에도 영향을 미친다. 고객의 표정과 행동, 태도 등에서 관리의 만족도를 파악할 수 있다.

(2) 상담 후 고객관리차트 작성의 중요성

- 관리 후 피부의 변화를 알 수 있다.
- 고객의 만족도를 알 수 있다.
- 고객의 관리 유지 여부를 알 수 있다.
- 고객의 예약을 돕고 관리의 스케줄을 정할 수 있다.

(3) 안전유의사항

- 편안하고 쾌적한 시설의 상담실 내에서 이루어지도록 한다.
- 고객에게 심리적 압박감을 주는 질문은 피하도록 한다.

(4) 수행 순서

① 고객을 상담실로 안내한다.

② 따뜻한 음료 등의 서비스를 제공한다.

③ 고객만족도 등의 상담을 고객관리카드에 작성한다.

④ 피부 관리 중 고객 불편사항, 만족도, 관리 후 피부 상태 변화에 대한 객관적 의견을 수집한다.

⑤ 추가적인 관리에 대해 제안한다.

⑥ 관리 후 상담 시 피부상태, 홈케어 방법 등의 조언을 한다.

⑦ 홈케어의 중요성에 대해 조언한다.

⑧ 제품 사용방법에 대해 조언한다.

⑨ 음식, 기호식품, 수면 등의 생활 습관을 조언한다.

⑩ 관리의 유지여부를 파악한다.

⑪ 고객의 스케줄을 확인하고 예약을 잡는다.

(5) 홈케어 조언하기

생활습관 · 식습관 · 수면 · 화장품 사용 등의 매일 이루어지는 홈케어가 함께 병행될 때 관리효과를 증진되고 더 오래 지속될 수 있으므로, 홈에서 이루어지는 자가관리의 중요성을 설명하고 홈케어가 잘 이루어질 때 건강하고 좋은 피부 상태를 지속시킬 수 있음을 인식시켜 준다. 고객에게 맞는 제품 선별, 추천한 제품에 대한 사용방법 설명, 잘못된 생활환경 및 습관에 대한 조언 등이 이루어지며 홈케어 진행과정을 정기적으로 확인할 수 있다.

5
피부미용에 활용되는 요법

스웨디시 마사지

스웨디시 마사지(Swedish Massage)는 스웨덴의 피터 헨릭 링(Pehr Henrik Ling, 1776~1839)에 의해 고안된 기법으로 근육을 부드럽게 여러 동작을 결합하여 시술하는 마사지를 말한다. 국내에는 1998년에 도입되었으며 신체의 연부 조직에 손을 이용하여 부드러운 중간 단계의 압력으로 피부의 혈액순환을 촉진시키고 피부상태를 건강하고 아름답게 유지시켜준다.

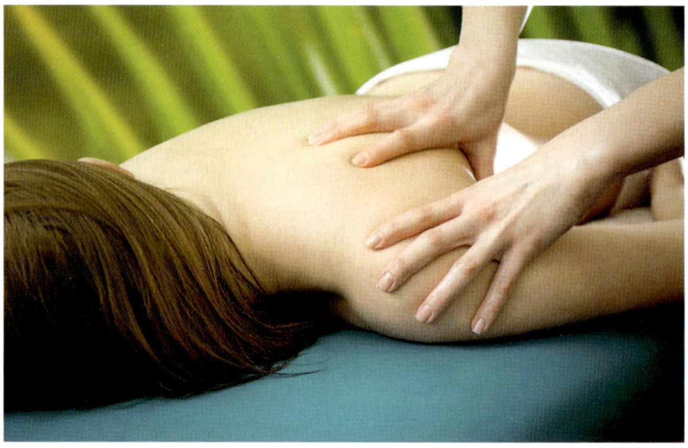

경락마사지

경락마사지(Meridian Massage)는 한의학의 경락개념과 서양의학의 수(手) 기술인 '마사지' 개념이 결합된 것으로 경락의 체표 반사점인 경혈을 자극하여 전신의 기혈(氣血) 순행을 조절하고 오장육부의 생리적 기능을 조절하며 자연치유력을 촉진하는 마사지 기법이다. 경락마사지는 손으로 사람의 체표에 분포하는 경혈을 눌러줌으로써 혈액과 내분비액을 순환시키고 근육이나 뼈, 신경 등의 기능을 왕성하게 하는 데 그 목적이 있다. 자율신경을 조절하고 내장기능을 원활하게 하여 피부미용은 물론 노화방지 및 인체의 자연치유능력을 증가시켜 준다.

아로마테라피

아로마테라피(Aromatherapy)는 '아로마(Aroma)'와 '요법(Therapy)'의 합성어로 향기 나는 식물인 허브(Herb)의 꽃, 열매, 잎, 줄기, 뿌리 등에서 추출한 휘발성 에센셜 오일(Essential Oil)의 에너지를 이용하여 몸과 마음을 건강하게 하고 자가면역을 증강시켜 주는 자연치유법을 의미한다.

6천년 역사의 이집트 향유요법, 희랍과 페르시아, 인도의 종교적인 향 사용 등은 로마제국과 유럽 전역으로 번졌으며 중세사회에서는 전염병이나 질병의 예방으로 사용되었고 르네상스 이후 정유에 대한 연구와 실험의 결과들이 기록되어 17세기 말에는 프랑스 그라스 지방을 중심으로 향 산업이 시작되었다. 20세기 초에 들어와서 현대적 개념의 아로마테라피가 탄생하게 되었다. 특히, 아로마요법의 약리작용은 프랑스 화학자 르네 모리스 가테포스 박사에 의해 향유의 치료적 화학성분과 분자가 규명되었다. 1950년대 마가렛 모리 여사에 의해 에센셜 오일을 희석, 마사지와 접목하여 아로마를 통한 피부미용의 방법을 개발하여 교육하였다.

림프 드레나지

림프 드레나지(Lymphatic Drainage)는 1930년대에 덴마크의 생물학자이며 물리치료사인 에밀 보더(Emil Vodder) 박사에 의해 개발된 마사지 치료법으로 인체의 림프선을 통한 노폐물의 이동을 통해 해독작용을 도와주는 요법을 말한다. 현재 우리나라에서는 림프마사지, 림프배액마사지, 림프배농 등의 여러 명칭으로 불리고 있다.

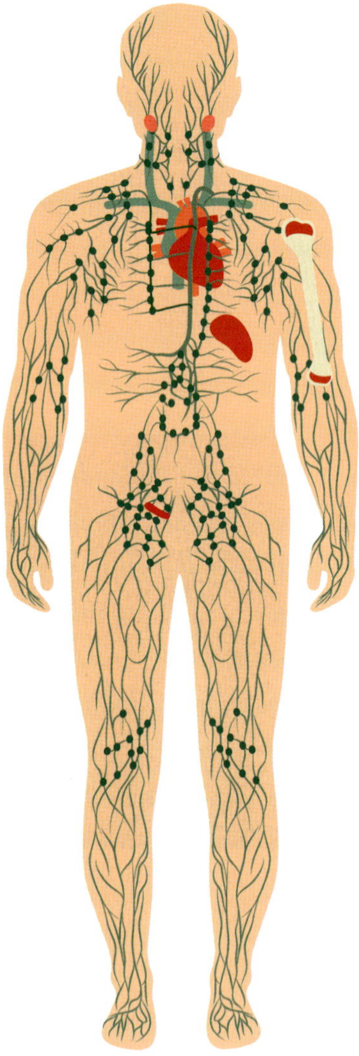

발반사요법

발반사요법(Reflexology)은 발에 있는 우리 몸의 반사부위(Reflex Zone)를 지압봉이나 손을 이용하여 자극해 혈액순환을 촉진하고 노폐물과 독소를 배출시켜 신체의 모든 부위의 정상적인 기능을 원활하게 해주는 요법을 말한다.

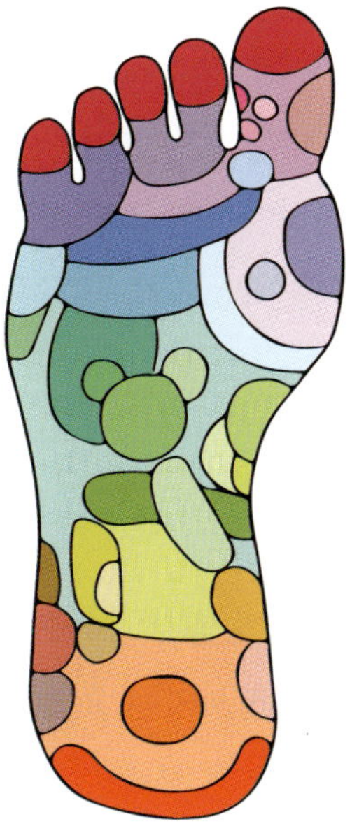

타이 마사지(Thai Massage)

고대식 마사지로 스트레칭과 딥 마사지가 어우러진 타이의 전통 마시지이다. 이러한 형태의 육체 운동은 보통 마루에서 시행되며, 고객들은 편안한 옷을 입는다. 타이 마사지는 오일은 사용하지 않는다.

하이드로테라피

하이드로테라피(Hydrotherapy)는 그리스어로 '물(Hydro)'과 '요법(Therapy)'의 합성어로 물, 얼음, 증기 등을 이용하여 저온 또는 고온으로 사람의 건강을 유지하거나 회복시켜주는 요법을 말한다. 최근에는 물을 이용한 하이드로테라피를 스파(Spa)라고 통칭해서 부르기도 하는데 이것은 하이드로테라피를 본격적으로 발전시킨 미국의 데이 스파(Day Spa)에서 비롯된 용어라고 할 수 있으며, 넓은 의미에서 본다면 하이드로테라피 안에 스파나 해양요법(Thalassotherapy) 등이 포함된다.
물의 여러 가지 형태와 방법을 사용하여 행해지는 하이드로테라피는 물리요법의 하나라 할 수 있는데 미용학에서는 각종 미용재료와 제품을 이용하여 신체의 내부와 외부에 물을 적용하는 해양요법, 목욕요법, 좌욕, 냉·온습포, 한증요법 등이 있다.

(1) 스파테라피(Spatherapy)

물의 온도, 부력 및 압력의 특성을 이용하여 혈액 순환을 촉진시켜 체내의 독소배출, 세포재생 등의 효과를 증진시키는 요법을 말한다.

(2) 탈라소테라피(Thalassotherapy)

'바다(Thalasso)'와 '요법(Therapia)'의 합성어로 1896년 프랑스에서 개발되었으며, 해양성 기후의 아름다움과 바다의 자연적 요소가 건강과 질병예방 및 자연치유력을 증진시키는 요법이다.

허브볼테라피

100% 천연재료로 만든 허브포와 황토볼로 온열효과, 원적외선의 피부세포 활성작용, 한방허브의 약성작용이 복합적으로 연계되어 피부에 직접 작용하며 마사지 오일과 함께 적극적으로 흡수되는 관리이다.

스톤테라피

스톤테라피(Stonetherapy)는 철, 마그네슘 등을 함유하고 열전도율이 높은 현무암을 데웠을 때 방출되는 열에너지가 인체에 깊숙이 전달되어 심신의 조화, 정화, 진정 효과를 부여하는 요법을 말한다. 스톤테라피는 신체에 심부열을 주어 혈액순환을 빠르게 하여 몸을 따뜻하게 하는 온열요법의 대표적인 관리방법으로 고대부터 민간요법으로 사용되었으며, 인간의 몸을 치료하면서 개발해 낸 전통요법이다.

아유르베다

아유르베다(Ayurveda)는 인도의 전통 의학을 기본 원리로 한 마사지 기법으로 삶을 의미하는 '아유(Ayur)'와 경전을 의미하는 '베다(Veda)'의 합성어로 어원적으로는 '생명 과학'을 의미하며 마음-몸 의학, 자연적인 삶 및 건강의 심오한 체계를 포함한다. 고대 아유르베다 학자였던 챠라카는 인간의 생명의 구성요소를 영혼, 정신, 감각, 몸으로 보았으며 아유르베다는 이 모든 측면을 다루는 것이다. 아유르베다의 핵심은 '균형'이다. 개인의 신체적, 정신적, 영적인 기운의 상호 균형이 깨졌거나 또는 개인과 자연환경의 균형이 깨졌을 때 질병이 생긴다는 것이다. 따라서 모든 질병 및 건강상의 문제는 신체의 근원적인 힘들의 불균형과 자연과의 부조화로 생긴다. 불균형, 부조화로 인해 나타나는 증상을 살펴보기 위해 맥박, 혀, 얼굴, 눈, 손톱, 입술, 그리고 몸의 아홉가지 문(눈, 귀, 콧구멍, 입, 생식기, 항문)을 면밀히 관찰한다.

컬러테라피

컬러테라피(Colortherapy)는 '컬러(Color)'와 '요법(Therapy)'의 합성어로 특정한 컬러가 가진 고유의 물리적 파동이 시각적 자극을 통해 중추신경계를 활성화시킴으로써 심리적 안정과 육체적 건강이 조화를 이루도록 신체를 관리하는 요법을 말한다. 컬러테라피를 활용한 요법에는 차크라 힐링(Chakra Healing), 보석테라피(Gemstone Therapy), 컬러미터(Color Mirrors), 플라워 테라피(Flower Therapy), 멀티테라피(Multi-Therapy), 미술치료(Art Therapy), 컬러진단 차트(Color Diagnositic Chart) 등 다양하게 활용된다. 이처럼 컬러의 전달을 통한 정신적, 정서적, 신체적 안정과 치유효과에 대한 과학적 근거가 마련되면서 의학, 한의학, 마케팅, 심리학, 상담학 분야에서도 폭넓게 응용되고 있다.

(1) 컬러의 기능 및 효과

① 빨강색

기운 상승, 우유부단함 극복, 인내의 의지, 에너지 생성, 흥분 등의 심리적 기능에 효과가 있다. 생리적으로는 고혈압, 동맥경화, 심장마비, 뇌졸중 등 혈액순환 문제에 도움, 전반적 기능 감퇴 치료에 효과가 있다.

② 주황색

분노, 신경쇠약, 상실감 치유, 쇼크 상태 예방, 우울증, 슬픔 등의 심리적 기능에 효과가 있다. 생리적으로는 기관지염, 간질, 골절, 복부 및 신장, 소화, 장 기능 회복에 효과가 있다.

③ 노랑색

근육 에너지 공급 개선, 부정적인 생각, 신경계 자극, 우울증, 학습능력 및 집중력 저하에 도움 등의 심리적 기능에 효과가 있다. 생리적으로는 소화계, 췌장, 명치, 간, 담낭, 비장, 위, 피부, 신경계와 관련, 몸속 노폐물과 독소 제거 기능에 효과가 있다.

④ 초록색

심리적, 신체 균형 회복, 심신의 평안, 정서적 안정능력, 흥분된 감정 진정 등의 심리적 기능 및 효과가 있다. 생리적으로는 두통 완화, 심장, 어깨와 가슴, 흉선, 정서 안정과 회복, 알레르기성 비염, 신경통, 초조감 등의 치유기능에 효과가 있다.

⑤ 파랑색

긴장완화, 공격성 약화, 신경계 안정, 진정, 평화와 안정감 등의 심리적 기능에 효과가 있다. 생리적으로는 갱년기 불안증, 두통, 편두통, 생리통, 요통, 류마티스 등 염증에 효과 등 치유기능에 효과가 있다.

⑥ 남색

고도의 집중력, 안전한 마취제, 영적 치유의 색상 등 심리적 기능에 효과가 있다. 진통제 역할, 박테리아, 오염된 공기, 물, 음식물에 의해 발생한 오염물질 정화 등 치유기능에 효과가 있다.

⑦ 보라색

모든 감정의 치료 색, 마음에 평화와 온화함, 신경증 치유 등 심리적 기능에 효과가 있다. 정수리, 뇌, 두피, 모든 근육의 긴장 완화, 머리와 관련된 모든 질병에 효과적이며 송과선을 활성화 시키는 등의 치유기능에 효과가 있다.

(2) 컬러테라피의 종류

① 멀티테라피(Multi-Therapy)

동양의 오행철학과 한의학에 그림, 음악, 운동 등 복합적 요소를 접목한 요법이다 1996년 장성철이 개발한 새로운 개념. 동양의 오행철학에 맞게 음악에는 오음을, 미술에는 오색을, 운동에는 오기에 해당하는 각각의 음율과 색채, 움직임을 접목하는 복합적 방식이다.

② 미술치료(Art Therapy)

미술활동을 통하여 내면세계를 돌아보아 감정의 이완과 스트레스를 완화시키고 자아성장을 촉진하는 요법이다. 컬러테라피 이론들 중에서 가장 포괄적이고 광범위하며 가장 대중적으로 알려져있다.

③ 보석테라피(Gemstone Therapy)

자신에게 필요한 컬러의 보석을 이용해 얼굴이나 손등에 올려두거나 문지르는 요법이다. 주로 '차크라 힐링'에서 각 차크라 위치에 해당 보석을 놓아 치료한다.

④ 색채컬러 테이핑(Color Taping)

환자의 건강상태와 심리적 상태에 필요한 컬러 위주로 옷이나 손등에 테이프를 붙여 컬러의 파장을 받도록 하는 요법이다.

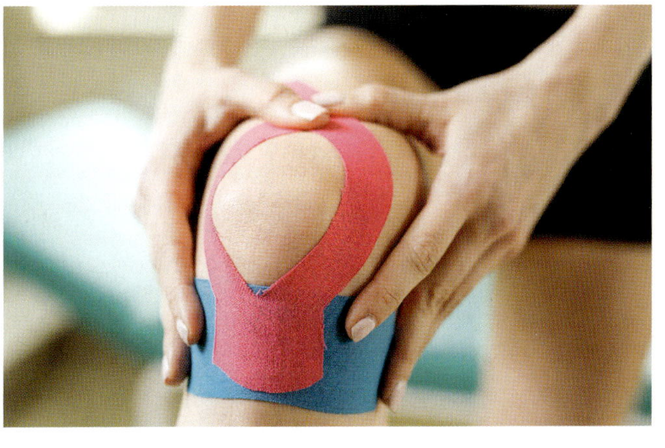

⑤ 차크라 힐링(Chakra Healing)

7가지의 색을 이용하여 차크라(Chakra)의 기능을 개선하고 균형을 잡는 요법이다. 차크라는 산스크리트어로 '바퀴', '중심'이라는 의미가 있으며, 자신의 건강상태와 심리상태를 반영함. 우리 몸의 기의 통로인 경락의 흐름을 관장하는 곳과 일치하는 7개의 차크라와 이곳의 컬러를 통하여 건강상태를 진단하고 치유한다.

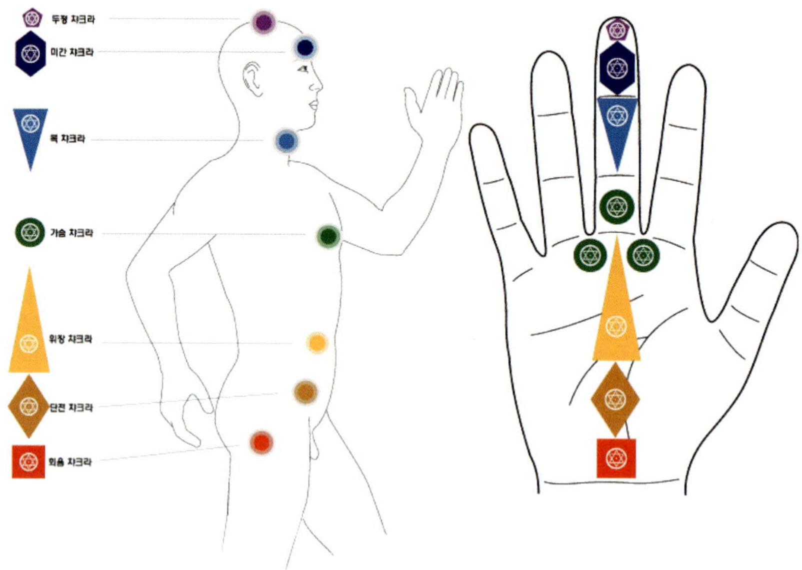

수지 챠크라 색채도

⑥ 컬러 다이어리(Color Diary)

매일매일 자신이 입은 옷이나 좋아하는 컬러, 싫어하는 컬러를 기록하여 필요한 컬러 에너지가 무엇인지 찾는 요법이다.

⑦ 컬러미러(Color Mirrors)

색이 들어 있는 허브 오일과 허브 에센스로 된 오일 병을 도구로 사용하는 요법. 필요한 컬러들을 직감적이고 즉흥적으로 선택하여 그것을 바탕으로 컬러상담, 컬러오일요법, 컬러명상 등을 중심으로 진행된다.

⑧ 컬러진단 차트(Color Diagnostic Chart)

서른 두개의 척추를 4등분하여 각 척추에 해당하는 8가지 컬러를 배분하는 방법. 환자는 배열된 척추에 따라 서명함으로써 자신의 증상을 찾아내고 그에 해당하는 컬러를 찾아 진단하고 치료에 이용하는 요법이다.

⑨ 플라워 테라피(Flower Therapy)

개인의 선호도에 맞는 꽃으로 신체적인 증상과 마음의 상처에 초점을 맞추어 진단하고 치료하는 요법. 같은 질병에 대한 개개인의 성향과 다양한 감정을 파악하여 치유하는 방법. 꽃을 감상하는 것뿐만 아니라 에센스의 향기를 맡거나 차로 마시고 다른 물질과 섞어 음용하기도 한다.

6
피부미용기기

피부관리기기의 종류와 특징

(1) 안면피부관리기기

① 전동브러시

- 프리마톨이라고 하며, 전동기의 회전 원리를 이용한 기기이다.
- 모공의 피지와 각질제거용 딥클렌징 기기이며, 또한 마사지효과가 있다.

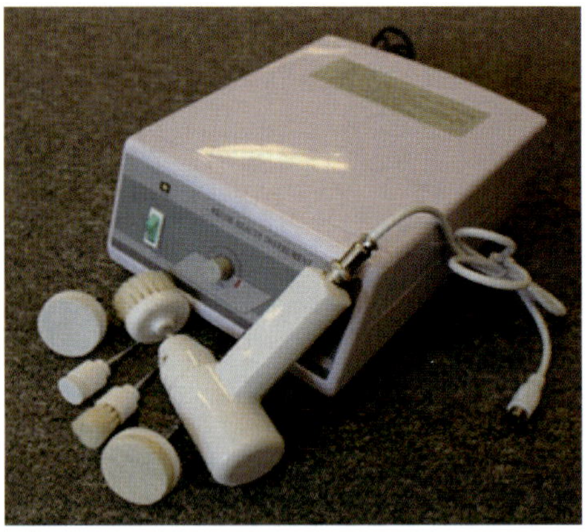

② 스티머(베이퍼라이저)

- 수증기를 이용하여 피부의 모공확장 및 각질을 연화하고 제거한다.
- 노폐물 배출, 혈액순환 및 신진대사를 촉진한다.
- 영양분의 침투효과, 효소 사용 시 효과를 극대화한다.
- 오존을 조사하는 스티머의 경우 스팀과 오존이 함께 방사되어 항균작용, 세포의 산소공급 효과가 증진된다.

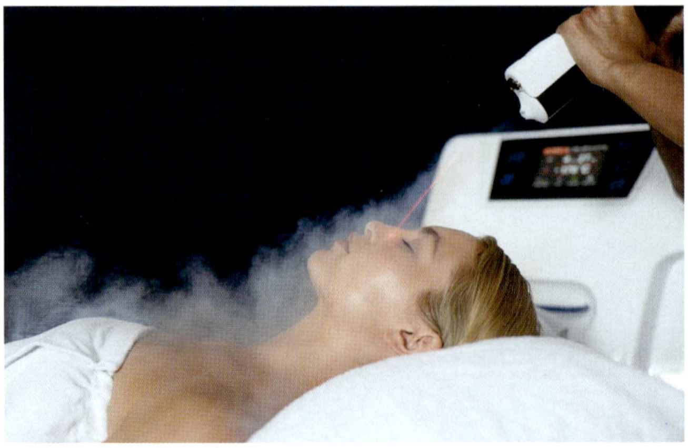

③ 갈바닉 기기

- 1mA의 미세한 직류전류를 이용한 피부관리기기이다.
- 전류의 +, -극을 이용한 디스인크러스테이션, 이온토프레시스법이 있다.
- 음극의 반응 : 알칼리반응, 세정작용, 신경자극 및 활성화, 피부조직이완, 혈관 · 모공 · 한선 확장의 효과가 있다.
- 양극의 반응 : 산성반응, 수렴효과, 신경안정 및 진정작용, 영양공급, 피부조직강화, 혈관 · 모공 · 한선 수축의 효과가 있다.

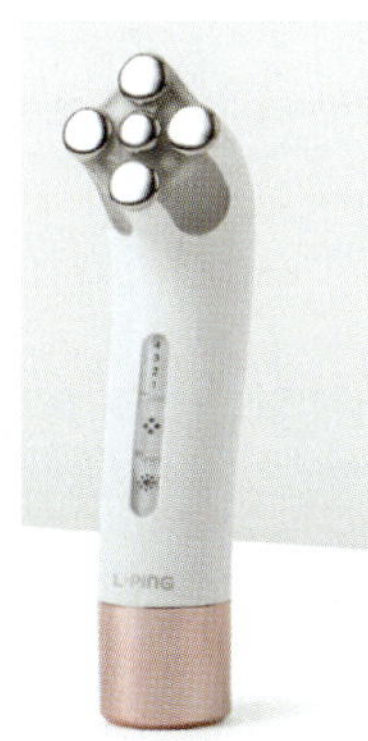

④ 진공흡입기(석션기)

- 공기압을 이용한 것으로 피부를 흡입하여 정체된 체액을 순환시키고 각질 및 피지, 노폐물을 제거한다.
- 피부의 탄력증진, 셀룰라이트 개선, 여드름 압출, 노화나 건성피부에 효과적이다.
- 안면과 신체 부위에 적절하게 사용이 가능하다.

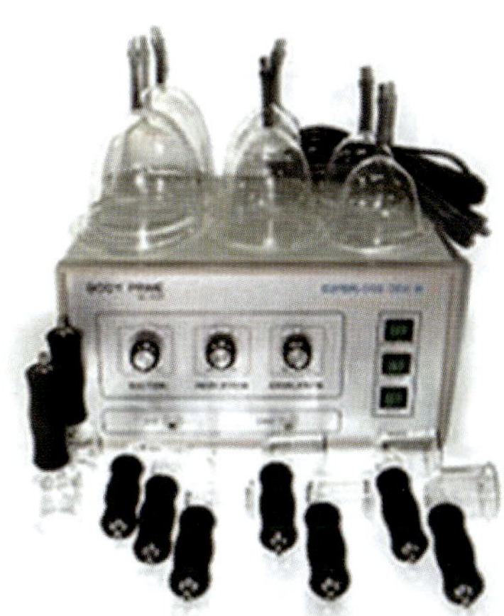

⑤ 리프팅기기

- 피부기능 활성화하고 혈액순환을 촉진한다.
- 피부 긴장감, 주름방지, 잔주름 예방에 효과적이다.
- 중주파와 저주파를 이용한 리프팅기로 핀셋형, 막대형, 롤러형, 고무장갑형 모양의 기구를 사용한다.
- 관리 전 금속류는 모두 제거하고 실시한다.
- 간질환자, 임산부, 심장질환자, 피부질환자 등에는 사용을 금한다.

⑥ 스프레이

- 피부의 수분 공급과 청량감을 제공한다.
- 피부의 산성막 생성 촉진과 클렌징 효과가 있다.

⑦ 냉온마사지기

- 피부온도의 변화를 주어 물질 흡수와 탄력증진에 사용한다.
- 메이크업 전이나 여드름 압출 후에 사용하면 효과적이다.
- 온도차에 의한 혈관과 근조직의 신진대사에 영향을 준다.

⑧ 광선기기

- 빛의 파장을 이용한 기기
- 눈으로 관찰 가능한 가시광선, 즉 색을 지니고 있는 빛을 이용하여 각각의 파장에 따라 나타나는 효과를 적절히 선택하여 피부미용 효과를 얻는 기기이다.
- 종류 : 컬러테리피, 크로마테라피, LED테라피 등이 있다.

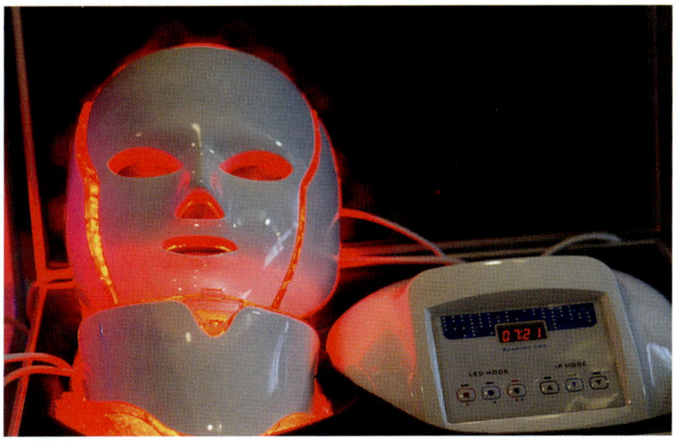

컬러에 따른 효과

색상	파장	효과
빨강	600 ~ 700nm	- 심장활동 및 혈액순환을 증진 - 노화 · 여드름피부 적용 및 셀룰라이트 및 지방분해에 효과적
주황	590 ~ 600nm	- 에너지와 기쁨을 주며, 신진대사의 활성화 - 예민한 피부나 알레르기성 피부에 적용
노랑	580 ~ 590nm	- 신경과 근육활동을 자극시키고, 진피층 기능의 활성화 - 소화기능을 도움, 노화 · 문제성 피부에 적용
초록	500 ~ 550nm	- 진정, 진통, 살균작용 - 대부분의 문제성 피부와 비만에 효과적
파랑	470 ~ 500nm	- 안정감과 평온을 나타냄 - 진통 및 최면효과 - 여드름 · 모세혈관 확장피부에 적용
보라	420 ~ 460nm	- 림프계에 영향을 주어 면역력과 관련. - 두통, 피부염, 건조한 피부, 셀룰라이트 분해 등에 이용

(2) 전신 기기

① 터모그래피(Thermography)

터모그래피는 피하지방의 상태와 부종, 지방, 셀룰라이트 등 신체의 온도를 여러 가지 색상으로 나타내는 방법으로 영상 자료로 측정할 수 있는 기기이다.

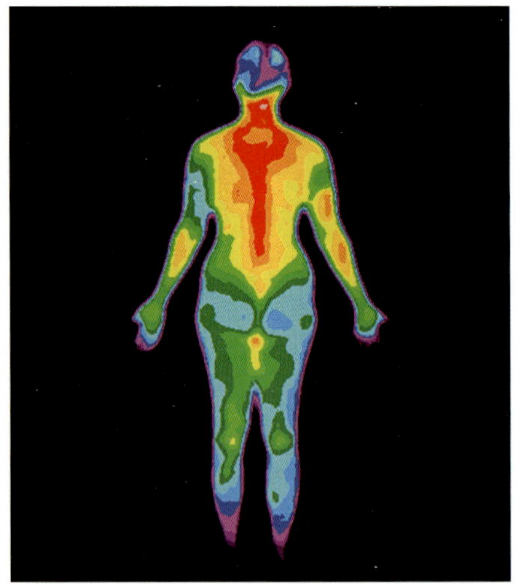

② 체지방 측정 기기 – 임피던스(생체전기저항법)

생체에 무해한 정도의 미약한 교류전류를 흘려보냈을 때의 인체의 전기 저항치를 측정하여 체지방률을 측정하는 기기이다.

③ 엔더몰로지(Endermologie)

기계적인 음압과 양압으로 피부에 물리적인 자극을 주어 혈류를 개선하고 신진대사를 촉진시켜 지방을 분해시키고 셀룰라이트 개선에 사용된다.

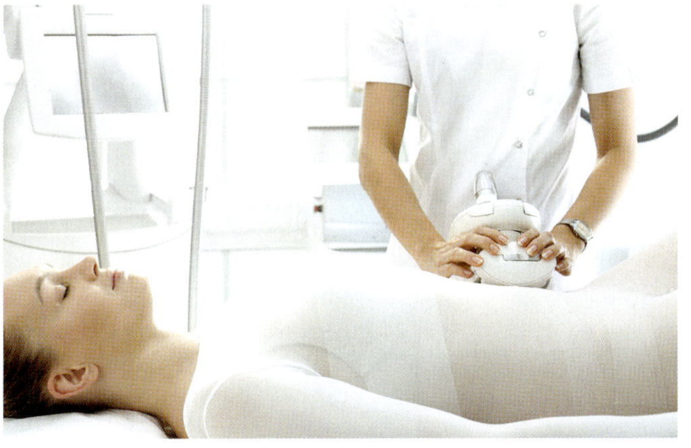

④ 에어프레셔(프레셔테라피기 : Pressure Therapy. 공기압박기기)

적당한 공기압력을 이용하여 혈액순환과 림프순환을 원활히 하는 '압박요법'을 행할 수 있는 기기이다. 원하는 부위에 공기압을 이용하여 강하게 조여주고 풀어주기를 반복하는 원리를 가진 기기이다. 혈액순환 및 림프순환 촉진하여 노폐물의 배출을 돕고 사용부위의 운동효과는 근육 통증 완화 및 지방분해를 도와 체형관리 및 슬리밍효과를 가져온다.

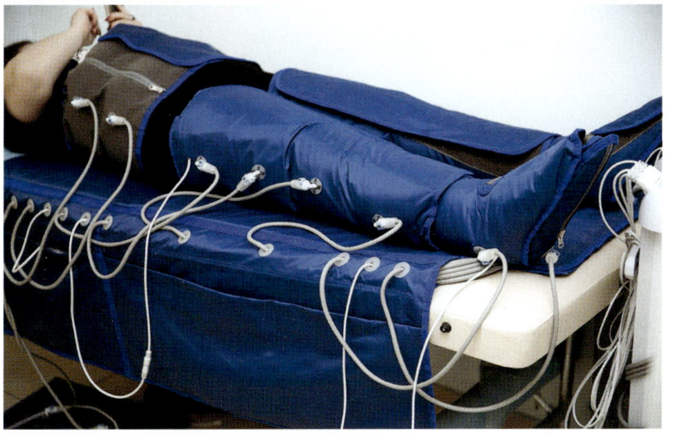

⑤ 바이브레이터(Vibrator, 진동 및 회전을 이용한 기기)

전자석이나 소형모터를 이용해서 진동을 주어 마사지를 하는 기구이다.

진동기(振動機) 또는 전기안마기라고도 한다. 전자석을 응용한 전자식(電磁式)은 전류를 1초 동안에 수십 번 또는 수백 번 단속(斷續)해서 코일에 흘려서 철심을 진동시킨다. 이 철심에는 여러 부속장치를 착탈(着脫)할 수 있게 되어 있으며, 이것에 의해 근육에 진동을 주어 혈액순환이 잘되게 한다.

소형 모터를 이용한 것은 모터의 회전을 코일스프링에 의해 분동축(分銅軸)에 전달하고, 무게중심이 한쪽으로 치우치게 장치된 분동이 회전하여 헤드 부분을 진동시키게 되어 있다. 이러한 기계적 진동을 안마에 응용하는 것이다. 전기안마기의 종류는 방바닥에 놓고 그 위에 몸을 기대는 정치식(定置式), 걸터앉는 의자식, 벨트에 몸을 기대어 사용하는 것 등이 있다. 각종 치료, 미용, 피로회복 등에 사용된다.

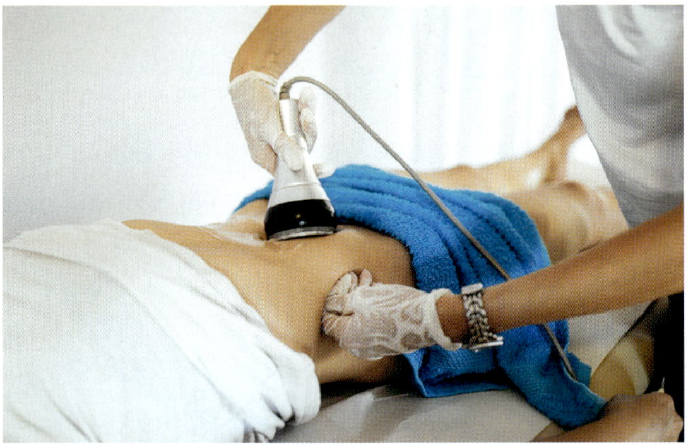

⑥ 스파(SPA)기기

물의 온도와 부력 및 압력효과를 이용하여 인체의 근조직을 자극하고 원활한 혈액순환과 스트레스 해소, 질병의 예방과 치료, 건강증진을 목적으로 물을 이용한 기기이다.

- 종류
  - 비시샤워(Vichy Shower)
  - 수압을 이용한 욕조
  - 아쿠아 침대

⑦ 발관리기기

- 족탕기(각탕기) : 발의 세정작용을 위해 주로 사용된다.
- 발 측정기기 : 발바닥에 무게중심점을 보고 신체균형이나 불균형상태를 과학적으로 읽을 수 있으며 발바닥에 생긴 굳은 살, 티눈, 발의 형태를 통해 보행의 문제점 등을 분석 및 판단하는 데 도움이 되는 발 측정기기이다.
  - 족저경(Foot Photo Scope), 족문기(Foot Print)
- 발관리 전동드릴기 : 굳은살을 갈아내거나, 발톱의 좋지 않은 부분을 제거하거나 발톱의 윤을 내게 하는 방법에 이용된다.
- 발관리 파라핀 : 고형의 파라핀에 열을 가해 액체 상태로 만드는 기기를 이용하여 피부에 직접 열을 가함으로써 모공을 열어 노폐물을 배출하고 영양성분의 침투력을 강화시킨다.

⑧ 고주파기

고주파 전류(HFC, High Frequency Current)란 100,000Hz 이상의 교류 전류를 말하는 것으로 인체 조직 통전 시 맥동 기간이 0.001ms 정도로 매우 짧기 때문에 감각 신경이나 운동 신경을 자극하지 않아 시술 시의 불편함이나 근수축 없이 신체조직 안의 특정 부위에 열을 가하는 주파를 말한다. 고주파 전류를 사용하는 열 치료를 '심부 투열 치료(Diathermy)'라 하며 생체조직에 전류가 흐르면 열 효과, 생리화학적 효과, 생리학적 효과가 나타난다.

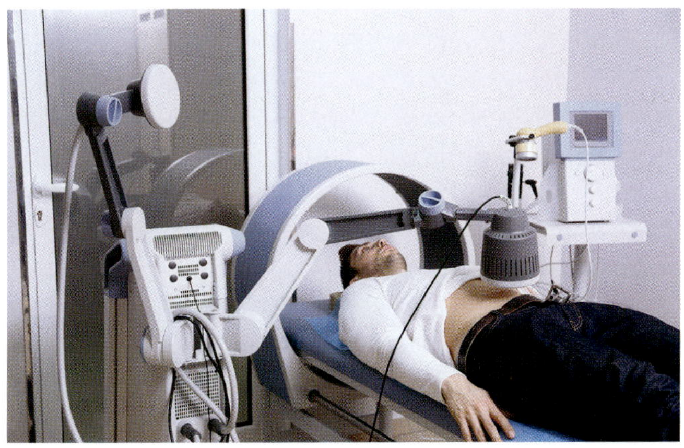

Part 03

메이크업과 네일아트

Introduction

CHAPTER

13 색채이론과 퍼스널컬러

1 색의 원리

빛(Light)

색은 빛의 소산이며 빛은 색을 지각하기 위한 것으로 빛이 지상의 모든 것에 비칠 때 일부는 흡수되어 열로 전환되고, 흡수되지 않고 반사된 빛의 일부는 눈에 닿아 밝기와 색을 느끼게 한다.0

빛 중에서 우리 눈으로 지각되는 범위(Visible light : 380nm ~ 78nm의 범위를 가진 전자파)의 것은 가시광선 780nm 이상(적외선과 오디오에 사용되는 전파), 380nm 이하(자외선, X선)이다.

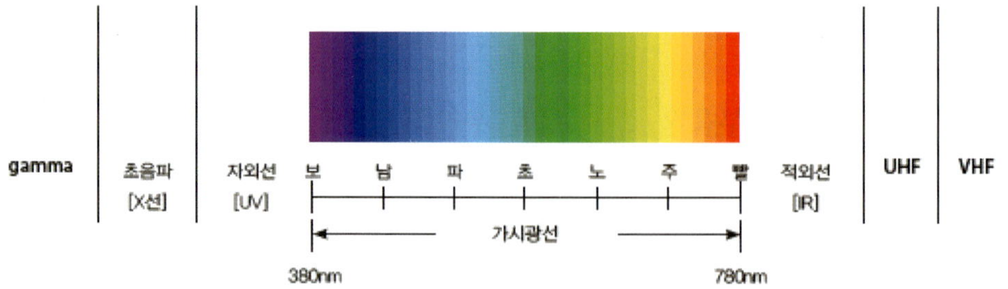

색과 색채

생활 속 눈에서 대뇌까지의 시각 전달계를 통해 지면의 물체를 인지하는 것을 전체 시지각(視知覺 : 파란 하늘, 노란색 나비, 붉은 사탕 등을 볼 수 있는 것)이다. 이는 물체의 반사광을 통하여 색을 확인하는데, 지각하는 색의 3속성인 색상, 명도, 채도에 대한 시지각을 색지각(Color Perception)이라 한다.

(1) 색

색이란 빛이 물체를 맞닿았을 때 생겨나는 반사, 흡수, 투과, 굴절, 분해 등의 과정을 통해 눈으로 닿으면서 생기는 물리적인 지각현상을 말한다. 즉, 전체 스펙트럼 중 특정 옥타브로 분류되는 복사에너지만을 사람의 눈으로 볼 수 있다. 이를 가시광선이라 한다.

- 색채지각의 3요소 : 빛(광원), 물체, 관찰자(사람의 눈)

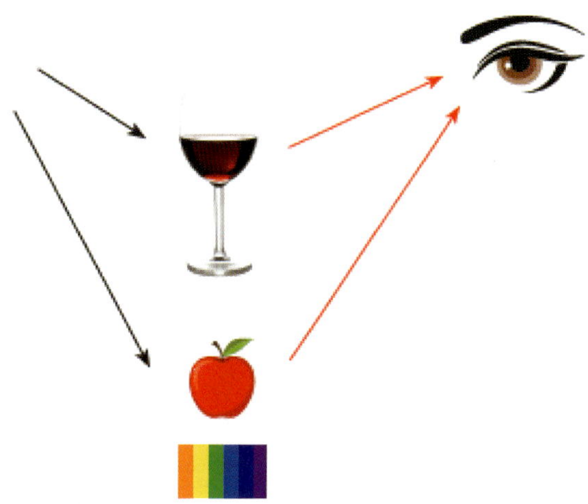

(2) 색채

물리적인 현상과 더불어 생리적이고 심리적인 현상에 의하여 성립되는 시감각이라 할 수 있다. 즉, 물체의 색이 눈의 망막에 의해 지각됨과 동시에 생겨나는 느낌이나 생각 경험 등을 말할 수 있다. 그러므로 색채는 디자인에 있어서 의미나 상징, 거리, 질감, 등의 원리를 느끼게 한다.

2

색의 분류와 3속성

색의 분류

물체에 닿은 빛이 모두 반사하여 보이는 색은 흰색, 모두 흡수되어 보이는 색은 검정색과 회색이며 이를 무채색이라 하고, 이 외에 색채를 느낄 수 있는 색을 유채색이라 한다. 무채색은 색으로 포함되지만, 색채의 개념에서는 제외되고 있으며 흔히 말하는 지각색은 유채색의 의미로 쓰인다.

(1) 무채색

흰색과 검정색, 그리고 그 사이에 들어가는 회색의 배열을 무채색이라 하며 채도가 없는 색을 의미하며 명도만을 가지고 있다.

반사율이 약 85%인 경우 흰색, 약 30%인 경우 회색, 약 3%인 경우 검정색으로 볼 수 있다.

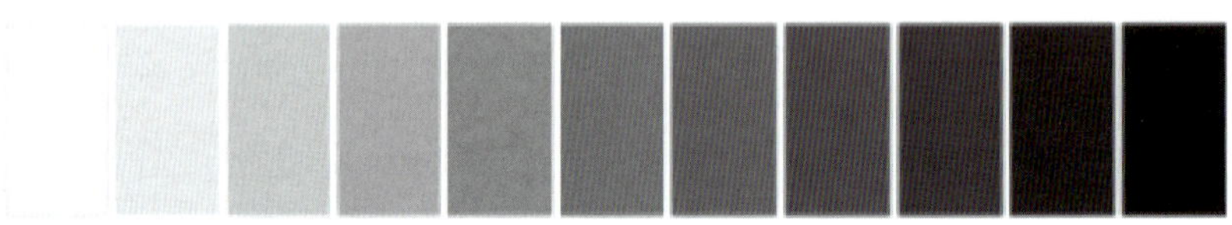

(2) 유채색

무채색을 제외한 모든 색상, 즉 빨강, 주황, 노랑, 녹색, 파랑, 보라 등의 색상이 존재하며 유채색은 색상, 명도, 채도의 3속성을 모두 가지고 있다.

색의 3속성

(1) 색상(Hue)

유채색은 색감의 성질을 달리하고 있으며 강한 세기의 스펙트럼 컬러를 말한다. 이들 색을 구분할 때는 색의 명칭이 필요하다. 색명으로 구분되는 전체 색은 감각으로 느끼며, 이를 색의 속성 또는 색상이라고 한다. 적, 황, 녹, 청, 보라와 같은 색의 계통을 나타내는 것으로 파장에 의해 결정된다. 색상의 변화를 고리모양으로 배열한 것을 색상환이라 한다. 먼셀이나 오스트발트 표색계에서는 색상별로 척도 표시가 되어 있다.

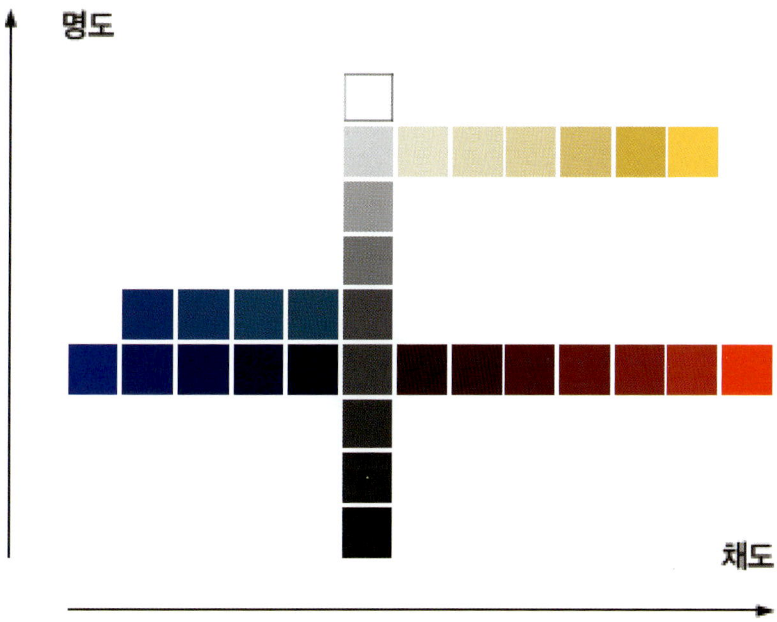

(2) 명도(Values, Shades)

무채색과 유채색의 같은 점은 밝고 어두움을 가지고 있다는 데 있다. 밝고 어둠의 정도를 표시하는 것이 명도이며, 검정색을 더해 어둡게 되는 색상들로서 흰색(White)과 검정(Black) 사이에 다양한 명도의 회색(Grey)이 단계를 균등하게 나누어 차례로 표시한 것이 명도 단계이다.
물체 표면은 반사율이 높고 낮음을 판정하는 척도로 밝기의 정도를 나타낸다. 명도가 높은 색은 밝으며 명도가 낮은 색은 어둡다.

(3) 채도(Chroma, Saturation)

색의 순도, 색의 선명도, 즉 색채의 연하고 진한 정도를 말한다. 동일한 색상 중에 선명한 색은 채도가 가장 높은 색으로서 순색(Pure Color)이라 하고 선명하지 않은 색은 채도가 낮은 것으로서 탁색(Dull Color)이라 한다.

3 색의 혼합

두 개 이상의 색광이나 색 필터 또는 안료 등을 서로 혼합하여 다른 색채가 보이는 것을 색의 혼합이라 한다. 색의 혼합은 가산 혼합, 감산혼합, 중간혼합으로 분류할 수 있다.

가산혼합

가산혼합이란 광의 혼합, 빛의 혼합을 가리키는 말로 삼원색은 'Red, Green, Blue'이다. 3색의 빛을 이용해 원하는 색상을 만들 수 있으며 여러 색상의 빛을 혼합할수록 밝아지는데, 이는 눈에 닿는 빛의 양이 혼합될수록 증가하기 때문에 명도가 높아지게 되는 것이다.

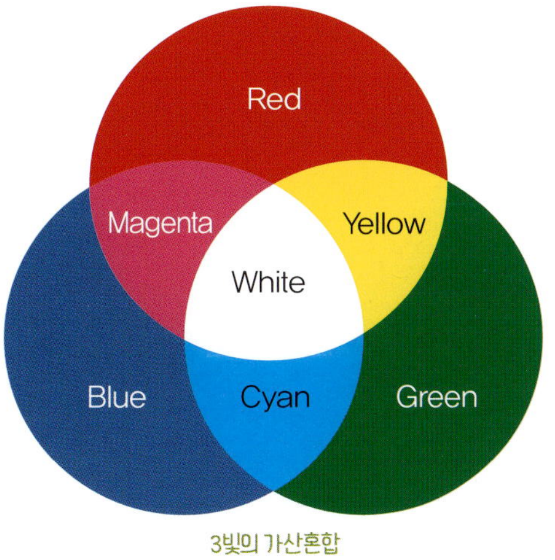

3빛의 가산혼합

빛의 혼합

- Red + Green = Yellow
- Red + Blue = Magenta
- Green + Blue = Cyan
- Blue + Green + Red = White

감산혼합

색료의 혼합이라고 하며 혼합색이 순색보다 탁도가 낮아지도록 색을 혼합하는 방법이다. 삼원색은 'Magenta, Cyan, Yellow'로 여러 강도로 섞으면 다양한 색상을 만들 수 있으며 세 가지 색을 모두 합치면 검정색이 된다.

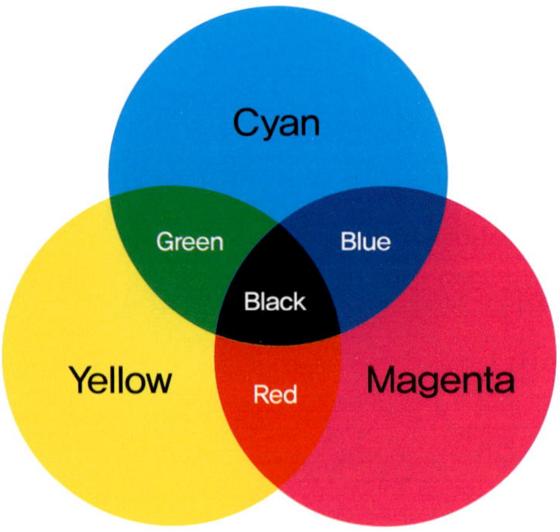

3색의 감산혼합

색의 혼합

- Magenta + Cyan = Blue
- Cyan + Yellow = Green
- Yellow + Magenta = Red
- Magenta + Cyan + Yellow = Black

중간혼합

눈의 망막에서 일어나는 착시 혼합으로 2가지 이상의 색을 색 수와 관계없이 혼합된 색의 명도가 혼합하는 색의 평균 명도가 되는 것을 말한다. 종류로는 병치 혼합과 회전 혼합이 있다.

(1) 병치혼합

다른 색을 인접하게 배치하고 본다는 뜻으로 조밀하게 병치되어 있어 혼색이 되어 보이는 경우를 말한다.
예컨대, 헤링본 패턴의 직물이나 프랑스 인상파 화가들의 점묘법을 응용한 병치혼합 방법을 사용한 것을 볼 수 있다.

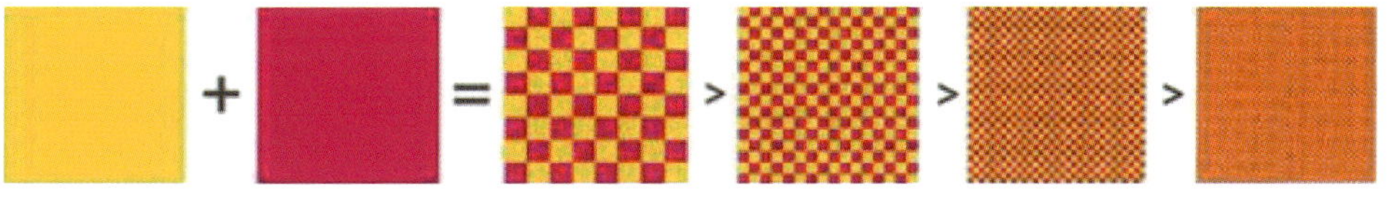

(2) 회전혼합

회전판에 두 가지 이상의 색을 칠하고 빠른 속도로 회전시키면 두 색이 혼합되어 하나의 다른 색으로 보이는 현상을 말한다.

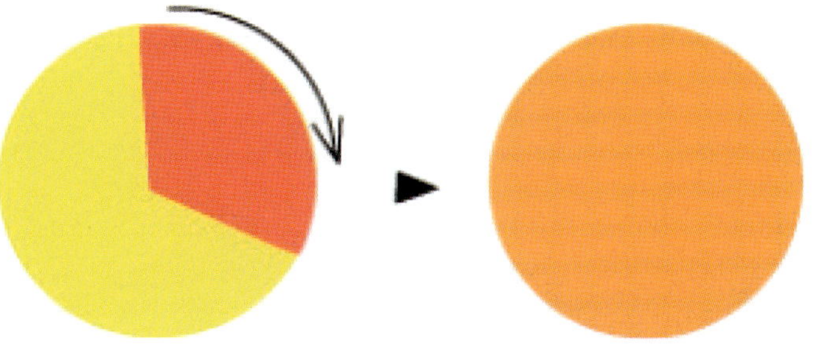

4 색의 대비

색은 주변색의 영향을 받아 실제와는 다른색으로 보이는 현상이 나타날 수 있다. 두 가지 이상의 색상을 배색했을 때 색의 속성인 색상, 명도, 채도가 기존과 다르게 보이는 현상을 색의 대비라 한다. 대비는 크게 계시 대비와 동시 대비로 나눌 수 있다.

계시 대비

연속 대비, 연속 대비라 하며 시간차를 두고 어떤 색을 잠시 본 후 다른색으로 눈을 옮겨 보았을 때 먼저 본 색의 잔상으로 색상이 다르게 보이는 것을 말한다. 빨간색을 10초간 본 후 노란색을 보면 잔상의 영향으로 녹색처럼 보인다.

동시 대비

동시 대비는 시간차 없이 두 가지 이상의 색상을 동시에 놓고 보았을 때 서로의 색상에 의한 영향으로 색상, 명도, 채도가 모두 다르게 보이는 현상을 말한다. 색을 동시에 봄으로써 색의 특성을 더욱 드러낸다.

(1) 색상 대비

근접하는 두 색상이 서로 대비되어 색상의 차이가 더 크게 나타나 보이는 현상으로 명도나 채도가 유사할수록 색상 대비는 확연하다.

(2) 명도 대비

두 색상이 대비되면서 고유의 명도보다 더 낮거나 더 높아 보이는 현상으로 대비되는 색의 명도 차이가 클수록 확연하다.

(3) 채도 대비

두 색상을 동시에 인접시켰을 때 채도의 변화가 나타나 보이는 현상으로 두 색의 채도가 상반될수록 채도 대비는 확연하다.

(4) 보색 대비

색의 대비 중 가장 강한 인상을 주는 대비로 두 색이 서로의 영향으로 인해 본래 색보다 채도가 높아지고 선명해지는 현상이다.

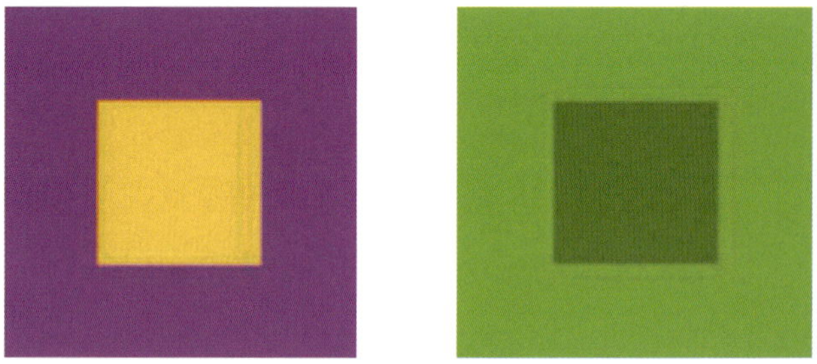

(5) 면적 대비

동일한 색이 차지하고 있는 면적에 따라 색이 다르게 보이는 현상을 말한다. 큰 면적이 채도가 높고 선명해 보이며 작은 면적이 명도와 채도가 낮아 보인다.

(6) 연변 대비

색과 색이 접하는 경계 부위에 색이 더욱 뚜렷하게 보이는 현상을 말한다. 명도별로 배열했을 때 잘 나타난다.

(7) 한난 대비

색의 온도감에 있어 따뜻한 색과 차가운 색이 대비 되었을 때 난색은 더욱 따뜻하고 한색은 더 차가워 보이게 하는 현상을 말한다.

5 색의 심리

빨간색(Red)

모든 색채 중에서 가장 강렬한 색감을 가지고 있는 색채이다. 빨간색은 밝을수록 경쾌함과 즐거움이 넘치는 기질을 나타내고 어두워질수록 차분해지고 깊은 뜻을 가진다. 또한 빨간색은 자극성이 강하고 정열, 자존감, 힘, 생동감, 밝음 등을 나타내며 의욕적이고 호기심을 일으키는 색이다.

주황(Orange)

오렌지색은 흥분의 색으로 주목성을 높이며 활력, 열정, 사교성 등을 나타내는 색이다. 가볍고 여성의 우아한 분위기를 자아내며, 식용을 일으키는 충동적이고 자제력을 쉽게 잃게 하는 색이어서 다이어트 시 피해야 하는 색이다.

노랑(Yellow)

모든 색채 중에 명도와 채도가 가장 높아 명시성이 높은 색이다. 황색은 명랑하고 밝고 신선하며 젊고 외향적이다. 온화, 기쁨의 색으로서 천국과 태양의 광채가 빛나는 왕국이나 지식을 상징하기도 한다.

초록색(Green)

초록색의 감정적 효과는 중성색으로서 모든 색 중에 가장 차분한 색이다. 싱싱함, 젊음, 활기, 신선함의 느낌인 초록색은 침착, 평온, 조화 등을 상징하기도 한다. 또한 풍요와 건강의 상징이기도 하다. 초록색은 건강과 고통을 완화해주고 인테리어로 쓰이면 피로감을 덜어 주어 휴게실, 공부방 등에 사용하면 좋다.

파란색(Blue)

파란색은 차갑고 청명하며 직관이 높은 정신력의 색상이다. 평화롭고 신뢰감을 주며 스트레스 해소 느낌을 준다. 보수주의, 권위와 위엄을 상징해서 지능적이며 의사결정을 직업으로 삼는 재판관, 경영자에 어울린다.

보라(Violet)

보라는 자외선과 인접한 파장으로 신비롭고 인상적이며 명상적인 사고를 나타낸다. 보라색을 좋아하는 사람은 신비함을 좋아하고 예술적인 재능이 있으며 상상력이 뛰어난 반면 현실에 대한 적응능력이 부족한 경향이 있다. 보라색은 장엄하고 화려하며 고상함으로 부와 권위를 상징하는 색이어서 왕족만 사용하는 색이기도 하였다.

검정(Black)

검정은 절대적, 도회적, 세련, 절망과 죽음, 우울함 등을 나타내는 색이다. 극도로 차분한 분위기를 나타낼 수 있어 정장, 종교인, 판사 등의 복장에서 볼 수 있다.

흰색(White)

흰색은 순수하고 깨끗하며 청초, 상쾌 밝음 등을 상징하는 색이면서 우아함, 순결, 결백, 진실 등을 상징하기도 하다. 부정적 이미지로는 경박, 긴장, 경계심 등이 있다.

6 퍼스널 컬러 (Personal Color)

퍼스널 컬러의 개념

개인은 타고날 때부터 고유의 신체 색을 가지고 있다. 피부와 머리카락, 눈동자 색은 사람마다 다른 색상을 가지고 있으며 고유색상과 대비해 자신의 장점을 부각시키는 가장 잘 어울리는 색을 찾는 것을 퍼스널 컬러라 한다. 개인마다 지니고 있는 고유의 색이 다르기 때문에 개인에게 어울리는 색이나 어울리지 않는 색을 구분하여 찾아낼 수 있다.

이를 위해 웜톤과 쿨톤의 베이스를 기초로 분석하여 4계절 컬러의 고유한 이미지 컬러와 매칭하는 과정을 말하며 현재 미국과 일본, 유럽 등 세계 각국에서 사용하고 있다. 봄, 여름, 가을, 겨울의 이미지에서 나타나는 색채를 이용해 개인의 어울리는 계절을 확인할 수 있다.

즉, 퍼스널 컬러는 개인의 얼굴, 체형, 이미지에 가장 적합한 컬러를 찾는 것으로 차별화된 분위기를 연출할 수 있는 토탈 패션코디네이션 과정이라 할 수 있다.

퍼스널 컬러의 역사

1919년 독일 요하네스 이텐(Johannes Itten)은 저서 『The art of color』에서 사람의 고유 신체색과 사계절 색상을 구분하여 '색채분석법'을 개발하였다.

1928년 미국에 로버트 도어(Robert Dorr)는 피부의 베이스 톤으로 차가운 느낌의 블루 베이스(blue base)와 따뜻한 느낌의 옐로우 베이스(Yellow Base)의 기본 원리를 확립하였다.

1940년대 이후 미국에 수잔 케이질(Suzanne Caygill)이 피부색, 눈동자색, 머리카락색 기반의 퍼스널 컬러시스템을 개발하면서 체계가 확립되었다.

1960년대 미국에서 컬러TV의 보급으로 대통령 선거에 앞서 후보들이 TV에 출연, 이미지 연출에 공을 들인 케네디가 당선됨에 따라 이미지 메이킹의 중요성이 알려지고 퍼스널 컬러에 대한 대중의 관심이 확대되었다.

1981년 캐롤 잭슨(Carole Jackson)은 저서 『Color me beautiful』에서 4계절 이론(Seasonal Color System) 확립하고 이를 패턴화하여 대중적으로 널리 알려졌다.

이후에도 많은 이론이 발표되면서 퍼스널 컬러리스트들이 주목을 받게 되었다.

퍼스널 컬러의 진단 목적

- 퍼스널 컬러 진단을 통해 자신의 외모와 어울리는 컬러를 찾아 얼굴색과 얼굴형을 보완하고 건강하고 젊은 이미지를 형성한다.
- 자신감을 향상으로 인해 적극적인 대인관계를 형성함으로써 심리적 만족감을 충족시킬 수 있다.

웜톤과 쿨톤의 이해

(1) 웜 톤(Warm Tone)

웜 톤은 옐로우와 같이 따뜻하고 차분한 느낌의 컬러로 베이스가 옐로우이다. 봄의 이미지는 웜 톤 컬러로 봄의 쾌활함과 상큼함의 대표되는 컬러로 노란색과 초록색이 강하게 나타난다. 가을의 이미지는 매혹적인 화려한 이미지로 풍성한 가을 들녘의 저녁노을 같은 구릿빛과 적갈색의 옐로우 베이스이다.

(2) 쿨 톤(Cool Tone)

쿨 톤은 푸른색과 같이 순수하고 시원한 느낌의 컬러로 베이스가 블루이다. 여름의 이미지는 쿨 톤 컬러로 파스텔 톤의 색이나 회색빛 도는 파란색이 강하게 나타난다. 겨울의 이미지는 파란하늘의 생동감과 회색빛 도는 아침의 투명성을 표현하는 블루 베이스이다.

웜 톤과 쿨 톤의 색상

퍼스널 컬러 진단 방법

(1) 드레이프(Drape) 천을 이용한 진단방법

- 화장하지 않은 맨얼굴 상태를 준비한다. 컬러렌즈를 착용하지 않도록 한다.
- 모발색에 영향을 받을 수 있으므로 두건으로 모발 색을 감싼다.
- 시술자는 모델 뒤에서 천을 잡고 거울을 같이 보며 확인한다.
- 웜톤과 쿨톤을 체크한 뒤 사계절을 체크한다.
- 자연광에서 측정해야 정확한 결과를 측정할 수 있다.

(2) 핸드테스트(Hand Teast) 툴을 이용한 진단방법

- 네일 컬러를 바르지 않은 맨손을 웜톤과 쿨톤 컬러 차트 위에 올려본다.
- 어떤 톤 위에 손이 위치했을 때 손의 색상이 더 화사해지는지 테스트한다.
- 4계절 컬러 차트 위에 손을 올려 어떤 색상에서 손이 생기가 있는지 확인한다.

컬러 진단에 따른 계절별 이미지

개인이 좋아하는 색상과 싫어하는 색상은 과거의 기억에 의존하는 경우가 많은데 이것은 과거의 유아시절의 경험이나 추억에 의해 결정되기 때문이다. 컬러 테라피가 필요한 현대사회에서는 컬러가 주는 이미지가 중요시되고 있는 실정이므로 컬러로 인해 각인되는 이미지를 만들어 내기 때문에 어떠한 컬러를 사용했느냐가 매우 중요하다.

좋아하는 컬러를 사용하게 되면 심리적으로 밝은 마음과 긍정적인 행동들로 인해 다른 사람에게 긍정의 에너지를 줄 수 있다.

(1) 봄

부드럽고 달콤한 유형으로 얼굴형은 원형을 띄며 신중하고 겸손한 성격으로 감수성이 풍부한 이미지이다. 봄 형의 사람들의 옷차림은 화려하고 부드러운 얇고 가벼운 소재의 옷과 주름 장식이 있거나 리본장식의 옷을 선호한다. 의상의 색상은 평온한 느낌이 나는 베이직 색이나 크림색, 아이보리, 바닐라등과 같은 연한색상이 잘 어울리며 액세서리로는 노란 황금색, 호박, 터키 옥, 황옥들의 보색을 좋아한다. 헤어스타일은 자연스럽고 부드러운 층진 헤어스타일에 6레벨 이상의 밝은 헤어컬러의 구릿빛이 도는 헤어컬러가 잘 어울린다.

(2) 여름

다정하고 민감하며 직사각형의 얼굴형과 여성스럽고 우아한 스타일로 유혹적인 매력을 발산한다. 이러한 유형은 자기관리를 소홀히 하지 않고 활동적이며 호감 가는 친절함을 가지고 있는 성격이다.

파스텔 톤의 컬러의 섬세한 조화와 에메랄드 초록색, 엷은 보라색, 파란색 들을 좋아하며 보석으로는 다이아몬드와 자수정을 좋아한다. 안경의 테는 금색 메탈, 은빛 유광의 메탈이 잘 어울리며 헤어스타일은 중간 길이로 웨이브를 살린 스타일을 선호하고 6레벨 이상 컬러의 밝은 크림색이 돋보인다.

(3) 가을

여유로움이 있는 정삼각형으로 낙천주의자이고 건강하며 항상 움직임이 있는 스타일로 넓은 공간을 선호하고 여러 가지의 컬러보다는 단색으로 명도와 채도를 변화시켜서 활용하는 컬러들을 좋아한다. 면제품과 같은 편안하고 자연스러운 천은 사용하여 여유 있고 딱딱하지 않은 스타일에 매력을 느낀다. 따뜻한 색조에 애착 있고 갈색 계통의 색, 초록과 노란색, 옥색을 추구하며 오렌지색과 빨간색을 첨가한 옷들이 잘 어울린다.

좋아하는 안경테는 베이지색이나 진한 밤색의 나무로 된 안경테를 선택하며 초콜릿색도 잘 어울린다. 풍성한 머릿결을 갖기 위하여 층을 내거나 웨이브를 주어 헤어스타일의 움직임을 부여한다. 모발의 컬러는 6레벨 이하의 구릿빛, 연한 모카와 마호가니 빛을 선호한다.

(4) 겨울

얼굴형은 사각형의 얼굴형으로 견고한 힘을 가지고 있는 형으로 중성적인 매력의 소유자이다. 확고한 개성과 끈기와 인내가 있는 유형으로 각진 의상으로 움직임을 최소화하는 스타일을 선호한다. 의상의 색상은 짙은 청색이나 연한 파란색과 다양한 무채색의 조화를 꾸민다.

보석은 백색이나 회색진주, 에메랄드, 사파이어가 잘 어울리며 안경테의 모양은 광택 없는 은색 테나 금색테, 하얀 테를 선호한다.

어울리는 헤어스타일은 중간 길이의 헤어스타일과 비대칭형의 아방가르드 한 디자인이 잘 어울리며 6레벨 이하의 밤색과 짙은 적갈색이 돋보인다.

14 CHAPTER 메이크업

1 메이크업의 정의

메이크업(Make Up)이란 '보완하다', '완성시키다'라는 뜻으로 얼굴이나 신체의 결점을 수정 · 보완하고 장점을 부각하여 더 아름답게 보이도록 꾸미는 모든 행위를 뜻한다.

우리나라는 메이크업이 '모양을 다듬거나 바꾸어 단장하다'라는 뜻의 화장(化粧)이라는 용어로 사용되었고 프랑스에서는 마뀌아쥬(Maquillage)라하여 분장용어로 쓰였으며, 프랑스어로 뜨왈렛(Toilette)은 화장실(Toilet)이라는 의미인데 1540년 영국에 전해지면서 메이크업을 포함한 전반적인 몸 전체를 단장하는 것을 뜻하는 의미로 사용되었다.

메이크업이라는 용어는 17세기 초 영국의 시인 리차드 크라슈(Richard Crashou)가 처음으로 사용했는데, 그는 '메이크업이란 여성의 매력을 최대한 높여주는 행위'라고 설명했다. 17세기 이전에는 세익스피어의 희곡에서 메이크업을 페인팅(Painting)이라 사용했는데 이 당시 얼굴에 칠하는 백납분에 색상과 향료를 혼합하여 만들어 사용했는데 이것을 페인트(Paint)라 불렀고, 이것을 얼굴 칠한다는 의미로 페인팅(Painting)이라고 하였다. 20세기 헐리우드 전성기 시대에는 메이크업 아티스트인 맥스팩터(Max Factor)가 메이크업이라는 용어를 대중화시켰다.

2

메이크업의 역사

한국 메이크업 역사

(1) 고대

한국인들은 외모 가꾸기에 소홀하지 않은 흔적은 단군 신화에서 비롯된다. 곰과 호랑이에게 백일동안 햇빛을 보지 말고 마늘과 쑥을 먹게 한 이야기는 마늘과 쑥은 미백 작용을 하고 잡티 제거와 피부병 예방 효과가 있는 것을 보아 백색 피부를 선호하였다는 것을 추측할 수 있다.

선사시대 부족국가 시절 낙랑 부족은 유물인 '채화칠협'을 보면 머리는 단정히 하고 앞머리를 뽑아 이마를 넓히고 눈썹을 굵게 강조한 모습을 볼 수 있다. 이외 읍루와 말갈인은 돼지기름으로 피부를 희고 부드럽게 했고 오줌으로 세수하여 미백 효과를 주었으며, 마한과 변진 부족은 신분을 표현하기 위해 문신이 성행한 것을 볼 수 있다.

채화칠협[1)]

(2) 삼국

① 고구려

고구려 시대에는 중국과의 교역이 활발하면서 화장 문화 또한 많은 영향을 받았다. 수산리 고분벽화 귀부인상을 보면 눈썹은 넓은 곡선형이며 볼과 입술을 연지로 단장한 것을 볼 수 있다.

수산리고분벽화[2)]

쌍용총 벽화[3)]

② 백제

중국 문헌에 의하면 백제인들은 '시분무주(施紛無朱)'라 하여 분은 바르되 연지는 바르지 않았다고 기록되어 있는 것을 보아 옅고 은은한 화장을 즐겼음을 알 수 있다.

또한 일본에 화장품 제조기술과 화장기술을 전파한 것으로 기록되고 있다.

③ 신라

영육일치(靈肉一致)사상으로 '아름다운 육체에 아름다운 정신이 깃든다'의 뜻을 가지고 남녀 모두 외모를 청결히 하고 아름답게 가꾸었으며 남자 또한 화려한 장신구를 착용하고 화장을 하였다. 이로 인해 화장술과 화장품이 발전하였고 백분이 제조되었으며 나무 재를 물에 섞어 눈썹을 그린 흔적을 발견할 수 있었다.

(3) 통일신라

문무왕대에 부녀의 복식제도를 당과 동일하게 하라는 왕명으로 당나라의 영향을 받아 복식뿐만 아니라 화려한 치장, 화장이 발달하였으며 화장품 제조기술이 발달하면서 짙은 화장이 유행했다.

(4) 고려

고려 시대에는 신라의 화장 문화가 전승되어 발전하였으며 그 결과 화장은 사치스러워 지고 색채가 더욱 짙어졌다. 여성들의 화장기법은 분대화장과 비분대(非粉黛) 화장으로 나뉘었다. 분대 화장이란 기생들이 하는 화장으로 분을 하얗게 바르고 눈썹을 가늘게 다듬어 또렷하게 그린 화장으로 야한 화장이라 한다. 비분대 화장이란 어염집 여성들이 기생으로 오해 받지 않기 위한 화장법으로 옅고 소박한 화장을 일컫는다.

「고려도경」에 보면 '고려 귀부인은 화장을 분을 바르되 연지는 하지 않고 눈썹은 넓게 그린다.' 라고 기록 되어 있다.

(5) 조선

유교사상으로 궁녀와 기생을 제외하고 어염집 여성들은 거의 화장을 하지 않았으며 청결을 중요시하였고 혼인, 외출, 연회 시 화장으로 세분화되었다.

이상적인 미인의 모습으로는 얼굴을 동그랗고 달걀형에 피부는 하얗고 눈썹은 초승달 모양으로 조그만한 콧망울, 앵두 같은 입술 등 조선시대 신윤복의 미인도를 보면 그때의 대표적인 미인의 형상을 볼 수 있다.

① 화장 명칭

- 담장 : 기초화장위주의 옅은 색조
- 농장 : 담장보다 짙은 상태의 멋내기 화장
- 염장 : 짙은 상태의 색채화장, 요염한 화장
- 응장 : 농장과 비슷한 혼례용 화장
- 분대 : 기생들이 하는 짙은 화장

팔도미인도[4]

미인도[5]

(6) 근 · 현대

강화도 조약 이후 우리나라에 신식 화장법과 화장품이 수입되기 시작하였고 화장은 이제 신분이나 특수한 계층의 전유물이 아닌 대량생산에 따라 대중들에게 널리 보급되었다.

1916년에 가내 수공업으로 제조되기 시작한 '박가 분(朴家粉)'은 품질을 개선하여 1922년 정식 제조 허가를 받았으며, 그 외 '구리무'라는 이름으로 크림이 등장하여 방물장수가 가가호호 방문하여 덜어 판매하였고 해방 이후 콜드크림, 바니싱크림, 포마드, 헤어 토닉 등 다양한 제품이 출시되었다.

박가분[6]

콜드크림광고[7]

서양 메이크업 역사

(1) 고대

① 이집트

B.C 3000년경 이집트에서는 고온다습한 기후와 강렬한 태양으로부터 신체를 보호하기 위해 연고를 제조하였고, 눈 주위를 검은색으로 칠해 햇빛으로부터 보호했으며, 곤충과 동물로부터 위험을 막기 위해 푸른 공작석에서 얻은 안료로 눈 화장을 하여 곤충이 접근하지 못하도록 하였다. 또한 식물성 염료인 헤나를 이용해 손바닥과 발바닥에 연한 장밋빛으로 물들이기도 하였고 남성은 갈색 피부, 여성은 흰 피부를 선호하였다. 메이크업이 절정을 이룬 시기는 클레오파트라에 의해 발달되었는데, 코올(Khol)로 눈썹은 검게 칠했고 청 녹색의 아이섀도우로 눈에 물고기모양을 그렸으며 이는 풍요와 다산을 상징했다.

이집트 시대 메이크업[8]

② 그리스 · 로마

그리스 시대에는 미용적인 측면보다는 의학적 측면에 관심이 높았으며 목욕문화가 발달되었고, 전체의 균형미와 조화미를 중시했다. 그리스 신화에서 메이크업을 하는 여인은 판도라처럼 자연의 섭리를 어기는 것으로 비난함으로써 여성의 메이크업이 금기시되었으며, 매춘부 같은 여성 중심으로 메이크업을 하였다. 아리스토파네시는 여러 가지 화장법을 기록 했는데 창녀들은 연백을 칠한 위에 볼연지와 입술연지를 하여 피부를 장밋빛으로 화장하였고 후기 점차 여성들이 외출이 허용되면서 하층계급을 중심으로 백연, 석고, 백묵을 사용한 메이크업이 유행하였다.

그리스 벽화[9)]

임상의학자인 가렌(Galen AD)은 피부의 수분증발을 막아주고 햇빛으로부터 피부를 보호하는 콜드크림을 제조하였으며, 히포크라테스는 피부병을 연구하여 마사지, 목욕 등이 피부를 건강하게 유지시켜 준다고 주장했다.

미노아 숙녀 벽화 프레스코 크노소스크레타, 그리스[10]

로마시대의 귀족 여인들은 얼굴을 희게 만들기 위해 납과 활석을 사용해 부작용이 많았으며 섬세한 눈썹을 만들기 위해 심혈을 기울였다.

파이윰미라초상화[11]

폼페이에서 발굴된 젊은여인초상화[12]

(2) 중세

① 비잔틴(5 ~ 10C)

중세 초기에는 기독교 금욕주의 영향으로 여성들의 화장을 하는 것은 자신의 얼굴을 가려 악마의 모습으로 간주되어 메이크업을 금기시하였다.

② 로마네스크(11 ~ 12C)

중기에는 십자군 전쟁 이후 의학과 과학의 발달로 화장품 문화가 발달하면서 점차 화장을 하였으며 당시 과도한 출산으로 인해 피부가 노화되어 이를 감추기 위해 메이크업을 하였다.

③ 고딕(13 ~ 14C)

상공업의 발달로 교회의 절대 권력이 붕괴되었으며 그리스나 로마처럼 창백한 피부, 넓은 이마, 기존에 눈썹을 새로 밀고 아치형의 가늘한 눈썹을 그렸고, 장밋빛 입술이 아름다운 미의 관점으로 자리 잡았다.

중세 여인[13)]

(3) 르네상스

르네상스 시대에는 자유성과 인간미가 가미된 전체적인 조화를 중요시했으며, 흰 피부를 선호해 정맥을 그리기도 했다. 또한 넓은 이마를 드러내는 것이 아름답다 하여 헤어라인을 깎아내고 눈썹을 밀었으며 도료를 발라 윤기 있어 보이도록 했다.

엘리자베스 여왕 1세[4)]

모나리자[5)]

(4) 바로크

바로크는 '일그러진 진주'라는 뜻으로 르네상스의 고전적인 조화과 균형을 벗어나 개인주의와 향락주의로 흐르면서 사치와 쾌락을 추구했다. 이 시대의 메이크업은 사교를 위한 필수 요건이며, 지나친 메이크업이 강한 도덕주의의 해방을 의미하기도 한다. 피부는 희게 표현했고 연지는 붉은색 계열과 장미색 등을 볼 전면에 넓게 칠했으며, 입술은 밝은 색조에 둥근 형태, 눈썹은 짙고 둥글게 표현했다. 또한 패치(Patch)라 하여 별, 달, 하트 등의 각 모양을 얼굴에 점처럼 붙이는 것으로 붙이는 위치나 모양에 따라 메시지를 전달했으며 얼굴에 흉터를 가리는 용도로도 사용되었다. .

귀족부인[16]

패치 붙인 소녀[17]

(5) 로코코

18세기에는 여성들이 화장에 대한 관심이 늘어났으며 분을 바르고 루즈를 바르는데 많은 시간을 보냈다. 납과 수은이 첨가되어있는 제품을 사용하는데 제한이 없었으며 프랑스의 왕비였던 마리 앙투아네트는 궁중에서의 헤어, 의복, 메이크업 치장하는 데 시간을 보내며 사치스러운 생활을 즐겼다. 이외 여성의 뺨의 약간 아랫부분을 붉게 칠해 상기된 느낌을 연출했으며 볼록한 뺨을 만들기 위해 플럼프라는 호두를 입에 물기도 했다.

마리앙투와네트[18)]

퐁파두르[19)]

(6) 근 · 현대

1909년 러시아 발레단이 파리 공연으로 인해 오리엔탈 분이 일어나 동양적인 느낌에 신비스럽고 강한 색조가 인기를 끌었다.

1910년 메이크업은 대중화가 되었으며 영화배우인 '테다바라(Theda Bara)와 '폴라 네그리(Pola Negri)가 눈 주위에 강한 음영을 주고 마스카라를 강조한 메이크업을 유행시켰다.

테다 바라[20]

폴라 네그리[21]

1920년대 영화산업이 본격적으로 발달하면서 이 시대를 대표하는 배우들의 영향력이 막강해졌다. '클라라 보우(Clara Bow)'는 창백한 얼굴, 크고 검게 음영을 준 게슴츠레한 눈, 빨간 앵두 입술로 성적 매력을 발산했으며, '글로리아 스완슨(Glolia Swanson)'는 아치형의 눈썹, 깨끗한 윤곽의 입술, 풍성한 속눈썹, 특히 입술 밑에 있는 애교점은 선풍적인 인기를 이끌었다.

클라라 보우[22]

글로리아 스완슨[23]

1930년대 세계 2차 대전으로 인한 경제침체 가운데 성숙된 여성미와 조화미가 강조되었으며 당시 그레타 가르보(Greta Garbo), 진 할로우(Jean Harlow) 등의 대표적인 스타가 있었다. 그레타 가르보는 눈썹을 가늘고 둥근 아치형으로 만들었고, 눈썹뼈엔 하이라이트로 강조했으며 섀도는 홀을 깊게 파 그윽한 눈매를 연출했다. 진 할로우는 매혹적인 이미지를 가지고 있으며 도톰한 입술을 강한 레드로 포인트를 주었다.

그레타 가르보[24)]

진 할로우[25)]

1940년대에는 전쟁중인 군인들의 영향을 받아 성적 매력 있는 이미지를 가진 여성들이 인기가 많았으며 대표적인 스타는 리타 헤어워드(Rita Hayworth), 존 크로포드(John Crawford) 등으로 두껍고 또렷한 곡선의 눈썹과 아웃커브진 입술은 관능적이면서 생동감을 표현했다.

리타 헤어워드[26)]

1950년대에는 TV가 보급되고 광고가 대중에게 영향을 주었으며 남성들에게 잘 보이기 위한 이미지 메이크업이 유행했다. 대표적인 배우로는 굵은 눈썹을 유행시킨 '오드리 햅번(Audrey Hepburn)'과 굵고 각진 진한 눈썹과 아이라인을 강조한 '소피아 로렌(Sophia Lauren)', 섹시한 이미지를 표현하는 '마릴린 먼로(Marilyn Monroe)'는 아이홀에 살구색과 브라운 톤으로 음영을 주어 입체감을 표현했고 입술은 아웃커브형, 입가의 애교점은 섹시한 이미지를 살리는 역할을 했다.

오드리 햅번[27)]

마릴린 먼로[28)]

1960년대 미용과 패션산업이 발달되면서 모델이 역할이 증가 되었으며 그중 트위기(Twiggy)가 등장하였다. 짧게 자른 머리와 커다란 눈, 강조된 속눈썹과 언더 부분의 인조 속눈썹, 자그만한 입과 화장 안 한 피부, 가짜 주근깨, 아트메이크업 등 새로움과 특이함이 그녀를 십대들의 우상으로 만들었다.

트위기[29)]

1970~80년대 복고풍과 펑크스타일이 유행하면서 메이크업은 다시 강한 색조가 사용되었으며 사회적 질서에 대한 저항의 의미를 메이크업으로 표현하고자 하였다.

펑크족[30)]

2000년대 이후 어떤 특정 스타일의 메이크업이 강조되기보다는 여러 가지 다양한 스타일에 메이크업이 공존하는 것을 볼 수 있다. 에콜로지의 영향을 받아 그린톤, 브라운 색상으로 메이크업을 했으며. 누드 메이크업, 내추럴 메이크업이 유행해 자연스럽고 투명함을 강조했다. 그 외 피부표현에 주를 이루는 물광, 윤광, 꿀광, 등의 메이크업이 나타났으며 그 외 다양한 컨셉과 이미지에 맞는 메이크업이 등장하기 시작했다.

3 메이크업의 기원

장식설

인간은 자신의 신체를 아름답게 가꾸고자 하는 욕망이 강하다. 따라서 원시 인류부터 자신의 신분, 용맹함 등을 나타내기 위해 몸에 문신이나 회화, 조각 형태로 남겼는데 이것이 자신의 개성을 나타내는 메이크업에 시초가 되었다.

보호설

인간은 자연환경으로부터 자신을 보호하려는 욕구를 가지고 있다. 벌레, 동물, 자연재해, 적으로부터 보호하기 위해 다양한 노력을 한 흔적을 발견할 수 있다. 이집트 시대 때는 태양과 곤충으로부터 눈을 보호하기 위해 짙은 검은색으로 칠했으며, 문신은 악마로부터 보고하기 위해 부적처럼 새겼다.

종교설

자신과 부족을 악마와 잡귀로부터의 물리치고 병으로부터 보호받기 위해 얼굴이나 신체에 다양한 안료나 진흙을 바르거나 향료를 뿌려 복을 비는 행위로 재단에 제를 올렸다. 이러한 근원에 대해 고대 여러 국가에서 발견된 유물, 유적에서 종교의식을 위한 메이크업을 진행했던 것을 발견할 수 있었다.

신분표시설

자신의 신분을 나타나기 위해 신체에 장식을 하여 소속집단을 표현하고 타 집단과 경계하며, 자신의 집단에 단합되고 충성심을 표현하였다.

본능설

인간은 이성적으로 잘 보이고 싶은 동물적 본능을 가지고 있고, 자신을 과시하고자 하는 과시욕이 있으며, 종족 보존의 본능적 욕구가 있다.

각 나라의 부족들[31)]

4

메이크업의 도구 및 사용방법

브러시

(1) 아이섀도 브러시

작고 둥근모양의 브러시로 눈에 자극을 주지 않으면서 섀도우를 펴 바르는 기능을 한다. 섀도 브러시는 베이스용, 메인용, 포인트용에 따라 크기가 다르다.

(2) 사선 브러시

얇고 납작한 형태의 사선모양의 브러시로 눈썹을 그리거나 정교한 작업 시 사용하는 브러시이다.

(3) 스크루 브러시

눈썹을 정리하거나 빗질할 때, 뭉친 마스카라를 빗질할 때 사용한다. 또한 색이 너무 진하게 나왔을 때 빗질하여 부드럽게 만든다.

(4) 아이브로 콤 브러시

눈썹을 빗질하고 모양을 잡아줄 때 사용하거나 섀도가 진할 시 반대쪽 솔로 빗질하여 수정한다.

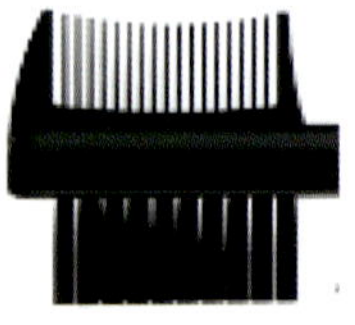

(5) 아이라이너 브러시

(6) 팁 브러시

브러시 끝이 스폰지 형태의 팁이 부착되어 있으며 펄을 밀착시킬 때, 하이라이트를 줄 때 사용한다.

(7) 립 브러시

립스틱이나 립글로즈를 바를 때 사용한다. 크기가 작아 뚜렷한 윤곽을 그릴 수 있다.

(8) 파우더 브러시

면적이 넓어 얼굴에 파우더를 묻혀 쓸어내리거나 쉐딩을 줄 때 사용한다. 모가 길고 부드럽다.

(9) 블러셔 브러시

볼이나 광대에 색감을 줄 때 사용하는 브러시이다. 털이 커팅된 모양이 볼과 광대를 감싸기에 좋다.

(10) 팬 브러시

부채꼴 형태로 섀도 가루나 먼지를 털어낼 때 사용한다.

(11) 파운데이션 브러시

리퀴드 제형의 파운데이션을 펴 바를 때 사용한다. 밀착력이 좋고 라텍스보다 제품을 덜 흡수하여 경제적이다. 단점으로는 결이 생길 수 있어 라텍스로 두드려 마무리한다.

라텍스

메이크업 베이스나 파운데이션을 고르게 펴 바를 때 사용하는 도구로 라텍스 형태에 따라 넓은 면적과 좁은 면적, 굴곡진 부분을 나누어 도포한다.

족집게

속눈썹을 뽑거나 인조속눈썹을 잡을 때 사용하는 도구로 사용 후 알코올을 이용해 소독한다.

뷰러

속눈썹을 바짝 올려주기 위해 사용하는 도구로 모근부터 여러 번 나누어 찝어 자연스러운 컬링을 연출한다.

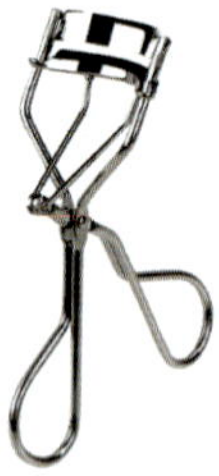

눈썹칼

눈썹을 털을 제거할 때 사용 하는 도구로 눈썹털이 난 반대방향으로 밀어 제거한다. 사용 후 반드시 소독한다.

눈썹가위

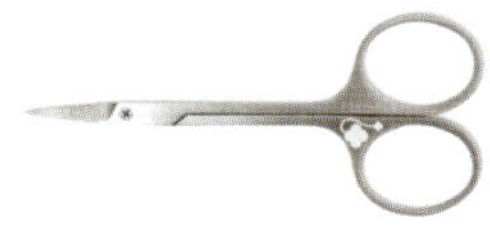

눈썹의 길이, 잔털을 제거할 때 사용하거나 숱을 정리할 때 사용한다. 또한 인조속눈썹의 길이를 자를 때 사용하기도 한다.

스파츌라와 파레트

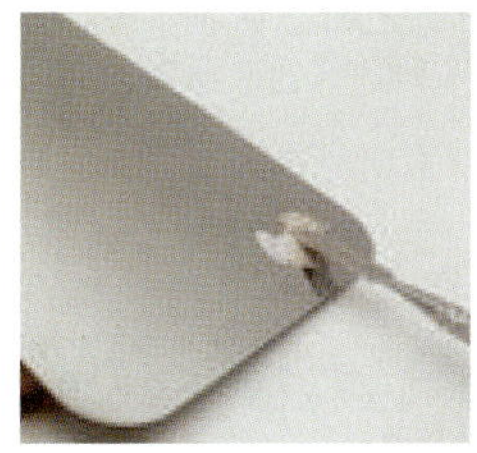

파운데이션이나메이크업 베이스, 메이크업 제품 등을 덜어내어 사용할 때 쓴다. 사용 후 반드시 소독하여 보관한다.

퍼프

파우더 가루를 묻혀 얼굴에 도포하거나 포인트 메이크업 시 얼굴에 손이 닿지 않게 위해 새끼손가락에 끼고 메이크업을 할 때 사용한다.

면봉

메이크업 시술 시 부분 수정할 때, 지울 때 사용한다.

5 메이크업 제품 및 사용방법

메이크업 베이스(Make Up Base)

메이크업 베이스는 기초 화장 후 메이크업 전 단계에 바르는 제품으로 피부를 색조 화장품으로부터 보호하는 역할을 하며, 파운데이션이 피부에 밀착되어 지속력이 높아지도록 도와준다. 또한, 피부의 톤을 보정하며, 자외선으로부터 피부를 보호하는 역할을 한다.

메이크업 베이스의 색상 종류에 따른 특징

색상	특징
흰색	피부는 한톤 밝게 해주며 깨끗하고 맑은 피부를 표현할 때 사용한다.
녹색	붉은기가 있는 모세혈관 확장 피부나 잡티가 있는 피부에 사용한다.
보라	노란빛을 띠는 피부에 사용한다.
블루	기미, 주근깨, 잡티가 많은 피부에 사용한다.
오렌지	햇빛에 태닝 된 피부에 사용한다.
펄	피부에 윤기와 광채를 주기 위해 사용한다.

프라이머(Primer)

실리콘 오일이나 실리콘 유도체 성분을 함유하고 있어 피부에 얇은 막을 형성한다. 따라서 피부의 모공과 잔주름을 채워 매끄러운 피부를 표현하며, 모공을 막아 과도한 피지분비를 막아주어 메이크업이 오랜 시간 유지 될 수 있도록 도와준다.

프라이머의 기능에 따른 종류

기능	특징
모공전용	지성피부나 요철이 많고 모공이 넓은 피부에 사용하며 모공을 채우듯이 발라 커버한다.
펄	피부에 광을 표현하거나 화사한 피부를 연출 할 때 사용한다.
수분	중·건성타입 피부에 사용하며 촉촉함과 쿨링감을 준다.
아이전용	눈 주위에 잔주름을 커버하고 새도우의 지속력을 높여준다.

컨실러(Concealer)

피부의 결점을 커버하기 위해 사용하는 제품으로 눈 밑의 다크 서클이나 기미, 주근깨, 여드름, 흉터 등을 커버한다. 커버 부위에 따라 다크 서클 같은 푸른색이 도는 곳을 오렌지톤, 여드름 흉터나 기미 주근깨는 피부 톤 보다 한톤 어둡에 커버하는 것이 좋다.

컨실러 제형에 따른 종류

제형	특징
리퀴드	가벼운 타입으로 수분함량이 많아 자연스러운 커버 시 적합하다.
크림	리퀴드 타입보다 커버력이 좋으며 유분 함량이 많다.
스틱	커버력이 우수하고 사용하기 편리해 무대 메이크업 시 주로 사용된다.
펜슬	점과 같이 결점 부위가 작고 집중적으로 커버할 때 사용한다.

파운데이션(Foundation)

피부 톤을 정리하고 얼굴 윤곽을 수정해 입체감을 주며 결점을 커버하는 제품으로 베이스 컬러(Base Color)는 피부 톤과 가까운 색을 선택하여 바르고, 하이라이트 컬러(Hightlight Color)는 피부 톤보다 1~2톤 밝은색, 섀딩컬러(Shading Color)는 피부 톤보다 1~2톤 어두운 색을 발라 얼굴의 입체감을 표현한다. 또한, 자외선, 외부 미세먼지, 자극으로부터 피부를 보호하는 역할을 한다.

파운데이션 제형에 따른 종류

기능	특징
리퀴드	일반적으로 많이 사용하는 파운데이션으로 수분함량이 높아 가볍게 도포되며 자연스러운 피부 연출 시 사용된다. 피부 결점이나 잡티는 커버되지 않는 단점이 있다.
크림	유분 함량이 많은 제품으로 커버력이 높고 건성피부에 적합하다.
스틱	파운데이션을 고체화한 형태로 다른 제품에 비해 커버력이 가장 우수하며 습기가 있는 스폰지로 블랜딩하여 사용한다. 단점으로는 두껍게 발려 답답함이 있고 주름부위에 뭉치는 현상이 있다.
팬케익	맥스팩터가 개발한 제품으로 스폰지에 물을 적셔 사용하며 커버력이 높고 매트하게 마무리 된다.
파우더	트윈케이크라고 하며 파운데이션과 파우더가 혼합된 형태로 크림 감촉을 싫어하는 여성들을 위해 고안되었다.

페이스 파우더(Face Powder)

메이크업 마무리 단계에서 유분기를 제거해 지속성을 높여주는 역할을 한다. 또한 포인트 메이크업 시 색상의 발색이 잘되도록 하며 자연스러운 피부를 표현한다.

파우더는 탈크 성분으로 된 백색의 무기안료에 유기 안료를 배합하고 향료를 첨가하여 혼합한 제품으로 루즈 파우더(Loose Powder)라 한다.

파우더 종류

종류	특징
투명 파우더	색조를 변화시키지 않으며 피부색을 자연스럽게 마무리한다.
콤펙트 파우더	고압으로 용기에 압축시켜놓은 형태로 가루가 날리지 않아 외출 시 사용하기 간편하다.
펄 파우더	펄이 섞여 글로시한 메이크업이나 화려한 메이크업 시 사용한다.
브론즈 파우더	피부톤보다 어두운 색을 띠어 태닝한 피부에 사용 시 적합하다.
피니시 파우더	메이크업 마무리 시 사용하며 얇은 입자의 펄이 함유되어 있어 화사함을 준다.

아이브로 (Eyebrow)

눈썹의 형태를 그리는 제품으로 얼굴형이나 눈매를 보완하여 인상을 결정짓는 중요한 역할을 한다. 색상에 따라 검정색은 강한 이미지를 주고, 회색은 차분하고 자연스러움을 연출하며, 갈색은 세련되고 부드러운 이미지를 부여한다.

아이브로 의 종류

종류	특징
펜슬	형태를 그리기 쉬우며 휴대성이 좋고 사용이 간편하다.
붓펜	한올 한올 눈썹 결을 표현하며 지속력이 좋다.
섀도	빈곳을 채워주며 전체적인 눈썹 색상을 변경할 때 사용한다.
마스카라	눈썹 결을 정돈하며 눈썹을 색상을 바꾸어 준다.

아이섀도(Eye Shadow)

눈에 색상과 음영감을 주어 입체감을 준다. 다양한 색상으로 여러 가지 분위기를 연출하며 눈매를 수정 · 보완한다.

아이섀도의 종류

종류	특징
펜슬	손쉽게 그려 표현하며 발색이 우수하고 휴대하기 간편하다. 유분기가 있어 뭉친다는 단점이 있다.
크림	유분이 함유된 제형으로 발림성이 부드럽고 잘 펴지며 장시간 메이크업 시 사용한다.
파우더	가루 제형으로 유분기를 잡아줄 때 사용하며 사용감이 가벼우나 가루날림이 심하다.
케이크	일반적으로 가장 많이 사용하는 제형으로 밀착력과 발색력이 우수하며 휴대하기 간편하다.

아이라이너(Eye Liner)

눈의 형태를 뚜렷하고 선명하게 보이게 하며 눈 모양을 수정 · 보완하여 원하는 이미지의 눈매를 연출 할 수 있다.

아이라이너 종류

종류	특징
펜슬	부드럽고 크리미한 질감으로 자연스러운 라인을 연출한다.
붓펜	샤프하면서 깔끔한 선을 그릴 수 있으며 잘 번지지 않는다.
리퀴드	고무 성분이 함유되어 있어 빠르게 건조되며 건조 후 번짐이 없다.
젤	펜슬보다는 또렷하고 붓펜보다는 자연스럽게 연출한다.

마스카라(Mascara)

속눈썹을 짙고 숱이 많아 보이도록 연출 하며 길이를 길어보이게 만들기 위해 사용한다.

마스카라 종류

종류	특징
볼륨	속눈썹을 풍성하게 연출할 때 사용하며 솔이 두꺼워 속눈썹 사이사이를 촘촘하게 채워준다. 잘못 사용할 경우 잘 뭉친다는 단점을 가지고 있다.
컬링	자연스럽게 속눈썹을 위로 올려주는 역할을 한다. 속눈썹의 숱이 적을 경우 단점을 부각시킬 수 있다.
롱래쉬	섬유질이 함유되어 있어 속눈썹의 길이를 길게 만들어 준다. 너무 많이 사용 시 무거워져 컬링감이 떨어질 수 있으며 섬유질이 떨어져 눈 밑이 지저분해질 수 있다.
워터푸르프	땀이나 물에 잘 지워지지 않는 타입으로 여름철 수영 시 또는 잘 번지는 사람이 사용하면 효과적이다.
투명	속눈썹을 자연스럽게 컬링해주는 효과를 준다.

립 메이크업(Lip Make Up)

입술에 색감을 주고 입술 모양을 수정 · 보완하여 입체감 있고 생기 있는 입술을 연출 한다. 또한 입술은 피지선이 분포되어 있지 않아 쉽게 건조되므로 입술을 보호하는 기능을 한다.

립 종류

종류	특징
립스틱	가장 많이 사용되는 제품으로 발색이 좋고 색상이 다양하며 크게 매트타입과 촉촉한 타입으로 나뉜다.
립크림	바세린 성분이 함유되어 있어 립 케어용으로 많이 사용한다.
립라이너	입술의 윤곽을 뚜렷하게 표현할 때 사용하며 립 라이너 이용 시 립스틱이 번지지 않는다.
립글로즈	유리알 같은 광택과 자연스러운 컬러를 표현하며 보습감이 있다.
틴트	입술에 물들이듯이 스며드는 것이 특징으로 수채화처럼 투명한 표현이 가능하고 지속력이 높다.

립 색상별 이미지

종류	특징
레드(Red)	정열적이고 강렬하며 매혹적이고 세련된 이미지를 준다.
핑크(Pink)	귀엽고 청초하며 여성적인 이미지를 준다.
오렌지(Orange)	검은피부에 잘 어울리며 건강하고 발랄한 이미지를 준다.
브라운(Brwon)	차분하고 점잖으며 자연스럽고 강직한 이미지를 준다.
퍼플(Purple)	우아하고 화려하며 품위 있는 이미지를 준다.

블러셔(Blusher)

얼굴에 혈색을 주어 건강하고 생동감을 표현하며 건강미를 돋보이게 한다. 또한 블러셔의 위치와 형태에 따라 얼굴형을 보완하고 다양한 이미지를 부여한다.

블러셔의 종류

종류	특징
케익	가루를 밀착시킨 형태로 양 조절과 그라데이션이 용이하며 발색력과 휴대하기 편리하다.
크림	발색력과 밀착력이 우수하며 촉촉한 피부 연출 시 사용한다. 퍼프나 손을 이용해 그라데이션 한다.
파우더	가루 타입으로 브러시를 이용해 자연스럽게 연출 가능하나 가루날림이 있어 휴대하기 어렵다.
틴트	물 같은 액체 타입으로 물들 듯이 발색되는 것이 특징으로 금방 스며들기 때문에 한번 발색 후 수정이 어려우며 그라데이션이 힘들다.

6 포인트 메이크업

눈썹(Eyebrow)

(1) 이상적인 눈썹 그리기

콧볼에서 일직선으로 올라온 부분에 눈썹 앞머리가 시작되며 콧볼에서 45° 기울인 지점에서 눈썹 끝점을 잡고 그려준다.

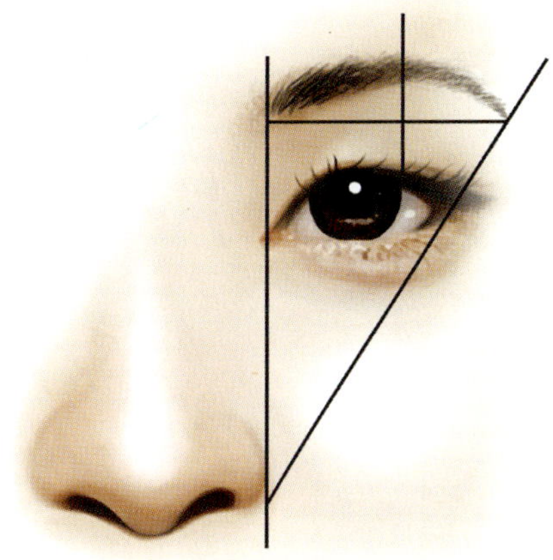

(2) 눈썹 형태 종류

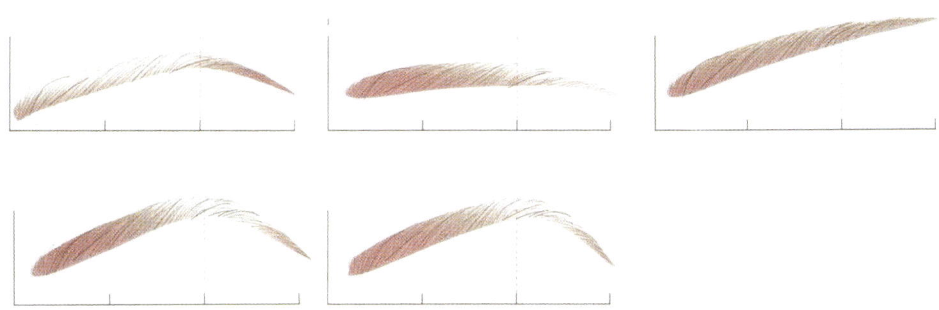

종류	특징
기본형	기본형으로 어떤 얼굴형에도 잘 어울린다.
일자형	모던하고 믿음직한 이미지를 주며 긴 얼굴형에 잘 어울린다.
상승형	화살형이라고 하며, 동적이며 강한 이미지를 준다. 둥근얼굴에 잘 어울린다.
아치형	눈썹이 둥근 형태로 매혹적이며 여성스러운 이미지를 준다. 이마가 넓거나 각진 얼굴에 잘 어울린다.
각진형	지적인 느낌과 세련된 이미지를 준다. 둥근 얼굴이나 얼굴이 짧은 사람에게 잘 어울린다.

아이섀도

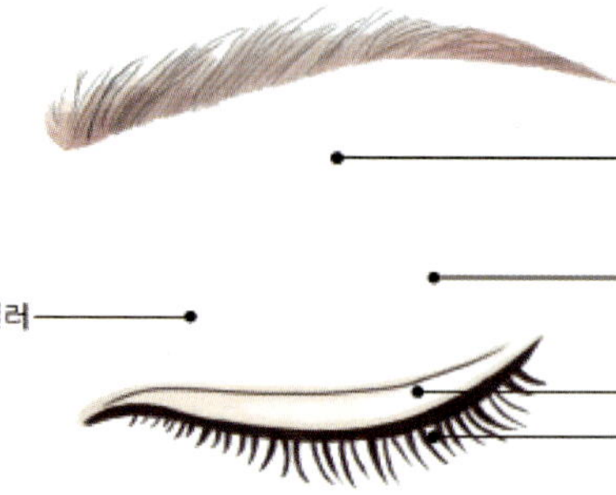

섀도 포인트 명칭

포인트	특징
베이스 컬러	아이홀 전체에 가장 넓게 펴 바른다.
메인 컬러	아이홀에서 1/2 정도 쌍꺼풀 윗부분까지 펴 바른다.
포인트 컬러	쌍꺼풀 라인까지 눈매를 강조하는 색감을 선명하게 바른다.
언더 컬러	눈 밑 부분에 색감을 준다.
하이라이트 컬러	눈썹 뼈 아랫부분에 돌출되어 보이도록 바른다.

립(Lip)

(1) 립 비율

이상적인 입술 비율은 1 : 1.5 이다.

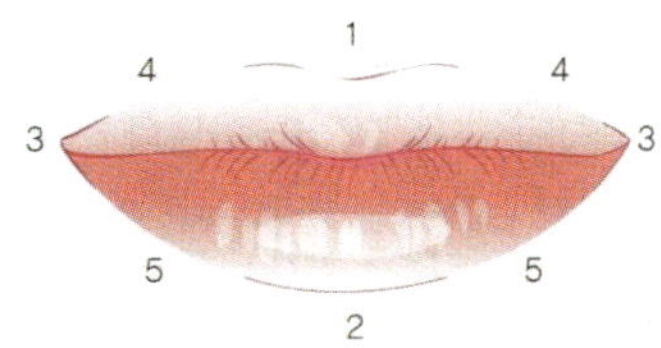

(2) 립 형태

종류	특징
직선	입술선을 직선 형태로 그리며 현대적이고 지적인 느낌을 준다.
인커브	입술보다 안쪽으로 그리며 여성스럽고 귀여운 이미지를 준다.
아웃커브	입술보다 바깥쪽으로 향해 도톰하게 그리는 형태로 섹시한 이미지와 성숙한 여성미를 준다.

7 메이크업 분류

뷰티메이크업

(1) 웨딩(로맨틱)

봄, 여름에 어울리는 아름다운 신부를 연상시키는 이미지로 메이크업 한다.

- 모델 피부톤에 맞는 파운데이션을 도포한다.
- 눈썹모양에 맞추어 흑갈색 눈썹 산이 각지지 않게 그린다.
- 아이섀도는 펄이 약간 가미된 연핑크, 연보라색으로 눈꼬리까지 포인트 컬러, 언더라인 1/2까지 그라데이션 한다.
- 치크는 핑크색으로 애플존에 둥근느낌으로 그라데이션 한다.
- 립은 핑크색으로 칠한 뒤 입술안쪽 짙게 그라데이션 한다.

(2) 웨딩(클래식)

가을 신부 이미지에 맞는 클래식한 브라운과 피치 컬러를 사용해 메이크업 한다.

- 모델 피부톤에 맞는 파운데이션을 선택한다.
- 눈썹은 흑갈색으로 약간 각지게 그린다.
- 섀도는 피치색으로 아이홀 전체, 브라운 깊이감, 눈앞머리와 언더부분에 골드펄을 사용한다.
- 치크는 피치색으로 광대뼈 바깥쪽에서 안쪽으로 블렌딩 한다.
- 립컬러는 베이지 핑크로 그린다.

(3) 한복 메이크업

한복의 부드러운 곡선과 다채로운 색상이 잘 어울릴 수 있는 단아한 색채를 이용해 메이크업 한다.

- 피부톤에 맞는 파운데이션을 선택한다.
- 모델 눈썹모양에 맞춰 자연스러운 브라운 컬러로 한다.
- 아이섀도는 펄이 가미된 피치색과 브라운은 포인트컬러로, 언더라인은 밝은 크림으로 메이크업 한다.
- 치크는 오렌지 계열 광대뼈 위쪽 안에서 바깥으로 블랜딩 한다.
- 립컬러는 오렌지 레드색으로 입술라인 선명하게 칠한다.

(4) 내추럴 메이크업

메이크업을 안 한 듯한 느낌으로 투명하고 자연스럽게 메이크업 한다.

- 피부톤에 맞는 파운데이션을 도포한다.
- 눈썹은 모델 결을 최대한 살려 자연스럽게 칠한다.
- 아이섀도 : 펄 없는 베이지색 브라운 색으로 눈꼬리를 그라데이션 한다.
- 아이라인은 펜슬로 그리며 속눈썹은 마스카라 이용하여 자연스럽게 표현한다.
- 치크는 피치 컬러로 광대뼈 안쪽에서 바깥쪽으로 블랜딩 한다.
- 립은 베이지 핑크색으로 자연스럽게 칠한다.

시대별 메이크업

(1) 그레타가르보

1930년대 유명했던 배우로 하얀피부, 그윽한 눈매, 가늘고 둥근 아치형의 눈썹, 얇상한 입술을 표현한다.

- 모델 피부톤에 맞는 파운데이션을 도포한다.
- 눈썹은 왁스, 실러를 사용하여 붙이고 아치형으로 그린다.
- 아이섀도는 갈색계열 컬러로 아이홀 그리고 안쪽에 흰색을 칠해 입체감을 준다.
- 치크는 브라운색으로 광대뼈 아래쪽 강하게 표현한다.
- 유분기를 가진 레드브라운으로 인커브 형태를 그린다.

(2) 마릴린먼로

1950년대 배우로 섹시하고 관능적인 이미지를 가지고 있으며, 애교점으로 포인트를 준다.

- 피부톤보다 밝은 톤의 핑크톤 파운데이션으로 표현한다.
- 눈썹은 브라운색의 양미간이 좁지 않은 눈썹으로 그린다.
- 아이섀도는 핑크, 베이지 컬러를 사용하여 아이홀을 그라데이션 한다.
- 치크는 핑크톤으로 광대뼈 보다 아래쪽에서 구각을 향하게 블렌딩 한다.
  적당한 유분기를 가진 레드립컬러로 아웃커브 형태로 그린다.

(3) 트위기

1960년대 모델로 크고 또렷한 눈매, 앵두같이 작은 입술을 개성 있게 표현한다.

- 모델톤에 맞는 파운데이션을 도포한다.
- 눈썹은 자연스러운 브라운컬러로 눈썹산을 강조한다.
- 아이섀도는 화이트베이스, 핑크, 네이비, 그레이, 어두운 청색을 사용해 쌍꺼플 라인을 표현한다.
- 언더 속눈썹을 붙이거나 그린다.
- 치크는 핑크 및 라이트 브라운 색으로 애플존 위치에 둥근느낌으로 블렌딩 한다.
- 립은 베이지 핑크로 도포한다.

(4) 펑크

1970~80년대 시대의 반항적이였던 이미지를 표현하며 눈매를 짙고 강하게, 입술도 뚜렷하게 메이크업 한다.

- 모델 피부톤에 맞는 파운데이션을 도포한다.
- 눈썹은 눈썹 결을 강조하여 짙고 강하게 그린다.
- 아이홀은 눈꼬리에서 앞머리 쪽으로 1/3 검정색으로 그라데이션 한다. 아이라인을 이용하여 3개의 라인을 바깥쪽으로 과장되게 표현한다.
- 치크는 레드브라운 색으로 얼굴 앞쪽을 향하여 사선으로 블랜딩 한다.
- 립은 검붉은색을 이용하여 펴바르고 입술라인을 선명하게 그린다.

15 CHAPTER 분장

1 분장의 의의와 목적

분장(扮裝)이란 꾸밀 분(扮)과 꾸밀 장(裝)의 합성어로 '모양이 나게 매만지거나 손질하는 것'을 말한다. 즉 배우나 무용가, 극 중 인물의 특징을 표현하기 위해 화장을 하고 의상, 액세서리, 소품 등을 착용하여 역할 속 성격, 신분, 시대, 등에 맞게 변신하는 과정이라 할 수 있다. 분장을 통해 연기자는 자신의 역할에 집중할 수 있도록 도와주며 보는 사람들도 무대에 몰입할 수 있도록 한다.

영어로는 'Make Up' 또는 변장의 의미로 'Disguise'라고도 불린다. 분장은 Beauty Make Up처럼 외모의 단점을 보완하는 것이 아니라 주어진 역할과 캐릭터에 어울리도록 꾸미며, 같은 캐릭터라도 매체의 종류에 따라서 메이크업의 강도가 달라지는 것을 볼 수 있다.

2 분장과 조명

색조 화장품 사용 시 조명이 메이크업에 미치는 영향을 염두에 두어야 한다. 일광에서 보이는 색과 조명을 비추었을 때 나타나는 색의 명도와 채도가 다르며 혹은 완전히 다른 보색을 나타낼 수도 있다. 또한, 배경색이 메이크업에 영향을 미칠 수 있다. 붉은색 배경에선 피부가 지저분해 보이며 반대로 녹색이나 푸른 계열에선 밝은 피부가 나타난다. 백색 배경에서 피부가 어둡게 보인다. 이처럼 배우의 얼굴을 보다 효과적으로 보이게 하기 위해 어떠한 조명을 쓰는지 확인한 후 메이크업을 진행해야 한다.

조명과 화장품 색상과의 관계[1)]

화장품색상 \ 조명	빨간색	주황색	노란색	초록색	파란색
빨간색	붉은보라	어두운주황	밝은주황	어두운녹색	밝고탁한청색
주황색	밝은적색	밝은다홍색	노랑주황색	어두운갈색	어두운적색
노란색	밝은주황	밝은주황색	밝은노랑색	갈색	갈색
초록색	황적색	노랑주황색	밝은녹색	밝은녹색	녹색
파란색	어두운녹색	갈색	밝은노란색	밝은녹색	짙은녹색

3

분장의 재료와 도구

도란(Dohran)

분장용 파운데이션으로 유성 성분이 주성분으로 스틱용이나 크림형태로 되어있어 브러시, 스폰지, 손을 이용해서 바른다. 커버력과 유지력이 좋은 반면, 땀이나 조명에 의해 뭉침현상이 나타날 수 있다.

라이닝칼라(Lining Collar)

분장용 유성 컬러로 페이스 페인팅, 바디페인팅, 무대 분장 시 사용하며 그 외 수염분장, 피분장 등에 사용한다. 색이 선명하지만 잘 묻어날 수 있어 반드시 가루 파우더나 픽서로 고정하여 마무리 한다.

블랙스폰지(곰보스폰지, Black Sponge)

구멍이 나 있어 수염 자국이나 긁힌 상처 등을 표현할 때 라이닝 칼라를 묻혀 사용한다.

왁스(더마왁스, Wax)

얼굴의 형태를 변화시키거나 눈썹을 지울 때, 마녀의 매부리코를 만들 때, 상처를 입체적으로 표현할 때 사용하는 것으로 스프리트 검이나 실러로 붙여 사용한다. 움직임이 많은 곳은 잘 떨어지므로 피하는 것이 좋다.

아쿠아컬러(Aqua Color)

물을 묻혀 사용하는 수성 안료로 유분기가 없어 시간이 지나면 갈라지는 현상이 생긴다. 단시간에 건조되어 번짐이 없어 초보자도 사용하기 쉬우며 페이스페인팅, 바디페인팅, 아트메이크업 시 사용한다.

수염

(1) 생사

누에고치 실로 만들었으며 염색이 가능해 다양한 색 연출이 가능하다. 부드러워서 붙이기가 쉽고 긴수염, 짧은 수염 등 가장 많이 사용하는 수염이다. 단점으로는 윤기가 없고 힘이 없어 모양이 흐트러지기 쉽다.

(2) 인조사

화학소재로 자연스러운 표현에 적당하고 용도에 맞게 웨이브, 굵기 등을 조절하여 사용한다. 원 재료는 너무 뻣뻣해 인위적이므로 손으로 비벼 부드럽고 자연스러운 웨이브를 주어 사용한다. 외국인 수염에 사용하며 떨어지는 속도가 빠르다.

스프리트검(Spirit Gum)

소나무 송진에서 채취한 원료로 수염을 붙이거나 왁스를 붙일 때, 눈썹을 밀착시킬 때 사용한다. 사용 시 피부에 유분기를 제거한 후 스프리트검을 도포하고 살짝 말린 거즈나 물티슈로 점도를 조절하여 사용한다.

라텍스(Latex)

불투명한 흰색 액체로 고무나무에서 추출한 생고무를 암모니아수에 용해해서 만들었다. 주로 상처, 화상, 대머리모자, 특수 분장에 사용되며 건조되면 투명해지는 성질을 가지고 있다. 드라이기를 이용해 건조시키며 사용한다.

튜플라스트(Tuplast)

화상, 상처, 물집, 흉터, 진물 등의 표현할 경우 사용하는 제품으로 마르기 전에 분장을 완성해야 하며 약한 피부부위나 입술 등은 화끈거릴 수 있으므로 주의한다.

콜로디온(Collodion)

짧은 시간 안에 깊은 흉터 또는 오래된 상처를 표현해주는 제품이다. 에칠에테르, 알코올, 니트로셀룰로오즈가 주성분으로 얇은 막과 주름을 만들어 피부 패임을 표현한다.

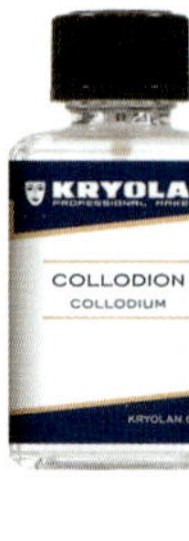

실러(Sealer)

상처표현, 눈썹, 각종 마스크를 피부에 봉합할 때 사용하는 용액으로 피부에 해를 주지 않으며 알코올로 녹여 닦아낸다.

올드 스킨 플라스트(Old Skin Plast)

주름을 만들기 위한 특수재료로 섬세한 주름 만들 때 적당하여 영화나 TV 촬영 시 많이 사용된다. 넓은 부위보다 좁은 부분에 주름표현 시 효과적이다.

볼드캡(Blud Cap)

대머리 분장용으로 볼드캡을 머리 크기에 맞게 자른 후 리퀴드 라텍스를 스폰지에 묻혀 두드려가며 헤어라인에 부착한다. 부착 후 파운데이션을 발라 경계를 없애준다.

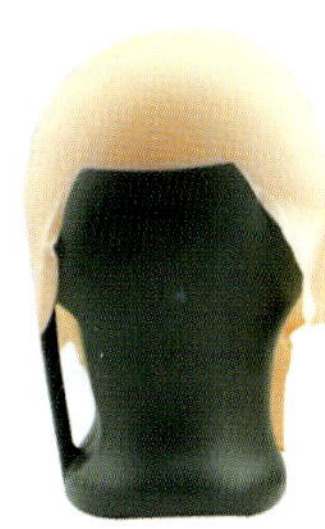

픽싱 스프레이(Fizative Spray)

분장 후 땀이나 물, 유분기에 지워지지 않도록 유지 시켜주는 제품으로 얇은 막을 형성하며 번짐과 변색을 막는다. 단 눈에 들어가지 않도록 주의한다.

젤릭스 스킨(Gelix Skin)

화상, 전쟁신, 보통 상처, 분장 시 사용하는 제품으로 젤형태로 되어있으며 따뜻한 물에 넣어 녹으면 사용한다.

오브라이트(Oblate)

녹말이 주성분으로 의료용 가루약을 사 먹는 용도로 사용한다. 분장 시에는 주로 화상 분장에 응용되며 여러 겹 구겨 물을 분무하여 부착한 뒤 파우더를 가볍게 발라 화상 표현을 한다

글라짠(Glatzan)

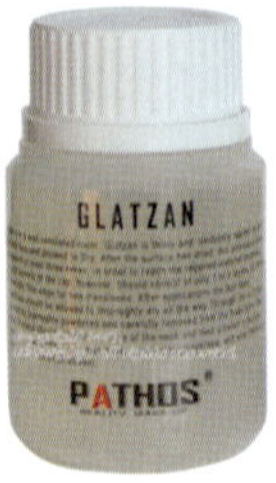

리퀴드 플라스틱으로 섬세한 볼드캡을 쉽게 만들 수 있는 제품으로 머리 모형에 2~3겹 칠해 말린 다음 파우더로 표면처리를 한 후 떼어낸다. 글라짠으로 만든 볼드캡은 주름과 경계선이 없어 자연스러운 분장이 가능하다.

글리세린(Glycerine)

눈물, 진물, 땀 표현 시 사용하거나 젤 스킨 제조의 첨가물로 사용된다.

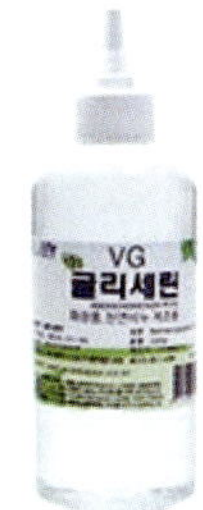

투스에나멜(Tooth Enamel)

치아 빠짐이나. 변색, 충치 등의 효과를 준다. 검정색, 흰색, 빨간색, 갈색 등이 있으며 사용 방법으로는 티슈로 치아의 수분을 제거한 후 필요 부위에 도포한 뒤 건조시킨다.

블러드

(1) 매직 블러드(Magic Blood)

피부에서 즉시 피가 나는 장면을 연출할 수 있는 제품으로 좀비나 상처분장 등에 활용된다. A용액을 바른 후 완전히 건조시킨 다음 그 위에 B용액을 올리면 그 즉시 피가 나는 효과를 나타낼 수 있다.

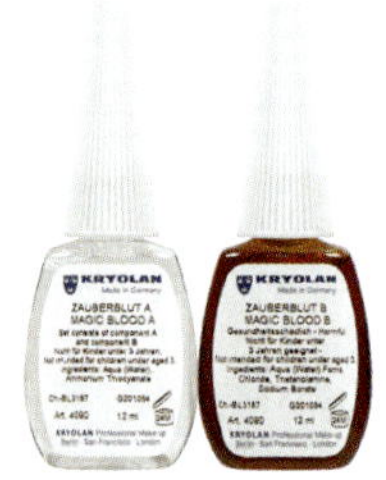

(2) 파우더 블러드(Poweder Blood)

파우더 형태로 피부 위에 올릴 시 거의 보이지 않지만 수분을 머금으면 흐르는 액체 피로 바뀐다. 갑자기 피가 흐르는 효과를 나타낼 수 있다.

(3) 픽스 블러드(Fix Blood)

번짐이 적어 오랜 시간 분장을 유지시켜 주는 리퀴드 제형의 인조 피로 다양한 분장에 활용이 가능하다.

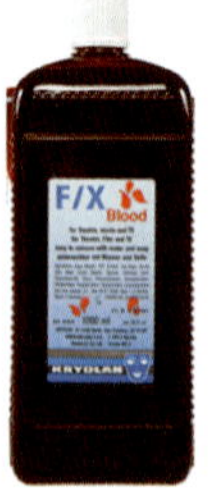

(4) 캡슐 블러드(Capsules Blood)

입속에서 피가 흐르는 효과를 주는 제품으로 캡슐을 입안에 넣고 깨물거나 침과 함께 놓아 자연스럽게 흐르는 효과가 연출된다.

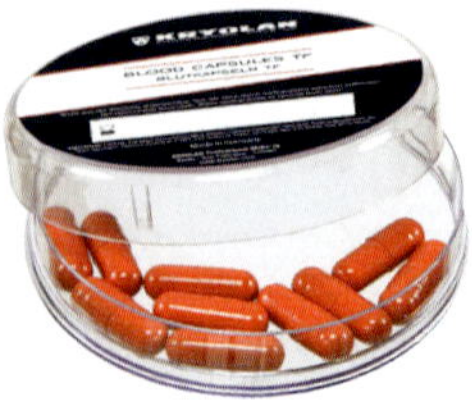

(5) 아이 블러드(Eye Blood)

눈에 고인 피나 눈에서 흐르는 피를 연출할 때 사용하는 눈 전용 인조 피이다.

(6) 프레쉬 스크래치 블러드(Fresh Scratch Blood)

방금 상처난 듯한 효과를 주는 굳은 피로 겔 타입 제형으로 흘러내림이 적로 고정되어있어 리얼한 상처 표현이 가능하다. 곰보스폰지에 적당량을 묻혀 피부 표면에 긁어 상처를 표현한다.

4

분장 종류

무대 분장

관객과 무대가 함께하는 극을 무대극이라 하며 무대극에서 이루어지는 분장 작업을 무대분장이라 한다. 무대극의 종류로는 연극, 뮤지컬, 오페라, 마당극, 창극, 무용, 발레 등이 있으며 무대극은 영상 매체와 달리 극장 규모에 따라 메이크업의 강도가 달라진다.

소극장의 경우 무대와 관객이 밀접해 있어 자연스럽게 메이크업을 진행하며 대극장의 경우 무대와 관객의 거리가 멀어 이목구비와 캐릭터의 특징을 뚜렷하게 나타내기 위해 선을 강하게 표현한다.

뮤지컬 분장

노역 분장

연령에 따라 생기는 주름을 파악하여 표현하는데 이 또한 무대의 규모에 따라 주름의 선명도나 굵기가 달라진다. 나이가 들어가면서 사람의 피부는 탄력을 잃고 피부가 처지게 되면서 피부에 굴곡이 생겨 주름이 생기게 된다. 하이라이트 멀러와 쉐딩 컬러를 이용해 얼굴에 입체감 있는 주름을 표현하거나, 라텍스로 얼굴의 주름을 만든다.

라텍스를 이용한 노인 분장

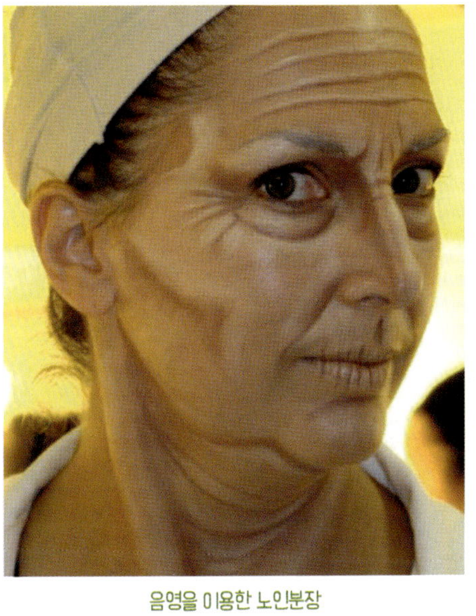

음영을 이용한 노인분장

발레리나 분장

발레란 무용, 음악, 미술, 의상, 배경 등이 종합적으로 이루어져 있는 예술로 음악에 맞추어 춤을 추며 줄거리를 표현한다. 15세기 이탈리아의 무언극에서 비롯되었고 16세기에 프랑스로 옮겨지면서 오페라와 함께 발달했다. 18세기 무용가 '노베르'가 노래를 빼고 음악과 무용만으로 극을 표현하여 오페라와 완전히 분리시켰으며 이것이 오늘날의 발레이다. 발레 분장은 극 중 캐릭터에 따라 달라지며 주로 눈매를 새처럼 앞꼬리와 뒷꼬리를 빼어 크고 샤프하게 표현하여 아이홀을 잡아 깊고 화려한 메이크업을 표현한다.

발레리나 분장

발레리나 분장

바보 분장

바보란 지능이 부족하거나 어리석고 못난 사람을 비난하는 말로 코미디, 영화, 무대 등 다양한 분야에서 등장하여 관객과 시청자들이게 웃음을 선사한다. 바보분장의 연령과 종류가 다양하며, 순수하고 착한 이미지를 만들기 위해 눈썹과 눈꼬리는 처져 보이게 표현하고 콧대는 삐뚤어져 보이게 그리며 입술라인도 불규칙적으로 또는 처지게 그린다. 또한 점의 위치를 설정해 큰점, 작은점을 눈, 코, 입 주변에 그려 우스꽝스러운 얼굴을 만든다. 이 외에도 의상과 헤어, 소품을 갖추어 완성도 있는 바보를 연출한다.

바보분장

영상매체 분장

TV나 영화, CF 등 브라운관을 통해 영상으로 보이는 하나의 작품을 말하며 무대와 다리 거리감이 없고 화면을 통해 생생하게 전달되기 때문에 자연스러운 표현이 중요하다.

영상매체 분장은 프로그램의 목적과 성격, 시대, 연기자와 연출자의 의도를 잘 파악해야하며, 조명, 배경에 따라 메이크업의 색상이 달라질 수 있기 때문에 사전 분석이 중요하다.

상처 분장

상처란 몸을 다쳐서 부상 입은 자리를 말하며 상처 분장을 할 때 어떤 것에 의해 생긴 상처인지, 어느 시점에 생겼는지, 어떻게 생겼는지를 정확하게 분석하여 분장의 강도를 결정한다.

(1) 긁힌 상처

긁힌 상처는 손톱이나 나뭇가지, 시멘트 바닥 등에 의해 생기는 상처가 대부분이며 긁힘을 표현하기 위해 곰보 스폰지에 검붉은 색을 찍어 피부 표현에 긁어 표현하고 피를 살짝 묻혀 주면 피가 베어 나온듯한 효과를 준다.

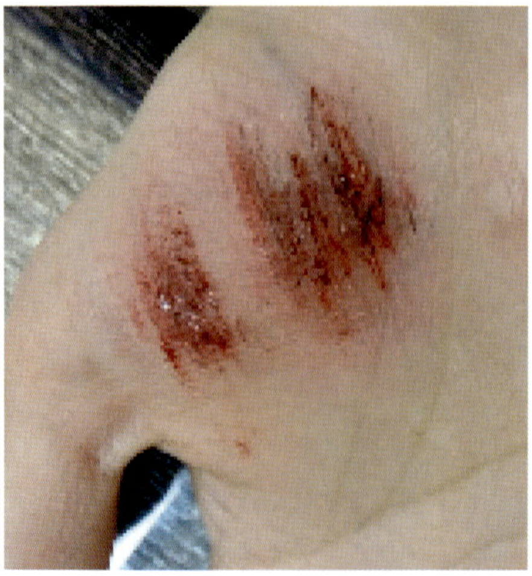

긁힌 상처

(2) 칼에 베인 상처

칼에 베인 상처를 표현할 때는 왁스를 피부에 붙여 원하는 깊이로 높이를 만들고 헤라를 이용해 상처를 갈라준 뒤 사이에 붉은색 라이인 컬러로 칠한 뒤 액체 피를 상처 사이에 발라 흐르게 한다.

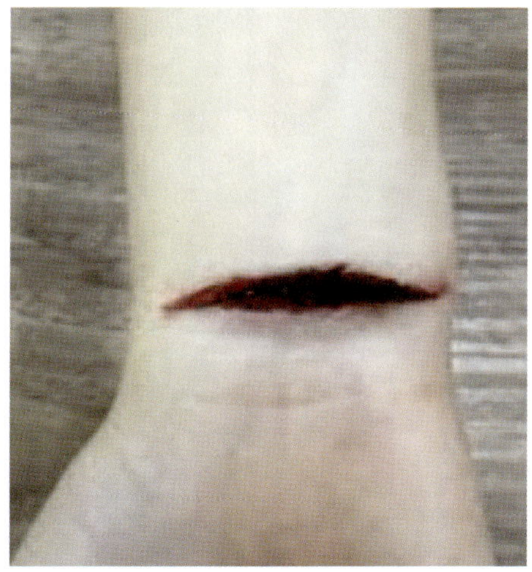

화상분장

(3) 화상 상처

화상의 정도에 따라 라이닝 컬러만 이용해 표현할 수 있고, 그 외 오브라이트, 라텍스를 이용해 표현이 가능하다. 오브라이트를 구겨 물을 분사하면 녹으면서 피부에 부착된다. 오브라이트 주변에 라텍스를 발라 지속력을 높여주고 라이닝 칼라와 피를 사용해 화상을 표현한다.

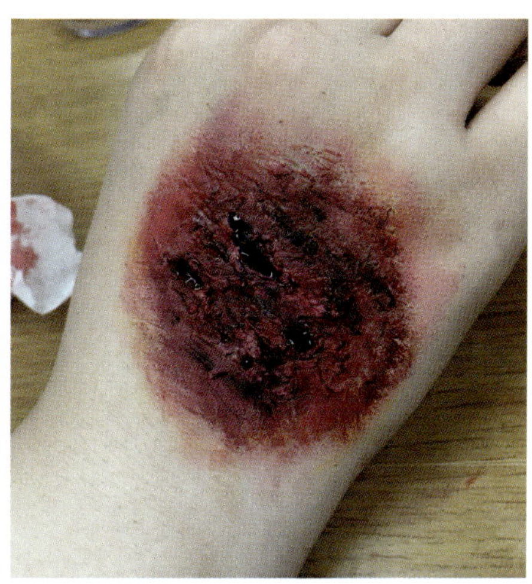

화상분장

(4) 멍 자국

멍이 빠지는 순서 반대 색상부터 차례대로 색을 도포한다. 노랑 - 초록 - 빨강 - 보라 순서로 멍의 강도를 조절한다.

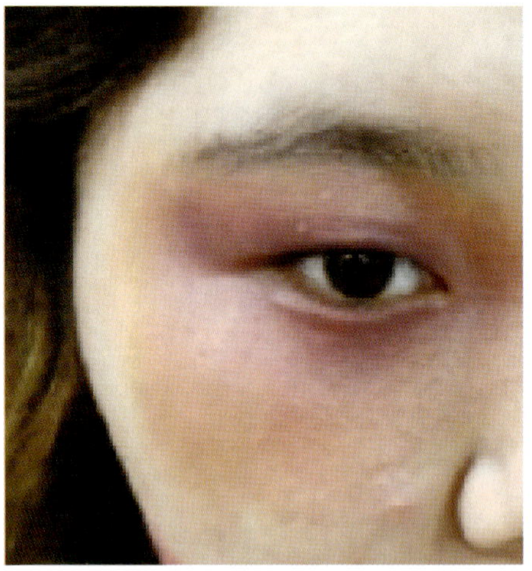

멍분장

CHAPTER

16 네일아트

1 네일 정의와 목적

네일(Nail) 이란 사전적 의미로 '손톱(Finger Nail)'이나 '발톱(Toe Nail)'을 가리키는 명칭이며 의학적 용어로는 오닉스(Onyx)라 하여 손가락과 발가락 끝을 덮고 있는 각질 형성물을 의미한다.

또한, 손을 관리하는 것을 매니큐어(ManiCure)라 하는데 이는 라틴어에서 유래된 단어로 손을 의미하는 '마누스(Manus)'와 관리를 뜻하는 '큐라(Cura)'의 합성어로 손을 아름답게 관리하는 것을 의미하며 네일을 관리하는 과정으로는 기초 케어관리, 굳은살제거, 컬러링, 마사지, 인조네일 시술 등을 의미한다.

네일 관리의 목적으로는 과거에는 자신의 몸을 보호하는 무기나 음식들을 채취 하는데 네일 관리의 목적이 있었다.

그러나 오늘날에는 손과 발을 청결하게 하고 건강하게 관리하여 세균과 자극으로부터 보호하며 패션의 한 부분으로서 아름답게 꾸며 미적 욕구를 충족하는 데 목적이 있다.

2 네일의 기능과 특성

손톱의 기능

손톱은 손끝과 발끝의 피부를 보호하며 물건을 잡거나 들어올릴 때, 섬세한 작업을 가능하게 한다. 또한 공격과 방어의 기능을 가지고 있으며 미적, 장식적 표현을 나타내는 수단으로 사용되기도 한다.

손톱의 특성

손톱은 케라틴이라는 경단백질로 구성되어 있으며 죽은 각질세포로 구성되어 있다. 지각신경과 혈관이 분포되어 있지 않고 땀을 배출하지 않으며 산소가 필요하지 않다.

매일 0.1 ~ 0.15mm씩 자라고 한 달에 3 ~ 5mm 정도 자란다. 남성보다 여성이 빨리 자라며, 겨울보단 여름에 20% 정도 빨리 자라는 것을 볼 수 있다. 손톱이 완전히 재생하는 시기는 4 ~ 6개월 정도 소요된다.

약 12 ~ 18%의 수분을 함유하고 있으며 단백질이나 비타민, 미네랄 부족 시 손톱에 이상이 생기는 것을 볼 수 있다.

3 네일 역사

네일 미용의 원래 목적은 치료에서 시작되었으나 계급과 신분의 차이를 표현하기도 했고, 건강미와 주술적 의미를 나타내기도 했으며 오늘날 자신의 개성을 표현하는 수단으로 발전해 나가고 있다.

서양의 네일 역사

B.C 3000년

이집트에서는 손톱 색깔로 신분을 표시했으며 주술적 건강의 의미로 미라의 손톱에 빨간색을 입히거나 제사에도 사용한 흔적이 있다. 파라오 무덤에서 금으로 만든 매니큐어 세트가 발견되기도 하였으며 헤나를 이용해 물들인 흔적을 발견하였다.

고대 중국에서도 신분을 표시하기 위한 수단으로 벌꿀, 계란흰자, 젤라틴, 아라비아고무나무 수액을 이용해 다양한 색상을 제조하여 손톱에 칠한 흔적이 있으며, 조홍(朝虹)이라 하여 홍화로 연지를 만들어 입술과 손톱에 색을 입혔다.

B.C 600년

중국 귀족들은 금색과 은색, 검정, 흑적색을 사용해 특권층의 신분을 표현했다.

15세기

전쟁에 나가는 군사들이 승리를 기원하는 마음으로 염료를 사용하여 입술과 손톱에 같은 색을 칠했다.

17세기

인도의 여성들은 조모에 문신용 바늘로 색소를 주입시켜 상류층 여성의 신분임을 과시했다.

프랑스의 베르사유 궁전에서는 노크가 예의에 어긋난다고 하여 손가락 중 한 손톱만 길게 하여 노크 대신 문을 긁도록 하였다.

18세기

네일 제품이 개발되어 대중화가 되었다.

1800년

일반인에게 대중화가 되면서 네일 끝을 뾰족하게 만드는 아몬드형 손톱 모양이 유행하였고 향이 있는 빨간 기름을 바르고 샤모아 가죽으로 광택을 내었다.

1830년

유럽의 발 전문의사 시트(Sitts)가 치과에서 사용했던 오렌지우드스틱을 네일 관리에 사용하기 시작했다.

1880년

네일 관리가 대중화되면서 뾰족한 형태인 포인티드 네일이 유행하였다.

1885년

에나멜의 필름형성제인 니트로셀롤로즈가 개발되었다.

1892년

발 전문의사인 시트(Sitts) 조카에 의해 유럽에서 본격적으로 네일이 발전하였으며 미국에서도 새로운 직업으로 도입되었다.

1900년

금속 가위와 금속 파일을 이용해 네일 관리를 시작했으며 옅은색의 크림이나 가루로 손톱에 광을 내었고 낙타털 붓으로 광을 내었다. 또한 유럽에서도 본적적인 네일 관리가 시작되었다.

1910년

미국의 매니큐어 제조사인 플라워리(Flowery)가 설립되어 금속파일과 사포로 된 파일이 제작되었다.

1917년

보그 잡지에 닥터 코로니의 네일 홈케어 제품이 소개되어 도구와 기구를 사용하지 않고 네일 관리가 가능해졌다. 전에는 페이스트 가루나 케이크를 이용해 광을 냈다면 네일 폴리시로 오랫동안 광을 유지 되어 네일 폴리시의 필요성이 대두되었다.

1925년

네일 폴리시 산업이 본격화 되면서 상점에서 구매가 가능해졌다. 색상은 투명이나 자연스러운 색상이 대부분 이였으며 손톱 중앙에만 바르거나 반월과 양쪽 가장자리는 바르지 않는 것이 이유행이였다.

1927년

프렌치 매니큐어에 사용되는 흰색 폴리시와 큐티클 크림, 큐티클 리무버가 제조되었다.

1930년

제나(Gena) 연구팀에 의해 네일 폴리시 리무버, 워머로션, 큐티클 오일이 최초로 등장하였으며, 빨간색 제품도 출시되었다

1932년

레브론(Revlon)사에서 최초로 립스틱과 잘 어울리는 색상의 네일 폴리시를 출시하였다.

1935년

인조네일이 개발되었다.

1940년

여배우 리타 헤이워스(Rita Heyworth)에 의해 풀코트 기법 및 빨간색 네일이 유행하였으며 남성들도 이발소에서 손톱 관리를 받기 시작했다.

1948년

미국의 노린 레호(Noreen Reho)가 매니큐어 작업에 기구를 사용하기 시작했다.

1957년

헬렌 걸리(Helen Gerly)가 처음으로 네일 케어를 미용학교에서 가르치기 시작했고 패디큐어의 개념이 생겼다.

1960년

실크와 린넨을 이용하여 약한 네일을 보강하기 시작했다.

1967년

손과 발에 보습과 영양을 주기 위한 트리트먼트 시술이 시작되었다.

1970년

네일 팁과 아크릴릭 네일이 시술되면서 수많은 여성들이 긴 네일로 아름다움을 표현했다.

1973년

미국의 네일 제조회사 IBO가 처음으로 네일 접착제와 접착식 인조 네일을 개발했다.

1974년

미국 식약청(FDA)에 의해 인체에 해를 끼치는 메틸 메타크릴레이트 사용이 금지되었다.

1976년

스퀘어 모양의 네일이 유행하였고, 네일 팁과 아크릴릭 네일은 물론 파이버랩(fiber warp) 이 등장하였으며 네일아트가 미국에 정착하게 되었다.

1981년

에시(Essie), 오피아이(OPI), 스타(Star), 챠니(Charni) 등의 제조회사에서 네일 전문 제품을 출시하였고 네일 액세서리가 등장했다.

1982년

미국의 네일 아티스트 마타이테일러(Tammy Taylor)가 파우더, 프라이머, 리퀴드 등의 아크릭 제품을 개발했다.

1992년

인기 스타들에 의해 네일 관리가 대중화되었으며 NIA(The Nails Industry Association)가 창립되어 네일 산업이 더욱 본격화되었다.

1994년

독일에서 라이트 큐어드 젤 시스템(Light Cured Gel System)이 등장하며 뉴욕주에서는 네일 테크니션 면허 제도를 도입하였다.

2000년 이후

라이트 큐어드 젤 시스템이 네일숍에 등장하면서 네일 산업의 주된 기술로 자리 잡았으며 그 외 2D, 3D, 핸드페인팅, 에어브러시 등 다양한 아트 기법이 등장하였다.

한국의 네일 역사

고대 문명초기부터 손톱은 건강미를 나타낸다. 선홍색을 띤 붉은 손톱은 여성에게는 미용 대상 이였으며 남성에게는 젊고 힘찬 용맹의 상징이었다. 과거 미인의 조건으로 손은 "섬섬옥수"여야 하고 다산의 조건으로 "손은 마치 봄에 솟아난 죽순 같고 손바닥의 혈색이 붉어야 한다."라는 속설과 같이 손에 대한 관심도가 높았던 것으로 보인다.

고려시대

봉선화 꽃을 이용해 손에 물을 들인다 해서 '염지갑화', '지갑화'라고 불렸다.

조선시대

「동국세기」에 "계집애들과 어린애들이 복숭아를 따다가 백반에 섞어 짓찧어서 손톱에 물을 들인다."라는 기록이 있으며 이 시대 봉선화는 나쁜 기운을 쫓아낸다고 믿어 남자아이들도 물을 들인 기록이 있다.

1988년

미국의 그리피스 조이너스라는 육상선수가 화려한 인조 네일을 시술하고 올림픽에 참가하는 모습이 매스컴에 나와 네일 관리에 대한 관심이 높아졌다.

1992년

이태원에 외국인을 대상으로 하는 '그리스피' 최초의 네일살롱이 오픈했다.

1996년

압구정 백화점에 네일숍이 입점하였으며 미국 네일 제품이 수입되어 판매가 이루어졌다.

1997년

네일 재료 수입 업체가 등장하면서 미용학원이 개설되고 민간담체 네일 협회가 창립되었다.

1998년

민간 자격증 시험제도가 도입되고 시행되었고 대학에 네일 학과가 설립되었다.

2014년 7월 1일

최초의 네일 국가자격증 시행령이 공포되었으며 11월 16일 네일 국가자격증 필기시험을 시행하였다.

4 네일 구조

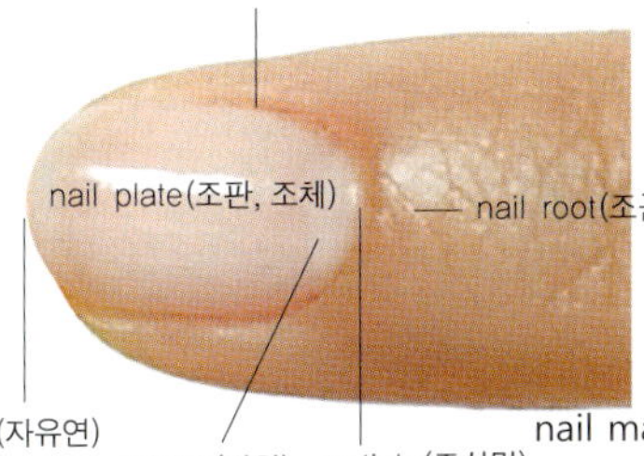

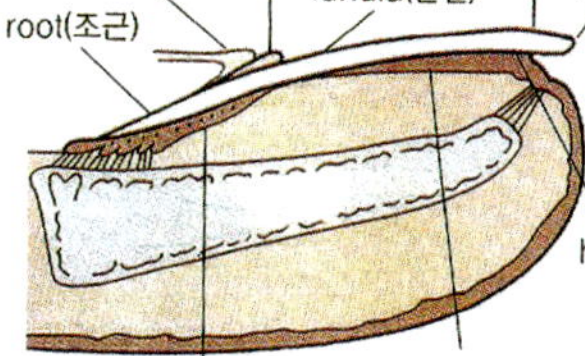

조근(Nail Root)

손톱의 세포가 만들어지는 중요한 부분으로 손톱 피부 밑에 위치하고 있으며 얇고 부드러운 케라틴 세포를 생성한다.

조체(Nail Bady)

'조판'이라고도 하며 손톱 자체를 말한다. 손톱 밑 피부를 보호하는 역할을 하고 신경이나 혈관이 없으며 여러 겹의 층으로 구성되어 있다.

조상(Nail Bed)

손톱 밑 피부를 말하며 조체를 받쳐주는 역할을 한다. 혈관과 지각신경이 분포되어 있으며 손톱의 신진대사와 수분 공급을 한다.

조모(Matrix)

조근 밑에 있으며 혈관, 신경, 림프관이 분포되어 있어 손톱 각질세포 형성에 필요한 영양을 공급하는 역할을 한다. 조모가 손상되면 손톱이 자라지 않거나 기형이 될 수 있다.

반달(Lunula)

아직 경화되지 않은 케라틴으로 조체에 있는 백색의 반달 모양을 말한다.

자유연(Free Edge)

손톱의 가장 끝부분을 네일 베드 밖으로 자라 나온 부분을 말한다.

조상막(Cuticle)

피부와 손톱 경계에 생긴 막으로 상조피 위에 존재하며 네일루트나 매트릭스에 세균, 미생물 침입을 막아주는 역할을 하며 손톱을 보호한다. 미용상 큐티클을 제거하는데 이때 1mm 정도는 남기고 제거해야 한다. 바짝 제거 시에 더 많은 양의 큐티클이 생성되며 세균이 침투해 붉게 부풀어 오를 수 있다.

상조피(Eponychium)

새롭게 생성된 네일 바디를 덮고 있으며 네일 매트릭스를 세균 감염으로부터 보호하는 역할을 한다. 상조피 손상 시 네일을 영구적으로 손상시킬 수 있다.

하조피(Hyponychium)

손톱 밑 피부와 손톱의 사이의 경계 막을 말하며 세균 침입을 막는 역할을 한다.

조구(Nail Groove)

손톱 양측에 좁게 팬 곳을 말한다.

조벽(Nail Well)

손톱의 양측 피부 벽면을 말한다.

상피(Epithelium)

체내와 체외의 모든 표면을 덮는 세포층을 말한다.

지절골(Phalanx)

손가락과 발가락 뼈를 말하며 손과 발을 구성하는 골격의 일부이다.

5

네일 질병

시술 가능한 질병

네일 질병	증상
조갑위축증 (오니카트로피아, Ongchatrophia)	- 매트릭스 부분이 손상되어 손톱이 오그라들며 부서져 없어지는 현상으로 광택감과 윤기가 없다.
조갑비대증 (오니콕시스, Onychauxis : 조갑비대증)	- 손톱이나 발톱이 과잉 성장하여 비정상적으로 두꺼워지는 현상을 말한다. 파일로 다듬어 사용한다.
조갑종렬증 (오니코렉시스, Onychorrhexis)	- 세로로 갈라지거나 부서지며 골이 파이는 현상으로 강한 알칼리성 비누나 리무버의 과다 사용으로 나타날 수 있다. - 비타민 A와 비타민B 결핍 등이 원인이 될 수 있다.
조갑연화증, 계란껍질 네일 (Onychomalacia)	- 케라틴 부족에 의해 손톱의 희고 얇으며 프리엣지 부분이 부서지거나 굴곡진 상태를 말한다. - 질병이나 과도한 다이어트 시 나타난다.
멍든 네일 (혈종)	- 네일 베드가 손상되어 피가 응결된 상태로 인조네일 시 손톱이 탈락 될 수 있다.
조갑청맥증 (오니코사이아노시스, Onychocyanosis)	- 혈액순환이 되지 않아 손톱이 파랗게 변하는 것으로 의사와 상담을 통해 근본적 원인을 제거한다.
고랑파진손톱 (Furrow)	- 가로, 세로로 긴 고랑과 주름이 생긴 손톱을 말한다. - 유전적 요인이나 빈혈, 불균형한 식습관, 과도한 푸셔링 시 나타날 수 있다.
거스러미손톱 (Hang Nail)	- 큐티클 주변이나 살이 너무 건조해서 각질이 일어나는 손톱을 말한다. 보습 관리를 통해 관리한다. - 과도한 비누나 합성세제 사용 시 나타난다.
보우선 (Beau's Line)	- 손톱에 가로로 패인 선을 말하며 손톱이 성장하다가 잠시 멈추었다 다시 자라기 시작하면서 생기는 선을 말한다.
백색반점/루코니키아 (Leuconucia)	- 손톱에 생기는 흰색 점으로 표면에 충격이 있을 시 생길 수있다. - 자연스럽게 자라나오면서 없어진다.
모반 (Nevus)	- 멜라닌 색소가 손톱표면에 착색되어 얼굴이 생긴 것을 말한다. - 담배를 피우거나, 태양광선의 오랜 시간 노출 시 생기기도 한다.
교조증 (오니코파지, Onychophagy)	- 손톱을 습관적으로 물어뜯는 현상으로 인조네일을 하거나 젤네일을 시술해 물어뜯지 않도록 교정한다.
조갑취약증 (Brittle Nail)	- 손톱이 얇아 끝이 깨지거나 갈라지는 현상을 말하며 젤네일이나 인조네일을 시술하여 손톱을 보강한다.
움푹들어간 네일 (Pitting)	- 손톱 표면에 구멍이 여러 군데 나 있는 형태로 건선이나 피부염이 있을 때 나타난다.
파고든 네일 (오니코크립토시스, Ingrown Nail)	- 손톱이나 발톱이 자라날 때 살 속으로 파고드는 현상으로 조이는 신발을 신었을 때 나타나기도 한다.

시술 불가능한 질병

네일 질병	증상
조갑사상균증 (Mold)	- 자연손톱과 인조손톱 사이에 생기는 열, 습기에 영향을 받아 박테리아에 의해 번식되어 발생되는 곰팡이다. - 연한 녹색처럼 보이지만 녹색, 진녹색, 흙색으로 진행된다.
펑거스 (Fungus)	- 곰팡이균에 의한 감염으로 하이포키움에 상처가 나거나 인조네일의 관리를 소홀하게 할 시 감염된다. - 네일 베드와 플레이트가 분리되기도 한다.
조갑진균증 (오니코마이코시스, Onychomycosis)	- 네일이 공팜이균에 감염된 것으로 칸디다 백색증에 의해 생기기도 하며 불투명한 백색으로 되어 약해져 부서지기 쉽다.
조갑탈락증 (오니콥토시스, Onychomadesis)	- 네일이 완전히 탈락된 상태로 매독이나 강한 충격으로 인해 나타날 수 있다.
조갑구만증 (오니코그라이포시스, Gryposis Unguium)	- 네일이 두꺼워지고 굴곡이 진 형태로 정확한 원인이 발견되지 않았다.
조갑염 (오니키아, Onychia)	- 네일 밑 베드에 감염된 염증 증상으로 붉어지거나 고름이 발생된다. - 비위생적인 도구 사용 시 발생된다.
조갑박리증 (오니코리시스, Onycholysis)	- 네일과 베드 사이에 틈이 생겨 벌어지면서 떨어져 나가는 것을 말한다. 균 감염에 의해 발생되기도 하고 화학물질이나 인공 손톱의 자극, 건선아토피와 같은 피부 질환에서도 발생된다.
조갑주위염 (Paronychia)	- 네일 조직 주위에 세균이 감염된 형태로 거스러미를 뜯어내거나 손톱을 물어뜯을 경우, 잦은 내일 시 발생된다. 손톱과 발톱 주위가 빨갛게 붓고 만지면 통증을 느끼며 경과가 심해지면 노랗게 고름이 잡힌다.
무좀 (Tinea Pedis)	- 원인균에 따라 백선, 칸디다증, 어루어기로 나눌 수 있다. 이중 백선은 피부 바깥층에 감염되는 표재성 감염을 통틀어 일컫는 말로 병변 부위에 따라 머리 백선, 몸백선, 손백 백선으로 분류된다. 발 백선은 무좀이라 하며 발가락 사이나 발 전체에 물집이 잡히거나 가렵고 피부가 갈라지는 현상을 말한다. 전염성이 매우 높다.

6

네일 도구와 제품 종류 및 사용방법

네일 도구

(1) **니퍼**(Nipper)

손톱이나 발톱 주변에 굳어 있는 각질을 잘라낼 때 사용 하거나 큐티클을 제거할 때 사용하는 도구로 철제로 되어 있으며 사용 전후로 반드시 소독하여 사용한다.

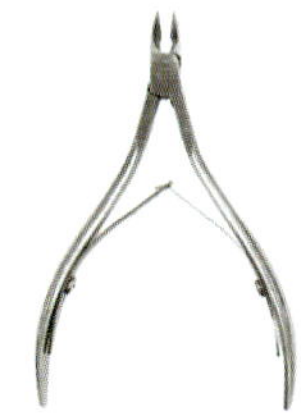

(2) **푸셔**(Pusher)

손톱 주변에 밀착되어 있는 루즈스킨이나 큐티클 등을 밀어 올릴 때 사용하며 철제 도구로 반드시 소독 후 사용한다. 사용방법으로는 연필 잡듯이 잡은 후 45° 각도로 네일 표면이 손상되지 않도록 큐티클을 밀어준다.

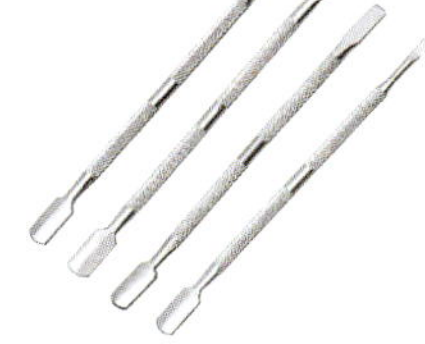

(3) **클리퍼**(Clipper)

자연 손톱과 인조 손톱의 길이를 자를 때 사용하며 일자모형과 C커브의 클리퍼가 있다. 네일숍에서는 일자 클리퍼를 주로 사용하며 스퀘어 형태로 자른 후 파일을 이용해 모양을 다듬는다.

(4) 파일(Fill)

인조네일 모양과 길이를 조절, 표면을 다듬을 때 사용하며 에머리보드라고도 한다. 파일은 거칠기를 그릿(Grite)이라 부르며 100~240으로 나뉜다. 그릿의 단위가 클수록 입자가 부드럽다.

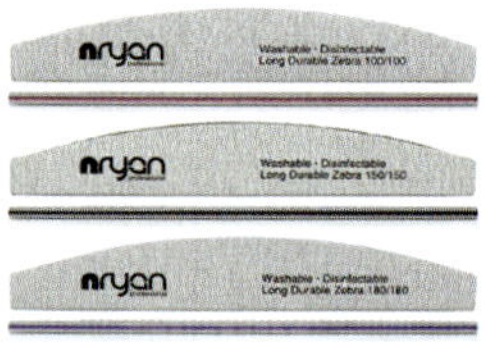

100Grit : 길이조절, 심한두께조절

↓

150Grit : 에칭, 표면, 옆선, 앞선 정리

↓

180Grit : 에칭, 표면정리

↓

240Grit : 섬세한 표면정리

↓

400 ~ 500Grit : 부드러운 표면정리

↓

광택 버퍼사용

(5) 우드파일(Wood Fill)

나무 모양처럼 생겨 우드 파일이라 부르며 자연손톱이 길이를 조절하거나 모양을 다듬을 때 사용하는 파일로 굵기가 얇아 자유자재로 사용이 가능하다.

(6) 샌딩버퍼(Sanding Buffer)

거친 표면을 부드럽게 하기 위해 사용하거나 인조 네일 시술 전 손톱 표면을 정리하고 에칭을 주는 용도로 사용한다.

(7) 광택용 버퍼(Shiny Buffer)

거칠기가 다른 3면으로 되어 있는 파일로 인조 손톱이나 자연손톱에 광을 낼 때 사용한다. 가장 거친 부분부터 부드러운 순서대로 문질러 광택을 낸다.

(8) 디스크패드(Disk Pad)

자연손톱 파일링 후 손톱에 남아있는 거스러미를 털어내기 위한 파일로 사용된다.

(9) 핑거볼(Finger Bowl)

따뜻한 물을 받아 손을 담그는 용기로 습식 매니큐어 시 사용한다. 손을 물에 불려 큐티클과 각질을 유연하게 하기 위해 사용한다.

(10) 더스트브러시(Dust Brush)

인조네일 시술 시 발생되는 분진이나 먼지를 털어낼 때 사용한다.

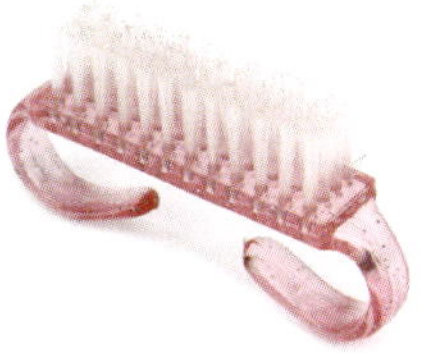

(11) 오렌지우드스틱(Orange Wood Stick)

폴리시를 바를 시 주변에 묻었을 때 우드스틱에 솜을 감아 닦아내거나 큐티클을 밀어 올릴 때 사용한다.

(12) 토 세퍼레이터(Toe Separator)

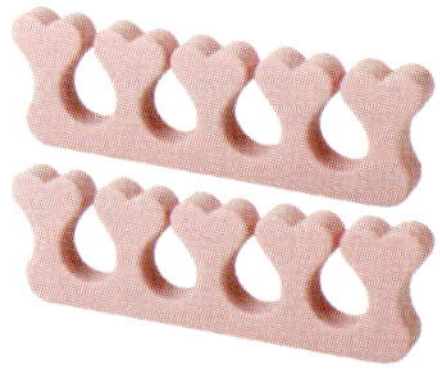

패디큐어 시 컬러링을 바를 때 발가락 사이사이를 벌려주는 도구로 패디큐어를 손쉽게 하기 위해 사용하며 찍힘을 방지한다.

(13) 패디파일(Faddy Fill)

발의 굳은살을 제거하기 위한 파일로 발이 건조된 상태에서 파일링 한다.

(14) 실크가위(Silk Scissors)

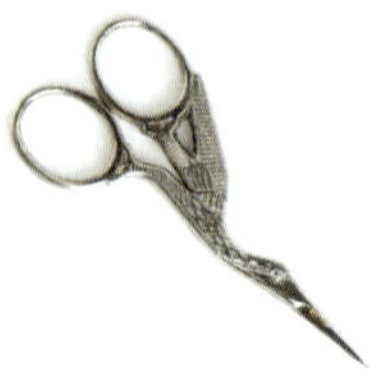

실크나 린넨을 자를 때 사용한다.

(15) 아크릴브러시(Acrylic Brush)

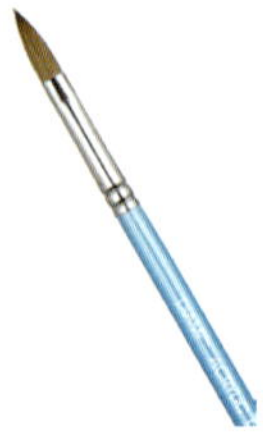

아크릴을 이용한 아트를 할 시 사용하는 브러시로 아크릴 파우더와 아크릴 리퀴드를 묻혀 사용한다.

(16) LED램프(LED Lamp)

LED와 UV램프가 장착되어 있어 젤 폴리시를 경화시킬 때 사용한다. 와트 출력에 따라 경화시간이 달라지며 와트 출력이 높을수록 빠르게 경화된다.

(17) 자외선소독기

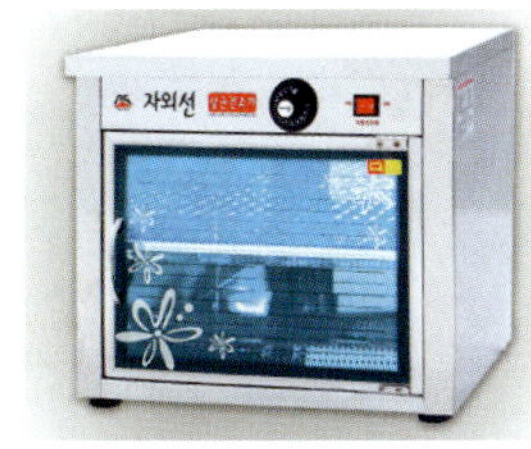

자외선의 살균력을 이용한 소독기로 철제도구 소독 시 사용한다.

(18) 각탕기

패디큐어 시 발의 큐티클이나 각질을 불려주는 역할을 하며 소독제를 물에 풀어 소독 작용과 온혈작용을 통해 혈액순환 촉진 효과를 준다.

(19) 네일드라이

폴리시의 건조를 도와주는 기기로 따뜻한 바람이나 찬바람이 나와 빨리 건조될 수 있도록 도와준다.

네일 재료

(1) 소독제(Antiseptic)

손과 발, 철제 기구 등을 소독할 때 사용하며 화장솜에 소독제를 묻혀 닦아내거나 직접 분사하여 소독한다.

(2) 베이스코트(Base Coat)

폴리시를 바르기 전 사용하는 제품으로 자연네일의 착색을 방지하고 화학 성분으로부터 보호하며 폴리시 색상이 오래 지속되도록 도와주는 역할을 한다.

(3) 톱코트(Top Coat)

폴리시를 바른 후 위에 발라주는 제품으로 광택감을 주고 폴리시가 오래 지속되도록 보호하는 역할을 한다.

(4) 폴리시(Polish)

에나멜, 컬러 등의 명칭으로도 불리며 다양한 색상의 폴리시를 얇게 2회 도포하여 손톱에 색상을 부여한다. 자연 바람이나 드라이어로 건조시킨다.

(5) 큐티클리무버(Cuticle Remover)

큐티클에 도포하여 큐티클이 연화시켜 유연해질 수 있도록 도와주는 제품으로 용이하게 제거될 수 있게 한다.

(6) 큐티클오일(Cuticle Oil)

손톱과 손톱 주변 피부에 유 수분을 공급하여 촉촉하게 관리하기 위해 사용한다.

(7) 아세톤리무버(Acetone Remover)

폴리시를 제거하기 위해 사용하며 솜에 적셔 폴리시 위에 올려 폴리시를 녹인 후 닦아내어 제거한다.

(8) 띠너(Thiner)

오랜 사용과 공기와 접촉하여 굳어진 폴리시에 띠너를 넣어 다시 부드럽게 녹여 사용할 수 있게 한다. 2~3방울 넣은 뒤 뚜껑을 닫고 손으로 굴려 다시 사용한다.

(9) 라이트글루(Light Glue)

묽은 형태의 접착제로 순간접착제라고도 불리며 실크 보수, 익스텐션 등 접착과 코팅의 기능을 한다.

(10) 젤글루(Gel Glue)

젤 제형의 접착제로 팁을 붙이거나 스톤을 붙일 때 사용하고 네일 전체에 발라 단단하게 코팅을 할 때 사용하기도 한다.

(11) 글루드라이어(Glue Dryer)

글루를 빨리 건조시키고자 할 때 사용하는 제품으로 액티베이터라고도 한다. 굳으면서 열을 발생하므로 10cm 정도 거리를 두고 분사하는 것이 좋다.

(12) 실크(Silk)

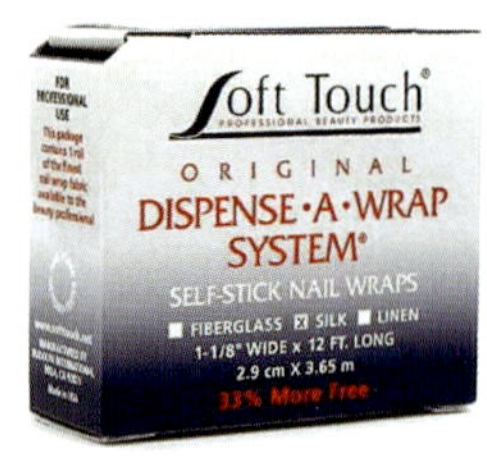

약한 네일을 보강하거나, 길이 연장, 찢어진 손톱이 더 이상 찢어지지 않도록 보수 할 때 사용되는 것으로 실크, 린넨, 화이버글라스 등이 사용된다.

(13) 필러파우더(Filer Powder)

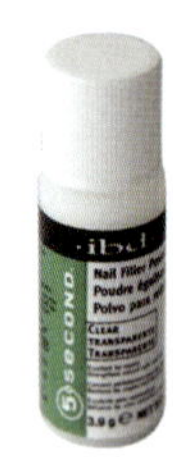

손톱에 두께감을 주거나 인조손톱과 자연손톱의 턱을 없앨 때, 찢어진 부분 보수할 때 등 라이트 글루와 함께 사용하며 필러파우더의 양이 많을 경우에 기포가 생길 수 있다.

(14) 지혈제(Hemostatic)

출혈을 멈추게 하는데 사용하며 출혈부위에 국소적으로 작용하여 직접 혈액을 응고시킨다. 알루미늄염, 염화철액, 타닌 등의 수렴제가 있고 대개는 국소용이다.

(15) 아크릴릭 폼(Acrylic From)

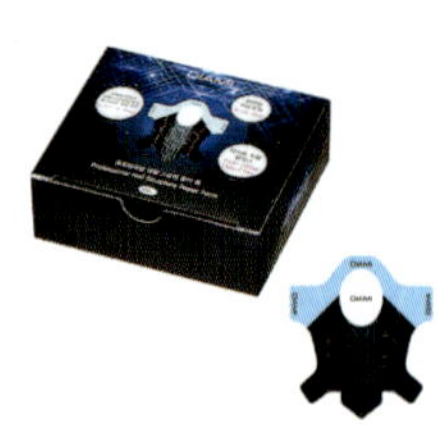

아크릴을 이용해 손톱을 연장하기 위해 사용하는 종이 받침대로 뒷면에 접착제가 있어 손톱 모양을 잡기 유용하다.

(16) 아크릴 파우더(Acrylic Powder)

폴리에틸 메타크릴레이트(Polymethyl Methacrylate)가 주성분으로 폴리머(Polymer)라고 불리며 인조 손톱을 연장하기 위한 재료 중 하나로 아크릴의 파우더 제형으로 리퀴드와 섞어 반죽하여 사용한다. 색상은 기본적으로 투명, 핑크, 화이트 등 다양한 색상이 있다.

(17) 아크릴 리퀴드(Acrylic Liquid)

모노머(Monomer)라고도 부른다. 아크릴 파우더와 함께 반죽해서 사용하며 온도에 따라 리퀴드가 굳는 속도가 달라진다. 따뜻할수록 빨리 굳으며 휘발성이기 때문에 사용 후 반드시 뚜껑을 닫아 보관한다.

(18) 프라이머(Primer)

메타크릴산(methacrylic Acid)이 주성분으로 인조네일 시술 전 자연 손톱에 발라 손톱의 유·수분을 제거하고 단백질을 녹여 인조네일이 더욱 밀착되어 오랜 기간 유지될 수 있도록 하며 세균번식을 막아준다.

(19) 페이퍼타월(Paper Towel)

물기를 닦거나 작업대 위생을 위해 깔아 놓고 거스러미와 먼지가 묻으면 바로 제거한다.

(20) **솜**(Cotton)

손, 발을 소독하거나 폴리시 제거 시 리무버를 묻혀 사용한다.

(21) **핸드로션**(Hand Lotion)

손과 발에 유 · 수분을 공급하고 마사지할 때 사용한다.

(22) **베이스젤**(Base Gel)

젤 시술 전 자연손톱을 보호하고 착색을 방지하기 위해 바르는 젤로 불투명한 용기에 들어있으며 젤 컬러가 오랫동안 유지될 수 있도록 도와준다. UV나 LED램프를 이용해 큐어링 하여 경화시킨다.

(23) **톱젤**(Top Gel)

젤컬러 시술 후 컬러를 보호하기 위해 덮어주는 젤로 광택을 부여한다.
UV나 LED램프를 이용해 큐어링 하여 경화시킨다.

(24) **빌더젤**(Hand Gel)

일반 젤보다 단단한 제형으로 하드젤, 익스텐션젤이라고 부르며 손톱을 연장하거나 스톤을 붙일 때 사용한다.

네일 형태

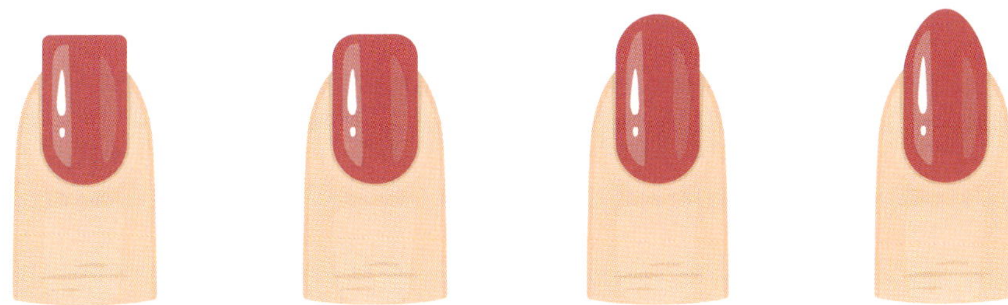

(1) 스퀘어(Sqare Shape)

가장 튼튼한 형태로 잘 부러지지 않아 사무직이나 컴퓨터 종사자들이 선호하는 쉐입이며 패디에 많이 사용된다. 단 손가락이 굵거나 짧은 사람은 단점을 극대화할 수 있어 피하는 것이 좋다.
스퀘어 쉐입 파일링의 각도는 바닥면에서 파일각도가 90° 되도록 하여 파일링을 한다.

(2) 스퀘어 오프(Sqare off Shape)

스퀘어 쉐입에서 날카로운 모서리를 둥글게 처리한 형태로 잘 파손되지 않으며 젊은층에서 유행하는 쉐입이다. 세련되고 도회적인 느낌을 준다.

(3) 라운드(Round Shape)

남녀노소 선호하는 형태로 안정감이 있다.
파일링 각도는 45°로 기울여 파일링 한다.

(4) 오벌(Over Shape)

손이 여성스러워 보이고 길어 보이는 효과를 나타내며 아몬드 모양을 나타낸다.
양쪽이 가늘어져 손톱이 충격에 잘 부러지거나 깨질 수 있는 단점이 있다.

(5) 포인트(Point Shape)

손이 가늘고 길어 보이는 효과를 주며 다양한 아트를 표현하는 대회용으로 많이 사용된다. 단점으로는 손톱이 너무 뾰족해 생활 시 불편함을 주고 잘 부러질 수 있다.

네일아트 종류

(1) 그라데이션(Gradation)

점진적으로 색상이 옅어지거나 진해지면서 자연스럽게 연결되는 디자인을 말한다. 스펀지나 그라데이션 붓을 이용해 경계부위를 여러 번 터치하여 경계가 생기지 않도록 하는 것이 중요하다.

(2) 라인 아트(Line Art)

라인테이프를 이용한 아트기법으로, 굵기는 얇은 것부터 두꺼운 것까지 있으며 일자모양부터 지그재그 모양까지 다양하게 있다. 프렌치 아트를 할 때 선이 깨끗하지 않을 시 라인테이프로 깔끔한 디자인을 완성할 수 있다.

(3) 프렌치(French)

손톱이나 발톱 끝부분에 폴리시를 칠하는 것으로 칠하는 형태에 따라 다양하게 연출이 가능하다.

① 라운드 프렌치(Round French)

손톱 끝 프리엣지 부분에 스마일 라인으로 컬러를 입혀주는 기법이다.

② 사선 프렌치(Diagonal French)

시크하고 세련된 느낌의 프렌치로 대각선으로 연결하여 사선느낌을 표현한다.

③ 딥 프렌치(Deep French)

손톱 전체의 1/2 이상 덮어진 형태의 프렌치이다.

④ 루눌라 프렌치(Lunula French)

큐티클 부분에 반달을 덮은 형태나 손톱 끝 부분에 반월 형태의 네일이다.

⑤ 컬러레이어트 프렌치(Colorlayered French)

두가지 색상의 네일을 겹쳐 그린 프렌치로 다양한 느낌을 연출한다.

⑥ 하트 프렌치(Heart French)

손톱 끝에 하트 모양으로 그린 프렌치

(4) 핸드 페인팅(Hand Painting)

아크릴 물감이나 페인팅 젤을 이용하여 다양한 색상과 다자인 표현이 가능한 네일이다. 캐릭터, 계절, 마블 등의 주제를 선정하여 손톱 위에 디자인한다.

(5) 포토 트랜스(Photo Trans)

잡지나 신문상에 원하는 그림이나 글자 위에 톱코트를 도포하여 말린 뒤 뒷면을 벗겨내고 손톱에 부착하는 방법으로 다양한 디자인을 만들어 표현할 수 있다.

(6) **스톤 아트**(Ston Art)

인조 스톤이나, 스와로브스키 등의 보석을 말하여 다양한 모양의 스톤을 손톱에 올려 디자인을 연출한다. 스톤을 붙일 때는 스톤 전용 글루나 빌더젤을 이용해 붙이고 이물감이 들지 않도록 스톤 주변을 잘 메워 준다.

(7) **워터 마블**(Water Marble)

프랑스어로 마르브뤼르라고 부르며 물과 기름의 섞이지 않는 원리를 이용한 것으로 물 위에 다양한 폴리시 색상을 떨어뜨려 얇은 막대기로 마블을 하여 손톱에 부착한다.

(8) **에어브러시**(Airbrush)

에어브러시는 공기의 압력을 이용하여 색상을 고르게 분사해 도포하는 것으로 자연스러운 그라데이션을 표현해 주며 스텐실과 같은 효과를 나타낸다.

네일 연장 종류

(1) 실크 익스텐션(Silk Extension)

실크 위에 필러파우더와 글루를 적절히 혼합하여 손톱의 두께감을 만들어 연장하는 방법이다. 연장 시 두께감이 얇고 자연스럽게 연장이 가능하다.

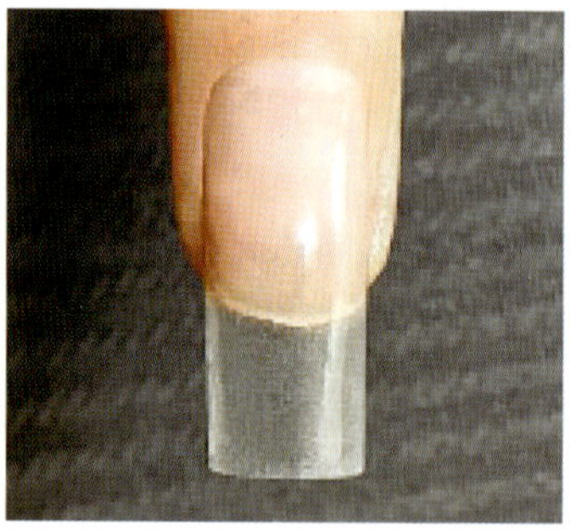

네일 랩 종류

종류	특징
실크 (Silk)	명주실로 촘촘하게 짜여진 천으로 손톱 위에 붙이면 투명하고 강하면서 자연스럽다.
린넨 (Linen)	실이 굵어 다른 랩보다 강하고 견고하지만 두껍고 투박해 짙은색 폴리시로 가려야 한다는 단점이 있다.
화이버글래스 (Fiber Glass)	가느다란 인조섬유로 짜여져 오래 견디며 글루가 잘 스며든다.
페이퍼랩 (Paper Lap)	매우 얇은 종이로 임시 랩으로 많이 사용한다.

(2) 아크릴 익스텐션(Acrylic Extension)

아크릴 네일, 스컬프쳐(Sculptured)라고 하며 파우더와 아크릴리퀴드를 혼합하여 형태를 만드는 것을 말한다. 치아성형을 위해 덴탈 브러시로 아크릴 파우더를 섞어 치아를 성형하는 데 사용한 것에서 유래되었으며 아크릴 네일의 장점으로는 다른 인조 네일보다 견고하고 내구성이 강해 지속력이 좋다.

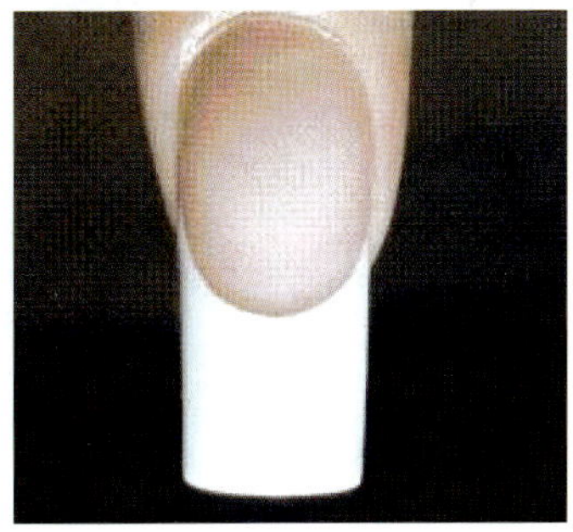

아크릴 성분 특징

종류	특징
모노머 (Monomer)	리퀴드라 부르며 강화 및 경화 속도를 조절하는 액체이다.
폴리머 (Polymer)	파우더 형으로 리퀴드와 섞였을 때 경화된다. 파우더는 안료 첨가에 따라 다양한 색상을 나타내고 습기에 약하므로 건조한 곳에 보관하는 것이 좋다.
카타리스트 (Catalyst)	촉매제로 빨리 굳을 수 있도록 도와주는 물질이다. 양의 함유량에 따라 굳는 시간을 조절할 수 있다.

(3) 젤 익스텐션(Gel Extension)

현재 사용되고 있는 연장 중 제일 자연스럽다는 장점을 가지고 있으며 투명도가 높고 연장 시 냄새가 없다. 젤을 올릴 때 두께 조절이 가능하여 파일링 할 필요가 없고 인조네일 중 가장 쉽게 제거된다.

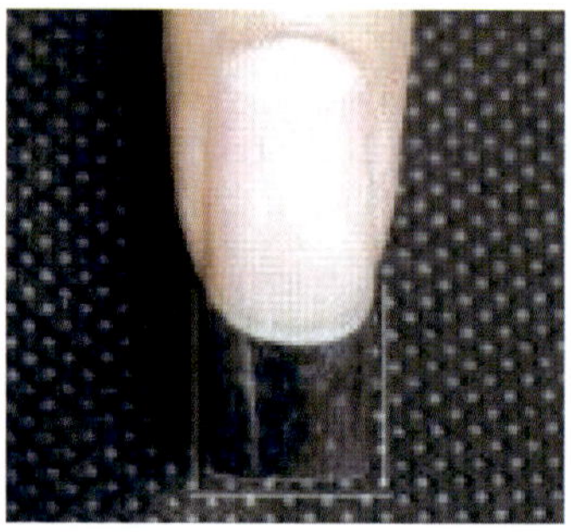

젤 종류

종류	특징
라이트 큐어드 젤 (Light Cured Gel)	자외선이나 LED 빛에 노출 시켜 젤을 응고시키는 방법이다.
노 라이트 큐어드 젤 (No Light Cured Gel)	광선이나 빛을 사용하지 ㅇ낳고 물에 담그거나 젤 활성액을 사용해 젤을 응고시키는 방법으로 짙은 글루 제형으로 되어 있다.

(4) 팁 익스텐션(Tip Extension)

팁이란 인조손톱을 말하며 자연네일 위에 올려 길이를 연장하고 손톱의 형태를 교정하고 보호하는 기능을 가지고 있다. 재질은 플라스틱, 나일론, 아세테이트 재질로 만들어진 것이 대부분이며 팁 자체만 시술 시 부러질 수 있어 위에 랩을 올려 단단하게 고정한다.

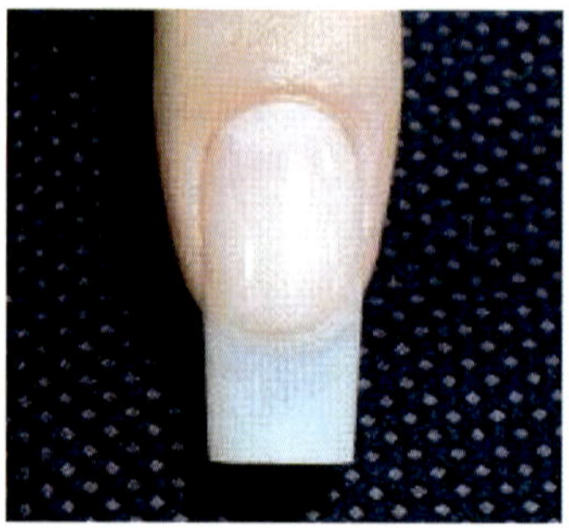

팁의 종류

종류	특징	사진
풀팁 (Full tip)	손톱 전체를 덮는 팁을 말한다.	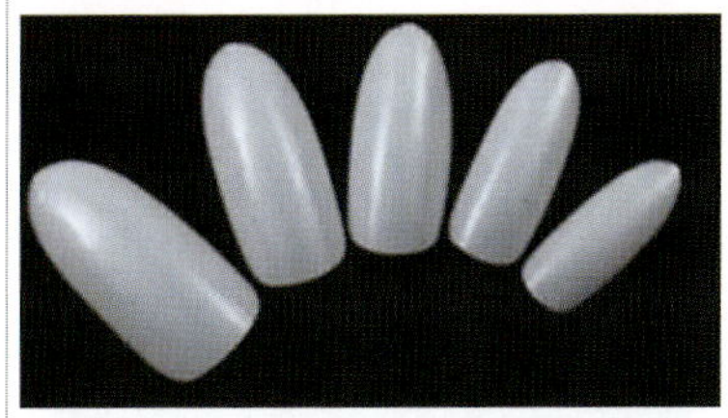
하프팁 (Haif tip)	손톱 끝부분에만 부착하여 길이를 조절하는 팁을 말한다.	
오발팁 (Ovel Tip)	손톱 끝 모양이 아몬드 모양처럼 생긴 디자인을 말한다.	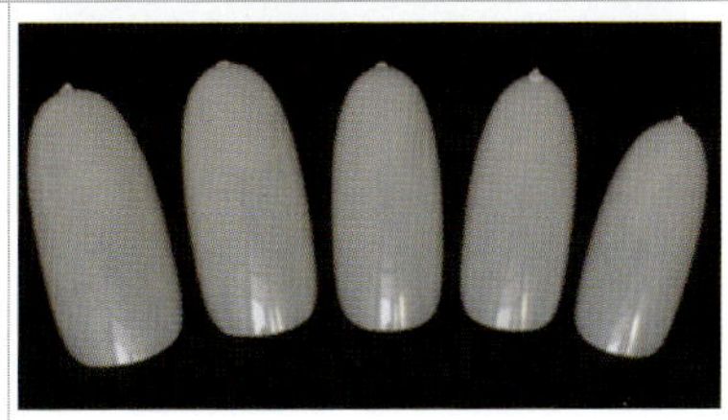
스퀘어팁 (Square Tip)	손톱 끝 모양이 사각형 형태를 띠고 있는 디자인을 말한다.	
디자인팁 (Design Tip)	인조손톱에 다양한 디자인이 그려져 있는 팁을 말한다.	

Part 04

미용기초이론

Cosmetology Introduction

17 CHAPTER

공중보건학

1 건강과 질병

건강의 개념

(1) 건강개념의 변천

① 생물의학적 건강개념

생물의학적 건강개념은 데카르트의 이원론에 기초를 두고 있다. 정신과 육체는분리되어 있으며 정신은 신의 영역으로 과학의 대상이 될 수 없으나 육체는 마치기계처럼 인간의 지식에 의하여 설명될 수 있다고 보았다.

- 질병관 : 인체를 기계적인 구조로 보고 질병은 기계의 고장으로 이해한다. 이러한 기계론적 질병관에 의하면 건강은 곧 질병이 없는 상태이다.
- 병인론 : 질병은 특정 세균이나 화학물질 등 단일한 원인에 의하여 발생된다고 간주한다. 이를 '단일 병인론'이라고 한다.
- 질병의 치료 : 질병의 치료는 특정 병원체를 없애는 것이며, 약물이나 수술 등 국소적인 치료방법을 강조한다. 예방보다는 치료를 중시한다.
- 의사의 역할 : 의사의 역할은 기계를 고치는 것, 즉 질병을 고치는 것이다. 의사만이 건강문제를 해결할 수 있는 능력을 지니는 것으로 여긴다.

② 건강의 생활개념

- 생물의학적 개념은 신체와 정신을 분리하여 건강을 신체개념으로 파악하였으나 19세기 중엽 이후에는 신체와 정신은 불가분의 관계로 보는 심신개념이 등장하였다.
- 20세기 중반 이후 세계보건기구(WHO)가 건강의 정의를 공표하면서 신체적, 정신적 건강은 물론 사회적 안녕의 상태까지 포함하는 생활개념이 대두되었다.

(2) 건강의 정의

① 세계보건기구의 정의

- 건강이란 단순히 질병이 없거나 허약하지 않다는 것을 말하는 것이 아니라 신체적 · 정신적 및 사회적 안녕의 완전한 상태이다.
- 사회적 안녕이란 사회속에서 각자에게 부여된 기능과 역할을 충실히 수행하면서 사회생활을 영위할 수 있는 상태를 의미한다.

② 다양한 건강의 정의

- 버나드(C. Bernard) : 건강이란 외부환경의 변화에 대하여 내부환경의 항상성(Homeostasis)이 유지된 상태이다.
- 듀보(Dubos) : 건강을 "기능할 수 있는 능력"이라고 하였다. 즉 원하는대로 움직일 수 있는 신체적 조건이 바로 건강을 의미하게 된다.
- 파슨(Parsons) : 건강이란 각 개개인이 사회적인 역할과 임무를 효과적으로 수행할 수 있는 최적의 상태이다.

③ 적극적 건강(Positive Health)

- 적극적 건강이라 함은 자신의 잠재력을 최대한 발휘하여 이상을 실현해 갈 수있는 건강상태를 말한다. 단순히 질병에 걸리지 않고 손상 · 장애가 없는 상태인 소극적 건강(Negative Health)을 넘어서 신체적, 정신적으로 안녕한 상태를 누리면서 활발하게 가족 · 직장생활 등 사회적 활동을 할 수 있는 상태를 말한다.

(3) 기본권으로서의 건강

① 세계보건기구 헌장의 전문

얻을 수 있는 최고의 건강을 향유하는 것은 인종,종교, 정치적 신념, 경제적 혹은 사회적 조건 등에 관계없이 모든 인간의 기본적인 권리이다.

② 세계인권선언문

인간은 누구나 태어날 때부터 건강을 향유할 권리가 있으며, 국가 사회는 이러한 권리를 보장할 의무를 가진다.

③ 우리나라 헌법 제34조

모든 국민은 인간다운 생활을 할 권리를 가진다. 국가는 사회보장 · 사회복지 증진에 노력할 의무를 진다. 신체장애자 및 질병 · 노령 기타의 사유로 생활능력이 없는 국민은 법률이 정하는 바에 의하여 국가의 보호를 받는다. 또한 헌법 제36조에는 모든 국민은 보건에 관하여 국가의 보호를 받는다."라고 규정하고 있어 사회보장 및 의료보장에 대하여 분명히 하고 있다.

(4) 보건의료서비스 형평성

① 접근의 형평성

건강요구에 대한 보건의료서비스의 동등한 접근이다. 보건의료가 지역적으로 공평하게 분포되어져야 접근이 용이하다.

② 이용의 형평성

건강요구에 대한 동등한 이용이다. 사회경제적인 이유로 인하여 보건의료서비스 이용에 차이가 있어서는 안된다.

③ 질적 형평성

동등한 질적 서비스의 제공이다. 보건의료서비스 제공자는 서비스를 필요로 하는 모든 사람들에게 동등한 양질의 보건의료서비스를 제공하여야 한다.

(5) 인간의 수명

① 평균수명

인구집단의 건강수준을 나타내는 대표적인 보건지표 중의 하나이다. 평균수명이란 출생 후 앞으로 생존하게 될 평균 년수를 말한다.

② 건강수명

출생 후 건강한 상태로 살아가게 될 것으로 기대되는 년수를 말한다. 선진국에서는 국민의 건강수준을 측정할 때 건강수명의 개념을 활용하고 있다.

질병의 개념

(1) 질병의 발생

- 고든(Gordon)은 질병 혹은 유행의 발생기전을 환경이란 저울받침대의 양쪽 끝에 병원체와 숙주라는 추가 놓인 저울대에 비유하여 설명하고 있다. 개인 혹은 지역사회의 건강상태는 병원체, 숙주, 환경요인 들이 평형을 이룬 상태이다. 이 3개의 요인 중 어느 한가지 요인이라도 변화를 일으키게 되면 평형은 깨어지고, 기울어진 상태가 질병 혹은 유행이 발생된다는 이론이다.
- 클라크(Clark)의 질병발생의 3원론(三元論) : 역학적 견지에서 병인, 숙주, 환경 3요인의 상호작용에 의하여 질병이 발생된다고 보았다. 병인이라 함은 질병발생의 원인으로 병원체 뿐만 아니라 화학물질, 영양물질, 물리적 소인, 유전적 소인 등을 포함한다.

(2) 질병의 자연사

리벨(Leavell)과 클라크(Clark)는 질병의 자연사를 비병원성기, 조기병원성기, 조기질환기, 발현된 질환기, 회복기 등 5단계로 구분하였다.

① 제1단계 : 비병원성기

숙주의 저항력이나 환경요인이 숙주에게 유리한 상태로 건강을 유지하는 상태이다. 예방적 조치로는 건강증진활동, 환경위생개선, 영양공급 등을 예로 들 수 있다.

② 제2단계 : 조기병원성기

병인의 자극이 형성되는 단계이다. 숙주의 면역강화로 특수 질병에 대한 저항력을 높여 건강을 유지하는 단계이다. 예방적조치로는 특수 질병에 대한 예방접종을 예로 들 수 있다.

③ 3단계 : 조기질환기

병인의 자극에 대하여 숙주가 어느 정도 반응을 일으키는 상태로서 병적 변화의 초기 단계이다. 전염병인 경우는 잠복기, 만성질환의 경우는 전혀 자각증상이 없는 시기이다. 예방적 조치로는 각종 검사를 통한 조기진단이나 집단검진으로 질병을 미리 파악하는 조기발견 및 조기치료를 예로 들 수 있다.

④ 4단계 : 발현된 질환기

발현된 질환기는 임상질환기에 해당한다. 해부학적 또는 기능적으로 변화가 생겨서 뚜렷한 임상증상이 나타나는 시기이다. 따라서 예방적 조치로는 치료를 통하여 질병의 악화방지, 장애의 최소화를 예로 들 수 있다.

⑤ 5단계 : 회복기

회복기는 재활의 단계이다. 예방적 조치로는 환자에게 질병으로 인한 정신적 · 신체적 후유증(불구)이 최소가 되도록 하고 잔여 기능의 최대화, 사회복귀훈련 등을 예로 들 수 있다.

(3) 질병의 예방

① 1차적 예방

건강한 개인을 대상으로 질병이나 특정 건강문제가 발생하기 전에 질병을 예방하는 것이다.
1차적 예방대책은 크게 두 가지로 나눌 수 있다. 첫째는 가정, 직장, 학교에서의 생활조건을 개선하고 건강생활에 필요한 보건지식을 습득하게 하고 이를 실천하도록 하는 보건교육도 포함된다. 둘째는 예방접종, 환경관리, 안전관리 등 특수 대책을 강구하는 것으로 건강을 저해하는 요소를 제거하는 것이다.

② 2차적 예방

질병의 초기에 있는 즉 조기 질환기에 있는 사람들을 가능한 빨리 찾아내고 적절한 치료를 받도록 함으로써 질병을 조기에 차단하여 원래의 건강상태를 되찾도록 하는 조치이다. 즉 조기발견 및 조기치료이다.

③ 3차적 예방

질병의 악화를 방지하기 위한 조치 및 치료를 하였음에도 불구하고 장애가 남는사람들의 신체 기능을 회복시키는 단계이다. 재활서비스를 제공하거나 사회복귀 훈련을 시켜준다.

2 공중보건학의 개념

공중보건학의 개념

(1) 공중보건학의 정의(Winslow)

공중보건학이란 조직적인 지역사회의 노력을 통하여 질병을 예방하고 수명을 연장시키며, 신체적 · 정신적 효율을 증진시키는 기술이며 과학이다. 다음과 같은 조직적인 지역사회의 노력에 의한다.

- 환경위생관리
- 전염병관리
- 개인위생에 관한 보건교육
- 질병의 조기발견과 예방적 치료를 할 수 있는 의료 및 간호서비스의 조직화
- 모든 사람들이 자기의 건강을 유지하는데 적합한 생활 수준을 보장받도록 사회제도의 발전

TIP **공중보건학의 목표**

질병 예방, 수명 연장, 신체적 · 정신적 효율 증진

(2) 공중보건학의 관련 학문

① 공중위생학

공중위생학은 많은 인간집단의 건강관리와 질병예방을 다루는 학문이다.

② 위생학

환경위생에 중점을 둔 개인위생이 주가 되는 학문이다.

③ 예방의학

의학을 기초로 하여 개인 또는 가족 중심으로 질병을 예방하고 건강을 증진시키는 학문이다.

④ 지역사회보건학

지역사회보건학은 지역사회를 이루는 모든 요소를 고려하여 지역사회가 주도적으로 지역사회 보건문제 해결에 관한 학문이다.

⑤ 지역사회의학

지역사회의학은 보건의료인 및 지역사회의 자발적인 노력을 통하여 주민들에게 포괄적인 보건의료서비스를 제공하는 것을 목적으로 하는 학문이다.

⑥ 사회의학:

회의학은 질병 또는 건강과 관련된 사회적인 요인을 규명하여 유해요인을 제거함으로써 건강을 증진시키는 학문의다.

⑦ 건설의학

건설의학(Constructive Medicine)은 최고 수준의 건강을 목표로 하여 건강을 향상시키기 위한 적극적인 건강관리 방법을 연구하는 학문이다.

(3) 보건의료의 개념

① 의료(Medical Care)

질병을 치료하는 활동을 말한다.

② 보건의료(Health Care)

질병을 예방하고 치료하는 활동을 의미한다. 의료가 자연과학적인 접근에 의한 활동이라면 보건의료는 자연과학 뿐만 아니라 사회과학적접근이 가미된 활동이라 할 수 있다.

③ 포괄적인 보건의료(Comprehensive Health Care)

건강증진 활동, 질병의 예방, 치료, 재활서비스를 전부 포함하는 보건의료를 말한다.

(4) 일차보건의료

① 일차보건의료의 정의

일차보건의료란 지역사회 수준에서 지역사회 주민들에게 필요한 가장 기본적이고 필수적인 보건의료를 말한다.

② 일차보건의료의 접근방법

- 이용의 용이성으로 쉽게 보건의료를 이용할 수 있어야 한다.
- 지역사회의 수용성으로 지역사회가 쉽게 받아들일 수 있는 방법으로 사업이 제공되어야 한다.
- 지역사회의 적극적인 참여로 사업이 이루어져야 한다.
- 저렴한 비용으로 지역사회의 지불능력에 맞는 보건의료비로 사업이 제공되어야 한다.

③ 일차보건의료의 내용

지역사회 주민의 기본적인 건강문제를 일차적으로 조치할 수 있는 것으로 크게 9가지로 구분하고 있다.

- 지역사회의 건강문제 규명 및 관리방법의 교육(보건교육)
- 식량의 공급과 영양의 증진
- 안전한 물의 공급과 기본적인 환경위생
- 가족계획을 포함한 모자보건
- 지역사회 주된 전염병의 예방접종
- 그 지역의 지방병 예방 및 관리
- 통상질환과 상해의 적절한 치료
- 정신보건의 증진
- 기본적인 약의 제공

(5) 지역사회 보건수준의 평가

- 국가나 지역사회의 건강수준을 비교하는데 흔히 사용되고 있는 보건지표로는 평균수명, 보통사망률, 비례사망지수이다. 이는 세계보건기구가 권장하고 있는 보건지표이다.
- 영아사망률은 종합적인 보건지표로서 대표적이라 할 수 있으나 산출이 용이하지 않기 때문에 국가나 지역사회 간의 보건수준을 비교하는데 어려움이 있다.

TIP 건강수준을 비교하는 대표적 지표

평균수명
보통사망률
비례사망지수

공중보건학의 발전사

(1) 고대기(기원전~500년)

- 그리스시대의 의성 히포크라테스는 그의 전집 "공기 · 물과 토지에 관하여"에서 사람과 환경과의 부조화가 질병을 발생시킨다고 보았다.
- 장기설(Miasma Theory) : 오염된 공기가 우리 몸속에 들어와서 질병이 발생한다.
- 4액체설 : 인체는 혈액 · 점액 · 황담즙 · 흑담즙으로 되어있다.

(2) 중세기(A.D 500년~1500년)

- 중세기는 서구 문명의 암흑기로, 모든 것을 선악설에 의존하는 종교적인 사상이 지배적인 시기였다.
- 13세기에는 나병(Leprosy)이 유행하였고, 14세기의 페스트 유행은 전유럽 인구의 1/4에 해당하는 2,500만명의 사망자가 발생하였다. 페스트가 대유행 할 때에는 40일 간의 교통을 차단하였는데, 여기서 검역(Quarantine) 제도가 유래되었다.
- 방역의사, 빈민구제의사, 경찰의 등의 활동이 활발하였으며, 사람이나 가축의 사체가 부패할 때 질병 전파를 막기위하여 불결물제거법, 급수법, 식품위생법, 시가청결법, 건축위생법 등이 제정되었다.

(3) 여명기(A.D 1500년~1850년)

- 여명기는 요람기라고도 하는데, 이 시기는 문예부흥(1453~1600)으로 근대사회로 전환되는 시기이며 근대 과학기술이 태동하였고, 프랑스혁명과 영국의 산업혁명(1760~1830)으로 공중보건의 사상이 싹튼 시기이다.
- Ramazzini는 직업병에 관한 저서를 발간하여 산업보건에 기여한 바가 컸다. 독일의 Frank는 "국민의 건강을 확보하는 것은 국가의 책임이다."라는 생각으로 전의사경찰체계(全醫事警察體系)라는 12권의 저서를 발간하였다. 이 책은 신체위생, 정신위생, 국민 보건에 관한 모든 문제를 망라하고 있어 최초의 공중보건학 저서라고 일컬어진다.

- 1798년 영국의 Jenner는 우두접종법을 개발하여 19세기 초반 전 유럽에서 두창 예방접종이 실시되었다. 영국 Chadwick은 열병환자를 조사하여 Fever Report를 발표하였으며 또한 "대영제국 노동자 계층의 위생상태에 관한 보고"라는 보고서를 발간하였다. 이 보고서는 위생개혁의 중요성과 보건행정기구의 필요성을 제시함으로서 영국에서는 1848년에 세계 최초의 공중보건법(Public Health Act)이 제정되었으며, 이 법에 근거하여 공중보건국과 지방보건국이 설치되었다.
- 미국에서는 1842년에 Shattuck이 보건분야의 지침서라고 불리우는 "매사츄세츠 위생위원회 보고서"를 제출하였는데, 그 내용은 중앙 및 지방보건국 설치, 보건정보교환체계, 위생감시제도 확립, 매연공해대책, 도시 및 건물위생관리, 정기 신체검사, 결핵 및 정신병 관리, 학교보건, 보건교육, 예방사업 등으로 공중보건 분야를 총망라함으로써 미국 공중보건 역사의 이정표가 되었다.

(4) **확립기**(A.D 1850년~1900년)

- 이 시기 유럽에서는 세균학 및 면역학 분야의 많은 업적들이 나옴으로써 예방의 학적 사상이 싹트기 시작한 시기이다.
- 영국의 John Snow가 1855년 발표한 "콜레라 발생의 전파양식에 대하여" 역학조사보고서의 전염병 세균감염설은 그동안 믿었던 장기설을 뒤집게 되었다.
- 1866년 독일의 Pettenkofer는 뮌헨대학에 최초로 위생학교실이 개설함으로써 의복, 환기, 난방, 상하수, 영양 등에 관한 실험위생학의 기초를 확립하였다.
- 프랑스의 Pasteur는 탄저균(1877), 닭콜레라균(1880)의 발견과 광견병 항혈청(1883)을 개발하였으며, 독일의 Koch는 파상풍균(1878), 결핵균(1882), 콜레라균(1883)을 발견하였다.

(5) 발전기(1900년 이후)

① 포괄적 보건의료의 대두

지역사회의 다양한 요구에 부응하기 위한 포괄적인 보건의료서비스의 필요성이 대두되어 공중보건학과 치료의학이 조화를 이루게 되었다. 특히 보건학의 전문적 분화로 모자보건, 학교보건, 보건의료사업 등 대인적 보건의료가 발전하게 되었다.

② 사회보장제도의 발전

1911년 영국에서는 국민보험법을 제정하였으며, 1948년에는 국민보건서비스제도가실시되었다. 한편 미국에서는 1935년 사회보장법이 제정되었다.

③ 보건소제도 및 국제보건 관련기구의 발전

영국에서는 1920년대 이후 일반의사에 의한 1차의료 및 조직적인 질병예방을 위하여 보건소가 확대 보급되었다. 미국에서는 1911년 보건소가 처음으로 설치되었지만 제1차 세계대전 이후에 보건소가 확대되었다. 주요 서비스는 모자보건, 결핵예방, 보건교육 등이 실시되었다.

한편 국제적 차원에서 협력을 통해 보건문제들을 해결하기 위해서 WHO, UNEP 등 국제보건 및 환경 관련기구들이 생겨났다.

세계보건기구는 1978년 알마아타회의에서 인류의 건강을 실현하는 최선의 방법은 일차보건의료(Primary Health Care)라 보았다. 이에 따라 각국에서는 일차보건의료사업이 활발히 전개되었다.

1986년에는 캐나다 오타와에서 제1차 건강증진을 위한 국제회의가 개최되었다.

보다 나은 건강을 향유하기 위해서는 생활양식 전체의 바람직한 변화를 가져올 수 있도록 보다 적극적인 사회운동으로서 건강증진활동이 강조되었다.

④ 생명과학의 발전

2000년에 들어서면서 인간 유전자가 완전 분석되고 게놈(Genome) 프로젝트 등생명과학의 발전은 보건의료 분야에서 획기적인 변화가 일어날 것으로 예상된다.

3 보건지표

보건지표의 개념

(1) 보건지표의 정의

보건지표(Health Index, Health Indicator)란 인간의 건강상태 뿐만 아니라 이와관련된 제반사항, 즉 보건정책, 보건의료제도, 보건의료자원, 자연환경, 인구규모와구조, 국민의 보건에 대한 의식과 가치관 등에 대한 전반적인 수준이나 특성을 나타내는 척도이다.

건강지표란 인간의 건강수준이나 특성을 나타내는 수량적인 척도로 보건지표보다는 훨씬 축소된 개념이다.

> **TIP 보건지표의 조건**
> ① 이용가능성(Availability)
> ② 일반화(Universality)
> ③ 지표의 수용성(Acceptance)
> ④ 재현성(Reproducibility)
> ⑤ 특이성(Specificity)
> ⑥ 민감성(Sensitivity)
> ⑦ 정확성(Validity)

(2) 보건지표의 구분

① 보건정책지표

- 국민 건강에 대한 정치적인 공약 및 정책
- 보건자원의 분배 및 공평정도
- 보건사업에 대한 지역사회의 참여도

② 보건에 관련된 사회 · 경제적인 지표

- 인구
- 국민소득
- 수입분포

- 경제활동
- 성인 교육정도
- 주택환경
- 식량유용성

③ 보건의료관리지표

- 1차보건의료에 의한 서비스의 범위
- 의료의 효용성
- 물리적 접근성
- 경제적 · 문화적 접근성
- 의료의 활용성
- 의료의 질

④ 건강상태지표

- 아동의 영양 및 정신발달 상태
- 영아사망률
- 유아사망률
- 평균수명
- 모성사망률
- 사인별사망률
- 발생률 · 유병률
- 체장애률
- 사회적 · 정신적 건전성

사망지표

(1) 보통사망률(Crude Death Rate)

보통사망률은 조사망률(粗死亡率)이라고도 한다.

(2) 성별 · 연령별 특수사망률(Age-Sex Specfic Death Rate)

특정 성별 · 연령별 년간 총 사망자 수 / 해당집단의 연앙 인구×1,000

(3) 영아사망률(Infant Mortality Rate)

영아란 생후 1년 미만의 아이를 말한다.

(4) 신생아사망률(Neonatal Mortality Rate)

신생아는 생후 28일 미만의 아이를 말하며 생후 28일부터 1년 미만의 아이를 후기신생아(Post-neonatal Period)라 한다.

(5) 사산율(Fetal Death Rate, Still birth Rate)

사산아는 죽어서 태어나는 아이를 말한다. 사산율 계산시 분모는 총 출생아수와 총 사산아수를 합한 총 출산아수로 한다.

(6) 주산기사망률(Perinatal Mortality Rate)

어느 해의 임신 28주 이후(28 Completed Weeks)의 사산아수와 생후 7일 미만의 초생아 사망아수가 그 해의 총 출산아수에 대해 차지하는 비율이다.

(7) 모성사망률(Maternal Mortality Rate)

모성사망이란 임신 · 출산 · 산욕의 합병증 등으로 인한 산모의 사망을 말한다. 모성사망률은 모성사망비라고도 한다.

(8) 비례사망지수(Proportional Mortality Indicator : PMI)

비례사망지수는 연간 총 사망자수 중에서 50세 이상의 사망자수가 차지하는 백분율을 말한다.

출산력지표

(1) 보통출생률(Crude Birth Rate)

연간 출생아수를 인구 1,000명당으로 나타낸 것으로, 조출생률(粗出生率)이라고도 한다.

(2) 일반출산율(General fertility rate, GFR)

가임연령의 여자인구에 대한 특수출생률을 말한다.

일반출산율 = 연간 총 출생아수 / 가임연령의 여자 인구 × 1,000

(3) 연령별출산율

f(x) = x세 여자가 낳은 출생아수 / x세의 여자 인구 × 1,000

(4) 합계 출산율(Total Fertility Rate)

한 여성이 일생을 지내는 동안에 아이를 몇 명이나 낳는가를 나타낸 것이 합계출산율(TFR)이다. 가임연력의 연령별 특수 출산율의 합계라 할 수 있다.

(5) 총재생산율(Gross Reproduction Rate)

총재생산율(GRR)이란 한 여성이 일생동안 여아를 몇 명이나 낳는가를 나타낸 것이다. 이는 가임연령 여자의 연령별 여아 출산율의 합계라 할 수 있다.

(6) 순재생산율(Net Reproduction Rate)

태어난 여자 아이가 가임연령에 달할 때까지 생존해 있어야 비로서 세대교체가 일어날 수 있다. 그러나 도중에 사망하는 여자도 있으므로 가임기간의 각 연령에서 여아를 낳는 연령별 특수출산율 fx(F)에 여자가 그 연령에 달할 때까지의 생존율을 곱해서 합하면 순재생산율(NRR)이 된다.

4

인구와 보건

인구의 개념

(1) 인구의 정의

인구(Population)란 어느 특정 시간에 일정지역에 거주하고 있는 사람의 집단을 말한다. 인구는 출생, 사망 그리고 이동에 의하여 변화하는데 이를 인구변화의 3요소라 한다.
인구는 폐쇄인구, 안정인구, 정지인구 등으로 분류할 수 있다.

① 폐쇄인구

인구의 사회적인 증감이 없고 단지 자연적, 생물학적인 출생과 사망에 의해 형성되는 인구

② 안정인구

폐쇄인구가 일정한 출생률과 연령별 사망률을 유지할 때 어떤 일정한 인구구성을 유지하면서 증가 또는 감소하는 인구

③ 정지인구

안정인구에서 자연인구증가율이 0인 즉 인구의 증감이 없는 무성장인구인 가상적인 인구

(2) 인구론

① 맬서스주의(Malthusianism)

맬서스는 "인간이 생존을 위해 식량은 필수적이고, 남녀간의 생식활동은 필연적이다."라는 두 가지 원리에 근거하여 식량증가는 산술급수적이기 때문에 인구의 증식을 식량과 연관하여 인구론을 전개하였다. 이를 맬서스주의라 한다. 맬서스는 인구규제 방법으로 만혼주의, 성적 순결 및 도덕적 억제를 주장하였다.

- 규제의 원리 : 인구는 반드시 생존자료인 식량에 의하여 규제된다.
- 증식의 원리 : 인구는 특별한 방해요인이 없는 한 생존자료가 증가하면 인구도 증가한다.
- 인구파동의 원리 : 인구는 증식과 규제의 상호작용에 의하여 균형에서 불균형으로, 다시 균형회복으로 부단히 인구의 양적 파동이 주기적으로 반복하게 된다.

② 신맬서스주의(Neo-Malthusianism)

일반인에게 성적 억제란 실제로는 무리한 요구이기 때문에 영국의 플레이스(Francis Place)는 피임에 의한 산아조절을 주장하였다. 이를 신맬서스주의라 한다.

③ 적정인구론

캐난(E. Cannan)은 인구의 과잉상태를 식량의 구매력 여부, 타 산업의 발전 등을 고려하여 주어진 여건 속에서 최대의 생산성을 유지하고, 최고의 생활수준을 실현할 수 있는 인구를 적정인구 또는 적도(適度)인구라 하였다.

인구조사 및 생명표

(1) 인구정태 및 인구동태

① 인구정태

인구정태통계란 일정 시점에 있어서 일정 지역의 인구의 크기, 자연적(성별 · 연령별), 사회적(국적별 · 배우관계별), 경제적(직업별 · 산업별) 인구구조, 인구밀도, 인구분포 등에 관한 통계를 말한다. 국세조사는 정태통계를 산출하기 위한 방법에 해당한다.

② 인구동태

일정 기간에 출생, 사망, 이동(전입 및 전출) 등에 의해서 끊임없이 인구가 변동되는 사항을 인구동태라 한다. 출생, 사망, 이동, 혼인, 이혼 등의 통계가 인구동태통계에 해당한다. 인구동태통계는 신고자료에 의해서 작성된다.

(2) 생명표

생명표(Life Table)란 인구집단에 있어서 출생과 사망에 의한 생명현상을 이용하여 각 연령에서 앞으로 살게 될 것으로 기대되는 평균여명(기대여명)을 나타낸 표이다. 평균수명은 기대수명이라고도 하는데 0세에서의 평균여명을 말한다.
생명표는 생존수, 사망수, 생존율, 사망률, 사력(死力), 평균여명 등 6종의 생명함수로 나타낸다. 생명표 작성에서 가장 기본이 되는 것은 성별 · 연령별 사망률이다.

인구성장

(1) 인구성장론

인구의 성장은 출생, 사망 그리고 사회적 요인인 이동에 의하여 결정된다. 한편인구가 변천해 온 과정을 설명하는 이론을 인구변천(Demographic Transition)이론이라 한다.

① 톰슨(Thompson)의 인구변천 3단계

- 제1단계 : 고출생률, 고사망률의 단계
- 제2단계 : 고출생률, 저사망률의 단계
- 제3단계 : 저출생률, 저사망률의 단계

② 블랙커(Blacker)의 인구변천 5단계

- 제1단계(고위 정지기) : 고출생률과 고사망률인 인구정지형
- 제2단계(초기 확장기) : 고출생률에 저사망률인 인구증가형
- 제3단계(후기 확장기) : 저출생률에 저사망률의 경향을 나타내는 인구성장둔화형
- 제4단계(저위 정지기) : 출생률과 사망률이 최저에 달한 상태로 인구증가 정지형
- 제5단계(감퇴기) : 출생률과 사망률이 최저이면서, 출생률이 사망률보다 더 낮은 인구감소형

인구구성

(1) 성별 · 연령별 인구구성(인구 피라미드)

① 피라미드형

인구가 증가할 잠재력이 많은 형으로 출생률과 사망률이 높다. 출생률과 사망률을 비교하면 출생률이 사망률보다 높은 편이다. 14세 이하 인구가 65세 이상 인구의 2배 이상이 된다.

② 종형

인구정지형으로 출생률과 사망률이 모두 낮고, 14세 이하 인구가 65세 이상 인구의 2배 정도이다.

③ 항아리형

출생률이 사망률보다 더 낮아, 인구가 감소하는 형이다. 14세 이하 인구가 65세 이상 인구의 2배 이하이다.

④ 별형

생산연령인구가 많이 유입되는 도시지역의 인구구성형이다. 생산연령층 인구가 전체인구의 50% 이상인 경우로서, 도시형 또는 인구유입형이라고 한다.

⑤ 기타형

별형과는 반대로 생산연령층 인구가 다수 유출되는 농촌에서 볼 수 있다.

TIP **인구증가로 인한 문제**

① 경제성장의 저하
② 자원의 부족
③ 환경오염의 증가
④ 기아문제
⑤ 공중보건의 악화
⑥ 부양비의 증가

우리나라의 인구문제

(1) 당면 인구문제

우리나라가 당면한 인구문제로는 인구의 노령화로 인한 노년인구 부양비의 증가, 출산력의 감소, 출산순위별 출생성비의 불균형, 수도권의 인구집중 등이 있다.

(2) 출산력 저하의 원인

- 여성의 경제활동 참여율이 높아짐으로써 일과 가정을 양립하기가 어렵다
- 가치관의 변화로 결혼에 대한 부정적인 태도와 자녀 필요성의 약화로 결혼 의향이 낮아졌다.
- 영유아의 보육비 및 교육비, 취학 자녀의 사교육비 등 자녀를 양육하고 교육하는데 들어가는 비용이 많다.
- 주택가격 상승으로 인한 주택마련이 어렵고 주거 불안정은 임신을 연기하거나 자녀수를 축소하게 된다.
- 사회현상 변화에 따른 만혼, 고령출산, 인공임신중절 등으로 출산수준이 저하되었다.

5
환경위생

환경위생의 개념

환경(Environment)이란 우주를 둘러싸고 있는 요소들의 총체 또는 상대적 의미로 주체를 둘러싸고 있는 유형, 무형의 객체라고 할 수 있다.

환경위생이란 인간의 신체 발육, 건강 및 생존에 유해한 영향을 미치거나 미칠 가능성이 있는 모든 환경요소를 관리하는 것이다.

기후

(1) 기후와 질병

하루의 기상 상태를 일기라 하고, 매년 반복되는 대기현상의 종합적인 상태를 기후라 한다.

기후는 기온, 기습, 기류, 기압, 풍향, 풍속, 강우, 구름, 일광 등의 기후요소와 이 기후요소에 영향을 미쳐서 기후의 변화를 일으키게 하는 기후인자 즉, 위도, 해발, 지형, 수륙분포, 해류 등의 분포에 따라 달라진다.

> TIP **기후의 3대요소**
> 기온, 기습, 기류

(2) 기후순화

대부분의 생물들은 어느 정도의 기후에 대해서 적응해 가며 살아가는 순응현상이 생기는데 이를 기후순화라 한다. 기후변화에 대해서도 반복 또는 지속적으로 폭로시키면 그 기후에 적응현상이 일어나고 결국에는 생리적 순화현상이 일어나게 된다.

적응이나 순화는 생체 내부의 항상성(Homeostasis) 유지의 기능이다.

온열조건

이학적 체온조절로서 방열에 영향을 미치는 기후요소로 기온, 기습, 기류, 복사열이 있다. 이 4가지를 온열요소 또는 온열인자라 한다. 이들 온열요소에 의해 형성된 종합적인 상태를 온열상태 또는 온열조건이라 한다.

(1) 기온

대기의 온도를 기온이라 한다. 평균기온은 지상에서 높이 올라감에 따라 점차 낮아진다. 대체로 100m당 0.5 ~ 0.7℃씩 기온이 내려간다.

실내에서는 기온이 건구온도로 18±2℃ 범위를 가장 활동하기 좋은 쾌적기온이라 한다.

(2) 기습

기습은 공기 중에 포함된 수분의 양을 말한다.

① 포화습도

공기 $1m^3$가 함유할 수 있는 수증기의 한계량. 양(g)이나 장력(mmHg)으로 나타낸다.

② 절대습도

현재공기 $1m^3$ 중에 함유된 수증기량

③ 상대습도(비교습도)

포화습도에 대한 절대습도의 백분율을 상대습도 또는 비교습도라 한다.

④ 적당한 온도에서 사람에게 쾌적감을 느끼게 하는 기습은 40 ~ 70%이다.

(3) 기류

기류는 기온의 차와 기압의 차에 의하여 생긴다. 쾌적한 기류란, 실내에서는 0.2 ~ 0.3m/sec, 실외에서는 1.0m/sec 정도이다.

피부로 감각할 수 없는 최저의 기류 범위는 대략 0.5m/sec 이하이며, 이를 불감기류라고 한다. 불감기류를 측정할 때는 카타온도계를 사용한다.

(4) 복사열

발열체 주위에서 실제 온도보다 온감을 더 느끼게 되는 것은 복사열이 작용하기 때문이다. 복사열은 적외선에 의한 열이다. 복사열에 의한 온감은 거리의 제곱에 반비례한다.

복사열은 온도계의 주위를 0.5mm 두께의 동판으로 둘러싸고 흑색의 에나멜칠을 한 흑구온도계로 측정한다.

온열요소의 종합지수

(1) 감각온도(Effective Temperature)

감각온도란 기온 · 기습 · 기류의 3인자가 종합작용을 하여 인체에 주는 온감을 말하며 실효온도 또는 체감온도라고 한다. 무풍이면서 포화습도(100%)의 조건 하에서 느끼는 온감과 같은 동일한 온감을 주는 기온을 나타낸 것이다.

(2) 불쾌지수(Discomfort Index)

기온과 기습에 따라 사람이 느끼는 불쾌감의 정도를 수치로 나타낸 것이다. 미국에서는 불쾌지수를 온습지수(Temperature-Humidity Index, THI)라고 부르기도 한다.

$$DI = (\text{건구온도 } C^{\circ} + \text{습구온도 } C^{\circ}) \times 0.72 + 40.6$$

(3) 쾌감대(Comfort Zone)

적당한 착의상태에서 쾌감을 느낄 수 있는 온열조건은 불감기류, 습도 60~65%, 기온 17 ~ 18℃일 때이다.
힐-세퍼드(Hill-Sheperd)는 온도와 습도의 관계에서 가장 쾌감을 느낄 수 있는 점을 연결하여 쾌감선을 구하고 그 상하의 범위를 쾌감대라 하였다.

(4) 카타냉각력(Kata Cooling Power)

카타냉각력이란 단위 시간에 인체의 단위 면적에서 손실되는 열량을 말한다.
카타온도계는 상하에 구부가 있는 일종의 알코올 온도계이다. 카타온도계는 인체에 대한 공기의 냉각력을 측정하는데 사용하지만, 불감기류와 같은 미풍을 정확하게 측정할 수 있기 때문에 기류 측정의 미풍계로도 사용된다.

(5) 지적온도(Optimum Temperature)

① 주관적 지적온도(쾌적 감각온도)

감각적으로 가장 쾌적하게 느끼는 온도

② 생산적 지적온도(최고 생산온도)

일을 할 때 생산 능률을 가장 많이 올릴 수 있는 온도

③ 생리적 지적온도(기능 지적온도)

인간이 최소의 에너지 소모로서 최대의 생리적 활동을 발휘할 수 있는 적당한 온도

공기

(1) 공기의 성분

① 산소(O_2)

공기의 정상성분중에 산소의 양은 약 21%이다. 성인은 안정상태에서 1일 약 550~650ℓ의 산소를 필요로 한다. 호흡을 통해 들어온 산소는 혈중의 헤모글로빈(Hb)과 결합하여 HbO_2로서 각 세포 조직에 운반되고, 조직에서 발생된 CO_2는 폐포로 운반되어 호기로 배출된다.
대기내의 산소농도(21%)나 산소분압보다 높은 산소를 흡입할 시는 산소중독(Oxygen Poisoning)이 생기게 된다. 한편, 산소가 결핍된 상태에서는 무산소증(Anoxia)이 생기게 되며, 장기간의 저농도 상태에서는 저산소증(Hypoxia)이 생길 수 있다.

② 질소(N_2)

질소는 공기 중의 78%를 차지한다. 고압환경으로부터 급속히 감압할 때는 혈액속의 질소가 기포를 형성하여 모세혈관에 혈전현상을 일으키게 되는데 이를 잠함병(caisson disease) 또는 감압병이라 한다.

③ 이산화탄소(CO_2)

이산화탄소는 무색 · 무취의 비독성가스로 공기 중에는 약 0.03%가 존재한다.
다수인이 밀집한 실내 기후는 화학적 조성이나 물리적 조성의 변화를 일으켜 불쾌감, 두통, 현기증, 구기, 식욕저하 등의 생리적 이상을 일으키게 되는데 이러한 현상을 군집독(群集毒 : crowd poisoning)이라고 한다.
이산화탄소의 농도가 7%에서는 호흡곤란이 오고 10% 이상이 되면 질식하여 사망하게 된다. 일반적으로 CO_2의 실내 서한량(恕限量)은 0.1%(1,000ppm)이다.

④ 일산화탄소(CO)

일산화탄소는 무색, 무취의 공기보다 가벼운 기체로 맹독성이 있다.
일산화탄소는 혈중의 헤모글로빈과의 친화성이 산소에 비하여 210~300배나 강해서 HbO_2의 형성을 방해하여 혈중의 O_2 농도를 저하시키고, 결국 조직세포에 공급할 O_2의 부족을 초래하여 무산소증(Anoxia)를 일으키게 된다. 이를 일산화탄소의 이중작용이라 한다.

일산화탄소의 서한량은 1시간 기준으로는 400ppm, 8시간 기준으로는 0.01%(100ppm)로 하고 있다. 1,000ppm 이상에서는 생명이 위독하다.

물

(1) 물의 이용

물은 생활용수, 산업용수, 농업용수 등으로 이용되고 있다.
중수도란 가정이나 대형 건물 등에서 발생되는 각종 하폐수를 처리하여 먹는 물과 같이 깨끗하지 않아도 되는 화장실용수, 청소용수, 세차용수, 살수용수 등으로 재사용되는 수도이다.

(2) 물의 생리작용

물은 인체의 약 60 ~ 65%를 차지하며 인체내 수분이 10% 상실되면 생리적 이상이 오고, 20% 이상을 상실하면 생명이 위험하다.
물은 인체내에서 음식물의 소화, 운반, 영양분의 흡수, 노폐물의 배설, 호흡, 순환, 체온조절 등의 생리작용을 한다. 성인의 경우 하루에 약 2 ~ 2.5 ℓ 의 물이 필요하다.

(3) 물과 보건

① 수인성 전염병의 전염원

수인성 전염병의 유행 특성을 살펴보면 다음과 같다.

- 환자의 발생이 집단적 또는 폭발적이다.
- 환자의 발생지역이 급수지역과 일치한다.
- 성, 연령, 경제수준 등에 따라 이환율의 차이가 없다.
- 물의 사용을 중지하거나 개선하면 발생률이 감소 또는 중단된다.

② 수도열의 원인

수도열(Water Fever)이란 하노버열(Hannover Fever)이라고도 하는데 이는 물속에 대장균 및 잡균이 들어 있어 발생현상이다.
물을 여과급수함으로써 수도열 뿐만 아니라 수인성 질병도 감소하게 되는데 이를 밀스-라인케(Mills-Reincke)현상이라 한다.

③ 기생충 질병의 전염원

간디스토마, 폐디스토마, 회충, 편충 등

④ 중금속 · 화학물질의 오염원

수은, 카드뮴, 크롬, 납, 망간 등의 중금속물질이나 농약성분인 화학물질의 수질 오염

⑤ 불소의 함량

음용수에 불소가 다량 함유되어 있을 경우 반상치가 될 수 있고, 너무 적을 경우에는 우식치와 충치의 우려가 높다.

(4) 먹는 물의 수질기준

① 미생물에 관한 기준

- 일반세균
  - 일반세균은 1ml 중 100CFU(Colony Forming Unit)를 넘지 아니할 것
  - 일반세균은 인체에 직접 유해한 균은 아니지만 다른 미생물의 오염을 추측할 수 있는 오염지표로서의 의미가 있다.
- 대장균군
  - 총대장균군은 100ml에서 검출되지 아니할 것.
  - 대장균은 장내 상재균으로 인체에 직접 유해한 세균은 아니지만 다른 병원성 미생물이나 분변오염 등을 추측할 수 있는 지표로서 의미가 있다. 또한 대장균 검사는 검출방법이 간편하고 정확하기 때문에 이용한다.

② 건강상 유해 영향물질에 관한 기준

- 암모니아성 질소(NH_3-N)
  - 암모니아성 질소는 0.5mg/ℓ 를 넘지 아니할 것.
  - 암모니아성 질소의 검출은 유기물질이 오염된 후 시간이 얼마 경과하지 않은 상태임을 의미한다.

• 질산성질소(NO_3-N)

- 질산성질소는 10mg/ℓ를 넘지 아니할 것
- 질산성질소는 질소화합물이 산화되어 생성된 최종산물이다. 질산성질소를 많이 함유한 물을 먹으면 영유아에게는 메트헤모글로빈혈증을 일으켜 소위 청색아(Blue-Baby)증을 유발한다.

③ 소독제 및 소독부산물질에 관한 기준

• 유리잔류염소는 4.0mg/ℓ를 넘지 아니할 것

• 유리잔류염소란 상수를 염소소독하였을 때 수중에 잔존하는 유리염소를 말한다. 일반적으로 수중에 미생물을 소독하기 위해서는 유리잔류염소가 0.2ppm, 결합잔류염소가 0.4ppm 필요하다. 그러나 염소는 독성이 강하기 때문에 유리잔류염소가 4ppm을 넘지 않도록 규정하고 있다.

• 총트리할로메탄은 0.1mg/ℓ를 넘지 아니할 것
트리할로메탄(Trihalomethanes : THM)은 유기물질과 소독에 사용되는 염소가 반응하여 생성된 $CHCl_3$, $CHBr_3$ 등과 같은 화합물을 말한다. THM은 동물실험에서 발암성이 있는 것으로 알려져 있다.

④ 심미적 영향물질에 관한 기준

• 경도
경도는 300mg/ℓ를 넘지 아니할 것

• 과망간산칼륨 소비량

- 과망간산칼륨 소비량은 10mg/ℓ를 넘지 아니할 것
- 과망간산칼륨 소비량이 많다는 것은 유기물 오염이 많이 된 것을 의미한다. 이는 수중의 유기물의 양을 간접적으로 추정하는 지표로서의 의미가 있다.

• 색도
색도는 5도를 넘지 아니할 것

• 수소이온농도
수소이온농도는 pH 5.8내지 8.5이어어야 할 것

• 탁도
탁도는 1NTU(Nephelometric Turbidity Unit)를 넘지 아니할 것

6 사회보장과 건강보험

사회보장의 개요

사회보장(Social Security)이란 용어가 최초로 사용되었던 것은 1929년 세계대공황을 극복하기 위하여 미국의 루즈벨트(Roosevelt) 대통령이 1934년 의회에서 뉴딜(New Deal)정책을 설명하면서부터이다. 1935년 미국에서 사회보장법(Social Security Act)이 제정되면서 최초로 법률용어로 등장하였다.

(1) 사회보장의 정의

① 비버리지(Beveridge)의 정의

사회보장이란 "실업, 질병 또는 부상으로 인하여 수입이 중단된 경우에 대처하기 위하여, 노령에 의한 퇴직이나 부양 책임자의 사망으로 인한 부양의 상실에 대비하고, 나아가서는 출생, 사망 및 결혼 등에 관련된 특별한 지출을 감당하기 위한 소득보장"을 의미한다.

② 일반적인 정의

사회보장이란 "국민의 인간다운 생활을 보장하기 위하여 각종 사회적 사고와 위험에 대처하여 모든 국민들에게 최저생활을 보장해 주는 국가적 또는 사회적인 보호조처"라 할 수 있다.

(2) 사회보장의 목적

- 최저생활의 보장
- 국민경제의 안정
- 소득재분배 효과
- 사회통합

사회보장의 형태

(1) 사회보험

사회보험이란 사회적으로 정형화된 사회적 사고(노령 · 폐질 · 사망 · 상병 · 출산 · 실업 · 산업재해 등)에 대처하기 위하여 보험방식을 이용하여 미리 갹출을 하고 이들이 사고를 당하였을 때 급여를 해 주는 제도이다.

사회보험은 사회적인 조치로서 비영리적이며 또한 강제성을 띤다. 우리나라에서 실시하고 있는 4대 사회보험으로는 국민건강보험, 산재보험, 고용보험, 국민연금보험 등이 있다.

(2) 공적부조

공적부조란 자력으로 생계를 영위할 수 없는 자들을 국가가 그들의 생활을 보호하여 주는 일종의 구빈제도이다. 공적부조는 사회부조, 국가부조 등으로 불리워지기도 한다.

우리나라에서 실시되고 있는 공적부조에는 기초생활보장, 의료급여, 재해구호, 보훈사업 등이 있다.

(3) 사회복지서비스

광의의 사회복지서비스 개념은 모든 국민이 보다 나은 생활을 할 수 있도록 서비스를 제공하는 것이다. 일정 연령 이상의 노인들에게 연금의 지급, 자녀를 양육하는 부인에 대한 모성보조금, 전 국민에 대한 의료서비스 제공, 쾌적한 생활환경의 조성 등이 이에 해당된다.

협의의 사회복지서비스란 신체장애인, 아동, 노인 등 국가부조의 적용을 받는 자가 자립하여 그 능력을 발휘할 수 있도록 필요한 생활지도, 원호, 육성을 행하는 것을 말한다. 대상에 따라 아동복지서비스, 노인복지서비스, 장애인복지서비스, 부녀자복지서비스 등으로 구분할 수 있다.

건강보험

(1) 사회보험으로서 건강보험의 특징

- 법률에 의한 강제가입
- 능력에 따른 보험료의 차등부과
- 보험급여의 균등한 혜택
- 보험료 납부의 의무성
- 보험료의 분담

(2) 건강보험의 유형

① 현금배상형

현금배상형 건강보험이란, 피보험자가 자유의사에 따라 의료기관을 이용하고 진료비를 지불한 후 영수증을 보험자에게 제출하면 약정한 비율의 현금을 보험급여로 상환받게 되는 형태를 말한다. 이를 상환제 또는 환불제라고도 하며 이 유형의 대표적인 나라가 프랑스이다.

이 유형은 피보험자의 의료기관 선택권을 최대한으로 보장할 수 있으나 의료 이용 시 현금을 지녀야 한다는 단점이 있다.

② 제3자 지불제형(직접서비스형)

제3자 지불제형 건강보험은 피보험자가 의료기관을 이용할 때 진료비를 부담하지 않거나 일부만을 부담하고 의료기관이 나머지 진료비를 보험자에게 청구하면, 보험자가 이를 지불하는 유형이다. 이를 직접서비스형이라고도 한다.

이 유형은 환자들은 진료비에 대한 인식이 약하므로 과도한 진료를 받으려하는 수진남용이 문제가 될 수 있다. 의료기관은 과잉진료 및 부당청구의 문제가 생길 수 있고 진료비 심사에 대하여 보험자와 의료기관간의 갈등이 나타날 수 있다. 보험자는 의료서비스의 질, 양 및 비용에 대한 영향력을 행사할 수 있으므로 의료공급체계의 합리화를 촉진할 수 있다.

③ 변이형

변이형 건강보험은 보험자가 의료기관을 직접 소유하거나 타 의료기관과의 계약에 의하여 피보험자들에게 포괄적인 의료서비스를 제공함으로써 의료비를 절감하고자 하는 유형이다. 이 유형은 주로 남미 국가들이 채택하고 있으며, 미국의 건강유지기구(Health Maintenance Organization)도 여기에 속한다.

이 유형은 보험자가 의료기관의 경영에 직접 참여함으로써 의료비절감의 효과가 있다. 또한 진료비 심사가 필요 없고 행정절차가 간편하다. 그러나 직접서비스형에 비하여 피보험자들의 의료기관 선택권 제한과 의료서비스 제공량의 최소화 등이 문제될 수 있다.

(3) 의료보장의 유형

OECD는 의료보장제도의 형태를 크게 3종류로 구분하고 있다.

① 사회보험형태의 국민건강보험방식(National Health Insurance : NHI)

② 조세에 의한 재원 조달을 통해 국민에게 무상으로 보건의료서비스를 제공하는 국민보건서비스방식(National Health Services : NHS)

③ 민간보험방식(Consumer Sovereignty Model) 등이다.

① 국민보건서비스방식(NHS)

일반조세로 재원을 마련하여 모든 국민에게 거의 무상으로 의료를 제공하는 방식이다. 이는 국가의 직접적 의료 관장방식으로 일명 조세방식, 또는 비버리지방식이라고 한다. 이 방식을 채택하고 있는 국가로는 영국, 스웨덴, 이탈리아 등이 있다. 정부가 관리주체이므로 의료공급이 공공화되어 의료비 증가에 대한 통제가 강하고 조세제도를 통한 재원조달로 비교적 소득재분배 효과가 강하다는 장점이 있다. 반면에 의료의 사회화를 초래하여 상대적으로 의료의 질이 낮고, 조세에 의한 의료비 재원조달에 많은 어려움이 있다. 한편 의료수요자측의 비용인식 부족, 장기간 진료대기 문제 등 부작용이 나타나고 있다.

② 국민건강보험방식(NHI)

보험자가 보험료로 재원을 마련하여 의료를 보장하는 방식으로 비스마르크방식이라고도 한다. 독일, 프랑스, 일본, 우리나라 등이 방식을 취하고 있다.

국민건강보험방식에서는 조합원이 대표 의결기구를 통해 의사결정에 참여 함으로써 제도운영의 민주성을 기할 수 있고, 국민의 비용의식이 강하게 작용하며, 상대적으로 양질의 의료를 제공할 수 있다는 장점이 있다. 한편 구성원에 대한 단일 보험료 부과기준 적용의 어려움, 의료비증가에 대한 억제기능이 취약하여 보험재정 안정을 위한 노력이 필요하다.

③ 민간의료보험방식

미국에서는 공적의료보장의 대상이 노령자, 장애자, 저소득자 등 특정인에 한정되어 있어 대부분의 국민들은 의료보장을 민간의료보험에 의존하고 있다.

유럽에서도 부유한 계층을 대상으로 한 민간의료보험이 운영되고 있다.

(4) 우리나라 건강보험제도의 개요

① 건강보험제도의 연혁

우리나라의 의료보험법은 1963년 12월 처음으로 제정되었다. 1977년 7월 500인 이상 고용 사업장부터 강제적인 가입에 의한 사회보험으로써 건강보험이 시작되었다. 1988년에는 농어촌 지역 주민을 그리고 1989년 7월 1일에는 도시지역 주민을 건강보험에 적용함으로써 전국민건강보험이 실현되었다.

1998년 10월에는 지역의료보험을 공 · 교의료보험과 통합하여 같이 관리하게 되었고, 2000년 7월 1일부터는 직장의료보험까지 통합하여 조직체계를 일원화하였다. 그러나 건강보험재정은 2003년 7월 1일부터 직장의료보험과 지역의료보험이 통합되어 관리 · 운영되고 있다.

② 적용체계

우리나라 국민건강보험의 적용체계를 보면 가입자를 직장가입자와 지역가입자로 구분하여 관리하고 있으며, 관리운영의 주체는 국민건강보험공단이다.

③ 건강보험급여

우리나라 국민건강보험법의 목적을 보면 "국민의 질병 부상에 대한 예방, 진단, 치료, 재활과 출산, 사망 및 건강증진에 대하여 보험급여를 실시한다."로 명시되어 있다. 보험급여에는 보험자의 공급의무가 있는 법정급여와 관련법의 하위법령에 의하여 급여 실시 여부 및 보장정도를 결정할 수 있는 임의급여로 구분한다.

- 법정급여 : 요양급여, 요양비, 건강검진
- 임의급여 : 장제비

(5) 보험료 부과체계

직장가입자는 지급받는 총보수를 기준으로 하는 표준보수월액에 보험료율을 곱하여 산정한 금액을 보험료로 부과한다.(표준보수월액 × 보험료율)

지역가입자의 월별 보험료액은 세대단위로 산정하며, 지역가입자의 소득 · 재산(전월세, 자동차 포함), 생활수준(재산, 자동차) 및 경제활동 참가율(성, 연령)을 고려하여 부과요소별 점수를 합산한 후 부과표준소득(점수)에 적용 점수당 금액을 곱하여 보험료를 산정한다.(부과표준소득 × 적용점수당 금액)

7
보건과 복지

보건과 복지의 개념

(1) 보건의 개념

세계보건기구에서 건강은 "단순히 질병이 없고 허약하지 않을 뿐더러 신체적, 정신적, 사회적 안녕의 상태"라고 하였다. 그 후 많은 학자들은 건강을 안녕상태와 기능수행 능력을 포함하여 정의하기도 한다.

건강의 개념 중에서 "안녕상태"를 한마디로 말하기는 어렵지만 의식주 생활보장은 물론 신체적, 정신적, 사회적 건강을 토대로 행복한 삶을 편안하게 유지하는 상태라 할 수 있다.

(2) 복지의 개념

넓은 의미로 사회복지라 함은 모든 국민을 대상으로 인간다운 생활을 영위하기 위한 사회적 노력으로 인간의 제반 욕구(소득, 주거, 보건, 교육 등)의 결함으로 인한 문제를 다루는 정부, 지역사회 및 민간의 활동을 말한다. 따라서 사회복지란 우리 인간의 삶의 질 향상을 위한 제반 활동이라고 할 수 있다.

(3) 보건과 복지의 공통점

- 인간을 대상으로 한다.
- 인간의 생존권 보장과 유지라는 공통의 가치를 지닌다.
- 인간의 신체적, 정신적, 사회적인 정상기능을 위하여 서비스를 제공한다.

개인의 건강에 대한 사회적 책임은 개인의 건강행태 뿐만 아니라 개인을 둘러싼 환경에 의해 영향을 받기 때문에 개인의 건강 또는 질병의 관리도 국가나 사회적 차원에서 고려되어야 한다는것이 바로 복지권으로서 보건의료의 개념이다.

노령화와 보건복지

(1) 노인의 특성

노인은 나이가 들수록 신체적, 정신적 제 기능이 쇠약해져서 신체내의 평형을 잃게 되는 노화(Aging)현상이 나타나게 된다. 노화현상으로는 순환기능의 저하, 호흡기능의 저하, 소화기능의 저하, 신경 및 정신기능의 저하 등이다.

노화에 따른 노인의 신체적 특징은 신체의 외면상의 변화, 신체적 기능의 저하, 만성퇴행성질환의 증가 등이 나타난다. 정신적 특징으로는 정신 및 인지기능의 저하, 비정상적인 반응이나 과민반응 같은 성격특성의 변화, 정신장애 등이다. 또한 사회적인 면에서 지위와 역할 상실로 인하여 소외감을 느끼게 된다.

(2) 노인문제

① 소득감소로 인한 빈곤

퇴직 후 경제적 문제로 인하여 어려움을 겪게 된다.

② 노화로 인한 활동저하 및 질병의 증가

• 활동상태

노인들의 활동상태를 평가하는 방법으로는 전화걸기, 버스타기, 외출하기, 집안일하기 등의 항목을 이용하여 수단적 일상생활 수행능력(Instrumental Activities of Daily Livinf : IADL)을 측정하거나, 세수하기, 식사하기, 화장실 이용하기, 옷갈아입기 등의 항목을 이용하여 일상생활 수행능력(ADL)을 측정하는 방법이 있다.

• 질병상태

만성질병은 다음과 같은 몇 가지 특징을 갖고 있어 만성질병을 가진 노인에 대해서는 지속적인 보건의료서비스가 요구된다.

- 질병 발생원인이 복합적이다.
- 증상이 나타나기 이전에 발병하므로 정확한 발병시기를 알기 어렵다.
- 일단 만성질병에 걸리면 완치가 어렵다.
- 급성기간이나 악화기간을 제외하고는 가정에서 관리할 수 있다.

• 가족 부양기능의 약화

도시화, 핵가족화로 인하여 일상생활 수행능력이 떨어지는 노인들의 보호문제가 대두되고 있다.

• 역할상실과 소외감

퇴직 후 일의 부재로 역할 상실감을 느끼게 된다. 또한 자녀와의 별거, 배우자 사별 후 상당기간을 혼자 살아야 하기 때문에 소외감 및 고독감을 느끼게 된다.

(3) 노령화와 보건복지문제

노인의 경우 만성질병이나 기능저하로 일상생활에 누군가의 도움이 필요하고, 경제능력이 취약한 상태가 지속되므로 보건의료서비스와 복지서비스가 동시에 필요한 계층이다.

보건의료와 복지의 연계

(1) 보건의료와 복지의 연계

보건의료와 복지의 양 분야가 협력관계를 유지하면서 대상자가 필요로 하는 각각의 서비스를 제공하는 체계를 말한다.

연계의 내용이 다양하지만 정부기관, 보건의료기관, 사회복지기관 및 의사, 간호사, 물리치료사, 작업치료사와 더불어 사회복지사 등 관련 요원들 간의 팀웍이 요구된다.

(2) 보건의료와 복지의 연계 필요성

• 인구의 노령화 및 질병양상의 변화로 노인인구 또는 장애인구가 증가하였다.

• 보건의료의 개념이 전인적 개념으로 바뀌었다.

• 개인의 신체적, 심리적, 사회적 문제는 상호 관련되어 있다.

• 양 체제간의 협력을 통하여 인력, 시설 등 자원활용의 효율성을 높일 수 있다.

장기요양체계

(1) 장기요양체계

장기요양(Long-Term Care)이란 기능적 장애를 가진 사람들을 장기간에 걸쳐 돌보아 주는 것을 장기요양 또는 장기돌봄이라고 한다.
장기요양체계란 오래 지속되는 장애를 가진 사람들에 대하여 그들의 기능이 회복될 수 있도록 신체적 건강, 정신적 건강, 사회적 및 거택서비스와 관련하여 장기간에 걸친 서비스를 제공하는 체계를 말한다.

(2) 지역사회 – 노인을 위한 서비스의 종류

① 재가서비스

활동이 불편하여 가정에서 병석에 있거나 치매증상을 갖고 있어서 제대로 기능을 하기 어려운 노인을 대상으로 일상생활과 관련되는 도움을 제공하는 서비스이다. 홈헬퍼 서비스(Home Helper Service), 낮 서비스(Day Service) 등이 있다.

② 방문지도 또는 방문간호서비스

재가노인을 대상으로 하는 주된 보건 관련 서비스로는 기능훈련, 방문지도 서비스, 병석에 있는 노인이나 허약한 노인을 대상으로 제공하는 방문간호서비스가 있다.

③ 건강상담 및 보건교육

노인들에 대한 보건교육이나 건강상담이 필요하고 이는 보건소의 고유한 업무 중의 하나이다.

④ 시설 서비스

가정에서 생활하기 어려운 노인들은 불가피하게 시설에 수용되어 서비스를 받아야 한다. 이러한 시설로는 양로원과 간호양로원 등을 들 수 있다.

18 CHAPTER

소독 및 전염병학

1 소독학

소독

소독이란 대상으로 하는 물체의 표면 또는 그 내부에 있는 병원균을 죽여 전파력 또는 감염력을 없애 원인균(세균이나 바이러스)에 의한 질병의 감염이나 전염을 막기위해 실시하는 것이다.

TIP **소독의 분류**

- **소독** : 병원미생물의 생활력을 파괴하여 감염력을 없애는 것으로 미생물의 감염능력은 제압시키나 포자를 사멸시키지는 못한다.
- **멸균** : 모든 균을 완전히 사멸시킨다. 무균상태로 만들 수 있다.
- **방부** : 미생물의 발육과 작용을 저지 내지는 정지시켜 음식물 등의 부패나 발효를 방지하는 조작.
- **살균** : 물리적, 화학적 방법으로 병원체나 비병원균을 사멸시키는 것이다.

※ 멸균 〉 살균 〉 소독 〉 방부 순으로 소독력이 강함

미생물의 분류

일반적으로 생물을 동물계, 식물계, 미생물계로 분류하며, 미생물은 다시 진핵성 미생물(균류, 원생동물, 조류), 원핵성미생물(세균, 남조류) 및 비세포 단계 미생물(바이러스)로 나눈다.

(1) 병원성 미생물

체내에 들어와서 감염 반응을 일으키는 것을 말한다.

① 구균

포도상구균, 연쇄상구균(패혈증, 류머티즘), 쌍구균(파상품, 인플루엔자)로 분류되며 염증을 야기시킨다.

② 간균

파상풍, 인플루엔자. 장티푸스, 폐결핵, 디프레이아 등을 유발한다.

③ 나선균

매독을 유발한다.

(2) 비병원성 미생물

침입하여도 감염 반응이 없는 미생물을 말한다. 유익하며, 부패하거나 분해시키는 중요한 역할을 한다. 음식을 분해시켜 소화작용을 돕는다.

- 유산균, 효모 등 : 유용 미생물로써 젖산균, 식초, 간장, 김치 등 발효식품에 이용되는 미생물을 말한다.

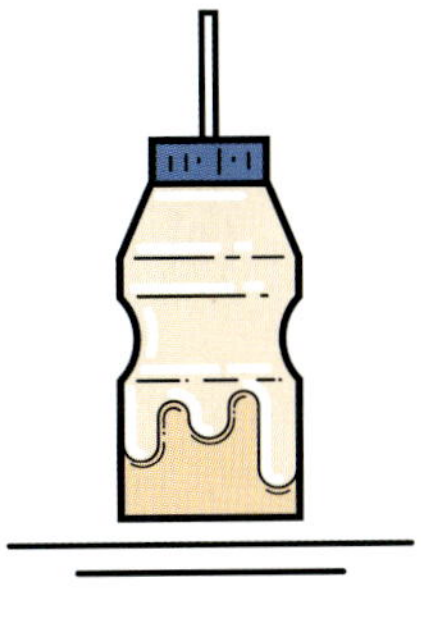

(3) 바이러스

바이러스는 세균보다 훨씬 작은 미생물로 전자 현미경으로만 관찰할 수 있는 가장 원시적인 형태의 생물로 무생물적인 특성과 생물로서의 특성을 모두 갖는다. 바이러스는 독립적인 신진 대사가 불가능하여 살아있는 세포 내에서만 분열, 증식할 수 있다. 간염, 수두, 인플루엔자, 홍역, 유행성 이하선염, 감기, 뇌염, 광견병 등 접촉이나 기침, 재채기 등에 의해 전파된다.

(4) 진균과 몰드

전염성이 강하며 무좀이나 습진 등을 유발한다.

(5) 기생충

살아있는 생명체에 기생하며 내부기생충과 외부기생충으로 분류된다. 한 숙주에서 평생을 사는 것과 숙주를 옮기며 기생하는 것이 있다. 미용분야에서는 모낭충이 대표적인 기생충에 속한다.

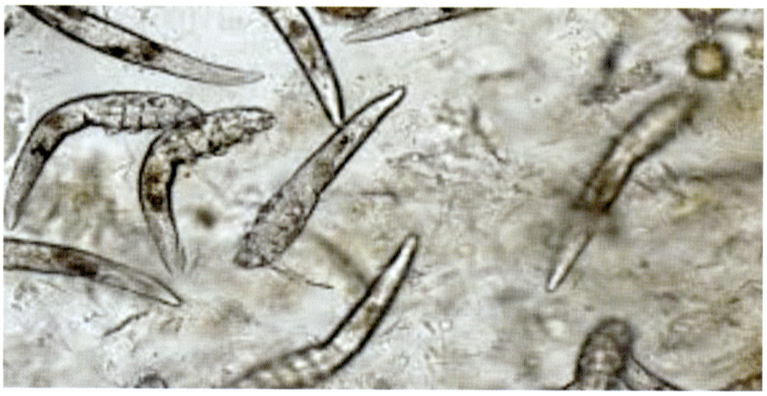

소독의 방법

(1) 이학적 소독법(물리적 멸균법)

① 열처리법

- 건열멸균법
  - 화염멸균법 : 불꽃 속에 20초 이상 접촉시키는 방법이다.
  - 건열멸균법 : 유리기구, 주사침, 유지, 글리세린, 분말 등에 건열멸균기를 이용하여 평균 170℃에서 1 ~ 2시간 처리한다.

건열멸균기

화염멸균기

• 습열멸균법

- 자비소독법 : 식기류, 도자기류, 주사기, 의류 등을 100℃의 물에서 15 ~ 20분간 끓여서 세균을 사멸시킨다.
- 고압증기멸균법 : 포자 형성균의 멸균에 제일 좋은 방법. 실험실이나 연구실에서 많이 사용한다.
- 유통증기(간헐)멸균법 : 멸균이 되지 않을때 멸균을 위해서 행하는 방법이다. 100℃의 유통 증기를 15 ~ 30분간 씩 24시간 간격으로 3회 가열하여 간헐적으로 멸균하는 방법이다.
- 저온살균법 : 62 ~ 65℃에서 30분 또는 75℃에서 15분간 가열하여 아포가 생기지 못하도록 한다. 포자를 형성하지 않는 세균의 멸균을 위해서 사용한다. 영양성분의 파괴를 방지하며, 술 종류의 부패를 방지한다. 대표적인 저온살균은 우유를 들 수 있는데 우유의 저온살균은 성분의 변질을 일으키지 않고 비타민의 파괴가 적으며 우유로부터 감염될 수 있는 결핵균, 소 유산균, 살모넬라균 등의 감염 방지를 목적으로 사용한다.
- 초고온순간멸균법 : 135℃에서 2초간의 순간적 열처리로 영양분의 파괴를 방지하면서 선택적으로 미생물만을 멸살시키는 방법이다.

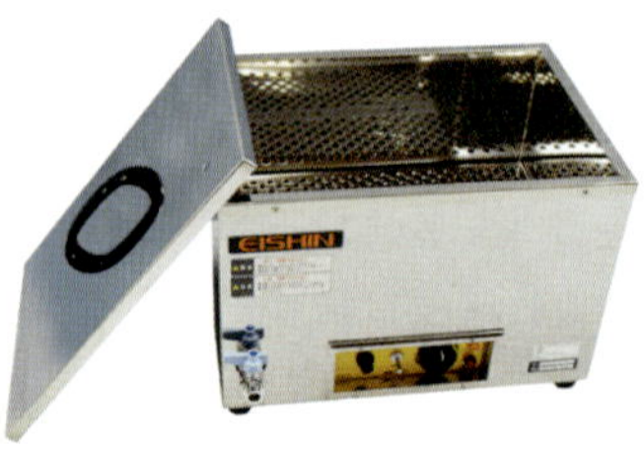

자비소독기

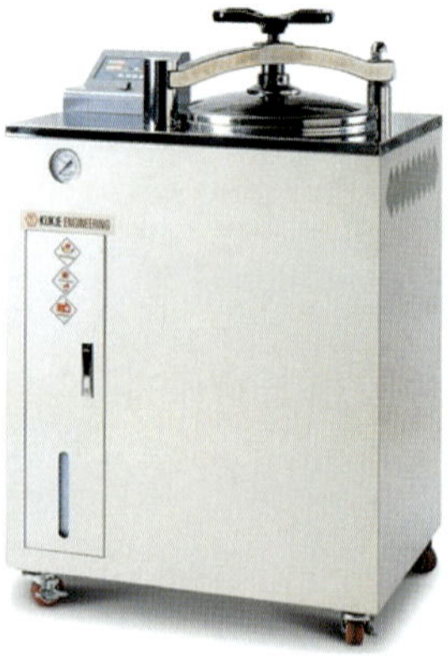
고압증기멸균기

저온살균기

② 무가열 멸균법

- 자외선 멸균법 : 태양광선의 자외선에 의한 소독이나 자외선 살균 등을 이용 하는 방법으로 자외선 등에 포함되어 있는 2,400 ~ 2,800 Å의 파장을 지닌 자외선을 강하게 쪼여 멸균하는 방법이다. 이 · 미용 업소에서는 자외선 소독기에 넣어 20분간 소독하며 260 ~ 280nm로 강한 살균력을 가진다.
- 초음파 멸균법 : 매초 8,80Hz의 음파는 강력한 교반작용으로 충체를 파괴하는 살균력이 있으며 20,000Hz 이상의 진동에서도 강력한 살균력이 있다.
- 전류 및 방사선 이용방법

자외선 소독기

초음파 소독기

(2) 화학적 소독법

① 석탄산 : 3%의 수용액을 사용

- 장점 : 살균력이 안정, 유기물에는 소독력이 약화되지 않는다.
- 단점 : 피부점막에는 자극성이 강하며 금속 부식성이 있고 냄새와 독성이 강하다.
- 석탄의 살균기전 : 균체 단백의 응고작용, 세포용해작용, 균체의 효소계 침투작용 등
- 소독 대상물 : 환자의 오염의류, 용기, 실험대, 배설물, 토사물 등의 소독에 사용
- 석탄산계수 : 소독약의 살균을 비교하기 위해 사용
  석탄산계수 = 소독약의 희석 배수/석탄산의 희석 배수

② 크레졸

물에 난용이므로 동량의 크레졸 비누액 3에 물 97의 비율로 크레졸 비누액을 만들어 사용. 바이러스에는 소독효과가 적으나 세균소독에는 효과가 크고, 유기물에도 소독효과가 약화되지 않으며 피부자극성도 없으나 냄새가 강하다.

③ 승홍

성인의 치사량 1g 정도로 맹독성이어서 식기구나 피부소독에는 적당하지 않으며 금속부식성이 강하고 단백질과 결합하여 침전이 일어나므로 주의한다. 가온해서 사용하는 것이 좋다.

④ 생석회

습기가 있는 분변, 하수, 오수, 오물, 토사물 등의 소독에 적당하다.

⑤ 과산화수소

3%의 수용액이 사용되는데 자극성이 적어 구내염, 인두염, 입안세척, 상처 등에 사용한다.

⑥ 알코올

포자형성균에는 효과가 없고 무포자균에 유효하며 75%에 에탄올 사용한다.

⑦ 머큐로크롬

점막 및 피부상처에 이용, 자극성이 없고 살균력이 약하다.

⑧ 역성비누

식품소독에 좋으며 자극성 및 독성도 없고 침투력 살균력도 강하다. 포도상구균, 살모델라 균속, 결핵균 등에 유효, 0.01 ~ 0.1%액을 사용한다.

⑨ 약용비누

손, 피부소독에 사용한다.

⑩ 염소

미생물 살균에 효과가 탁월하다.

(3) 소독제의 조건

- 물에 잘 용해되어야 한다.
- 소독시간은 짧게 효과는 최대한 얻을 수 있어야 한다.
- 자극이나 독성이 없어야 한다.
- 표색이나 부식이 없어야 한다.
- 사용하기 간편하며 가격이 저렴해야 한다.
- 안전하며 살균력이 우수해야 한다.
- 불쾌감을 주거나 사용이 불편하면 안된다.

(4) 소독 시 주의사항

- 방법에 따라 적당한 압력을 사용한다.
- 소독약은 직사광선이 닿지 않는 곳에 잘 밀폐시켜 보관한다.
- 소독제의 특성을 파악하여 정량의 농도를 사용하고 임의적으로 희석하거나 초과하여 사용하지 않도록 주의한다.
- 물에 희석한 소독약은 오랫동안 보존하였다 사용하는 것은 좋지 않다.
- 액체 상태의 소독약은 어린이 손이 닿지 않는 곳에 보관한다.
- 소독 약품을 폐기처리 할 때 분해 혹은 중화 처리가 가능한 것은 폐기 전에 가능한 범위까지 처리하여 배출한다.

(5) 이 · 미용기구의 소독기준

① 열탕소독

100℃에서 10분 이상 끓여준다.

② 증기소독

100℃ 이상 물을 끓여 증기를 20분 이상 쐬어준다.

③ 크레졸 소독

3%의 크레졸에 10분 이상 담가둔다.

④ 석탄산수 소독

석탄산 3%에 10분 이상 담가둔다.

2

전염병학

전염병

전염병이란 한 환자 또는 일정 전염원으로부터 새로운 환자를 만들 수 있는 질병을 말한다. 전염병의 유행은 여러 가지 요인에 의하여 여러 형태의 유행양식을 나타낸다. 지역에 따른 질병 유행양식에는 범세계적 유행, 지방병적 유행, 전국적 유행이 있으며, 질병 유행 형태로는 다발적유행, 산발적유행, 현성유행, 불현성유행 등이 있다.

(1) 전염병 유행의 3대 요인

전염병이 발생하여 유행하기 위해서는 전염원(병인), 전염경로(환경), 감수성이 있는 숙주 집단(숙주)의 3대 요인이 필요하며, 이 3대 요인 중 어느 하나가 결여되어도 전염병의 유행은 일어나지 않는다. 이것을 전염병 발생의 3대 요인이라 한다.

TIP **전염병 유행의 3대 요인**

① 전염원(병인)
② 전염경로(환경)
③ 감수성

(2) 전염원과 병원소

① 전염원

전염원이란 병원체나 병독을 내포하고 있어 감수성 숙주에게 병원체를 전파시킬 수 있는 근원이 되는 모든 것을 말한다. 전염원은 병원소보다 그 범위가 넓으며, 병원소 외에도 전파체, 중간숙주 등을 포함한다.

② 병원소

병원소는 전염원주에서 병원체가 생활 · 증식하여 사람에게 전파될 수 있는 상태로 저장되는 장소를 말한다(환자, 보균자, 감염물질 및 토양 등).

- 환자 : 환자는 뚜렷한 임상증상을 나타내는 사람을 말하며, 은닉환자, 간과환자, 전구기 환자, 현성환자로 구분된다.
- 보균자 : 보균자는 자각적 · 타각적 임상증상은 없으나 병원체를 배출함으로써 다른 사람에게 병을 전파시킬 수 있는 사람을 말한다.
- 병원체 보유동물 : 대부분의 가축과 쥐류 등이 있으며 인수공통전염병의 경우와 단순히 병원체 전파역할을 한다.
- 병원체 보유곤충 : 파리, 모기, 벼룩, 이, 진드기 등이 있다.

TIP **병원체 보유동물의 대표적 전염원 전파**

① 쥐 : 페스트, 발진열, 서교증, 양충병, 살모넬라증, 와일씨병
② 말 : 탄저, 비저, 유행성뇌염
③ 소 : 결핵, 탄저, 파상열
④ 돼지 : 파상열, 탄저, 살모넬라증
⑤ 개 : 광견병

(3) 전염경로

전염경로란 전염원으로부터 감수성 보유자에게 병원체가 운반되는 과정을 말한다.

① 직접전염

병원체가 매개체없이 환자에게서 새로운 숙주로 직접 전염되는 것을 말한다.

- 직접접촉전염

  전염원은 환자와 직접 육체접촉을 함으로써 전염되는 경우를 말하며, 피부나 점막의 상처로부터 전염되기 쉬우나 상처가 없이 전염되기도 한다. 임질, 매독, 공수병, 서교증, 피부전염병 등이 있다.

- 비말전염

  협소한 장소에서 군중이 밀집했을 때 대화나 기침, 재채기를 통해서 타액 등의 비말과 함께 병원체가 튀어, 눈이나 호흡기로 감염되는 경우를 말한다. 결핵, 디프테리아, 백일해, 성홍열, 인플루엔자, 홍역 등이 있다. 환자와 대화할 때는 반드시 1.5m의 거리를 두도록 하며, 재채기할 때에는 3m까지 그 균이 날라 갈 수가 있다.

② 간접전염

간접전염은 전염원과 감수성 보유자와의 밀접한 관계없이 여러 가지 매개물을 통해서 전파되는 경우를 말한다. 간접전염에 있어서 중요한 역할을 하는 전파체는 크게 활성 전파체와 비활성 전파체로 나눌 수 있다.

TIP **간접전염의 2대 성립조건**

① 기간 동안 생존할 수 있는 능력이 있을 것

② 한 숙주로부터 새로운 숙주로 병원체를 운반하는 데 필요한 전파체가 있어야 한다는 것

• 활성 전파체

한 숙주로부터 새로운 숙주로 병원체를 운반할 수 있는 절족동물 및 무척추동물을 말하며 전파동물이라고도 한다. 동물병원소(병원체보유동물)는 여기에 속하지 않는다.

• 비활성 전파체

병원체를 매개하는 모든 무생물을 말한다. 물, 우유, 식품, 공기, 토양, 개달물이 있다. 개달물이란 비활성 전파체 중 위에 열거한 다섯 종류(물, 우유, 식품, 공기, 토양)을 제외한 모든 비활성 전파체를 말한다.

③ 감수성이 있는 숙주집단

전염병에 대해 저항성이나 면역성이 없어 인체의 감염이 잘 되는 숙주 또는 감수성이 높은 집단을 말한다. 감수성이란 전염병에 감염하여 발병할 수 있는 위험성이 높은 상태를 말하며, 감수성이 있다는 것은 면역이 없다는 뜻이다.

> **TIP 전염병의 유행 3대 조건**
> ① 전염원의 존재(질적, 양적으로 충분한 병원체 내포)
> ② 전염경로의 형성(전염원과 숙주를 연결시키는 전파체가 많이 존재)
> ③ 감수성의 숙주의 존재(감수성이 높은 숙주집단이 클 때 유행)

(4) 3대 요인의 상호작용

숙주와 병원체, 숙주와 환경, 환경과 병원체간의 상호관계에 따라 전염병 유행은 크게 영향을 받는다.

전염병의 생성과정

전염병의 생성과정은 병원체, 숙주, 환경의 3가지 요인(병인, 환경, 숙주)이 서로 작용하여 질병을 일으키게 된다. 질병은 6가지 요소(병원체, 병원소, 병원소로부터 병원체의 탈출, 전파, 새로운 숙주로의 침입, 감수성 숙주의 감염)을 거쳐 질병이 발생한다. 이들 6개 요소 중 어느 한 가지라도 결여되면 전염병은 발생되지 못하게 되므로 전염병 발생을 막으려면 어느 곳에서든지 한 과정만 차단하여도 가능하다.

3요인	6요소
병인(전염원)	병원체 병원소
환경(전염경로)	병원소로부터 병원체의 탈출 전파 새로운 숙주로의 침입
숙주	감수성 숙주의 감염(저항력)

(1) 병원체

병원체란 숙주에 침입하여 특정한 질병을 일으키는데 필요한 미생물을 말한다.

병원체의 작용 양식에 따라 감염자에게 나타나는 병의 양상은 각기 다르다.

① 병원체의 종류

- 세균 : 콜레라, 장티푸스, 디프테리아, 결핵, 나병, 백일해
- 바이러스 : 홍역, 폴리오, 유행성 이하선염, 일본뇌염, 광견병, 후천성면역결핍증, 유행성 간염
- 기생충 : 말라리아, 사상충, 아메바성 이질, 회충증, 간·폐흡충증, 유구 · 무구조충증
- 진균 : 백선, 칸디다증
- 리케차: 발진티푸스, 발진열, 쯔쯔가무시병(양충병), 록키산 홍반열
- 클라미디아

② 병원체의 병독성과 전염성의 관계

- 전염성 : 전염병 전파에 작용하는 중요 요소로 병원체의 침입기관이나 병인성 및 병원체의 증식 양식 등에 따라서 전염성이 달라진다.
- 병독성 : 병원체의 독력, 독성, 병원체의 양과 작용 양식 등에 따라서 다르다.

(2) 병원소

병원소란 병원체가 증식하면서 생존을 계속하여 다른 숙주에 전파시킬 수 있는 상태로 저장 되는 일종의 전염원을 말한다. 인간병원소(환자, 보균자), 동물병원소(소, 말, 돼지, 개 등), 토양병원소를 들 수 있다.

① 환자

환자란 병원체에 감염되어 자각적, 타각적으로 임상증상이 있는 모든 사람을 말한다.

> **TIP 역학적 입장에서의 환자**
> ① 은닉환자
> ② 간과환자
> ③ 전구기 환자
> ④ 현성환자 : 감시할 수 있고 경계의 대상이므로 전염가능성이 낮다.
> 홍역, 두창 등과 같은 전염병은 현성환자 만이 전염원으로 작용할 수 있다.

- 전염원의 감염형태
  - 감염 : 미생물이 생물체내에 침입하여 질병을 일으키는 경우
  - 침입 : 병원이 되는 생물체가 숙주의 체표면에 침범하여 피해를 입히는 경우
  - 감염의 분류

    현성 감염 : 임상적 증세가 있는 감염 상태

    불현성 감염 : 임상 증세가 없는 감염 상태

    혼합감염 : 2종 이상의 병원균이 함께 침입되어 있는 경우

    중감염 : 감염되어 있는 상태에서 동일 병원균이 다시 침입한 경우

    자가감염 : 자신이 가지고 있는 병원균에 의해 자기자신이 다시 감염되는 경우

② 보균자

보균자란 자각적으로나 타각적으로 임상증사이 없는 병원체 보유자로서 전염원으로 작용하는 감염자를 말하며 전염병 관리상 중요한 대상이다.

- 자유로이 활동하기 때문에 전염시킬 수 있는 영역이 넓다.
- 자타가 경계하지 않기 때문에 전파기회가 많고 보균자수는 일반적으로 환자의 수보다 많아서 전염원으로 크게 작용한다.

종류	특징	전염병
회복기 보균자 (병후 보균자)	임상증상 완전 소실, 병원체 배출 보균자	세균성 이질, 디프테리아 등
잠복기 보균자	어떤 전염성 질환의 잠복기간 중에 병원체를 배출하는 감염자	디프테리아, 홍역, 백일해 등
건강 보균자	임상 증상 없는 보유자로 건강자와 다름없지만 병원체를 보유하는 감염자	디프테리아, 폴리오, 일본뇌염 등

※ 일시적 보균자, 영구적 보균자, 만성보균자 등으로 구분된다.

③ 동물 병원소

동물 병원소란 인간 숙주에게 전염시키는 동물 전염원을 말한다.

소	결핵, 파상열, 보툴리눔, 탄저, 살모넬라증
쥐	페스트, 발진열, 렙토스피라증, 쯔쯔가무시병, 살모넬라증
고양이	독소플라스마증, 살모넬라증
돼지	일본뇌염, 렙토스피라증, 탄저, 살모넬라증
양	파상열, 보툴리눔, 탄저
개	광견병, 톡소플라스마증
말	유행성뇌염, 탄저, 살모넬라증

④ 토양

진균류(곰팡이)의 병원소로서 작용

(3) 병원소로부터 병원체의 탈출 경로

병원체가 병원소로부터 탈출하여야만 질병의 전파가 가능하다. 탈출 경로는 호흡기 계통의 탈출, 소화기 계통, 비뇨 · 생식기 계통으로 탈출, 개방병소로 직접 탈출, 기계적 탈출(곤충, 주사기) 등이 있다.

① 호흡기 계통

코, 비강, 기도, 기관지, 폐 등에서 증식한 병원체가 대화, 기침, 재채기 등을 통해 전파된다.

② 소화기 계통

위장관을 통한 탈출로 소화기계 전염병이나 기생충 질환의 경우 분변이나 구토물에 의해 전파된다.

③ 비뇨·생식기 계통

주로 소변이나 성기 분비물에 의해 전파된다.

④개방병소로 직접 탈출

신체표면의 상처, 피부염 등의 상처 부위에서 병원균이 직접 전파되는 것을 말한다.

⑤ 기계적 탈출

흡혈성 곤충이나 주사기 등에 의한 탈출을 말한다.

(4) 전파 방법

병원소로부터 탈출한 병원체는 다른 숙주로 침입하기까지 생존해야만 하는 전파 과정을 거치게 된다. 직접전파, 간접전파로 나뉜다.

① 직접전파

병원체가 전파체의 중간역할 없이 감수성 보유자에게 직접 전파함으로써 전염이 성립되는 경우를 말한다(직접접촉전염, 비말).

② 간접전파

각종 전파체에 의하여 전파됨으로써 전염이 성립되는 경우를 말하며 전파체가 존재하고, 병원체가 병원소 밖으로 탈출하여 일정 기간 생존 능력이 있을 때 전파가 가능하다.

- 활성 전파체 : 매개역할을 하는 생물로서 파리, 모기 벼룩 등과 같은 절지동물과 패류나 담수어 같은 흡충류의 중간 숙주 등
- 비활성 전파체 : 개달물(숙주내부도 들어가지 않고 병원체를 운반하는 수단.식 품, 물, 완구, 수술기구)

③ 비말전파

재채기, 기침, 대화 때에 전염원인 환자의 입과 코에서 비산한 비말의 수분이 증발하며 그 미소 잔류물이 공기 중에 부유하는데 이것을 흡입함으로써 감염된다.

④ 절지 동물 전파

- 기계적 전파 : 매개 곤충의 다리나 체표에 부착되어있는 병원체를 아무런 변화없이 전파하는 경우(장관비호전파)를 말한다.
- 생물학적 전파 : 매개 곤충 내에서 일정 기간 발육 또는 증식하는 등 생물학적 변화를 거쳐 전파되는 경우를 말한다.
  - 증식형 전파 : 곤충 내에서 세균, 바이러스 등이 수적으로 증식한 후 곤충이 피부 교차시 감염되는 전염형태를 말한다.
  - 발육형 전파 : 곤충 내에서 수적 증식은 없지만 생활환의 일부를 경과하면서 발육하는 전파하는 형태를 말한다.
  - 발육증식형 전파 : 곤충체내에서 생활환의 일부를 거치면서 수적 증식을 하여 전파되는 형태를 말한다.
  - 배설형 전파 : 병원체가 곤충체내에서 증식한 후 장관을 거쳐 배설물로 배출된 것이 피부의 상처 부위나 호흡기계 등으로 전파되는 형태를 말한다.
  - 경란형 전파 : 곤충의 난자를 통해 다음 세대까지 전달되어 전파되는 경우를 말한다.

(5) 새로운 숙주에 침입 경로

<table>
<tr><th>호흡기균성</th><th>병원체</th><th>소화기</th><th>병원체</th><th>성기점막</th><th>병원체</th><th>점막피부</th><th>병원체</th></tr>
<tr><td>결핵</td><td>세균</td><td>콜레라</td><td>세균</td><td>매독</td><td rowspan="11">세균</td><td>트리코마</td><td>바이러스</td></tr>
<tr><td>한센병</td><td>세균</td><td>이질</td><td>세균, 아메바</td><td>임질</td><td>파상풍</td><td>세균</td></tr>
<tr><td>디프테리아</td><td>바이러스</td><td>장티푸스</td><td>세균</td><td rowspan="9">연성하감</td><td>페스트</td><td>세균</td></tr>
<tr><td>두창</td><td>세균</td><td>파라티푸스</td><td>세균</td><td>발진티푸스</td><td>리케차</td></tr>
<tr><td>성홍열</td><td>세균</td><td>식중독</td><td>세균</td><td rowspan="7">일본뇌염</td><td rowspan="7">바이러스</td></tr>
<tr><td>수막구균성 수막염</td><td>세균</td><td>영아설사증</td><td>세균</td></tr>
<tr><td>인플루엔자</td><td>바이러스</td><td>폴리오</td><td>바이러스</td></tr>
<tr><td>백일해</td><td>세균</td><td>전염성간염</td><td>바이러스</td></tr>
<tr><td>홍역</td><td>바이러스</td><td rowspan="3">파상열</td><td rowspan="3">세균</td></tr>
<tr><td>유행성이하선염</td><td>바이러스</td></tr>
<tr><td>폐렴</td><td>세균</td></tr>
</table>

(6) 숙주의 감수성과 면역성

① 감수성

감수성이란 전염병에 감염하여 발병할 수 있는 위험성이 높은 상태를 말하며, 감수성이 있다는 것은 면역이 없다는 뜻이다.

> **TIP 감수성 지수!**
>
> 급성 호흡기계 전염병에 있어서는 감수성 보유자가 감염되어 발병하는 율이 대체적으로 일정한 것을 말한다.
>
> **두창** : 95%
> **홍역** : 95%
> **백일해** : 60~80%
> **성홍열**: 40%
> **디프테리아** : 10%
> **폴리오** : 0.1%

② 면역성

- 선천성 면역(자연면역) : 태어날 때부터 어떤 전염병에 걸리지 않거나 걸리기 어려운 유전적 체질(소질)을 선천성 면역이라고 하며 인종, 종족, 개인차에 따라 저항력이 다르다. 즉, 인간은 결핵에 걸리나 말은 결핵에 걸리지 않으며, 매독은 사람 이외의 동물에게는 전혀 걸리지 않는다.
- 후천성 면역 : 전염병에 걸렸었거나 예방접종 등에 의해서 후천적으로 성립되는 면역을 후천성 면역이라고 하며, 능동면역과 수동면역으로 구분된다.
  - 능동면역 : 숙주 스스로가 면역체를 형성하여 면역을 지니게 되는 것으로 자연능동면역과 인공능동면역으로 구분된다.

    • 자연능동면역 : 전염병에 감염되어 성립되는 면역
    • 인공능동면역 : 인위적으로 항원을 체내투입하여 예방접종으로 획득된 면역

  - 수동면역: 병균을 일단 말이나 소 같은 가축에 주사해서 생긴 항체를 포함한 그 의면역 혈청을 뽑아 이를 사람에게 피동적으로 주사하여 얻어지는 방법이다.

    • 자연수동면역 : 모체로부터 태반이나 수유를 통해 항체가 생기는 면역
    • 인공수동면역 : 인공제제를 인체에 투입하여 얻어지는 면역

  ※ 수동면역은 능동면역보다 면역효력이 빨리 나타나나 지속시간이 짧다.

전염병의 분류와 관리

(1) 법정전염병의 분류

전수	제1급감염병 (17종)	제2급감염병 (20종)	제3급감염병 (26종)	제4급감염병 (23종)
유형	생물테러감염병 또는 치명률이 높거나 집단 발생 우려가 커서 발생 또는 유행 즉시 신고하고 음압격리가 필요한 감염병	전파가능성을 고려하여 발생 또는 유행시 24시간 이내에 신고하고 격리가 필요한 감염병	발생 또는 유행 시 24시간 이내에 신고하고 발생을 계속 감시할 필요가 있는 감염병	제1급~제3급 감염병 외에 유행 여부를 조사하기 위해 표본감시 활동이 필요한 감염병
종류	1. 에볼라바이러스병 2. 마버그열 3. 라싸열 4. 크리미안콩고 출혈열 5. 남아메리카 출혈열 6. 리프트밸리열 7. 두창 8. 페스트 9. 탄저 10. 보툴리눔독소증 11. 야토병 12. 신종감염병증후군 13. 중증급성호흡기증후군(SARS) 14. 중동호흡기증후군 15. 동물인플루엔자 인체감염증 16. 신종인플루엔자 17. 디프테리아	1. 결핵 2. 수두 3. 홍역 4. 콜레라 5. 장티푸스 6. 파라티푸스 7. 세균성이질 8. 장출혈성대장균 감염증 9. A형간염 10. 백일해 11. 유행성이하선염 12. 풍진 13. 폴리오 14. 수막구균 감염증 15. b형헤모필루스 인플루엔자 16. 폐렴구균 감염증 17. 한센병 18. 성홍열 19. 반코마이신내성황색포도알균(VRSA) 감염증 20. 카바페넴내성장내세균속균종(CRE) 감염증	1. 파상풍 2. B형간염 3. 일본뇌염 4. C형간염 5. 말라리아 6. 레지오넬라증 7. 비브리오패혈증 8. 발진티푸스 9. 발진열 10. 쯔쯔가무시증 11. 렙토스피라증 12. 브루셀라증 13. 공수병 14. 신증후군출혈열 15. 후천성면역결핍증(AIDS) 16. 크로이츠펠트-야콥병(CJD) 및 변종크로이츠펠트-야콥병(vCJD) 17. 황열 18. 뎅기열 19. 큐열 20. 웨스트나일열 21. 서. 라임병 22. 진드기매개뇌염 23. 유비저 24. 치쿤구니야열 25. 중증열성혈소판감소증후군(SFTS) 26. 지카바이러스 감염증	1. 인플루엔자 2. 매독 3. 회충증 4. 편충증 5. 요충증 6. 간흡충증 7. 폐흡충증 8. 장흡충증 9. 수족구병 10. 임질 11. 클라미디아감염증 12. 연성하감 13. 성기단순포진 14. 첨규콘딜롬 15. 반코마이신내성장알균(VRE) 감염증 16. 메티실린내성황색포도알균(MRSA) 감염증 17. 다제내성녹농균(MRPA) 감염증 18. 다제내성아시네토박터바우마니균(MRAB) 감염증 19. 장관감염증 20. 급성호흡기감염증 21. 해외유입기생충 감염증 22. 엔테로바이러스 감염증 23. 사람유두종바이러스 감염증
감시방법	전수	전수	전수	표본
신고	즉시	즉시	즉시	즉시
보고	즉시	즉시	즉시	즉시

※ 신고 경로 : 의사, 치과의사, 한의사, 의료기관의 장, 부대장, 병원체 확인기관의 장 등
→ 관할 보건소장(제1급감염병의 경우 신고서 제출 전 구두 · 전화로 보건소장 또는 질병관리본부장에게 신고)

① 제1급감염병

생물테러감염병 또는 치명률이 높거나 집단 발생의 우려가 커서 발생 또는 유행 즉시 신고하여야 하고, 음압격리와 같은 높은 수준의 격리가 필요한 감염병

② 제2급감염병

전파가능성을 고려하여 발생 또는 유행 시 24시간 이내에 신고하여야 하고, 격리가 필요한 감염병

③ 제3급감염병

그 발생을 계속 감시할 필요가 있어 발생 또는 유행 시 24시간 이내에 신고하여야 하는 감염병

④ 제4급감염병

제1급감염병부터 제3급감염병까지의 감염병 외에 유행 여부를 조사하기 위하여 표본감시 활동이 필요한 감염병

(2) 전염병의 관리

전염병의 관리는 전염병의 생성과정 6요소 중 한 요소만 제거하여도 그 전파의 연쇄작용이 이루어지지 않아 전염병이 발생하지 못하게 되는데 그 원칙이 있다. 일반적으로 전염성 질환의 예방과 관리의 접근방안은 전파과정의 차단, 환경위생, 숙주의 면역증강, 예방되지 못한 환자의 관리로 정리할 수 있다.

① 전파과정의 차단

- 동물병원소의 도살이나 인간병원소인 환자나 보균자를 없애는 등의 병원소 제거를 한다.
- 환자를 치료 하여 전염병의 감염력을 감소시킨다.
  - 환경위생을 개선하여 전파과정을 차단한다.
  - 손발의 청결, 양치질 등에 의해 개인위생을 철저히 하여 감염력을 감소시킨다.
- 전염병 매개물이나 곤충을 철저히 박멸한다.
- 국외에서 외래 전염병이 국내로 들어오는 것을 막기 위해 검역을 실시한다.
- 감염된 사람과 동물을 건강한 사람에게서 격리한다.

② 환경 위생 관리

병원체가 병원소를 탈출하여 새로운 숙주로 전파되기까지 환경조건을 개선하여 전파과정을 차단한다.

③ 숙주의 면역 증강

예방접종에 의한 인공면역을 길러주며 영양관리, 적절한 휴식과 운동 등 생활습관 개선으로 저항력을 높인다.

④ 예방되지 못한 환자의 관리

예방하지 못하고 질병이 발생했을 때 가능한 최소의 피해로 막도록 노력해야 하며, 조기진단, 조기치료로 합병증을 줄이고 희생자를 적게 하도록 노력한다.

⑤ 법정 전염병 관리

우리나라는 주요 전염병과 최근 발생이 급증하고 있는 전염병을 법정 전염병으로 지정하여 관리하고 있으며 법령에 따라 전염병을 관리한다.

기생충질환

(1) 기생충이란

한 생물이 다른 생물의 체표 또는 체내에 일시적 지속적으로 기거하면서 그로부터 영양분을 취해 살아가는 현상을 기생 또는 기생생활이라고 한다. 이 때 기생하는 생물을 기생물이라고 하며, 기생물이 붙어서 사는 생물을 숙주라고 한다. 기생충은 기생물 중에서 숙주의 체내에 기거하여 그로부터 영양분을 취하여 생활하는 동물을 말한다. 그러므로 기생충의 감염에서 가장 문제가 되는 것으로는 영양분의 손실을 들 수 있으며 외부로 나타나지 않으면서 피해를 주는 데서 문제시 된다.

(2) 기생충의 전파

감염형(포낭, 충란, 낭충, 유충)이 기거하는 곳을 감염원이라고 하며, 감염원으로부터 사람이나 다른 동물에게로 기생충이 옮겨지는 것을 전파라고 한다. 전파방식에는 상호 접촉에 의한 직접방법과 토양·물·옷·어육류·채소류 등의 매개체나 생물에 의한 간접방법 등이 있다.

(3) 기생충의 종류

① 선충류

- 회충증

가장 높은 감염률을 내는 기생충으로 소장에 기생하며, 오염된 야채가 경구로 침입하여, 권태, 미열이 있고 소화장애, 식욕이상, 이미증, 구토, 변비, 복통, 빈뇨, 두드러기증, 충양돌기염, 췌장염, 유충성 폐렴 등을 유발한다. 우리나라에서 가장 높은 감염율을 나타내는 기생충이다.

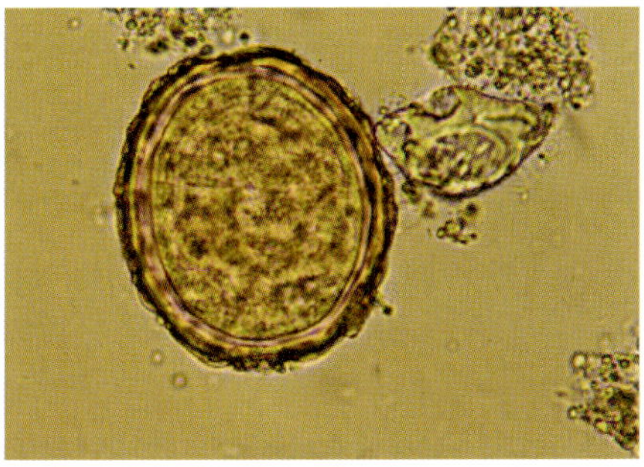

회충의 유충[1)]

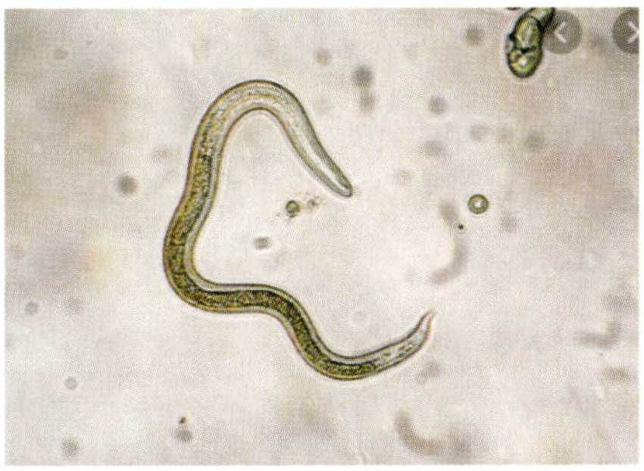

회충의 성충[2)]

TIP 회충류 질환 예방대책

① 분변관리
② 청정채소의 장려
③ 환자의 정기적 구충 실시
④ 파리 구제 및 환경 개선
⑤ 위생적인 식생활
⑥ 보건교육 실시

• 구충증

구충증은 십이지장충(두비니구충과 아메리카구충)으로 유행된다. 구충증은 소장에 기생하며 구충의 유충이 손, 발 등의 노출된 피부로 침입하는데 침입된 부위는 소양감, 작열감을 일으킨다. 침입 초기에는 기침, 구역, 구토도 있으며 성충이 되면 빈혈증, 소화장애가 있다.

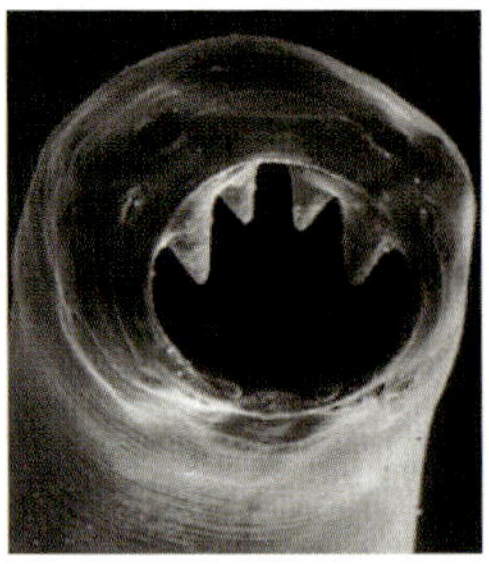

두비니구충[3]

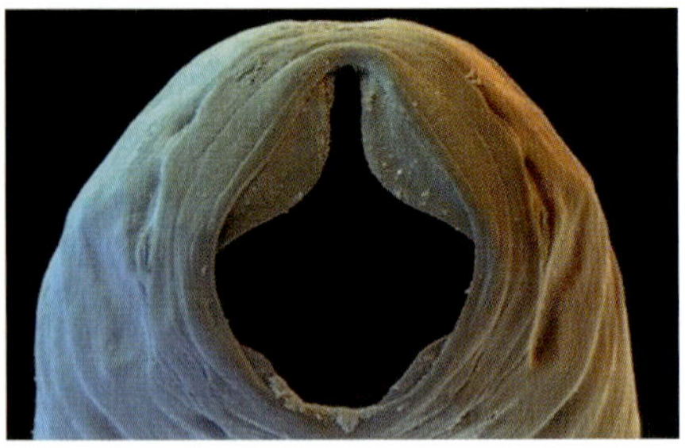

아메리카 구충[4]

• 요충증

요충증은 집단감염이 잘 되는 기생충으로 산란과 동시에 감염능력이 있음. 항문 주위의 소양 증 발견하여 긁게 되면 습진이 생기고 세균의 2차 감염에 의한 염증을 일으킨다.

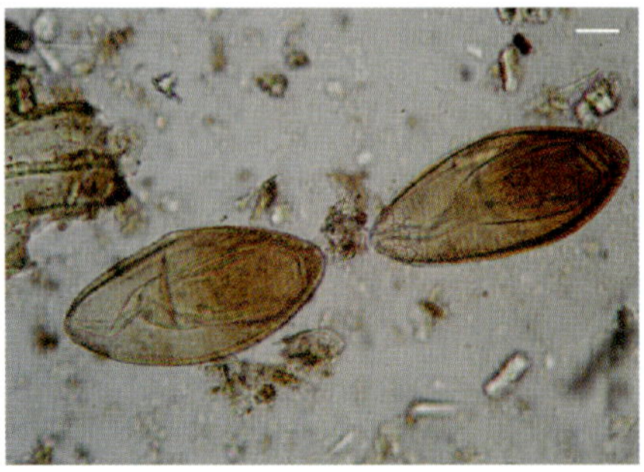

요충의 유충[5]

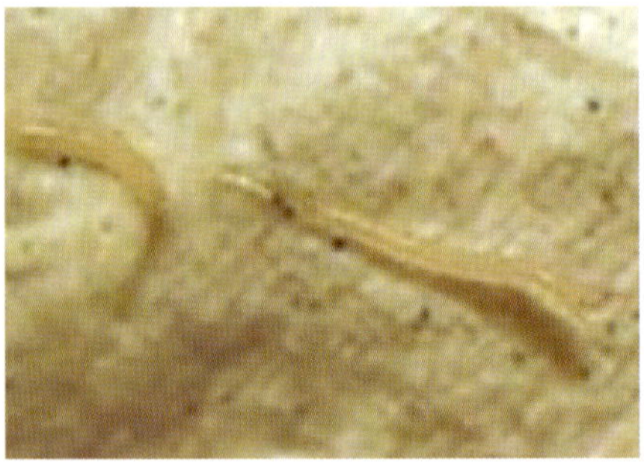

요충의 성충[6]

• 말레이사상충증

말레이사상충증은 상피병이라고 하고 감염자가 희귀하다. 모기를 매개체로 임파조직에 기생하고 감염 1년이 되면 자충을 태생한다. 성충은 임파관이 분포된 생식기관, 사지 등에 기생하며 상피증, 임파관염, 유미성 음낭수종, 음낭의 상피증 등을 일으킨다.

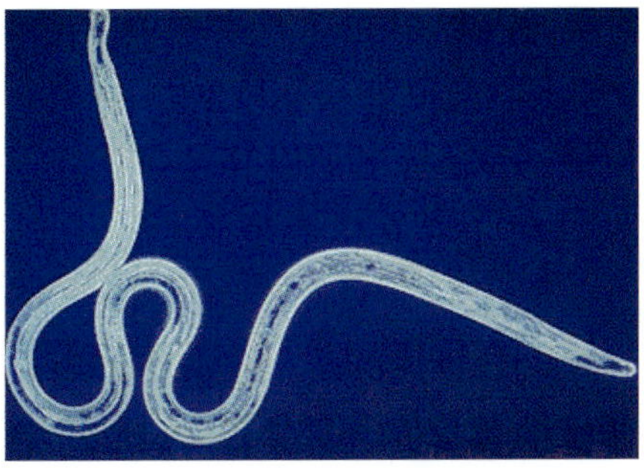
말레이사상충[7]

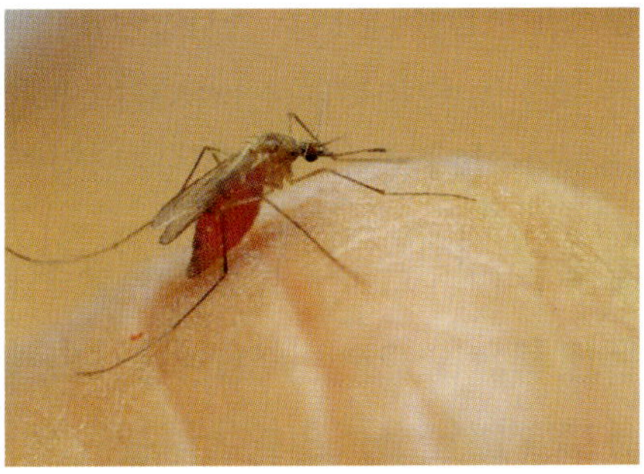
모기[8]

② 흡충류

• 간흡충증(간디스토마)

간흡충증은 간의 담관에 기생하며, 간장비대, 비장비대, 복수, 소화장애, 황달을 일으킨다. 간흡충증은 제1 중간숙주가 왜우렁.쇠 우렁 등을 거쳐 셀카리아가 되었다가 제2 중간숙주 담수어 - 참붕어 등을 거쳐 메타셀카리아가 된다. 감염된 민물고기를 생식하거나 오염된 물, 조리기구를 통해 경구 감염된다.

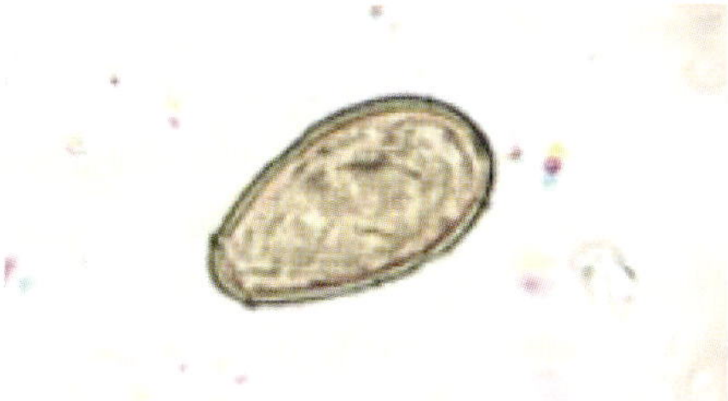
간흡충의 유충[9]

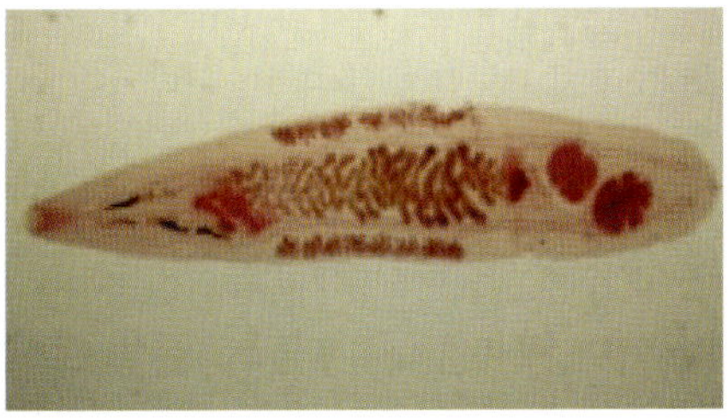
간흡충의 성충[10]

• 폐흡충증

폐흡충증은 동아시아와 우리나라의 산간지역에 많이 분포되어 있으며 객담이나 분변으로 배출된 충란이 수중에서 수중온도 27℃가 되면 발육·부화하여 미라시디움(유자충)으로 되고 제1 중간숙주인 다슬기 등을 거쳐 셀카리아가 된다. 셀카리아는 수중으로 나와 제2 중간숙주인 가재, 게 등의 아가미, 간장, 근육 내에 침입하여 6주 후면 메타셀카리아(피낭유충)가 된다.

감염된 가재, 게 등을 생식하면 소장에서 탈낭하여 소장에서 복강으로 나와 복벽근육에 침입 1주간 발육 후 다시 복강으로 나와 횡격막을 뚫고 폐에 침입한다.

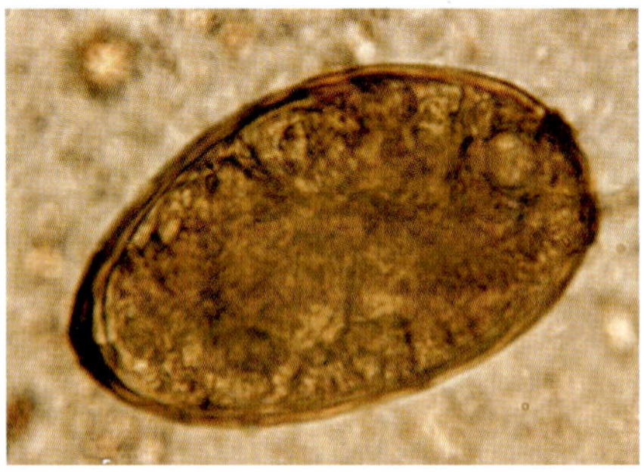
폐흡충증[11]

다슬기[12]

• 요코가와흡충증

동아시아 지역 주로 중국 일본에 분포되어 있으며 우리나라에서는 간디스토마 유행지역에서 간혹 발견된다. 제1중간숙주인 다슬기 등을 거쳐 제2중간숙주인 민물고기를 거쳐 감염된다. 감염된 민물고기를 생식하거나 오염된 물, 조리기구를 통해 경구 감염된다.

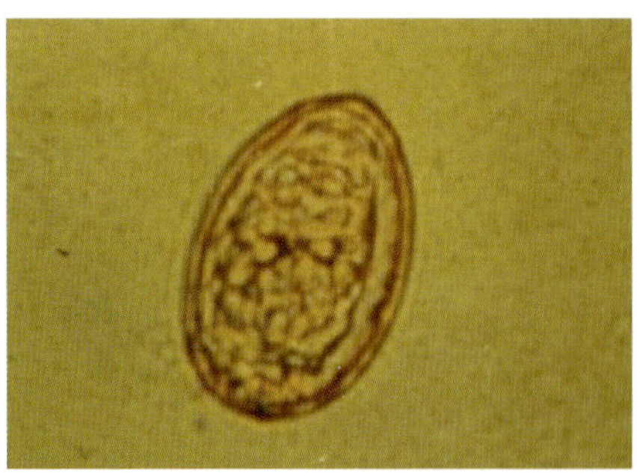
요코가와흡충의 유충[13]

요코가와흡충의 성충[14]

③ 조충류

• 유구조충(갈고리촌충)

유규조충은 전세계적으로 분포되어 있으나, 특히 돼지고기를 생식하는 지역주민에게 많이 있다.

오염물을 중간숙주인 돼지가 먹으면 유구조충이 근육을 뚫고 들어가 60~70일이면 유구낭충이 된다. 사람이 낭충이 있는 돼지고기를 날로 먹거나 덜 익혀서 먹으면 낭충이 소장내에서 2~3개월 내에 성충이 되어 감염된다.

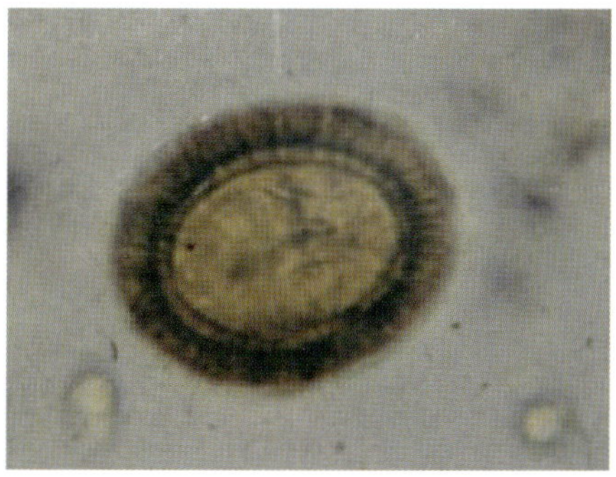

유구조충의 유충[5)]

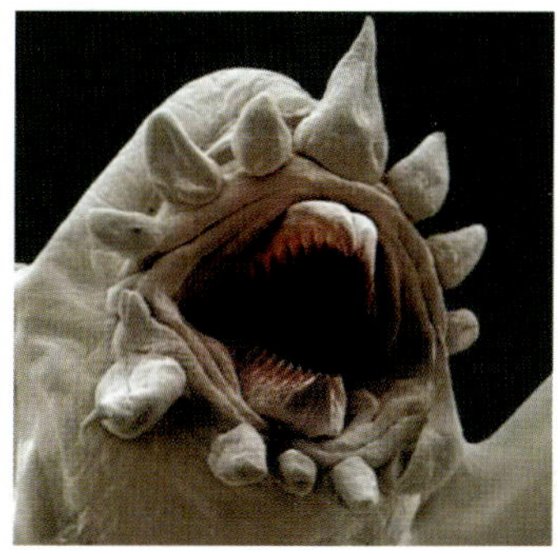

유구조충의 성충[6)]

• 무구조충(= 민촌증)

무구조충은 세계적으로 분포되어 있으며, 소고기를 먹는 나라에 많이 분포되어 있다. 유구조충보다 감염율이 높은 편이다.

오염된 풀을 중간숙주인 소가 먹으면 장 내에서 장벽을 뚫고 골격근 내로 옮겨와 3~6개월 후 무구낭충이 되어 감염된다.

감염된 소를 먹으면 경구 감염된다.

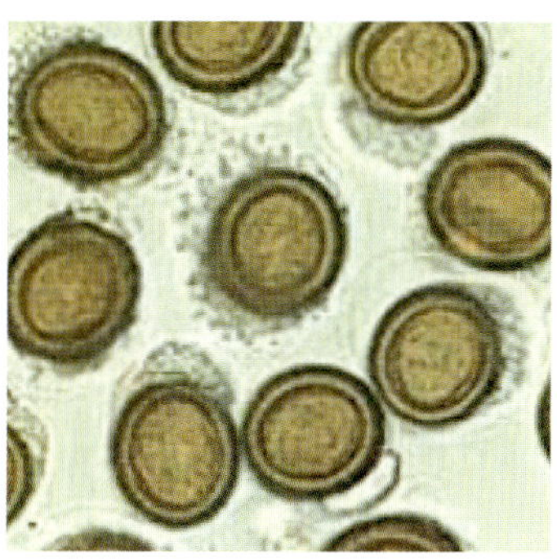

무구조충의 유충[7)]

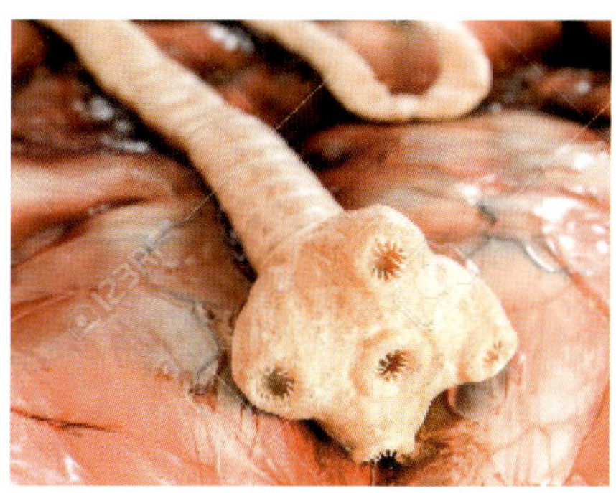

무구조충의 성충[8)]

• 긴촌충증(광절열두조충)

긴촌충증은 북반구의 발틱해 근방에 많이 분포되어 있으며 우리나라에서는 경남 해안지방에서 발생한 전적이 있다.

외계로 배출된 충란은 수중에서 전의미충(Co-Racidium-)이되고, 제1 중간숙주인 물벼룩에 섭취되어 의미충(Pro-Cercoid-)으로 발육된다. 이것을 제2 중간숙주인 담수어, 반해수어 - 연어, 송어, 농어 등이섭취하고, 감염된 제2 중간숙주를 사람이 생식하면 감염된다.

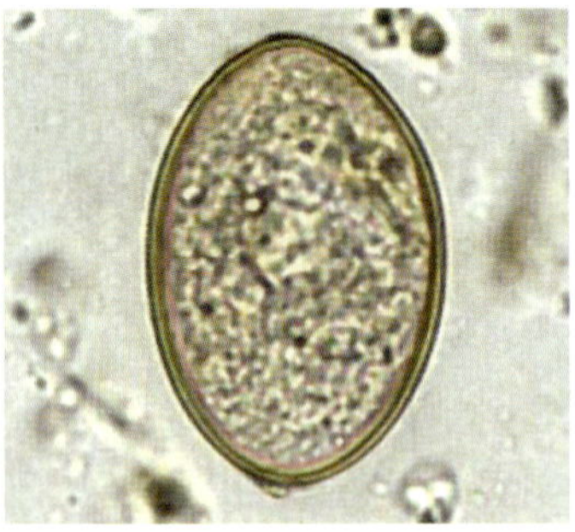

긴촌충의 유충[19]

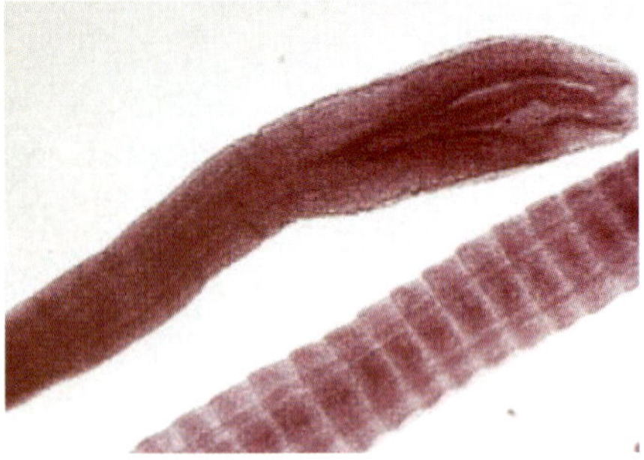

긴촌충의 성충[20]

④ 원충류

• 아질아메바증

전세계적으로 분포되어 있으며, 우리나라에도 많이 유행되고 있어서 보균자가 나타나고 있다. 분변으로 배출된 포낭형은 음식물, 물 등에 오염되어 경구 침입되면 회장 하부에서 탈낭하여 대장으로 기생하고 점막에 침입하여 분열 증식한다.

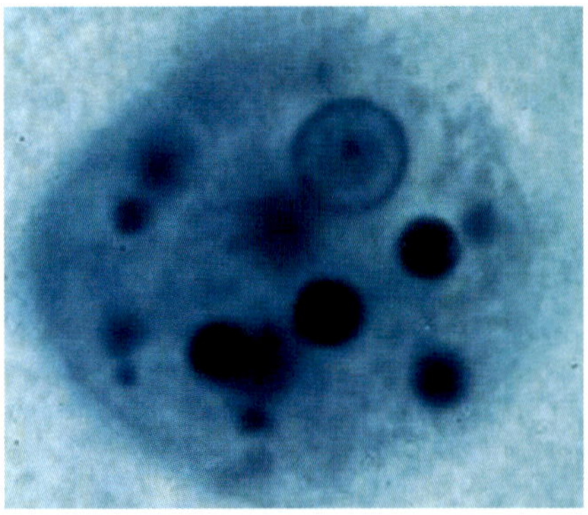

아질아메바증[21]

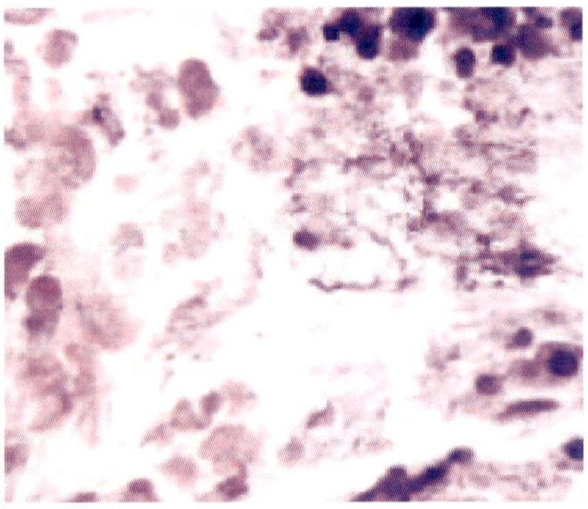

아질아메바증[22]

• 질트리코모나스

전세계적으로 분포되어있으며 우리나라에서도 많이 분포되어 있다. 성행위에 의해 겸염되는 경우가 많고 목욕탕, 변기를 통해 감염된다.

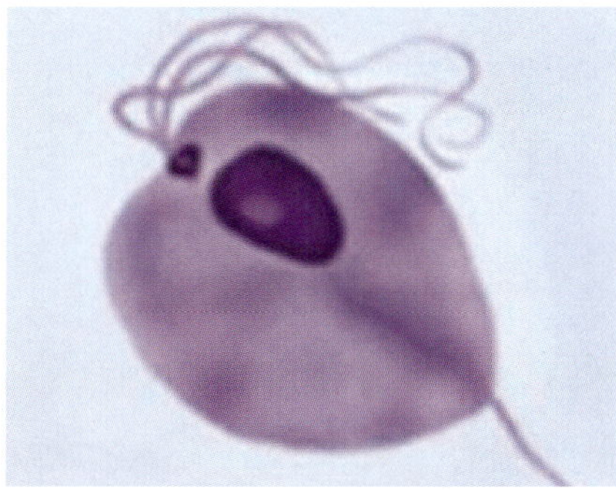

질트리코모나스[23)]

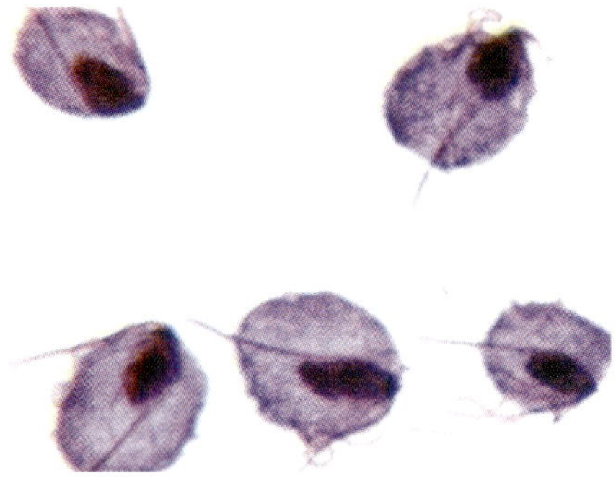

질트리코모나스[24)]

CHAPTER 19

해부생리학

1 해부생리란?

해부학이란

해부학(Anatomy)은 원래 라틴어의 'ana'와 'tomy'의 합성어로, 영어로는 '자르다' 혹은 '분해하다'라는 의미이다. 해부학이라는 용어가 히포크라테스(Hippocrates)에 의해 사용된 이래 많은 해부학자들이 인체의 구조를 규명하였다. 17세기에 이르러 현미경이 개발되어 생물의 미세한 구조를 연구하는 새로운 분야가 개척되었다. 따라서 해부학은 육안으로 관찰하는 육안적 해부학, 현미경을 이용하는 현미경적 해부학 또는 조직학, 그리고 태아의 발생과정을 연구하는 발생학 또는 태생학 등으로 구분된다.

해부학은 동물이나 식물의 구조와 기능을 연구하는 생물학의 한 분과로, 특히 인체의 생김새를 연구하는 인체해부학은 복잡한 인간의 기능을 이해하는 데 필요한 기초로서 매우 중요한 학문이다.

해부학이 언제부터 체계를 갖춘 지식 분야로 발달되었는지는 정확히 확인할 수 없으나 고대부터 사람의 시신을 관찰하고 이후 각 기관의 구조와 기능을 이해하며 질병이 일이 난 경우에는 기관들이 어떻게 손상되는지 알아가면서 체계화되었다.

생리학이란

생리학(Physiology)은 라틴어에서 유래한 것으로 'physio'는 자연을, 'logy'는 학문이라는 뜻이다. 즉 생리학이란 자연의 기능이나 성질 및 기전을 연구하는 학문으로 그 중 인체생리학은 인체의 계통이나 기관의 특유한 기능을 나타내게 하는 기전을 연구하는 학문이다.

2 세포와 기관

인체의 기본적인 구성단위는 세포이며, 그 수는 성인의 경우 약 100조 개로 추정되고 있다. 다세포동물은 기본적으로 수정란이 분열·증가하여 생긴 수많은 세포와 이들 세포가 만들어낸 세포간질로 구성된다. 이들 세포는 분열을 거듭하면서 분화하여 일정한 형태나 배열을 나타내며, 이러한 형태와 배열이 집단을 형성하여 조직을 만들고 조직은 상피조직, 결합조직, 근조직 및 신경조직의 4가지로 나눌 수 있다. 그리고 한 종류 또는 몇 가지 종류의 일정한 조직이 모여서 일정한 형태와 기능을 나타내는 기관을 만들게 되는데 심장, 간, 소장, 대장, 그리고 위 등을 에로 들 수 있다. 또한 몇 개의 기관이 특정 목적의 기능을 이루기 위해 인체 내에서 서로 연락을 하고 일정한 배치를 하게 되는데, 이것을 기관계라고 부른다.

TIP 인체의 구조적 기능적 기본단위

세포(Cell) → 조직(Tissue) → 기관(Organ) → 계통(System)

세포의 소기관과 기능

세포는 미토콘드리아, 핵, 소포체, 리소좀 등의 작은 소기관으로 구성되어 있다. 세포 내에는 사립체, 세포질그물, 골지체, 용해소체 등이 존재하며 소기관을 제외한 (단백질, 물, 전해질 등) 세포질을 '사이토솔'이라 한다.

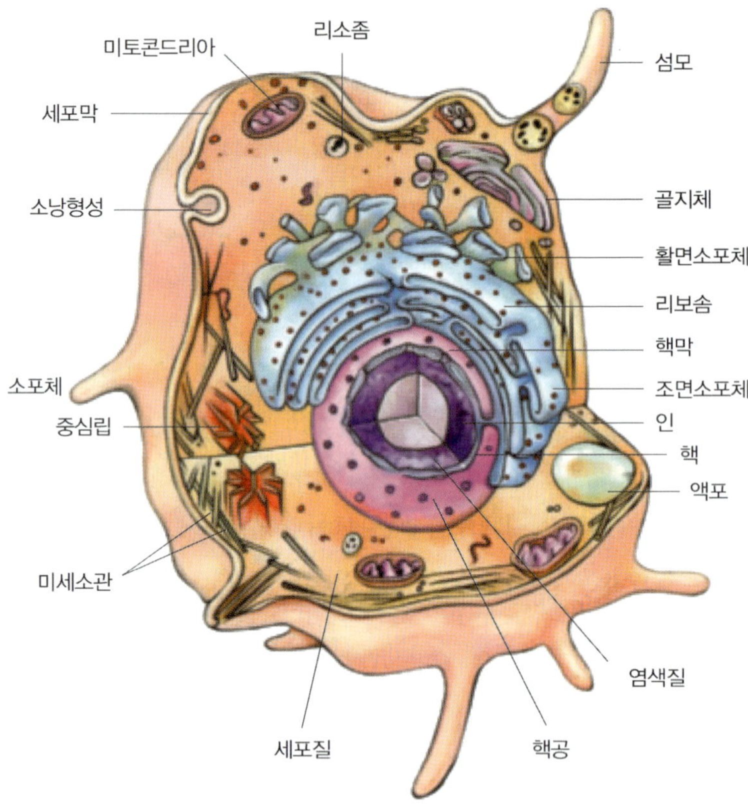

구분	구조	기능
핵	세포에서 가장 크고 뚜렷, 대부분 구형으로 2중막 구조	유전 물질(DNA)이 들어 있음 → 생명 활동 조절
미토콘드리아	길쭉한 타원형의 막대 모양, 2중막 구조	세포 호흡의 장소 → 유기물을 분해하여 에너지를 생산
엽록체	타원형 모양, 2중막 구조	광합성의 장소 → 포도당 합성
리보솜	가장 작은 세포 소기관, 막이 없음, 소포체에 붙어 있거나 세포질에 흩어져 있음	세포의 생명 활동에 필요한 단백질을 합성
소포체	납작한 주머니 모양의 막이 얽혀 있는 구조, 핵막과 연결	리보솜에서 합성한 단백질을 골지체나 세포의 다른 부분으로 운반
골지체	작한 주머니가 여러 겹으로 포개진 구조	물질의 저장과 분비에 관여
리소좀	구형의 주머니 모양	가수분해 효소 존재 → 세포 내 소화
중심체	핵 근처에 2개의 중심립이 직각으로 배열	세포 분열 시 양극으로 이동 → 방추사 형성
세포막	인지질 이중층에 단백질이 파묻혀 있거나 관통함	세포를 둘러싸고 있는 막, 세포의 형태 유지, 선택적 물질 투과(세포 안팎의 물질 출입 조절)
액포	주머니 모양, 단일막 구조	물, 당류, 색소, 노폐물 저장
세포벽	셀룰로스가 주성분, 1차벽 주위를 2차벽이 둘러싸고 있음	세포의 형태를 유지하고 식물체 지탱

TIP **단백질의 생성과 이동**

소포체(리보솜)에서 생성 → 골지체에서 변형 및 가공 → 분비소낭 → 세포밖으로 운송

조직

- 외배엽(Ectoderm): 피부, 신경계통, 감각기관
  * 근육계통 중 외배엽성 구조 : 동공조임근, 동공확대근, 섬모체근, 털세움근, 땀샘의 민무늬근
- 내배엽(Endoderm): 내장기관(소화, 호흡, 분비계통)
  중배엽(Mesoderm): 진피, 뼈대, 근육, 순환, 비뇨생식계통, 미세아교세포(신경 중 유일하게 중배엽)
- 인체의 4가지 기본조직 : 상피조직, 결합조직, 근조직, 신경조직

(1) 상피조직

① 편평상피(가로로 길다.)

- 단층편평상피(가슴안 & 혈관 등) : 가슴막, 심장막, 허파꽈리, 혈관
- 중층편평상피(마찰이 있는 곳에서 볼 수 있음) : 입안, 식도, 후두, 성대, 항문, 질, 피부

② 단층입방상피(각종 샘에서 볼 수 있음)

외분비샘, 갑상샘 소포

③ 이행상피(수축과 확장이 심한 곳에 위치)

요관, 방광, 요도의 속표면, 콩팥깔때기

④ 원주상피

- 단층원주상피(소화기계 등) : 위, 창자, 점막상피
- 단층섬모원주상피(자궁 안 등) : 자궁 속막, 자궁관 등
- 거짓중층섬모원주상피(코&귀 등) : 기도, 점막, 귀관

(2) 결합조직(인체에서 가장 많은 조직으로 연결, 지지, 형태유지의 역할을 함)

① 종류

고유결합조직(액체, 섬유, 세포), 뼈, 연골, 혈액, 림프

② 구성섬유

- 아교섬유(백색섬유) : 가장 많고 질김, 뼈, 인대, 힘줄
- 탄력섬유(황색섬유) : 대동맥, 기관, 탄력인대, 탄력연골
- 그물섬유 : 골수, 지라, 림프조직, 미세아교섬유

3
뼈대 및 관절계

뼈대

골격은 몇 가지 뼈가 조합되어 인체의 기본형을 이루는 견고한 구조물로서, 126개의 팔 · 다리뼈, 206개의 뼈대계통, 그리고 80개의 몸통뼈대 둥이 있다. 대부분 2개 이상의 뼈는 인대 등의 결합조직에 의해 기능적으로 연결되어 있어 관절운동이 가능하다.

뼈대의 주요 구성 요소는 뼈이다. 뼈는 칼슘이나 인과 같은 미네랄 등으로 구성되어 있어서 생명이 없는 것 같으나 사실은 활발하게 성장하며, 스스로를 재구성하기도 한다. 뼈의 어원은 그리스어의'말라버린몸'에서 유래되었다. 뼈는 긴뼈, 짧은뼈, 편평뼈 및 불규칙뼈로 분류된다.

뼈끝은 뼈의 길이성장에 관여하며, 뼈막은 뼈의 부피성장, 뼈 보호, 영양, 재생에 관여한다.

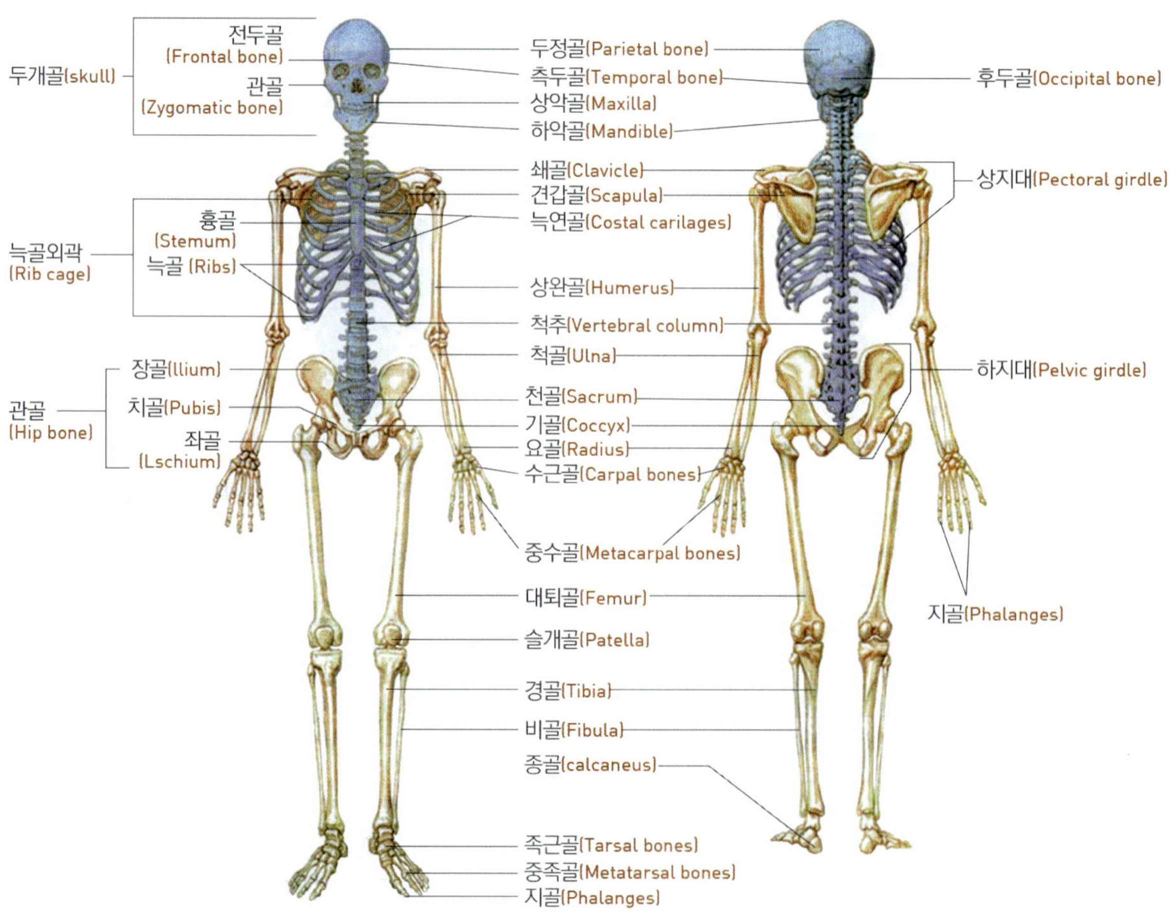

(1) 뼈

206개로 구성되며 땅을 지지하거나 연부조직을 보호하고 미네랄을 저장하는 기능을 가진다.

① 몸통 뼈대

뼈 중 80개에 해당되며 머리뼈, 척추뼈, 엉치뼈, 갈비뼈, 복장뼈가 몸통 뼈대에 해당된다. 뇌, 척수, 감각기관, 흉강 내 연부조직 등을 보호하고 하지 위에 체중을 지지하는 역할을 한다.

② 팔다리뼈

뼈 중 126개에 해당되며 사지의 위치와 내부 지지대의 역할을 한다. 몸통 뼈대를 지지하거나 움직이는 기능을 수행한다.

③ 골수

뼈의 안쪽 공간에 위치한 유연한 조직으로 1차 혈구를 생성하는 조혈 기관이기도 하다.

관절

관절은 2개 이상의 뼈가 서로 맞닿아 연결되어 있는 곳을 말한다. 관절을 둘러싸고 있는 구조는 크게 근육, 힘줄, 인대, 활막, 관절주머니, 연골 등으로 나눌 수 있다.

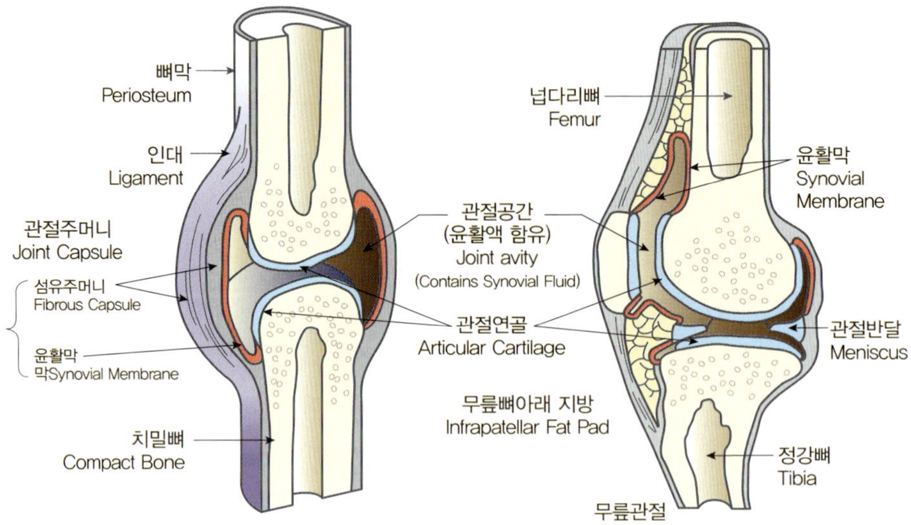

① 뼈막

뼈의 부피성장, 뼈 보호, 영양, 재생에 관여한다.

② 인대

관절 움직임을 활성화하는 조직 섬유이며, 다량의 교질과 탄력성 섬유가 들어 있어 탄력성이 있다.

③ 관절연골

유리연골로 되어있다.

④ 관절주머니

섬유막(바깥층), 윤활막(속층)으로 2겹의 막으로 구성된다.

⑤ 관절공간

윤활작용, 마찰감소, 완충역할 및 영양을 공급하는 윤활액이 존재한다.

⑥ 관절원반

턱관절, 복장빗장관절, 봉우리빗장관절, 먼쪽노자관절에 존재에 존재한다.

⑦ 관절반달

무릎에 존재하는 관절이다

⑧ 관절테두리

어깨관절(오목테두리), 엉덩관절(절구테두리)에 존재한다.

4 근육

근육은수축성 있는 모든 조직을 칭하는 일반적인 용어로 'mus'는 생쥐를 의미하는 라틴어에서 유래 되었는데, 근육의 움직임이 마치 뛰어다니는 생쥐와 유사하다고해서 붙여졌다. 근육은 수많은 기능을 수행하기 때문에 형태와 크기가 다양하며 구조가 기능에 맞춰서 이루어져 있다. 수축성이 있는 근육조직은 신경조직의 자극에 반응하여 짧거나 두꺼워지며 자극이 사라지면 이완한다.

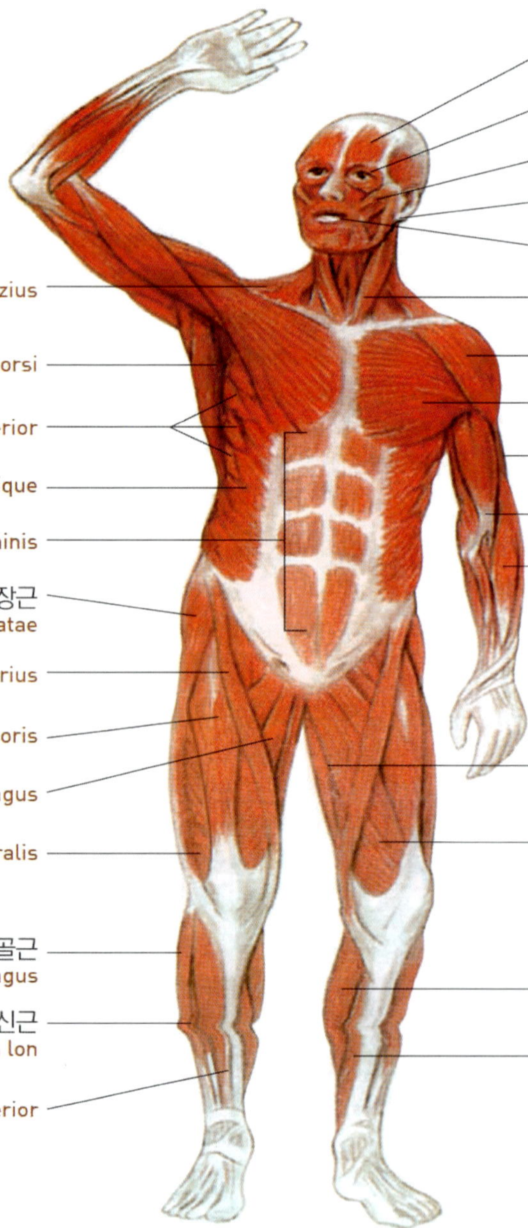

이와 같이 번갈아가면서 일어나는 수축과 이완이 운동을 일으킨다. 근육조직은 이러한 근육섬유의 다발로 구성되어 있으며 매우 가늘다. 인체의 근육계는 대략 700개의 근육들로 이루어져 있으며 체중의 약 40~45%를 차지한다.

근조직은 조직의 형태와 위치에 따라 뼈대근, 심장근, 민무늬근의 세 유형으로 나눌 수 있다.

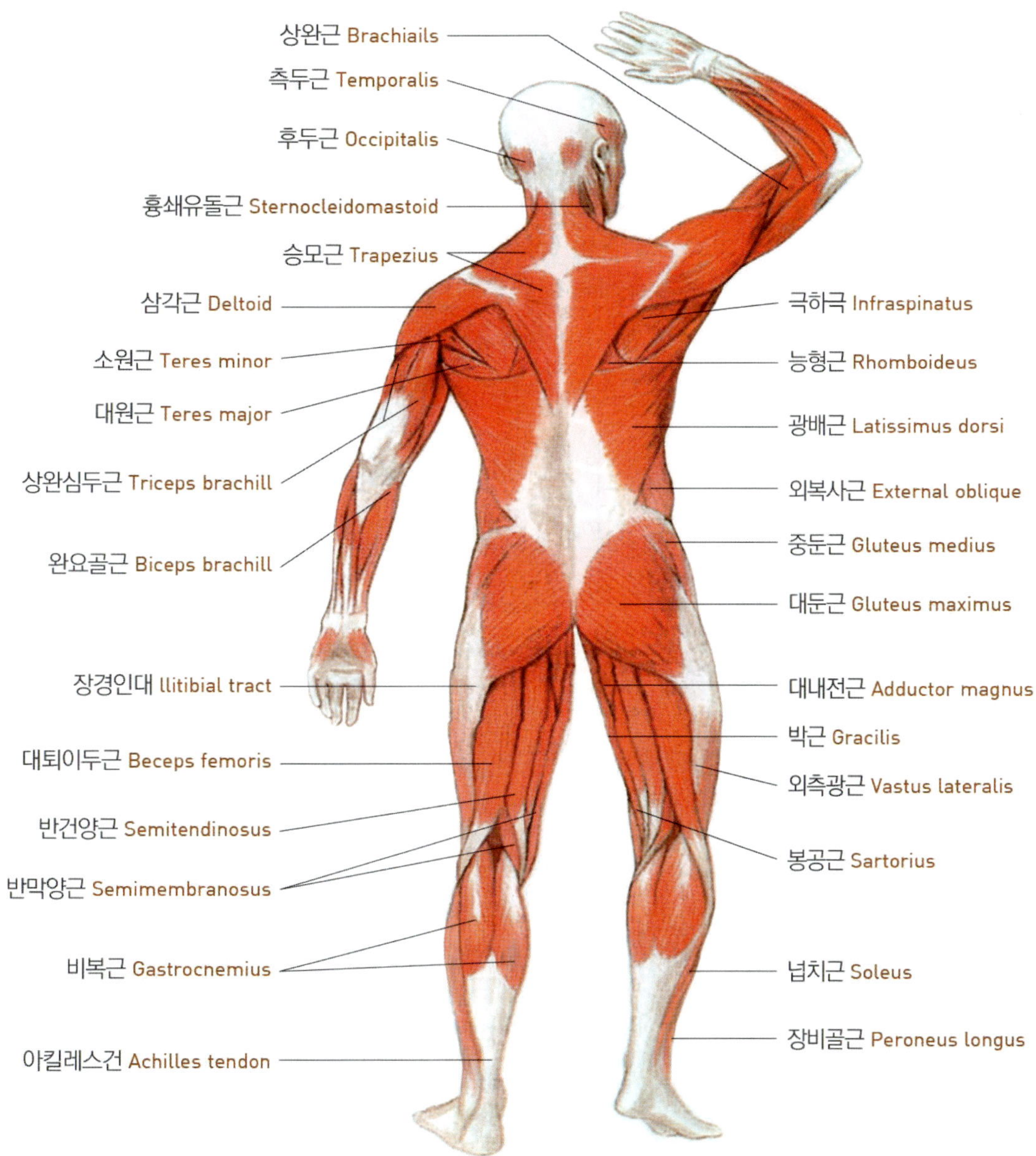

근조직

① 뼈대근

- 뼈대근육은 대부분 직접 또는 간접적으로 힘줄(건, Tendon)을 통해 뼈나 연골, 인대, 근막에 부착되거나 일부는 장기, 피부, 점막에도 부착되어 있다.
- 뼈대와 몸의 다른 부분들을 움직이게 하고, 수의적으로 조절할 수 있다.
- 현미경으로 관찰하면 줄무늬가 나타나므로 가로무늬 근육(Striated m.)이라고 한다.
- 수축하면서 길이가 줄어들고 지름이 늘어나 근육 주위의 정맥에 대한 펌프작용을 한다.
- 기본적으로 근육은 양쪽 끝부분에 힘줄이 있고 가운데 부분에 근육섬유인 힘살이 모여있다.

② 심장근

- 순환계통을 구성하는 근육으로 심장의 벽을 형성하며 대동맥, 허파동맥, 위대정맥의 벽에서도 볼 수 있다.
- 심장근육의 수축은 의지대로 일어날 수 없으며 자율신경계통의 조절을 받는다.
- 심장근육 중 특수하게 분화된 심장박동 조율세포(Pacemaker Cell)에 의해 박동이 조절된다.
- 세포연접으로 연결되어있고 현미경 관찰시 가로무늬가 보인다.

③ 민무늬근: 불수의근, 민무늬근, 원추형(방추형), 단핵

- 민무늬근육은 원추형(방추형)으로 되어있으며 대부분 혈관벽의 중간층과 소화기관 벽의 근육층을 형성한다.
- 심장근육처럼 자율신경계통의 지배를 받아 오랜시간 부분적인 수축을 할 수 있는 불수의근이다.
- 장기의 속공간(내강 lumina)의 크기를 조절하는데 중요한 역할을 한다.
- 소화관, 자궁관, 요도 등의 벽에서 연동운동을 하여 내용물을 앞으로 밀어내는 역할을 한다.

얼굴근육

얼굴근육은 얼굴신경이 지배하고 있으며, 눈꺼풀올림근만 눈돌림신경이 지배한다.

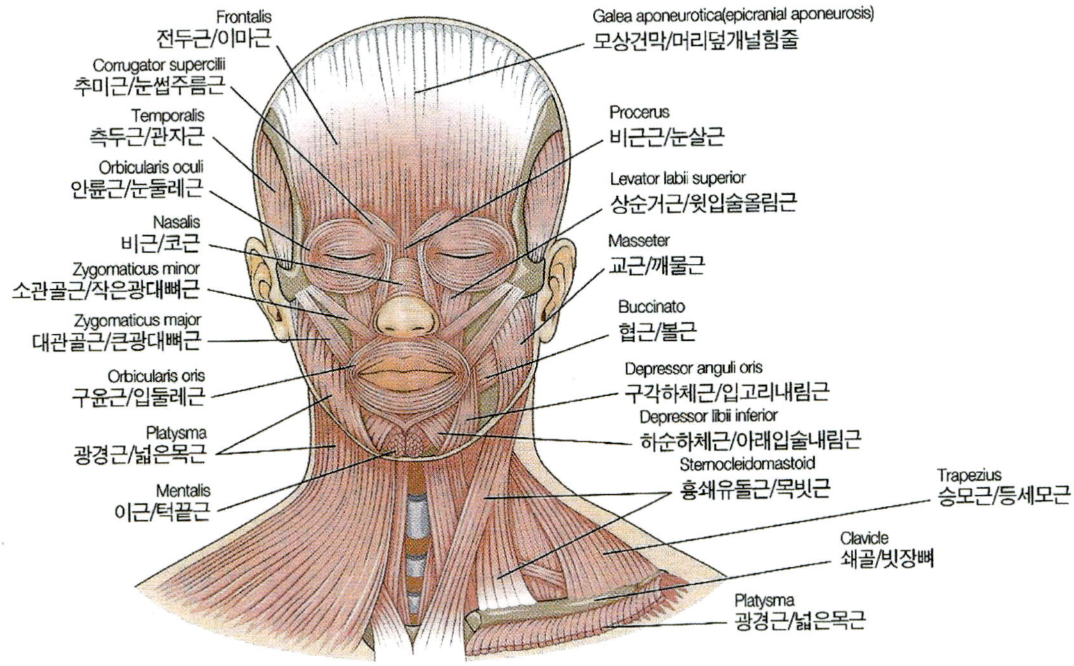

① 큰광대근

웃을 때 입꼬리를 위로 당기거나 웃는 표정을 할 때 사용하는 근육이다.

② 입꼬리당김근

보조개를 만드는 근육으로, 입을 가쪽으로 당겨 입술을 한 일자(一)로 만드는 근육이다.

③ 입꼬리내림근

슬픈 표정을 하거나 입꼬리를 내릴 때 사용하는 근육이다.

④ 이마근

놀란 표정을 하거나 이마주름을 형성할 때 사용하는 근육이다.

⑤ 눈꺼풀올림근

눈을 뜨거나 눈썹을 위로 올릴 때 사용하는 근육이다.

⑥ 눈둘레근

눈을 감거나 깜박거릴 때 사용하는 근육이다.

⑦ 눈살근

코 주름 지을 때(콧등에 사선주름) 사용하는 근육이다.

⑧ 입둘레근

입을 닫거나 오므리고, 휘파람을 불 때 사용하는 근육이다.

⑨ 볼근

입안에 압력 형성하거나 , 트럼펫을 불 때 사용하는 근육이다.

⑩ 눈썹주름근

눈썹사이에 수직주름 생성하거나 화나서 인상 찌푸릴 때 사용하는 근육이다.

⑪ 코근

콧구멍을 좁히거나 넓힐 때 사용하는 근육이다.

⑫ 아랫입술내림근

아랫입술의 양 끝을 밑으로 내릴 때 사용하는 근육이다.

⑬ 턱끝근

턱을 주름지게 하는 근육으로 물 마실 때 아랫입술이 컵에 닿게 하여 물을 흘리지 않게 마실 수 있게 하는 근육이다.

근육의 에너지 대사

인체 근육을 움직이기 위해서는 다른 부위의 세포보다 많은 에너지, 즉 ATP가 필요하다. ATP를 공급받기 위해서는 1. 크레아틴인산(Creatine Phosphate : CP)이라는 ATP공급 경로를 통해 공급받거나 인체의 다른 세포들처럼 포도당을 이용하는 해당작용(Glycolysis)을 통해 공급받는 방법이 있으며, 그리고 단백질, 지방의 공통경로인 산화적 인산화(Oxidative Phosphorylation)방법이 있다. 이렇게 세 가지 방법을 통해 근육은 에너지 즉, ATP를 공급받는다.

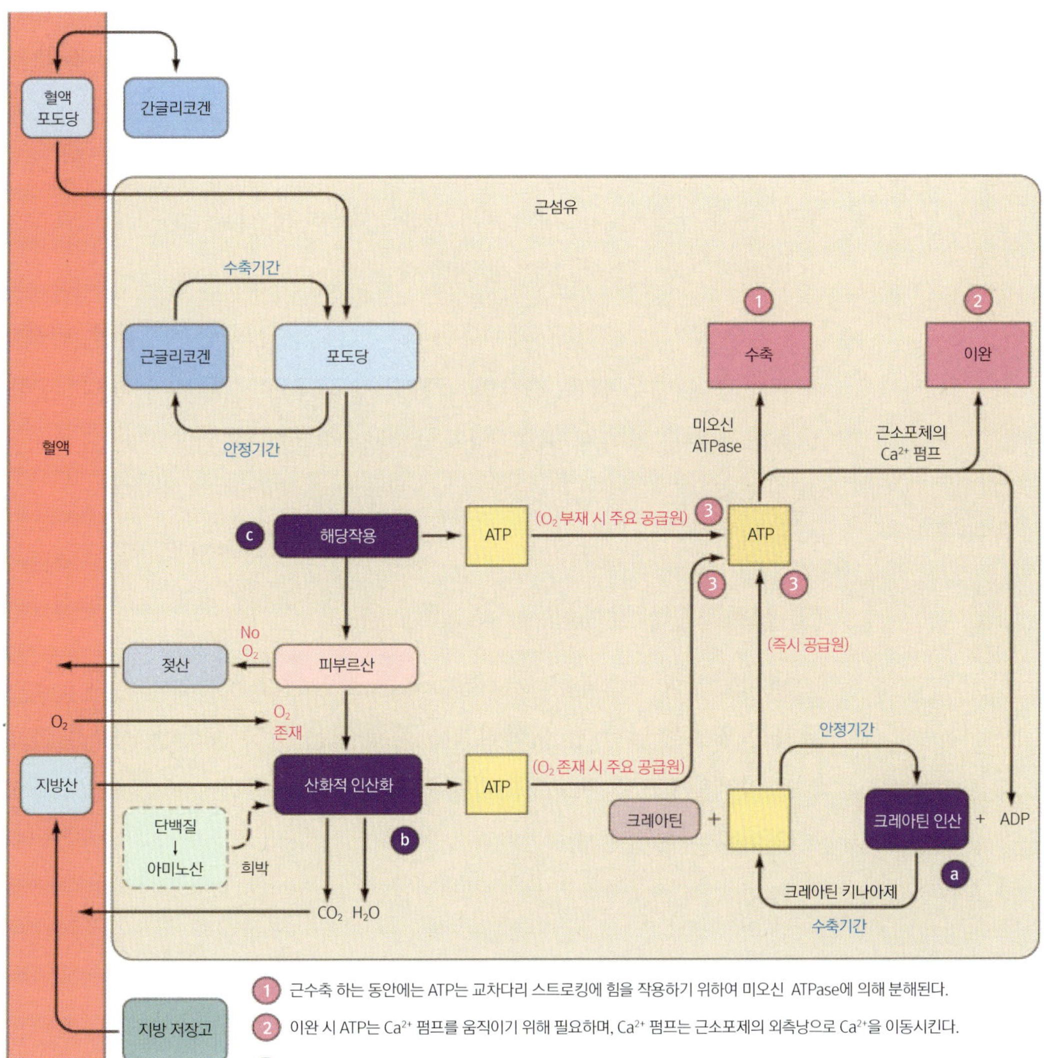

1. 근수축 하는 동안에는 ATP는 교차다리 스트로킹에 힘을 작용하기 위하여 미오신 ATPase에 의해 분해된다.
2. 이완 시 ATP는 Ca^{2+} 펌프를 움직이기 위해 필요하며, Ca^{2+} 펌프는 근소포체의 외측낭으로 Ca^{2+}을 이동시킨다.
3. 수축과 이완을 수행하기 위해 ATP를 공급하는 대사과정은 다음과 같다.
   - a 크레아틴 인산으로부터 ADP로 고에너지 인산의 전이(직접의 자원)
   - b 산화적 인산화(O_2가 존재할 경우 주 공급원), 근 글리코겐 저장으로부터 유래한 당 또는 혈액에 의해 운반된 당과 지방산에 의한 생성
   - c 해당작용(O_2가 존재하지 않을 경우 주 공급원), 해당작용의 최종 산물인 피루브산은 젖산으로 전환되며, 이는 O_2의 부족이 피루브산을 산화적 인산화 경로에 의해 더 진행되는 것을 방해하는 경우다.

근수축과 이완 시에 사용되는 ATP를 생성하는 대사과정

(1) 크레아틴인산(CP ; Creatine Phosphate)

크레아틴인산은 근육의 예비 에너지로 근육이 쉬고 있을 때, 크레아틴과 ATP 사이에 형성된 고에너지 인산화 결합을 가지고 있다. 근육이 활동하면, 고에너지 인산화 결합에서 ADP로 인산기를 전달시켜 보다 많은 ATP를 생산하고 이렇게 생산된 ATP가 수축과 이완 과정에 이용된다.

(2) 포도당(Glucose)

포도당은 ATP 생산을 위한 매우 빠르고 효율적인 에너지원이 된다. 포도당은 해당작용(Glycolysis)을 통해서 피루브산(Pyruvate)이 되고, 충분한 산소공급이 있으면, 피르부산은 시트르산 회로(Citric Acid Cycle)로 들어가 포도당 한 분자에 약 30 ~ 32개의 ATP를 생산한다. 하지만, 격렬한 운동을 하는 동안 산소 농도가 너무 낮으면 근육의 물질대사는 무기성 해당과정(Anaerobic Glycolysis)으로 바뀐다. 이 과정에서는 포도당 한 분자에 단지 2개의 ATP만을 생산 하게 되고, 젖산(Lactic Acid)이라는 물질이 만들어져서 근육에 쌓이게 된다.

포도당의 무기성 물질대사는 매우 빠른 ATP 공급의 원천이지만, 만들어지는 ATP 개수가 작고 매우 짧은 시간만 작동하여 곧 피로를 느끼게 된다. 또한 젖산(Lactic Acid)이 근육에 쌓이게 되면, 다음날 아침, "알이 배겼다"라고 표현하는 근육통의 원인이 된다.

(3) 산화적 인산화(Oxidative Phosphorylation)

산화적 인산화(Oxidative Phosphorylation)는 지방산과 단백질이 근육섬유에 ATP를 공급하는 방법을 말한다. 산화적 인산화 과정은 항상 충분한 산소가 필요하다. 지방산을 아세틸 CoA(Acetyl CoA)로 전환시키는 베타 산화(Beta-Oxidation)는 느리게 천천히 일어나는 과정이다.

TIP

근육의 대사를 통해 알아보는 다이어트 팁

다이어트를 하기위해 우리는 운동을 하게된다. 이때 '극심한 운동'을 하면, 근육이 요구하는 에너지양을 지방산 대사(산소필요, 속도느림)를 통해서는 충족시키지 못하기 때문에, 근육은 먼저 포도당을 빠르게 이용해 버린다. 포도당의 무기성 물질대사는 매우 빠른 ATP 공급의 원천이지만, 만들어지는 ATP 개수가 작고 매우 짧은 시간만 작동하여 곧 피로를 느끼게 된다.

TIP

체지방을 줄이고 싶다면?

극심하고 격렬한 운동 보다는 유산소운동 즉, 빨리 걷는 경보처럼 '가벼운 운동'을 하면, 근육은 포도당과 더불어 지방산을 함께 태울 수 있어 좀 더 효율적으로 체지방을 줄일 수 있다.

5 혈액

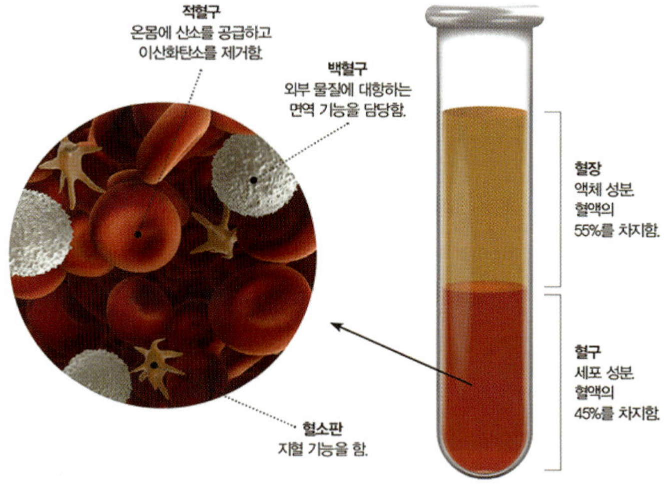

혈액은 pH 7.35 7.45, 비중 1, 050 1, 060으로 약알칼리성이며 운반하는 산소량에 따라 선홍색 혹은 암적색으로 다양하다. 성인의 혈액양은체중의 약 8 9%이며 평균 5 6L이고, 혈액은 세포성분으로 인해 물보다 점도가약 2배 이상 높다.

혈액은 세포성분인 혈구가 45%이고 나머지는 액체 성분인 혈장이 55%로 구성되어 있다. 혈구는 다시 적혈구와 백혈구 및 혈소판으로 구분되는데, 적혈구와 혈소판은 핵이 없으며 백혈구는 핵이 있다. 혈장은 혈액에서 혈구를 뺀 나머지이며 맑은 담황색으로 수분이 약 90%이고 나머지는 혈장 단백질이 대부분이다.

혈액의 기능에는 호흡가스의 운반, 영양소의 운반, 노폐물의 운반, 신체방어, 전해질및수분조절, 호르몬의 운반, 혈액응고, 그리고 체온조절 등이 있다.

혈구

(1) 적혈구

- 원반모양으로 핵이 없음(원반형)
- 산소와 결합하여 조직에 운반
- 수명은 약 120일
- 혈색소 함유

- 신생아, 남자, 여자 순으로 많이 가지고 있음
- 콩팥의 적혈구 생성소에서 생성 됨
- 지라에서 파괴되며 쓸개즙 색소 형성

(2) 백혈구

포식작용을 하며 혈구 중 가장 크며 핵이 있다.

① 과립백혈구

- 호산성 백혈구(호산구) : 식균작용, 아메바운, 기생충감염, 알레르기 질환, 자가면역 질환에 증가된다.
- 호중성 백혈구(중성구) : 백혈구 중 가장 많으며 염증 부위에 가장 먼저 나타난다. 식균작용을 한다.
- 호염기성구(호염기구) : 헤파린, 히스타민 함유되어 있으며 혈액응고를 방지하고 알레르기에 반응한다.

② 무과립백혈구

- 단핵구(대식세포) : 백혈구 중 가장 크며 강한 식균작용을한다. 만성염증(결핵) 시 증가된다.
- 림프구 : 감마글로불린(면역글로불린 = 항체)을 형성한다.(T림프구 – 세포성면역을 담당한다., B림프구 – 항체를 생성한다.)

(3) 혈소판

혈소판은 피가 나오지 못하도록 섬유소를 묶어서 그물 같은 응혈을 만들어서 혈액응고에 중요한 역할을 하는 고형 성분의 하나이다. 산소운반을 하는 적혈구와 탐식작용과 살균작용을 하는 백혈구와 함께 중요한 말초혈구의 하나로 정상적인 혈소판 수치는 혈액 $1mm^3$당 15만 ~ 40만 개이다.

6

신경계

중추신경계통(CNS)

(1) 뇌

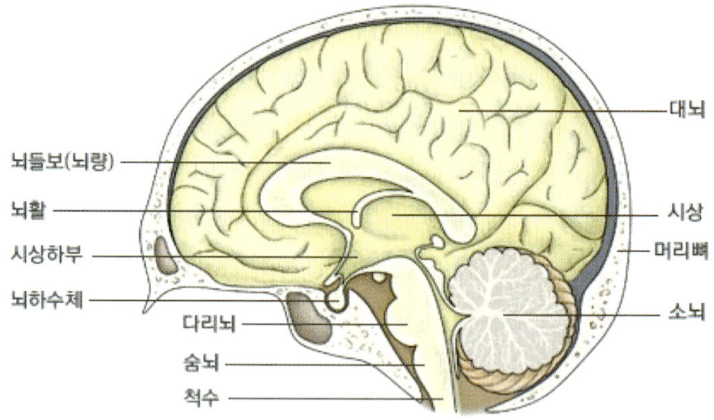

① 대뇌

지성의 중추(사고의 중추)로서 52영역(겉질 47개, 속질 5개)으로 구분된다.

② 사이뇌

자율신경계통의 중추로 시상, 시상하부, 시상상부, 시상밑부로 구성된다.

③ 중간뇌

시각, 청각의 반사중추로 사이뇌, 다리뇌, 소뇌를 연결하며 눈돌림신경(뇌신경 III), 도르래(뇌신경 IV)이 시작되는 곳이다. 시각 및 청각반사 중추, 동공반사 중추, 자세반사 중추에 해당된다.

④ 다리뇌

중간뇌, 숨뇌, 소뇌를 연결하는 곳으로 삼차신경(뇌신경 V), 갓돌림신경(뇌신경 VI), 얼굴신경(뇌신경 VII), 속귀신경(뇌신경 VIII)의 이는곳에 해당된다. 호흡운동과 지속성들숨의 중추 이기도 하다.

⑤ 소뇌

넷째 뇌실의 지붕을 형성하며, 안뜰소뇌(원시소뇌), 척수소뇌(옛소뇌), 다리뇌소뇌(새소뇌) 로 분류된다. 소뇌는 몸의 평형유지, 수의적 운동조절, 근 긴장도 조절, 정밀운동의 기능을 가진다.

⑥ 숨뇌

생명의 중추로 호흡, 심장, 삼킴 및 구토, 각막반사, 정신적 발한의 중추이다. 자율신경의 반사조절과 가장 직접적으로 관계가 깊다.

(2) 척수

척수반사 주관, 일부 들어오는 정보를 통합하는 역할을 한다.

말초신경계통(PNS)

(1) 뇌신경

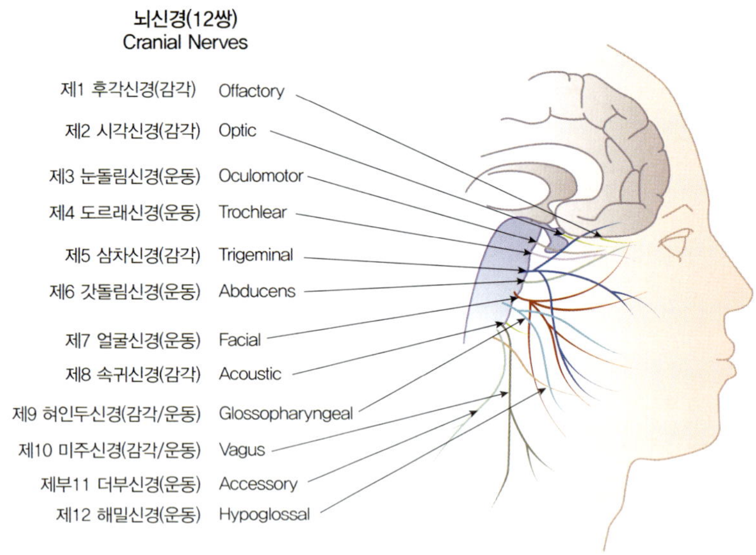

	명칭	작용성	기능
1	후각신경	감각성	가장 짧은 신경이고 관자엽에 후각영역이 있음
2	시각신경	감각성	시각과 동공빛반사 관장
3	눈돌림신경	운동성	안구 운동 & 동공 조절에 관여
4	도르래신경	운동성	뇌간의 배측에서 나오는 유일한 뇌신경
5	삼차신경	혼합성	얼굴 · 목의 감각, 씹기근육 지배
6	갓돌림신경	운동성	안구의 가쪽곧은근 지배
7	얼굴신경	혼합성	얼굴표정근 지배 미각 및 눈물분비에 관여
8	속귀신경	감각성	청각과 평형감각 전도
9	혀인두신경	혼합성	침분비 촉진 & 붓인두근 지배 등
10	미주신경	혼합성	유일하게 몸통의 주요 장기에 분포(소화계, 심장 등 분포) 부교감신경이 혼합
11	더부신경	운동성	머리 운동에 관여(S.C.M 등)
12	혀밑신경	운동성	혀의 운동

(2) 척수신경

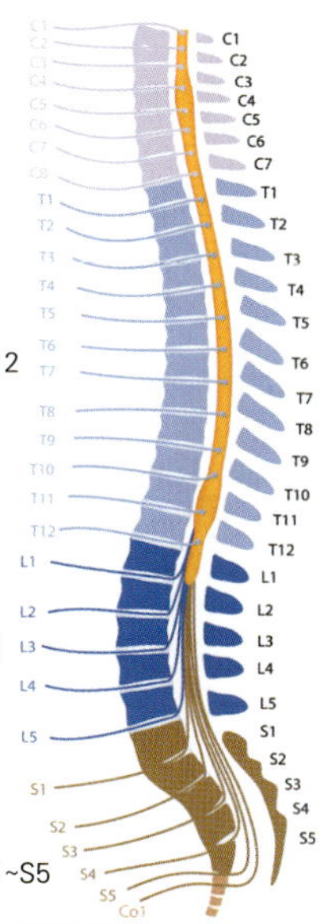

① 목신경(C1 ~ 8)

가로막신경을 분지하여 가로막에 분포되어 있다.

② 가슴신경(T1 ~ T12)

신경얼기를 형성하지 않고 전체가 갈비사이근이 되어 갈비사이근 및 가슴부분 피부에 분포되어 있다.

③ 허리신경(L1 ~ L4)

허리, 볼기, 넙다리 앞면·안쪽·샅굴·외음부 및 종아리 안쪽까지 분포되어 있다.

④ 엉치신경(S1 ~ S5)

엉치뼈 · 꼬리뼈부분, 볼기 중앙부분, 넙다리 앞면 이외의 다리 전역에 분포되어 있다.

⑤ 꼬리신경(Coc1)

항문 주위 피부에 분포되어 있다.

(3) 자율신경

자율신경은 교감신경과 부교감신경이 서로 반대 작용을 하면서 균형을 맞춘다. 자율신경은 스스로 작동 · 조절되기 때문에 우리가 특별히 신경 쓰지 않아도 되지만, 자율신경에 이상이 있을 경우 이상을 조절하거나 원인 질환을 치료해야 한다.

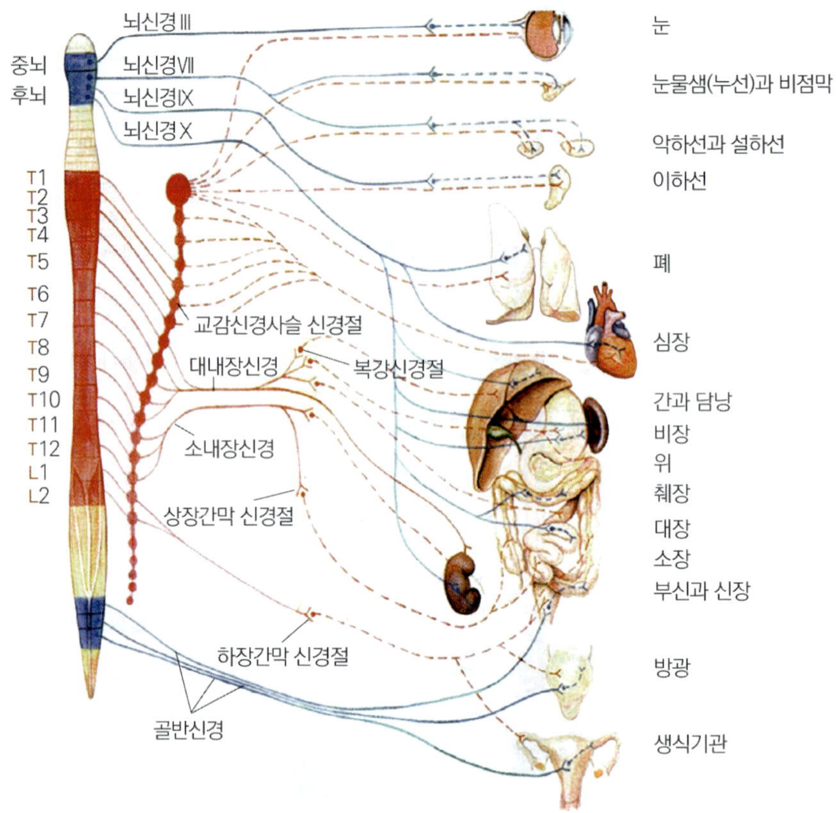

① 자율신경의 작용

구분	교감신경	부교감신경
동공	확장	축소
침분비	억제	촉진
심장박동	촉진	억제
호흡	촉진	억제
혈압	상승	하강
방광	확장	수축
소화액 분비	억제	촉진
혈당량	상승	하강

감각신경계

감각 신경(Sensory Neuron)은 신경의 일종으로, 특정 유형의 자극을 전기 신호로 변환해 전달하는 역할을 한다. 이러한 변환의 과정이라는 "감각전달"이라고 한다.

(1) 시냅스

시냅스는 두 개의 뉴런이 서로 정보를 전달하기 위해 연결되는 곳으로 뉴런의 축삭돌기 말단과 다음 뉴런의 수상돌기 사이의 연접 부위를 말하며 시냅스 사이에 존재하는 간극에서 정보 교환이 이루어진다.
신경섬유의 말단은 가지가 나누어지고 그 끝은 주머니 모양으로 부풀어 다른 뉴런의 세포체 또는 수상돌기와 접촉하여 시냅스를 만든다. 신경세포의 원형질은 시냅스 부분에서 연락되지 않고, 막에 의하여 떨어져 있다. 뉴런의 흥분이 시냅스를 거쳐 다른 신경세포에 전해지는 것을 흥분의 전달이라고 하며, 동일 뉴런 안에서 일어나는 흥분의 전도와 구별된다.

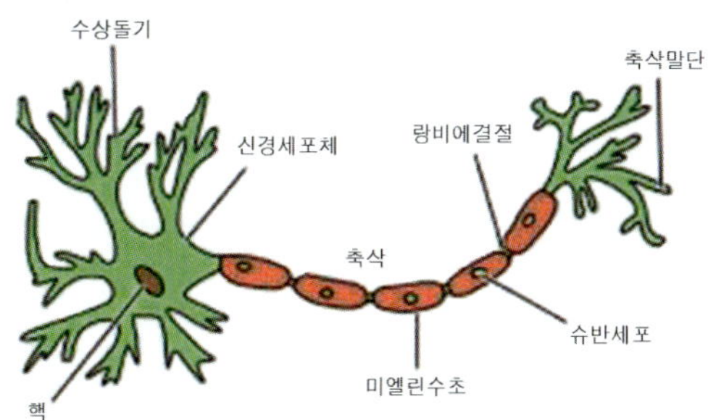

7

순환기계

심장(조절중추 : 숨뇌)

심장은 주먹만한 크기의 특이한 근육 형태로 속이 비어 있으며, 전신으로 혈액을 공급한다. 심장의 무게는 성인의 경우 평균 250~300g이고 크기는 길이 약 14cm, 폭 10cm, 두께 8cm이며, 자신의 주먹보다 약간 크다.

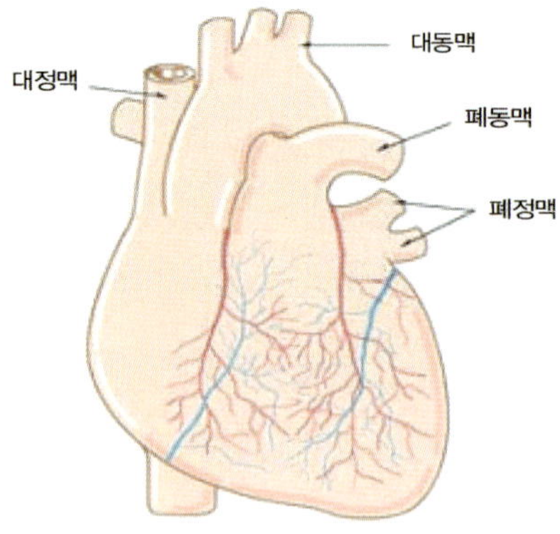

(가) 심장의 겉모양

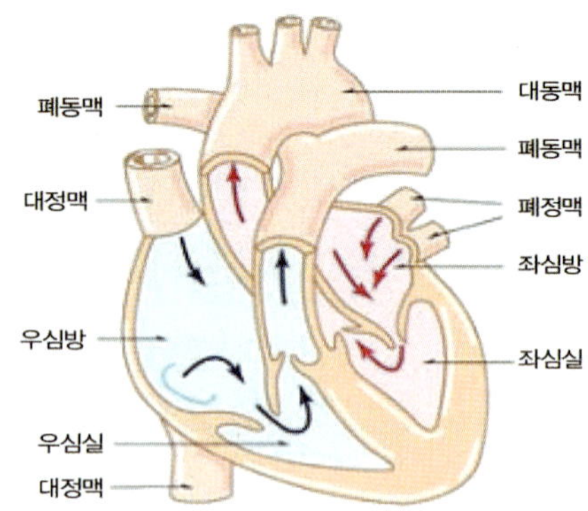

(나) 심장의 속구조

① 삼첨판

오른쪽 심방(우심방)과 오른쪽 심실(우심실) 사이에 위치

② 폐동맥판(막)

우심실과 폐동맥 사이에 위치

③ 승모판

왼쪽 심방(좌심방)과 왼쪽 심실(좌심실) 사이에 위치

④ 대동맥판(막)

좌심실과 대동맥 사이에 위치

혈관

혈관은 혈액을 심장과 인체 각 장기 및 조직 사이를 순환시키는 통로이다. 혈관은 크게 동맥, 모세혈관, 그리고 정맥 등으로 나누어 볼 수 있다. 혈관의 기능은 심장에서 나오는 혈액을 온몸으로 운반하고, 온몸을 순환한 혈액을 다시 심장으로 되돌려 보내는 통로 역할이다.

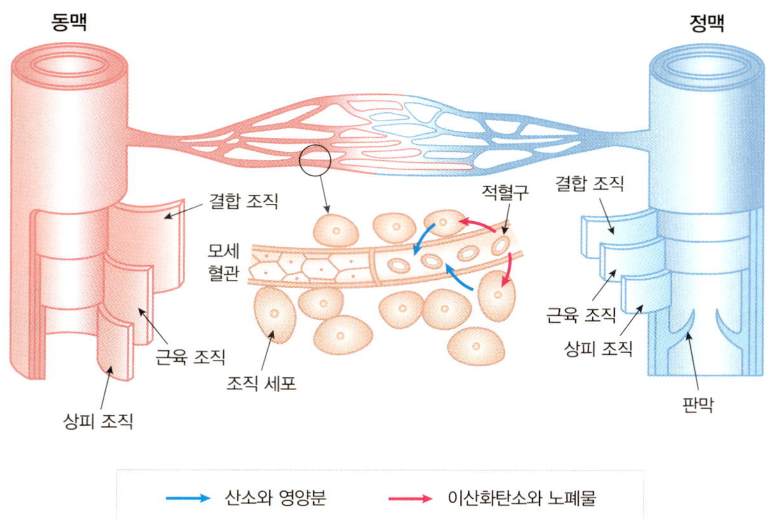

8 호흡기계

호흡은 외계로부터 체내로 산소를 흡입한 후 세포로 운반하여 세포의 대사활동의 결과로 발생한 이산화탄소를 체외로 배출하는 전 과정을 말한다. 그리고 폐에서 일어나는 외호흡은 외계의 공기를 기도를 거쳐 폐에 출입시켜 폐의 모세혈관을 지나는 혈액과 공기사이에서 가스교환을 일으키는 것으로 이에 따른 기도와 폐를 호흡계통이라고 한다. 호흡계통은 혈액에 산소를 공급하고 이산화탄소를제거하며, 날숨 시 공기가 성대를 지나면서 소리를 내게 하고, 배의 압조절하여 배뇨, 배변, 그리고 분만 등을 도와주는 기능이 있다. 호흡기는 크게 코, 코안, 인두, 후두, 그리고 기관 등을 포함한 상기도와 기관지와 폐의 하기도로 구성되어 있다.

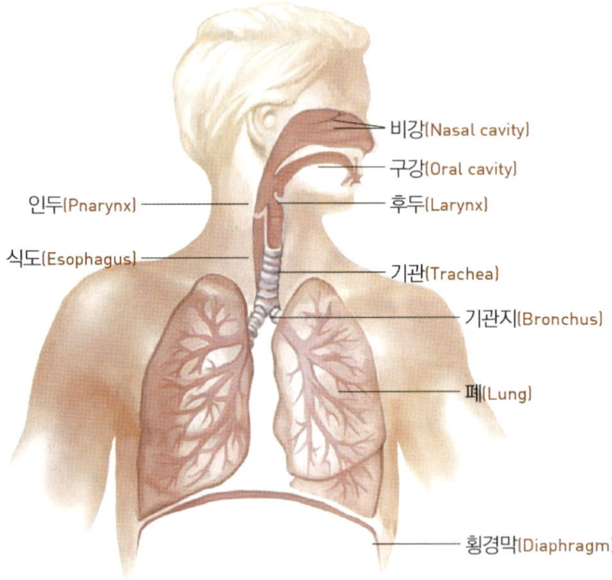

CHAPTER 20

미용 경영

1 미용경영의 정의

미용업의 성공을 위해 살롱에서 모든 자원을 활용하여 직원들의 업무를 계획, 조직, 지휘, 통제하는 일련의 과정을 통해 효과적이고 성공적인 매장을 만들 수 있게 경영하는 것을 '미용경영'이라고 한다.

다시 말해, 미용경영이란 실제 경영자의 관리하에 매장에서 근무하는 종사원들이 변화하고 그 매장 고객들이 업무적으로 변화하는 모습을 통해 감동을 느끼므로 자발적인 행동과 마음자세의 발전을 요구하며 실천하는 것이라 말할 수 있다.

살롱에서 미용 경영을 잘하기 위해서는 고객관리, 인적자원관리, 마케팅관리, 기술개발 및 교육관리, 경영자의 마인드, 인성교육 및 접객서비스와 직원들의 마음가짐, 상권선택, 제품 판매관리, 재무관리, 가격관리, 광고와 판촉, 미용상담심리, 시설과 인테리어, 정보 및 인터넷 등을 어떻게 효율적으로 잘 습득하고 활용하는가가 중요하다. 이것들을 각각의 매장에 맞게 적용하고 실천함으로써 경영의 발전을 이루는 데 목표가 있다.

미용경영의 의미

① 광의적 의미

살롱의 경영자원을 활용하여 계획, 조직, 지휘, 통제하는 것을 의미한다.

② 협의적 의미

살롱의 관리대상인 물적자원, 인적자원 등을 경영 수단과 방법을 활용하여 효율적으로 운영하는 것을 의미한다.

2 미용경영자의 개념

미용경영자의 관리 능력

미용경영자는 매장의 자원을 이용하여 계획, 조직, 지휘, 통제하는 활동을 담당하며, 매장의 분위기 조성과 직원들의 능력을 파악하여 개발할 수 있게 하며 매장을 이끌어갈 지도력을 가지고 타 미용실과의 경쟁능력을 갖춘 경영자를 말한다.
또한 매장을 이용하는 고객이 편안함을 느낄 수 있도록 시설을 배치하는 능력과 고객의 트렌드에 대해 관심을 가지고 경비 이익과 매상을 잘 관리하여 실리적으로 매장을 운영하고 경영해 나가는 역할을 담당해야 한다.
미용경영자는 조금이라도 이익을 내기 위해 자기 매장의 개성에 끌려오는 고객을 주 고객층으로 설정하거나 새로운 브랜드 이미지로 새로운 고객을 창출하려고 생각한다. 그러므로 미용경영자는 자기 매장의 경영전략과 브랜드 이미지가 무엇인지를 충분히 인식하고 그에 적합한 리더의 자질을 갖추도록 한다.

(1) 미용경영자의 역할 10가지

① 매장의 상권을 파악할 수 있어야 한다.
② 교육의 특성화를 통해 직원들의 능력을 최대로 발휘하게 할 수 있어야 한다.
③ 고객들의 심리를 잘 파악해야 한다.
④ 매장에 필요한 인력을 잘 확보하고 필요할 때에 배치할 수 있어야 한다.
⑤ 수입과 지출과 이익관리를 잘 해야 한다.
⑥ 매장 간의 경쟁으로 브랜드 가치를 높일 수 있어야 한다.
⑦ 조직을 잘 이끌어 나가야 하고, 고객의 변화 흐름을 파악할 수 있어야 한다.
⑧ 고객이 만족할 수 있도록 매장 내의 시설설비를 계획해야 한다.
⑨ 이익관리를 능률적으로 자산 가치를 높일 수 있어야 한다.
⑩ 미용을 사랑할 수 있도록 인성교육을 통해 차세대 리더 인재 양성을 할 수 있어야 한다.

미용경영자 경영 관리의 필요성

미용경영자는 무한경쟁시대에서 같은 자원을 투입하여 경쟁에서 우위를 확보하기 위해서 경영관리 능력의 향상이 요구된다.

오늘날 업무하는 데 있어서 각종 자원은 더없이 중요한 기술이고 자본이며, 필요한 자원에 대한 계획을 수립하여 확보하고 적절하게 사용하는 관리 능력을 향상시키는 것이 필수이다.

① 트렌드를 창조해내는 미용센스, 디자인 감각, 고도의 미용 테크닉, 좋은 매너, 적정한 가격 등으로 고객만족을 최우선 경영이념으로 유념하며 고객에게 서비스한다.

② 매장 성공은 합리적인 이윤 추구에 있다.

③ 매장 전 직원의 자아실현 욕구 향상 및 생활안정에 최선을 다한다.

④ 종업원의 기술 능력개발과 경영자의 경영관리 능력개발에 지속적인 노력을 한다.

⑤ 급속히 변화하는 경제, 고객, 사회의 상황에 능동적으로 처리하는 능력을 키운다.

⑥ 국가와 지역사회에 공헌하는 미용경영자가 된다.

미용경영자의 관리능력의 구성

(1) 시간 관리 능력

매장에 필요한 시간을 파악하고, 쓸 수 있는 시간을 최대한 확보한 후에 시간 계획을 작성하고 이에 따라 시간을 효율적으로 관리, 활용하는 능력을 말한다.

(2) 예산 관리 능력

매장에 필요한 예산을 파악하고 쓸 수 있는 예산을 최대한 확보한 후에 예산 계획을 작성하고 이에 따라 예산을 관리, 집행하는 능력을 말한다.

(3) 물적 자원 관리 능력

매장에 필요한 물적 자원(시설, 재료 등)을 파악하고 사용 가능한 물적 자원을 예산을 통해 최대한 확보하여 자원 활용 계획을 만들고 이에 따른 물적 자원을 능률적으로 관리, 활용하는 능력을 말한다.

(4) 인적 자원 관리 능력

매장에 필요한 인적 자원(능력, 업무, 근로자의 기술 등)을 파악하고 인적 자원을 동원 가능할 만큼 최대한 확보하여 이들을 어떻게 배치할 것인지에 대한 예산을 수립하고 이에 따라 인적 자원을 효율적으로 배치하고 관리하는 능력을 말한다.

매장의 경영지침

(1) 비전과 리더십이 중요하다

매장의 경영혁신은 강력한 지도력을 지닌 최고경영자(CEO)가 변화를 주도해야 성공할 수 있다. 위기와 불황에는 확고하고 강력한 리더십만큼 효과적인 것은 없다. 이런 리더십은 최고경영자가 확고한 비전을 제시하는 데서 나온다.

(2) 생존전략에 기본을 두지 말고, 성공에 기본을 두라

살아남으려고 하는 자는 다 죽는다. 성공하려고 해야 한다. 생존전략의 메커니즘에 초점을 맞추지 말고 성공하려는데 초점을 맞춰라. 경영혁신 방향을 가격을 줄이는 데 맞추지 말고, 활발한 마케팅을 통해 성공하는 프로그램을 세워 놓고 거기에 모든 열정을 바쳐라.

(3) 우선순위를 정해 경영혁신을 시도하라

매장에는 많은 혁신방안이 내부에 있다. 하지만 내부의 모든 것을 한 번에 실행하려고 해선 안 된다. 성공을 위한 문제, 즉 성공전략으로서 경영혁신을 능률적으로 수행하는 것이 먼저이다. 새로운 문제와 기회가 생기면 곧바로 대응해야 한다.

(4) 분명하고 과감한 태도를 가져라

경영혁신에 실패하는 가장 큰 이유는 경영자들이 자신이 처한 상황의 심각성을 과소평가하거나 상황을 바꿔 놓는 데 너무 소극적이라는 점이다. 최고경영자는 과감히 결단하고 신속히 추진해야 한다.

(5) 매장 현장을 중시하라

매장 내부의 문제점이나 해결 가능성은 단순히 수치, 계산으로 이루어지는 것이 아니다. 매장 현장의 상황을 제대로 이해하고 발전하려면 매장 내부의 현실과 세부사항을 낱낱이 파악해야 한다.

(6) 신속히 대처하라

지금처럼 매장 경영혁신은 시간이 결정적인 요인이 된다. 문제를 지나치게 분석하려는 이른바 분석 마비증(Analysis Paralysis)은 치명적인 영향을 끼칠 수 있다.

(7) 뚜렷한 목표를 실천하라

매장이 성공하는 가장 중요한 것은 명확한 목표를 세우는 것이다. 명확한 목표가 설정되며 '이익관리'를 잘해야 한다. 이익이 되지 않는 매장은 결코 성공할 수 없는 매장이다.

3 미용업의 운영 관리 서비스

고객 관리

고객관리는 소비자를 자신의 고객으로 만들고, 이를 장시가 유지하고자 하는 경영 방식이다. 기업들이 고객과의 관계를 관리, 고객 확보, 그리고 고객, 판매인, 협력자와 내부 정보를 분석하고 저장하는 데 사용하는 방법이다.

자사의 업종 및 고객 특성을 파악하기 위하여 자사를 진단하고 고객 정보의 비즈니스적 가치를 제고하기 위해서 CRW인프라를 구축하여 고객 수익성을 향상시켜야 한다.

- C(고객) : 고객평가의 관점에서 전환하고
- R(관계) : 고객접촉의 질을 향상시키며
- M(관리) : 고객가치에 따른 차별적 관리를 해야 한다.

(1) 고객응대와 상담

고객응대 서비스는 단순히 고객접점에서 인사하고 서비스를 제공하는 것으로 끝나는 것이 아닌, 서비스의 특성과 서비스 제공에 필요한 요소를 파악하여 서비스 프로세스를 개발하고 시스템화하여 균일한 서비스 품질을 제공하는 것이 목표이다.

- 고객에 대한 얼굴과 마음에 대한 적극적인 표현이다.
- 고객응대와 서비스는 경쟁력 있는 무형의 상품이다.
- 판매를 위해 제공되거나 상품의 판매와 관련하여 준비되는 제반 활동이다.
- 고객만족 서비스의 개념을 파악하고 고객의 입장에서 배려하는 서비스를 제공할 수 있다.
- 고객만족 서비스에 필요한 배려, 경청, 칭찬의 서비스 제공에 적용할 수 있다.
- 고객만족 서비스의 구성요소를 통한 고객감동 서비스 프로세스를 수립, 제공할 수 있다.

(2) 고객응대 서비스 10계명

표정은 항상 밝고 명랑하게 유지해야 하며, 발음은 항상 정확하게 하고, 목소리는 밝게 한다. 시선은 상대방의 미간을 향하고 말의 속도는 너무 빠르거나 느려서도 안 된다. 강조할 부분은 반드시 악센트를 주며, 알아듣기 쉬운 용어를 사용하고 말 끝을 흐리지 않고 명료하게 전달해야 한다.

- 고객의 입장에서 생각하고 판단하라
- 따뜻한 미소로 고객의 마음을 열어라
- 고객의 이름을 기억하라
- 고객의 존재를 부각하라
- 고객은 나에게 부가가치를 주는 사람이다
- 궁극적으로 고객은 최고라는 신념을 가져라
- 고객을 손님이 아니라 주인으로 모셔라
- 서비스인임을 잊지 말아라
- 불평하는 고객을 존중하라

(3) 전화응대 요령

전화를 받을 때나 걸 때에는 인사말과 소속, 자신의 이름을 반드시 밝힌다.

첫인사는 "안녕하십니까.", 끝인사는 "좋은 하루, 되시기 바랍니다."가 가장 보편적이다.

(4) 고객관계 관리(CRM)

기업 성장은 고객과 기업 간의 관계를 어떻게 설정하고 유지하느냐에 따라 성공과 실패가 좌우될 것이다. CRM은 기존고객의 충성도를 높이는 데에 집중하고 그로 인한 소개 고객 유입의 강화하는 관리전략이다. 신규고객을 지속적으로 획들하고 기존고객을 고정고객과 우량고객으로 확대해 나가야 기업이 성장해 나갈 수 있는 것은 누구나 알고 있는 사실이다. CRM의 측면에서 고객을 효율적으로 관리하여 고객 스스로 신규고객을 유치하고, 고객 충성도를 높이고 나아가 수익의 극대화를 꾀하고 기존고객의 이탈을 최소화하는 고객관리 방법이다.

'한 번 고객은 영원한 고객. 기업이 성공하려면 기존고객이 이탈하지 않아야 한다.'

- 신규고객을 만들기 위한 비용보다 기존고객을 관리하는 비용이 적게 든다.
- 많은 매장이 기존고객유지 보다 신규고객의 유치에 초점을 둔다.

(5) 고객만족 서비스

고객만족은 제품과 서비스에 대한 처리과정, 불일치 형성과정, 또는 단순한 감정 상태인 행복감과는 다른 것으로 소비자의 충족 상태에 대한 반응으로, 제품과 서비스의 특성 또는 소비에 대한 충족상태를 유쾌한 수준에서 제공하거나 제공하였는가에 대한 판단이라고 정의한다.(Oliver, 1997)

또한 고객만족 서비스는 경청을 잘해야 하는데 상대의 말을 듣기만 하는 것이라고 상대방이 전달하고자 하는 말의 의미는 물론이며, 그 이면에 깔려 있는 함축된 의미와 동기 등을 이해하고 이해된 바를 상대방에게 피드백하여 주는 것을 말한다. 이러한 효과적인 커뮤니케이션이 매우 중요한 기법이다.

(6) 고객관계 관리전략

① 고객관리 단계

- 고객 확보

  창업 전 주기에서 이루어지나, 주로 창업 초기(개점 전~개점 1개월) 에 많이 이루어진다, 시장 점유율 및 고객 점유율을 확장해 나가기 위한 활동이다.

- 고객 유지

  고객의 이탈을 방지하고, 고객과의 관계성화, '단골고객'을 만드는 활동이다.

- 평생 고객화

  고객의 충성도와 신뢰를 바탕으로 평생 고객 또는 동반자 관계로 발전하는 단계 고객 관리의 궁극적인 목적이라고 할 수 있다.

② 우량화 유지전략

수익기여도 분석(RFM : Regency Frequency Monetary)

- Regency : 얼마나 최근에 구매했는가?
- Frequency : 구매를 얼마나 자주 하는가?
- Monetary : 구매한 총 금액이 얼마인가?

- 장점 : 구매 가능성이 높은 고객을 찾아내는 데에는 편리한 기법이다.
- 단점 : 고객의 개별적인 수익기여도를 직접 파악하는 데에는 한계가 있다.

(7) 고객관리 프로그램 활용 실무

- 고객 상담카드에 상담내용을 기입하고 고객정보관리와 ERP 프로그램에 등록할 수 있다.
- 고객정보 관리 및 특이사항을 ERP 프로그램을 통하여 관리할 수 있다.
- ERP 프로그램을 통하여 경영관리 분석과 SNS 마케팅에 적용할 수 있다.
  'ERP'는 'Enterprise Resource Planning'의 약자로 흔히 '전사적 자원관리'라고 한다. 기업 전체를 경영자원의 효과적 이용이라는 관점에서 통합적으로 관리하고 경영의 효율화를 기하기 위한 수단이다. 즉, 정보의 통합을 위해 기업의 모든 자원을 최적으로 관리하자는 개념으로 기업자원관리 혹은 업무 통합관리라고 볼 수 있다. 좁은 의미에서는 통합적인 컴퓨터 데이터베이스를 구축해 회사의 자금, 회계, 생산, 구매, 판매 등 모든 업무의 흐름을 효율적으로 자동 조절해주는 전산 시스템을 뜻하기도 한다.

(8) 컴플레인의 중요성과 대처방법

① 고객 컴플레인의 중요성

컴플레인은 고객의 주관적인 평가로, 불만족스러운 메뉴 및 서비스에 대한 불만을 전달하는 것을 의미한다.

고객의 컴플레인을 이해함으로 고객에 대한 명확한 사실을 얻을 수 있다.

첫째, 불평은 고객이 무엇을 원하는지 가르쳐 준다. 아무리 고객에게 서비스를 잘해도 내가 알지 못하는 인식 범위에서 벗어난 부족한 부분이 있기 마련이다. 따라서 소비자의 불만을 오히려 장려하고 불만에 귀를 기울여 문제가 되는 것을 즉각 시정함으로써 발전하려는 노력이 필요하다.

둘째, 불평하지 않는다고 우리의 서비스와 고객에 대한 욕구충족이 이루어졌다고 생각하면 안 된다. 전반적으로 불만족한 고객의 94% 이상은 별말 없이 떠난다. 그러므로 불만에 대한 관리의 원칙을 불평하지 않는 사람도 배제할 수 없다. 이렇게 말없는 고객에게 말을 시켜 컴플레인을 받아 그 마음의 진실을 이해하도록 노력해야 할 것이다. 이렇게 불평은 적극적으로 개발하고 처리하는 매장만이 얻을 수 있는 커다란 보상이라 생각된다.

이를 바탕으로 불만고객의 중요성을 이해하고 고객의 불만처리에 적극적으로 대처하는 자세를 가질 수 있었다. 또한 불만고객의 유형과 대처방법을 숙지하고 고객의 불만접수에 대처할 수 있다.

제1법칙 : 토로의 효과

자신의 불만을 해결하여 만족하게 된 고객은 불만을 느끼고 있지만 토로하지 않는 고객에 비해 동일 브랜드를 재구매할 가능성이 매우 높다. 불만을 말하지 않는 고객의 90%는 다시 오지 않는다.

제2법칙 : 구전의 효과

불만처리에 불만을 가진 고객의 비호의적인 구전의 영향은 만족한 고객의 호의적인 구전의 영향에 비해 2배나 강하고, 부정적 구전은 9 ~ 10명 전파 판매를 감소시키며, 호의적 구전은 5명에게 전파한다는 것이다.

제3법칙 : 교육의 효과

소비자 교육은 신뢰도를 높여 호의적 구전을 기대한다.

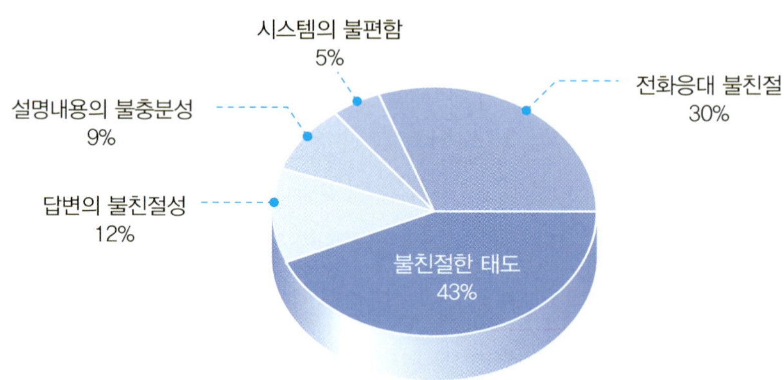

고객이 불만을 표출하는 것은 그 원인에 따라 크게 클레임(Claim)과 컴플레인(Complaint)으로 구분할 수 있다.

클레임은 어떠한 고객이든 제기할 수 있는 객관적인 문제점에 대한 고객의 지적이라 할 수 있다.

인력 관리

경영자는 운영관리 서비스를 체계화하며 요구하는 인재상을 설정하여 그에 맞는 무형의 자산인 인력을 채용하고 관리 함으로써 브랜드의 이미지를 상승시키며 매출증대를 이룰 수 있도록 한다.

(1) 고용관리의 개념

고용관리는 조직의 목표를 달성하는데 필요한 적합한 직무별 자질과 능력을 갖춘 인재를 채용하고 관리하는 것을 말한다.

(2) 고용관리를 위한 직무분석

인재모집과 선발, 승진 등은 직무분석(Job Analysys)과 직무평가(Job Evaluation)를 통한 객관적이고 공정한 평가가 기본이 되어야 한다.

(3) 직무분석의 활용

직무분석은 주로 그 분석 과정을 통해 직무기술서와 직무명세서를 작성하여 인력의 모집과 선발, 채용, 교육훈련과정 설계, 직원 관리 및 평가 등의 목적으로 활용된다.

(4) 직무평가

직원의 업무평가 항목으로는 다음과 같은 항목 등을 확인하여 평가에 반영을 하는 것이 중요하다.

① 매니지먼트(Management)와 매니저(Manager)

전문적 기술(Technical Skill)은 맡겨진 업무를 수행하는 데 필요한 지식과 기술 등 활용 능력을 의미하며 기술은 주로 경험이나 교육훈련 등에 의하여 습득하게 된다. 개념적 기술(Concept Skill)은 조직 전체의 목표를 포괄적으로 파악하고 관리자로서의 업무가 전체 조직 중 어느 부서와의 연관성이 있는지를 파악하는 능력을 말한다. 인간관계적 기술(Human Skill)은 사람들을 잘 다룰 수 있는 능력, 즉 리더십이라고도 말하며 조직 구성원의 동기부여와 비전의 제시 등이 포함된다.

- 직원 채용 루트와 선발기준을 작성한다.
- 인력 채용 체크리스트를 작성한다.
- 직원들의 장기근속 방안을 조별 토론 후 발표한다.
- 신규직원들의 채용 방안에 관한 복리 후생 방안을 발표한다.
- 피교육생 간 인력 채용 체크리스트를 활용하여 모의 면접을 진행한다.
- 노무에 관한 근로 기준법을 조사하고 내용을 작성한다.
- 근로 기준법에 기초한 법적 노무 관리 틀을 작성한다.
- 현실성 있는 급여제도와 포상제도를 수립한다.
- 급여의 종류를 파악하고, 장단점을 작성하여 발표한다.
- 법정 근무 시간과 휴무에 대한 내용을 숙지하고 당사에 맞게 직원배치를 한다.

② 진정한 전문가로서의 자세

- 보수가 성과에 의해 결정되는 사람이다.
- 성과에 책임을 지는 사람이다.
- 자신의 일에 긍지를 갖는 사람이다.
- 미래를 읽고 일을 하는 사람이다.
- 능력향상을 위해 항상 노력하는 사람이다.

홍보 관리

마케팅전략과 홍보 · 판촉 단원에서는 마케팅전략, 마케팅커뮤니케이션, 통합적 마케팅커뮤니케이션의 개념을 통한 4P, 홍보 · 판촉 전략에 관하여 학습하며, 시장세분화 전략을 통하여 목표시장을 선정하고 소비자의 정보처리과정에 이해하여 소비자를 설득하여 행동하게 만드는 과정을 파악하는 설득 커뮤니케이션에 관하여 학습하며 SNS, 블로그 등을 통한 마케팅 방법인 온라인 마케팅 기법 등이 있다.

(1) 마케팅의 개념

마케팅이란 제품의 판매를 활성화하는 기법으로 고객가치를 창조하고 이를 효과적으로 전달하여 고객을 확보, 유지 및 증대하는 활동을 의미한다.
고객가치(Customer Value)란? 고객이 지출한 비용보다 효익을 더 높은 것을 의미한다.

① 고객 중심적이다. 즉, 고객의 수요를 '감지하고 대응'하는 것이다.

② 고객을 찾는 대신에 고객을 '가꾸고 돌보는' 것이다.

③ 시장을 분석하고 수요를 예측하여 시장성 있는 기술을 고안하는 기술기획 단계도 중요하다.

④ 쿠폰은 소비자에게 신규고객을 창출하는 목적과 제품을 알리기 위한 것이다.

⑤ 응모권이나 경품은 오픈 이벤트나 시술 시 할인 등으로 사용하여 고객의 호응도를 높일 수 있다.

⑥ 샘플링은 고객에게 직접 시술을 하여 이벤트 형식으로 신규 고객을 확보는 효과가 있다.

⑦ 가격 할인은 1 + 1 행사를 통해 신규고객이나 기존고객에게 보너스 형식으로 많이 시행하고 있다.
단골고객 보상은 충성도가 높은 고객에게 보상 플랜 기법으로 사용된다.

⑧ 불특정 댜수의 소비자들을 상태로 다양한 방법으로 홍보가 필요하다.(인터넷과 SNS홍보등)

(2) 마케팅커뮤니케이션(Marketing Communication)의 개념

마케팅커뮤니케이션은 프로모션이란 용어에서 나아가 좀 더 포괄적인 의미의 용어이며, 촉진(Promotion), 제품(Product), 가격(Price), 유통(Place)과 함께 마케팅믹스(4P)의 한 요소로 고객의 구매활동에 있어 제품을 알리고 구매하도록 설득하며, 구매를 유도하도록 인센티브 등을 제공하는 전반적이고 공격적인 활동을 의미한다. 이러한 관점에서 최근에는 프로모션을 통합적 마케팅커뮤니케이션의 관점에서 마케팅커뮤니케이션이라 말하고 있다.

(3) 통합적 마케팅커뮤니케이션(IMC)

통합마케팅커뮤니케이션은 전통적 프로모션관리에 대한 새로운 접근방법으로 전통적 마케팅커뮤니케이션 믹스와 새로운 요소를 통합하여 일관성 있고, 명확하며, 이해 가능한 커뮤니케이션을 통하여 최대한의 효과를 달성해야 한다는 의미로 1989년 미국의 광고대행사협회는 통합적 마케팅커뮤니케이션을 광고, 판매촉진, PR, DM 등 다양한 커뮤니케이션 수단들의 전략적인 역할을 비교하고 검토하여, 정확, 명료한 최대의 커뮤니케이션 효과를 거둘 수 있도록 이들을 통합하는 총괄적인 계획의 수립과정으로 정의하고 있다.

(4) 시장세분화 전략(STP전략)

시장세분화 전략이란 시장세분화(Segmentation), 목표시장 선정(Targeting), 포지셔닝(Positioning)의 첫 알파벳을 따서 STP전략이라고 한다.

(5) 컨시어지 마케팅(Concierge Marketing)

컨시어지 마케팅(Concierge Marketing)이라는 용어는 세계 고객 전략 연구소의 CEO 엘리엇 에텐버그가 2003년 자신의 저서 '넥스트 이코노미'(Next Economy)에서 처음 사용하였다. 엘리엇에 의하면 정보 과잉의 신 경제시대에는 신뢰할 수 있는 정보를 가려내기가 어려워, 복잡한 생활에 직면한 소비자들이 더 중요한 일에 집중하기 위해 일상적인 소비는 믿을 수 있는 사람에게 맡기고 싶어 하기에 호텔 컨시어지의 개념이 기업 마케팅으로 확대된 것이다.

홍보 전략의 핵심은 고객에게 정보를 전달하며 동시에 구매를 자극하고 설득하여 제품이나 브랜드에 대한 우호적인 태도를 형성하는 것이다.

- 쿠폰은 소비자에게 신규고객을 창출하는 목적과 제품을 알리기 위한 것이다.
- 응모권이나 경품은 오픈 이벤트나 시술 시 할인 등으로 사용하여 고객의 호응도를 높일 수 있다.
- 샘플링은 고객에게 직접 시술을 하여 이벤트 형식으로 신규 고객을 확보는 효과가 있다.
- 가격 할인은 1+1 행사를 통해 신규고객이나 기존고객에게 보너스 형식으로 많이 시행하고 있다.
- 단골고객 보상은 충성도가 높은 고객에게 보상 플랜 기법으로 사용된다.
- 불특정 다수의 소비자들을 상태로 다양한 방법으로 홍보가 필요하다. (인터넷과 SNS홍보 등)

매출 관리

매출은 개인이나 기업이 수익을 얻기 위한 목적으로 제품을 판매 또는 서비스를 제공하고 그 대가를 받는 영업수익을 뜻한다. 일반적인 매출이라 하면 기업에서 생산 공정을 마친 물품을 거래처나 소비자에게 내어 판매하고 발생한 수익을 의미한다. 뷰티서비스업의 경우 유형의 상품과 무형의 상품을 결합 또는 제공함으로 매출이 발생한다.

매출관리를 통해 업소에 필요한 자금을 조달하고 이를 효율적으로 운용하여 기업의 부가가치를 증대시키고자 고정 경비와 유동경비를 분석한다. 또한 재무관리에 필요한 재무재표, 손익 계산서, 현금 흐름표, 절세 방안 등 통합적인 업소의 효율적 재무와 회계 관리를 할 수 있도록 한다.

- 원가라고 하면 제조 원가나 매출 원가만을 원가 분석의 대상으로 생각하는 경향이 있는데, 실제 소비자인 고객에게 제공하기까지 발생한 모든 금액이 원가이다. 따라서 판매비와 관리비 그리고 영업의 비용까지도 원가의 범주에 포함해야 한다.
- 재무재표를 파악하고 재무 상태표 양식을 작성한다.
- 표준 손익 계산서를 이해하고 샘플링한다.
- 업소의 원가 절감 보고서를 작성을 위한 원가 절감 계획 아이디어를 발표한다.

(1) 감가상각비

어떠한 시설 · 기계(재화)를 사용함에 따라 가치가 하락하게 되는데 이를 매달 비용으로 보아 금액으로 환산하여 비용으로 처리하는 것이다.(손해보험협회에서 미용 업의 경우 인테리어 시설과 기자재 등 의 사용연한, 즉 수명을 5년으로 간주함으로써 그에 따라 사용연한을 60개월로 보고 계산한다.)

총 투자된 시설비와 기자재비용을 매달 1/60을 비용 처리한다.

총 시설비 ÷ 60개월 (평균 사용 수명 : 5年)

(2) 경영분석 기법의 활용

경영분석 기법의 활용은 일일매출관리를 통한 월매출관리와 직원별 매출관리, 고객의 증감현황을 통한 직원별 신규유입 대비 고정고객과 소개고객의 증감을 분석하여 영업개선방향을 설정하고 생산성과 효율성 분석기법을 통하여 직무능률과 내 · 외부 고객의 서비스 품질의 만족 향상에 도달할 수 있다.

- 분석기법을 통한 일별, 월별, 직원별 매출관리와 고객 점유비율에 따른 분석과 관리를 할 수 있다.
- 고객 유형별 증감과 고객 이탈 등을 분석하고 관리할 수 있다.

(3) 분석기법을 통한 생산성 관리

① 과학적 관리법(Scientific Management)

테일러 시스템(Taylor System)이라고도 한다. 작업과정의 능률을 최고로 높이기 위하여 시간연구와 동작연구를 기초로 노동의 표준량을 정하고, 임금을 작업량에 따라 지급하는 등, 여러 가지로 합리적인 방법을 연구한다. 이러한 과학적 관리법은 미국의 F.W.테일러에 의하여 처음으로 제창되었다.

테일러에 의한 과학적 관리법은 근로자의 노동력에 의존하던 작업관리를 경영자의 과학적인 과업설정이라는 계획적 관리로 전환시켜서 노동생산성을 높이고 조직적 태업을 방지하며, 임금문제해결을 위하여 과학적 객관적인 표준작업량을 설정하여 고효율과 저 노무비의 결과를 만들게 되었다.

테일러는 노사 간의 문제를 기업 내부의 문제만 해결하면 된다고 보았고 인간적 측면을 무시하였다. 즉, 작업자의 노동력을 기계화하여 노동생산성을 높이는 데 치중하였다. 인간의 심리적, 생리적, 환경적 측면에 대하여 고려를 하지 않았다는 점을 문제로 꼽을 수 있다.

② 호손 실험(Hawthorne Experiment)

G. E. 메이요 교수는 호손 전기 회사 공장에서 일하는 근로자를 대상으로 하여 작업 능률 향상에 대한 연구를 하였는데 이것을 호손 실험이라 한다. 그의 연구 결과 작업능률을 향상시키는 요인들은 작업환경과 임금뿐만이 아니라 작업자의 인간관계임을 확인하게 되었다. 호손 실험을 계기로 인간관계에 대한 연구가 이루어지게 되었고 그 후 인간관계론으로 발전하여 최근에 와서는 인간 행동을 종합적 사고로 연구하는 행동과학으로 발전하고 있다.

③ S-PC 모델

S-PC(Service-Profit Chain) 모델은 내부고객과 외부고객의 만족, 그리고 기업의 성장과 수익의 관계를 명확하게 설명하는 모델이다. 영업활동의 내부품질이 직원만족도에 영향을 주며, 직원만족은 직원 충성도에 영향을 미치고, 직원 충성도는 다시 고객에게 전달되어 서비스 만족에 영향을 미치고, 고객만족은 고객의 충성도에 영향을 미치므로 기업에 수익에 영향을 준다는 의미이다(James. L. Heskett, 1994).

창업

소자본으로 창업이 가능한 미용실은 경쟁력이 높은 수익을 창출할 수 있다. 그러기 위해서 먼저 창업을 위한 창업 컨설팅 능력을 높이고 경영과 운영, 마케팅과 판촉의 전략들을 통합하여 효율성 있는 업소를 창업할 수 있다.

(1) 창업 준비단계

창업에 있어 사업계획서는 사업목표를 설정하는 것으로 매우 중요한 지표가 된다. 그러므로 창업관리 실무에서는 사업계획서 작성 시 시장조사와 점포입지와 상권분석, 시설 인테리어, 창업 준비과정에 관하여 살펴보고자 한다. 또한 운영관리 실무에서는 매출관리, 서비스 품질관리, 인적자원관리, 고객접점 프로세스 개발인 서비스 청사진이 필요하다.
또한, 자금 확보, 상권분석 및 점포계약, 인테리어 계약 및 공사, 상호 및 상표의 로고 결정, 인사조직(채용, 배치, 급여, 근무조건등), 운영관리 매뉴얼작성, 재료, 상품, 소품구입, 프로모션 기획과 발주등이 사업계획서 작성 시 세부사항에 기입 되어야 한다.

① 사업계획서 작성

- 사업에 대한 미래의 청사진을 예측해 주는 문서이다.
- 시행착오를 줄일 수 있고, 예기치 않은 위기에 대처할 수 있다.
- 사업 이정표로 진행하면서 신중하게 판단할 수 있다.
- 사업계획서와 시장조사, 상권분석을 통한 창업 준비과정에 적용하고 활용할 수 있다.
- 상권분석을 통한 마케팅 관리전략 매뉴얼을 수립할 수 있다.
- 시설 인테리어의 차별화를 통하여 홍보, 시장의 선점에 적용할 수 있다.
- 서비스 기준을 설정하고 서비스 성과와 비교하여 서비스 성과를 향상시키는 지표로 활용할 수 있다
- 서비스 품질을 측정하는 다양한 모델을 이해하고 적용할 수 있다
- 서비스 청사진을 작성하고 서비스 프로세스를 수립, 적용할 수 있다
- 직원의 인사고과를 위한 근무평가 규정을 만들어 계획을 수립, 평가 후 인사고과에 반영할 수 있다.

(2) 업소 개설 인허가 준비 사항

① 면허증 발급

자격증이나 수료증, 졸업증명서와 신체검사서(진단서 등), 사진 2장을 가지고 해당 시청 위생과에 방문하여 접수한다.

② 영업 신고필증 교부

계약된 임대차 계약서를 가지고 시청이나 구청 토지과를 방문하여 건물 용도에 대한 건축물 대상을 발급받고, 발급받은 면허증과 함께 시청이나 구청 위생과에 제출한다.

③ 사업자 등록증 발급 및 사업용 계좌 개설

기 발급된 영업 신고필증을 가지고 해당 지역의 세무서를 방문하여 사업자 등록증을 발급받고, 주거래 통장을 제출하여 사업용 계좌를 등록한다.

(3) 업소 내 5대 필수 부착 사항

- 면허증
- 가격표
- 사업자 등록증
- 영업 신고증
- 옥외 가격 표시

(4) 인테리어

- 입지조건은 근린 생활 1종인가를 알아본다.
- 고객이 주차하기가 편리한지 알아본다.
- 내부에 화장실을 설치할 수 있는지를 알아본다.
- 영업시간은 건물주와 협의 가능여부를 알아본다.
- 간판 자리에 대한 협의가 가능한지를 알아본다.
- 공사 기간 내 임차료 면제 여부도 알아본다.
- 방수 공사, 배관공사는 시공 전에 체크한다.
- 콘셉트를 살릴 수 있는 마감재료, 색상을 선택한다.

(5) 개점단계

- 개점 안내장 발송
- 영업 신청서 제출(구청 및 시청 위생과)
- 사업자 등록(관할 세무서) : 도장, 신분증, 임대차 계약서, 신고필증 첨보
- 개업 전 직원 교육 훈련
- 인테리어, 시설, 재료 및 비품점검
- 오픈 이벤트 및 홍보, 판촉 물품 준비
- 개업식과 개업 후 경영 점검

참고문헌

고경숙 외 8인. (2014). 미용학개론, 청구문화사.

곽진만 외 1인. (2018). 뷰티서비스 고객관리와 경영관리, 성안당.

국가직무표준 NCS. 이용 학습모듈-이용고객서비스와 경영관리.

여상미. (2013). 미용학개론, 교문사

이재숙 외 4인. (2017). 베이직 컷 프로, 구민사.

이재숙 외 4인. (2019). 베이직 컬러 프로, 구민사.

이재숙 외 4인. (2016). 베이직 업스타일 프로, 구민사.

이재숙 외 4인. (2017). 베이직 스타일링 프로, 구민사.

정훈. (2004). 미용경영학, 예림.

황희순. (2002). 미용학개론, 청구문화사.

김은영, 권오혁(2010). 한 · 중 · 일 삼국의 머리형 비교, 코리아뷰티디자인학회지 6(1), pp.47-57.

김옥연, 류지원, 이경숙, 이윤진, 이현숙, 최은미, 현지원, 홍세은(2016). NEW 미용문화사.(메디시언)

박춘심 외 12인(2014). 미용학개론. 광문각

장선엽, 이현진, 김환(2014). 미용학개론. 광문각

조아현, 이정현, 이재숙(2018). 고려시대 단청문양을 활용한 창작헤어바이나이트 디자인 연구. 한국인체미용예술학회지, 19(3), pp.195-207.

이진경(2013). 한국 근대소설에 묘사된 미적 요인의 분석. 동덕여자대학교 비만미용향장대학원 석사학위논문.

㈜ 다모생활건강

1) 뷰티신문_http://beautysu.com/?p=17360
2) 동북아역사재단 http://contents.nahf.or.kr/goguryeo/susanri/wall.html
3) 동북아역사재단 http://contents.nahf.or.kr/goguryeo/susanri/wall.html
4) 동북아역사재단 http://contents.nahf.or.kr/goguryeo/susanri/wall.html
5) 시민의 소리_http://www.siminsori.com/news/articlePrint.html?idxno=83890
6) 시민의 소리_http://www.siminsori.com/news/articlePrint.html?idxno=83890
7) 네이버 지식백과(역사로 본 전통머리)https://terms.naver.com/search.nhn?query=%EC%97%AD%EC%82%AC%EB%A1%9C+%EB%B3%B8+%EC%A0%84%ED%86%B5%EB%A8%B8%EB%A6%AC&searchType=text&nluQuery=%EC%97%AD%EC%82%AC%EB%A1%9C+%EB%B3%B8+%EC%A0%84%ED%86%B5%EB%A8%B8%EB%A6%AC&isDisplayAll=true&page=2
8) 문화콘텐츠닷컴-문화원형 고려복식고증
9) 문화콘텐츠닷컴-문화원형 고려복식고증
10) 문화콘텐츠닷컴-문화원형 고려복식고증
11) 문화콘텐츠닷컴-문화원형 고려복식고증
12) 그라피 이슈_https://m.post.naver.com/viewer/postView.nhn?volumeNo=17915527&memberNo=23095996&vType=VERTICAL
13) 시민의 소리_http://www.siminsori.com/news/articlePrint.html?idxno=83890
14) 시민의 소리_http://www.siminsori.com/news/articlePrint.html?idxno=83890
15) http://blog.naver.com/PostView.nhn?blogId=ehddnr525&logNo=140046150610&parentCategoryNo=&categoryNo=&viewDate=&isShowPopularPosts=false&from=postView
16) http://blog.naver.com/PostView.nhn?blogId=ehddnr525&logNo=140046150610&parentCategoryNo=&categoryNo=&viewDate=&isShowPopularPosts=false&from=postView
17) http://blog.naver.com/PostView.nhn?blogId=ehddnr525&logNo=140046150610&parentCategoryNo=&categoryNo=&viewDate=&isShowPopularPosts=false&from=postView
18) 뷰티신문_http://beautysu.com/?p=17360
19) 뷰티신문_http://beautysu.com/?p=17360
20) 뷰티신문_http://beautysu.com/?p=17360
21) 한국미용박물관_http://kbeautymuseum.org
22) 한국미용박물관_http://kbeautymuseum.org
23) 한국미용박물관_http://kbeautymuseum.org
24) https://blog.naver.com/dkfma1524/130181078239
25) https://blog.naver.com/dkfma1524/130181078239

26) https://blog.naver.com/dkfma1524/130181078239

27) http://www.noonbit.co.kr/special_5.htm

28) https://publicdomainvectors.org/ko/%EB%AC%B4%EB%A3%8C%20%ED%81%B4%EB%A6%BD%EC%95%84%ED%8A%B8/%EA%B3%A0-%EB%8C%80-%EA%B7%B8%EB%A6%AC%EC%8A%A4-%EC%A7%A7%EC%9D%80-%ED%97%A4%EC%96%B4%EC%8A%A4%ED%83%80%EC%9D%BC-%EB%B2%A1%ED%84%B0-%EB%93%9C%EB%A1%9C%EC%9E%89/11892.html

29) https://publicdomainvectors.org/ko/%EB%AC%B4%EB%A3%8C%20%ED%81%B4%EB%A6%BD%EC%95%84%ED%8A%B8/%EA%B3%A0-%EB%8C%80-%EA%B7%B8%EB%A6%AC%EC%8A%A4-%EC%A7%A7%EC%9D%80-%ED%97%A4%EC%96%B4%EC%8A%A4%ED%83%80%EC%9D%BC-%EB%B2%A1%ED%84%B0-%EB%93%9C%EB%A1%9C%EC%9E%89/11892.html

이미지출처 | Chapter 14 메이크업

1) 미술대사전 '채화칠협'
2) 수산리고분 홈페이지"수산리 고구려 벽화'
3) 문화콘텐츠 닷컴'고구려고분벽화 쌍영총 귀부인'
4) 동아일보 2007.02.22./이광표기자/ '팔도미인도'
5) 한국민족문화 대백화'미인도'
6) 서울역사박물관'박가분'
7) 워싱턴주 한일 포털사이트'추억의 신문광고사진들'
8) Win,ter style '서양의 고대화장사'
9) 그리스국립고고학박물관 '그리스벽화'
10) kr.123rf.com 스톡콘텐츠 '미노아 숙녀 벽화 프레스코 크노소스 크레타'
11) 위키백과 /파리 루브루박물관'젊은여자2 세기'
12) 나폴리고고학박물관'폼페이에서 발굴된 젊은여인의 초상화'
13) Win,ter style '중세시대 화장역사'
14) 네이버 미술백과'엘리자베스여왕 1세'
15) 네이버 미술백과'모나리자'
16) www.news4000.com'귀족부인'초상화
17) https://blog.naver.com/jiwoo245/220405174868'패치붙인소녀'
18) 네이버 지식백과 '마리앙투와네트'
19) 네이버 지식백과 '퐁파두'
20) https://images.app.goo.gl/eHcypszASu5tYV7b9
21) https://images.app.goo.gl/N5R3sARpwnR87R8i9
22) https://images.app.goo.gl/ZEGiWTmmN8owMDLx9
23) https://images.app.goo.gl/diJbACPJ6XbgJ6Sn9
24) https://images.app.goo.gl/maGYb46E22APqS1Z7
25) https://images.app.goo.gl/1S1uunL6yqT3ridv5
26) https://images.app.goo.gl/9CofdZX9ur5DX4UE8
27) https://images.app.goo.gl/JhiZAybTWJEYWCvY8
28) https://images.app.goo.gl/LwsKwr2WxTBCZai69
29) https://images.app.goo.gl/HtMbXQYs56AULg9W6
30) https://images.app.goo.gl/JUBsjC3YEFLYieL96
31) https://images.app.goo.gl/M8r4YybQTntCV6Rb6

1) https://m.gettyimagesbank.com/view/egg-of-ascaris-lumbricoides/1168225868
2) http://health.chosun.com/site/data/html_dir/2019/09/18/2019091802813.html
3) https://www.detoxspecialist.com.au/2014/04/22/10-common-human-parasites-know/
4) http://m.dojeon.org/?m=bbs&bid=gbnewsinfo&uid=14862
5) https://www.researchgate.net/figure/egg-of-Heteroxynema-Cavioxyura-viscaciae-Nematoda-Oxyuridae-Bar-20-mm_fig3_230592325
6) https://www.passionsante.be/index.cfm?fuseaction=art&art_id=18643
7) https://m.blog.naver.com/smlibedy/10141610725
8) https://m.blog.naver.com/pink-madam/220862784292
9) https://newsvn.tistory.com/201
10) https://newsvn.tistory.com/201
11) https://www.ibric.org/myboard/skin/news1/print.php?Board=news&id=224673
12) https://www.ibric.org/myboard/skin/news1/print.php?Board=news&id=224673
13) https://m.blog.naver.com/smlibedy/10141828569
14) https://m.blog.naver.com/smlibedy/10141828569
15) https://m.blog.naver.com/smlibedy/10142132588
16) https://gaianos.tistory.com/334
17) https://w1.med.cmu.ac.th/parasite/cestode01/2339/
18) https://www.123rf.com/photo_108808374_detailed-cattle-tapeworm-detailed-taenia-saginata-under-the-microscope-3d-rendering.html
19) https://www.k-state.edu/parasitology/625tutorials/Tapeworm05.html
20) https://www.sciencedirect.com/topics/pharmacology-toxicology-and-pharmaceutical-science/diphyllobothrium
21) https://m.blog.naver.com/smlibedy/10157284427
22) 김현주 외 5인, (2009). 신장이식 환자에서 발생한 아메바성 대장염 1예, 대한내과학회지 76권 1호, pp. s131-s134.
23) https://sskn3324.tistory.com/518
24) http://blog.daum.net/_blog/BlogTypeView.do?blogid=0rVsa&articleno=9&categoryId=4&regdt=20150412214157